化学渗吸采油理论与实验新方法

Theory and New Experimental Methods of Chemical Imbibition Oil Recovery

张　翼　马德胜　朱友益　著

科学出版社

北京

内 容 简 介

本书以作者近年来在化学渗吸采油理论方面的最新实验研究成果及新进展为基础，主要阐述了渗吸采油的基本理论、渗吸作用与储层物性关系、渗吸剂属性与渗吸效果、渗吸实验方法、渗吸实验仪器、渗吸剂研制与筛选及油田应用等内容。对提高特低/超低渗透率、特殊岩性及致密油油藏的采收率具有较好的参考价值。

本书可供从事化学渗吸法采油、油藏工程及相关专业的院校师生、专业技术人员及科技管理人员参考使用。

图书在版编目(CIP)数据

化学渗吸采油理论与实验新方法 = Theory and New Experimental Methods of Chemical Imbibition Oil Recovery / 张翼，马德胜，朱友益著. —北京：科学出版社，2018.4

ISBN 978-7-03-054856-6

Ⅰ. ①化… Ⅱ. ①张… ②马… ③朱… Ⅲ. ①低渗透油层-石油开采-油田化学-研究 ②低渗透油层-石油开采-油田化学-实验 Ⅳ. ①TE39

中国版本图书馆 CIP 数据核字(2017)第 254438 号

责任编辑：万群霞 冯晓利 / 责任校对：彭 涛
责任印制：张 伟 / 封面设计：铭轩堂

科学出版社 出版
北京东黄城根北街 16 号
邮政编码：100717
http://www.sciencep.com
北京教图印刷有限公司 印刷
科学出版社发行 各地新华书店经销

*

2018 年 4 月第 一 版 开本：787×1092 1/16
2018 年 4 月第一次印刷 印张：20 3/4 插页：2
字数：500 000

定价：178.00 元
(如有印装质量问题，我社负责调换)

序

　　张翼现为中国石油勘探开发研究院提高石油采收率国家重点实验室教授，也是中国石油天然气股份公司三次采油重点实验室学术带头人，近年来一直致力于化学渗吸采油理论与实验新方法、化学复合驱规律和驱油新体系方面的研究工作，取得了较多的研究成果。

　　张翼教授在化学复合驱规律研究中提出了"乳化综合指数"的概念，发现了乳化综合指数与驱油效率间的关系，指明在驱油剂优化中可以将乳化综合指数作为驱油剂体系主要指标用于驱油剂的优化和评价。

　　在化学渗吸剂的室内设计与优化中探索性研究了界面张力、接触角、乳化稳定性、黏度比和渗透性等属性对渗吸效率的影响规律，发现不同渗吸剂体系在低渗透油藏中存在最佳的孔喉适应值，提出了用于表征渗吸剂在储层中渗透与扩散性能的物理量——"渗透力"的概念，同时建立了该参数的定义式和测试方法，使渗吸剂在渗透性能评价方面有了定量的方法。为了更好地判断渗吸剂对孔隙岩石表面上原油的启动能力，她提出了"黏附功降低"的概念，从理论上给出了岩石表面原油启动的热力学初步判别式；在多年的研究中她还发现了在岩心静态渗吸过程中，渗吸采收率与渗吸时间之间存在指数多项式关系，首次给出了实际渗吸时间与渗吸效率关联的动力学方程。该方程可以直观地判断化学渗吸剂在单位时间内的渗吸效果，便于优化和选择高效渗吸剂；在探索渗吸效率影响因素的过程中，她发现了渗吸剂属性中的几个主要影响因素，并将这几个属性因素对渗吸效率的影响利用数学理论中多元分析方法进行了排序，建立了多因素交互影响的结构方程，这一实验结果可以帮助研究人员更好地理解渗吸规律。

　　该书是张翼教授及其研究团队多年来研究成果的部分总结，她将自己的一些新发现、新认识、新方法、新工艺、新仪器及理论方面的新进展都融入书中，相信该书的出版定会为化学渗吸采油技术的矿场应用提供重要参考。

中国工程院院士

2017 年 10 月

前　言

石油是我国能源结构中仅次于煤炭的第二大重要能源，长期以来影响着国民经济的发展，在"十三五"甚至今后更长的时间里，在新的能源未能发挥主导作用之前，石油、天然气等化石能源仍然起着不可替代的作用。但随着我国国民经济的迅速发展，石油需求量日益增长，供需矛盾日益突出。从 2005～2011 年全球石油消费量统计结果看，我国的石油消费量逐年提升，消费量由世界第 4 位上升到第 2 位，而储量位于全球第 13 或 14 位。我国 2010 年石油年产量 2 亿 t，需求 3.8 亿 t，缺口 1.8 亿 t；2012 年产量 2.05 亿 t，消费量 4.93 亿 t，石油净进口量为 2.84 亿 t，对外依存度由 2000 年的 28.2%上升到 58%；2015 年上升到 60.69%，首次突破了 60%的大关。预计至 2020 年，需求 4.5 亿 t，自给 2.2 亿 t，缺口一半以上。而截至 2013 年年底，我国石油与天然气分别占全球探明储量的 1.1%和 1.8%。据有关专家测算，按照《能源发展战略行动计划(2014～2020 年)》，到 2020 年，我国一次能源消费总量控制在 48 亿 t 标准煤左右，其中天然气消费比重达 10%以上，这相当于 3600 亿 m^3。自 2015 年以来，国际油价持续低迷，给新的石油开采技术带来了前所未有的挑战。

近年来，我国探明油气资源品位走低，难采储量占比逐年升高。延缓老油田产量递减和加快非常规油气投入开发，都需要提高采收率技术方面有革命性的突破。由于我国原油资源结构较差，随着勘探开发程度的不断加深，原油品质呈现总体变差的非常规化趋势，原油产能重心逐年向老油田低效储量和新油田低品位储量转移。截至 2011 年年底，我国石油处于高含水、高采出程度("双高")阶段的老油田年产油量占全年总产量的 58%，处于"双高"阶段油藏剩余可采储量占总剩余可采储量的 44%；而难采储量已达 42 亿 t，其中已开发低效难采储量 18 亿 t，未动用低品位难采储量 24 亿 t。

低效难采储量和低品位储量是我国油田未来开发的主战场。在几十年的开发历史中，技术人员积极攻关，在开发方式上狠下工夫，采用井网加密、超前注水、体积压裂等一系列强制措施，取得了提产、稳产的效果。但这一系列措施将步入瓶颈的阶段，如何持续保持产量，进一步提高低渗透油藏和低品位油藏的采收率的问题是"十三五"以后石油工作者面临的重大课题。

渗吸作用起源于毛细管力及毛细现象，在自然界中普遍存在。渗吸采油的概念于 20 世纪 50 年代提出，起初的发现、理解和相关研究多集中在水的自发渗吸方面，如理论模型、数值分析、渗流理论的改进、渗吸方式及如何通过人工压裂加强水的渗吸过程等。在工程实际应用中也多为水的吞吐，缺少基于深入认识储层润湿性的基础上通过改善润湿性、利用渗吸剂作用强化渗吸方面的研究。本书即通过探索渗吸采油基本理论、研究储层特征与渗吸作用的相关性、渗吸作用的实用条件、渗吸剂的室内实验方法和优化方法等，为读者展示了国内外最新研究进展和笔者的最新成果。

本书研究内容得到了中国石油勘探开发研究院"超前储备"项目的支持，以及"十一五"中国石油勘探生产分公司和国家科学技术部重大专项的部分支持。感谢对本书给予大力支持的宋新民院长、中国石油勘探开发研究院开发一路及科研管理处的领导；感谢参与研究的中国石油提高采收率国家重点实验室的李建国、蔡红岩、高明、樊剑、高建、严守国、侯建锋、王友净、秦勇、李佳鸿、张文旗、赵丽莎等，以及参与实验工作的中国地质大学(北京)的博士研究生王德虎、江敏、陈海汇，博士后刘化龙，硕士研究生翟文静、王兴伟、倪非、唐蒙、孙蕴；感谢陈海汇、杨欢、巩芳鸽等同学为本书做了图表制作、排版及资料翻译工作。

特别感谢在渗吸理论及基础研究中给予辛勤指导的韩大匡院士，在应用研究中提出宝贵建议的马德胜、朱友益所长！

由于水平有限，书中难免有不妥之处，敬请读者批评指正。

张 翼

2017 年 9 月 30 日

目　　录

第1章 渗吸采油基本原理

我国发现的低渗透油田占新发现油藏的一半以上，而低渗透油田产能建设的规模则占油田产能建设规模总量的70%以上，低渗透油田已经成为油田开发建设的主战场[1]。

从我国每年提交的石油地质储量看，低渗透油田地质储量所占比例逐年增高、但动用程度较低。1989年，探明低渗透油藏的石油地质储量为9989万t，占当年总探明储量的27.1%。1990年，探明低渗透油藏地质储量为21214万t，占当年总探明地质储量的45.9%。1995年，探明低渗透油藏的石油地质储量为30796万t，占当年探明储量的72.7%。2004年，我国探明的低渗透油藏的石油地质储量为52.1亿t，动用低渗透油藏地质储量26.0亿t，尚有一半的储量未动用。2012年，我国石油新增探明地质储量15.2亿t，同比增长13%，新增可采储量2.7亿t，同比增长7%。例如，姬塬油田是中国石油天然气股份有限公司新增探明地质储量最大的陆上油田，新增2.02亿t，属于特低孔隙度、特低渗透率的岩性油藏。红河油田新增探明石油地质储量为1.2亿t，属于低孔隙度、特低渗透率的岩性油藏。我国低渗透油田广泛分布在全国的各个油气区，探明储量为63亿t，约占探明总储量的28%。2011~2015年探明储量中低渗透油田储量的比重已增至50%~60%，剩余石油资源中低渗透油田的储量也占到76.5%，其中松辽、鄂尔多斯、柴达木、准噶尔四大盆地低渗透油田储量比例均在85%以上。在低渗透油气资源中，探明储量大于2亿t的油区有大庆、吉林、辽河、大港、新疆、长庆、吐哈、胜利、中原9个油区。低渗透油田最基本的特点就是流体渗透能力差、产能低，通常需要进行油藏改造才能维持正常生产，如何经济高效地开发低渗透油藏是当前世界油田开发中的一大难题[2-4]。

现有技术条件下采收率较低。我国低渗透油田平均采收率只有21.4%，比中、高渗透油田的34%低12.6%。目前有50多个油田年平均开采速度小于0.5%，这些低速、低效油田的地质储量约3.2亿t，其平均采油速度仅有0.27%。如果通过改造、挖潜、实施新方法，使低渗油田能够年均提高采收率2%，就相当于增产3500万~4000万t原油，相当于发现一个大油田。可见，低渗油田提高采收率新技术是当前及今后石油行业将长期面临的开发问题。

因此，国内外石油开采现状对化学剂的要求更为苛刻，已经提升到高效、低廉、绿色环保的水平，老油田的挖潜改造及新技术的推广都步入了十分艰难的境地，亟须环境友好、廉价高效的技术。

1.1 低渗透油藏开发中存在问题

1. 国内技术现状

我国低渗透油藏的分布较广，中国石油天然气股份有限公司(简称中石油)的低渗透油藏主要有长庆、大庆、吉林、辽河、新疆、大港、吐哈、塔里木、延长等油区。我国第一个规模开发的低渗透油田是中石油长庆油田分公司的安塞油田,是一个特低渗透油田,1997～2008年,产量由100万t提高到300万t,11年间增产2倍,年均增长10.5%,并为长庆油田分公司开创了"安塞模式",为我国原油产量稳定增长做出了重大贡献,也为我国低渗透油田的开发积累了技术和经验。中石油吉林油田分公司、中石油新疆油田分公司和中石油大庆油田分公司也针对本油区低渗透油田特征开展技术攻关,并取得了不同程度的突破。但目前低渗油田水驱已进入开发的中后期,主要面临以下几方面的共性问题:①特低渗透油田采收率低。依靠天然能量采收率仅能达到8%～11%,注水开发采收率为17%～22%,普通低渗油田采收率为28%～35%。②采油速度低。依靠天然能量开采,特低渗透油田的采油速度在1%以下,注水开发特低渗透油田采油速度在1%左右,而一般低渗油田采油速度在2%以上。③油井产量递减快、产能低。我国低渗透油田的地层能量普遍较低,渗透率低、导压系数小、压力传递慢,油井供液不足、产量递减快,低产井普遍存在。④注水困难。大多数低渗透油田都存在不同程度的注水困难问题,吸水能力差,达不到配注要求,有些层位根本不吸水,存在启动压力。⑤注采工艺、设备滞后。目前,多数油田采用杆式抽油泵,泵效低、抽油系统机械效率低是地层供液不足、供采不平衡的一个重要原因。

特低渗透油田能够开发的主要原因是油藏中存在裂缝,水驱提高采收率的机理主要依靠渗吸作用将基质中的油替换出来进行采油。化学渗吸剂的特殊属性能够在降低毛细管的黏滞力、增强水分子的渗透和扩散力、原油的流动能力等方面发挥独特的作用,可更进一步提高水驱采收率,将成为特低/超低渗透油田开发的重要方法。

自发渗吸采油在我国已有成功的应用,如大庆油田分公司的头台油田茂111井,1996年10月投产一年半时间就因东西向8口油井水淹,日产油由最初的108t,下降到54t(50.2%),含水由12%上升到52%。1996年12月进行注采系统调整,注水井停注,高含水井关井后,渗吸作用起了决定作用,启抽后初期日产油由50t增至56.8t,含水由63%下降到43.6%。至2008年,井区日产油52t,保持了较好的稳产形势。还有四川莲池油田大安寨油藏,孔隙度低于2%、渗透率平均在$0.1 \times 10^{-3} \mu m^2$以下。1999年7月在莲7井区,渗吸注水投入矿厂试验,采用低速周期注水,其中9口水利井和2口水害井到2005年统计增减产平衡结果时,净增产2618t[5-7]。

2. 国内技术发展趋势

要解决前述"三低一难"(低速度、低产量、低采收率和注水难)的客观问题,需要对地质特征、储层特征、渗流特征等相关问题,以及开发历史和存在的工程与工艺问题有清楚的认识了解。我国在人工压裂、井网加密、水平井等方面加大了开发力度,解决了大部分可流动油的问题,也取得了较好的效果。但要保持稳定增长的采收率状态,还需要将目光更多地投向特低/超低渗透储层中滞留着的大部分不可流动油和水驱不可及的油的区域。强制渗吸是通过利用化学剂的特殊作用和环境因素的改善、强化渗吸过程的一种方法。利用化学剂可以改善岩石润湿性、增强毛细管正向作用力,降低原油在岩石表面的黏附功、克服黏滞力,促进基质与裂缝的渗透与互换,进而提高采收率,是启动不可流动油的有效方法。注入性、能量的补给和注入速度是相辅相成的统一体,注入性是关键。

对低渗透油气藏未来的攻关方向,要掌握其开采的特点,找到影响低渗透油田开发效果的主要矛盾,有针对性地采取措施,形成配套技术,全力提高油井产量、提高开采速度、提高采收率。尤其应采用现代油藏经营管理模式,多学科协同、统筹规划、分步实施、适时调整,才可能实现低渗透资源开发利用的最大利益化。

3. 国外技术现状

低渗透油田在美国、俄罗斯和加拿大等都有广泛的分布,且小而复杂的低渗透油田的所占的比例越来越大。例如,俄罗斯近几年来在西西伯利亚地区新发现的低渗透、薄层等低效储量已占探明储量的 50% 以上。国外在低渗透油田开发技术方面主要以室内研究和现场试验为主。如美国运用各种先进技术,发挥地质、地震、测井、试井、压裂增产等多种研究方法,在二次采油中取得不少新认识,但受油价、政治、经济及国家税收等因素的制约,进行工业开采动用的量较少,特别是化学驱技术在 1986 年后很少有矿场应用。但美国能源部对提高采收率的基础研究仍十分重视,研究项目的 80% 资金由能源部提供。有关提高采收率(enhanced oil recovery,EOR)的四个方面研究内容中有两个与化学驱相关:①通过诊断和图像系统研究油藏岩石性质和岩石、流体相互作用对采油过程的影响,如研究流体在岩石表面上的黏附或吸附趋势,即润湿性和渗吸对流体通过岩石流动速度的影响;②开发或改善经济有效的采油过程,包括开发廉价的表面活性剂和控制水流动的聚合物的研制。

苏联动用的低渗透油田储层渗透率都在 $10 \times 10^{-3} \mu m^2$ 以上,如喀尔巴阡地区油田储层渗透率平均为 $20 \times 10^{-3} \mu m^2$,十月油田渗透率为 $10 \times 10^{-3} \sim 80 \times 10^{-3} \mu m^2$。国外开发的低渗油田中,如大庆外围油田储层渗透率只有 $1 \times 10^{-3} \sim 2 \times 10^{-3} \mu m^2$,丰度只有 $10 \times 10^4 t/km^2$ 的实例很少。但国外在渗吸采油理论方面的研究很多,也取得了很好的认识。包括对渗吸方式、细小孔隙中流体的渗流规律、影响渗吸效率的动力学规律和因素方面的研究都很深入,但认识不尽一致[8-10]。

4. 国外技术发展趋势

国外油气田开发中形成了以下技术系列:①低渗透油田表征技术;②低渗透油田钻井、完井技术;③油田增产改造技术;④油田保护技术;⑤水平井、多分支井开采技术;⑥注水、注气开采技术;⑦低渗透油田井网优化技术;

1952 年,Brownscombe 和 Dyes 提出了渗吸驱油的概念[11]。美国西得克萨斯的斯普拉伯雷裂缝性砂岩油田、伊拉克的基尔库克裂缝性灰岩油田、卡塔尔的杜汉油田及北海的 Ekofish 油田等都进行过渗吸注水采油,尤其是 20 世纪 80 年代中期投入开发的 Ekofish 油田以渗吸物理模拟为依据进行渗吸采油取得了显著的开发效果。但由于渗吸剂种类、数量和经济成本的限制,以及对渗吸方式和渗吸工艺研究的滞后,使渗吸采油技术在国外的工业应用实例较少。但随着化学剂设计理论和日用化学工业的迅猛发展,为低廉环保型高效渗吸剂的应用提供了平台,也为强制渗吸采油技术的应用带来了新的契机[12, 13]。

从渗吸内涵上看，由油水间被动自发渗吸向主动强化的化学渗吸转化；在渗吸剂的构成上由单一剂类向复合和多功能体系转变；面向对象由普通低渗向特低/超低渗透油田转变；渗吸采油方式上由静态自发渗吸向动态的强制渗吸转变，使渗吸速率大大提高、渗吸效果更为显著。基于"十一五"和"十二五"的研究基础，在"十三五"及今后一段时期首先解决的部分关键技术如下。

(1)特低/超低渗透油田影响采收率的主控因素研究。

通过对储层润湿性、渗透率、孔隙度、含油饱和度、裂缝大小及分布、渗吸速率等参数对渗吸效率的影响研究，初步揭示各参数与渗吸采收率的相关性。为强制渗吸工艺的建立提供依据。

(2)特低/超低渗透、甚至致密油藏孔隙介质中化学渗吸剂的渗透与扩散动力学研究。

利用微观模型观测毛细管中渗吸剂分子与岩石、油水的作用规律的研究揭示微观渗吸动力学过程；通过孔喉尺寸、含油饱和度、岩石润湿性变化、油水界面张力等因素揭示渗吸采油的残余油启动规律，建立启动功判据。

(3)适用于特低渗透储层的强制渗吸剂体系优化。

针对长庆油田、吉林油田、大庆外围油田、胜利油田、吐哈油田等特低/超低渗透裂缝储层，优化出具有渗透性好、扩散速度较快，洗油效率和渗吸效率较高的环保型渗吸剂配方体系。

(4)适用于特低/超低渗透裂缝性油藏的强制渗吸工艺研究。

结合特低/超低渗透储层的物性特征和孔喉要求，通过岩心物模实验，初步建立动态渗吸工艺，建立适合于特低渗透裂缝性油田的动态渗吸工艺。

(5)适用于裂缝型低渗油田的数值分析模型的建立及开发方案的编制。结合储层特征及生产动态因素对渗吸过程的影响规律研究，建立合适的数值分析模型，进而设计编制开发方案。

5. 我国低渗透油田的特征及开发中的关键问题

(1)油藏类型单一：以岩性油气藏和构造油气藏为主。

(2)储层物性差：孔隙度小，渗透率低$(0.1\times10^{-3}\sim50\times10^{-3}\mu m^2)$，孔喉细小(平均为$1.12\mu m$)[图 1.1(a)]，溶蚀孔发育。

(3)油层原始含水饱和度高。

(4)储层敏感性强。

(5)非均质性严重：人工和天然(微)裂缝发育，造成水线推进极不均匀，水驱波及程度低。

(6)非达西渗流，启动压力梯度高[图 1.1(b)]，流度一般小于 1.0mD/(mPa·s)。

解决这些问题的关键取决于毛细管大小和剩余油分布状态，毛细管越细小，毛管阻力越大。对于相同润湿的储层，$\cos\theta$(θ 为润湿角)相同，对相同的地层水来说，在不同粗细的毛细管中毛细管力相差很大，如表 1.1 计算结果。

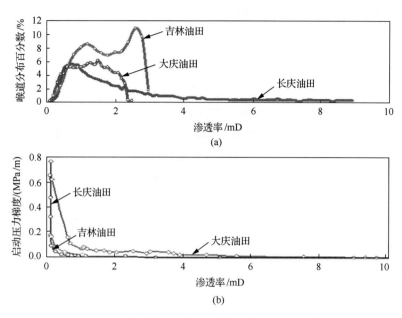

图 1.1 三个低渗油田的喉道分布及启动压力对比

表 1.1 毛细管力随孔隙半径变化的结果

毛管半径/μm	$P_c = 2\sigma\cos\theta/R_1$	P_c 变化倍数	设定值
R_1	P_{c_1}	/	①润湿性为弱油湿，$\cos\theta$ = 定值；
$10R_1$	$0.1P_{c_1}$	1/10	②因在相同水相中，σ 相同，设：
$100R_1$	$0.01P_{c_1}$	1/100	$2\sigma\cos\theta = A$
$1000R_1$	$0.001P_{c_1}$	1/1000	

注：P_{c_1} 为对应毛管半径为 R_1 时的毛细管力大小；σ 为体系中油水界面张力，当润湿和界面张力一定时；A 是一个固定值。

　　因此，对于特低/超低渗透储层的细小或超细孔隙来说，毛细管力的作用无论是正向或负向，都是不能忽视的力（表 1.2），对于超低渗透的裂缝油藏及致密油油藏，渗吸作用更不可忽视[14, 15]。

表 1.2 不同渗透率区块的喉道半径对比[14, 15]

代表区块	类别	渗透率(K_a)/mD	平均喉道半径/μm	毛细管力 P_c 倍数
西峰/陇东	超低渗透/特低渗透/低渗透	0.1~1	0.01	>2000
姬塬 6	超低渗透/特低渗透/低渗透	1~10	1	>20
马岭	超低渗透/特低渗透/低渗透	10~50	5	>4
吉林/大庆	中渗透	100~500	15	>1.3
大庆/辽河	高渗透	500 以上	>20	设为 P_0

1.2 渗吸采油理论

渗吸作用是依靠毛细管力作用使润湿性流体自发吸入孔隙排驱非润湿性流体的过程。如果驱替液是水，对于水湿性油藏就会利用毛细管力的作用自发地发生水吸入排驱油的作用，一部分可动油就会较容易进入大孔隙最终被采出来，而存在于中性或油湿性岩石表面的那部分水不能携带和动用；所以需要加强正毛细管力的作用效果，或降低负毛细管力的作用才可以实现启动残余油和驱动残余油的目的。这就需要赋予水分子更多的功能，但又由于孔隙尺度的限制，对注入化学剂分子或驱替液体系提出了更高的要求，如化学剂分子的大小、回旋半径、润湿能力、洗油功能、乳化功能等及孔隙的制约性，需要对化学剂分子进行设计和选择。

1.2.1 渗吸作用微观解释

通常把在多孔介质中一种润湿相流体只依靠毛细管力作用置换另一种非润湿相流体的过程称为渗吸。陈俊宇等[16]等认为毛细管力为渗吸驱油动力之一，毛细管力的表达式为

$$P_c = \frac{2\sigma \cos\theta}{r} \tag{1.1}$$

式中，σ 为界面张力，mN/m；θ 为润湿接触角，(°)；r 为毛管半径，μm。由式(1.1)可知，岩石的毛管半径越小，其毛管渗吸驱油动力和效率就越好。但在实际渗吸驱油过程中，渗吸驱油动力能否有效发挥作用，取决于两个条件：①需要克服裂缝系统与基质系统之间的毛细管力末端效应；②毛管半径应大于液膜在岩石固体表面的吸附厚度，因为固体表面的液膜吸附层具有反常的力学性质和很高的抗剪切能力，当孔隙半径等于或小于吸附层厚度时，孔道因液膜吸附层的反常力学特性而成为无效渗流空间，在毛细管力曲线中表现为束缚液相饱和度，毛细管力在这类无效渗流空间中没有实效的驱油价值。在实际应用中，可借助于岩石渗透率与孔隙平均毛管半径来研究孔隙结构对渗吸驱油效率的影响关系，二者的关系如式(1.2)所示：

$$K = \frac{\phi r^2}{8\tau^2} \tag{1.2}$$

式中，K 为渗透率；ϕ 为孔隙度；τ 为孔道迂曲度。

图 1.2(a)和图 1.2(b)为微观驱油过程中的几个典型瞬间[17]。图 1.2(a)是水驱结束后注入润湿性反转剂初期，润湿性反转剂沿壁面流动，将油膜缓慢剥离，油膜渐渐变薄，此时主要体现了润湿性反转剂吸附于岩石表面的过程。图 1.2(b)显示出油膜变薄了的结果，而且发现油膜被剥离后，在孔道轴心处形成油丝或油带向前运移；随着驱替的进行，油膜渐渐变少，润湿性反转剂占据了孔道表面，岩石表面的润湿性逐渐改变。图 1.2(c)、图 1.2(d)为驱替结束后的图片，残余油呈柱状或珠状，说明岩石表面的润湿性已由亲油变为亲水或中性，达到了改变岩石表面润湿性的目的。试验直观反映了润湿性反转剂作用前后的油水渗流过程。注入润湿性反转剂之前，原油主要沿孔道壁面流动，注入水占

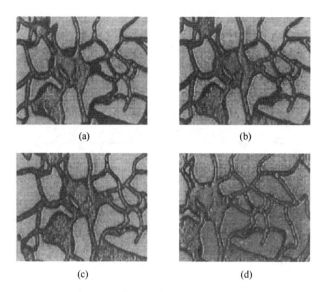

(a)　　　　　　　　　　　(b)

(c)　　　　　　　　　　　(d)

图 1.2　微观驱油过程的几种结果

据孔道轴心位置，原油逐渐被注入水驱替出来。随着原油越来越少，附着在孔道壁面的油膜越来越薄，其流动阻力也越来越大，至最后剩余一层油膜附着在岩石壁上驱不出来，一些小孔道中的原油甚至没有被驱动。注入润湿性反转剂后，润湿性反转剂使油水界面张力减小，油膜变薄，而润湿性反转剂在孔道壁上的吸附，使壁面的亲油性逐渐变弱，油膜在壁面上吸附力减小，当驱替力足够大时，油膜就被剥离下来，而小孔道则会由于润湿性的改变而产生自动渗吸，驱替液进入小孔道中将原油驱替出来，剥离和驱替出来的原油在大孔道中流动时，在孔道的轴心处形成油桥，渗流阻力大大降低，如此不断作用，孔道壁面的亲水性变强，残余油逐渐被驱替出来。

Karpyn 等[18]研究在毛细管驱替作用下不均匀裂缝地层中的流动机理。使用人工纵向裂缝的层状 Berea 砂岩样品，发现有三种不同的流动阶段：前期、中期和后期渗吸。在渗吸前期，岩石结构中岩层平面的存在能影响渗吸前期渗吸前沿的形状。在渗吸中期，层间的流体交换趋于将渗吸前沿变平，在渗吸前期和中期，反向流动控制着流体的运输，局部排驱和局部渗吸区域在反向流动时共存。在后期同向和反向流动机理共存。

Baldwin 和 Spinler[19]通过对水湿性的白垩岩心的渗吸研究发现存在两种可能的同向水流动机理：在初始水饱和度低时，可能的机理是局部毛细管力的作用；在初始水饱和度高时，可能的机理是岩石表面的水膜的厚度增加，导致连接更好并且减小了水流动的阻力；当处于中等水饱和度时，两种机理同时起作用。

Standnes 和 Austad[20]用油湿性白垩岩心，Alehi 等[21]用砂岩讨论了阳离子和阴离子表面活性剂的渗吸机理。阳离子表面活性剂渗吸机理首先是岩石表面负电荷的有机物质的解吸附，其次是毛细管力作用下的水的渗吸；阴离子表面活性剂渗吸机理是疏水的表面活性剂头与疏水的岩石表面形成了双层(double layer)，这种疏水键很弱，因而这是一种完全可逆的润湿性转变，另外，加入其他种类的阴离子表面活性剂使水无法发生渗吸，进而证实了 EO(乙氧基)基团对渗吸机理有着十分重要的作用(图 1.3)。

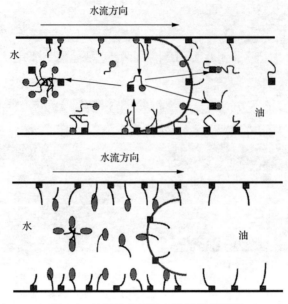

图 1.3   油湿性白垩岩心渗吸机理模型

Austad 和 Standnes[22]撰写了一篇综述性文章,提出了离子对解吸附机理,即由于静电相互作用,阳离子表面活性剂与岩石表面吸附(从原油中)的阴离子物质相互作用。有一些在油、水和岩石界面间吸附的原油中的阴离子物质,阳离子表面活性剂可以与原油中的阴离子形成离子对进而使原油解吸附。除了静电相互作用,疏水相互作用也对离子对的稳定起着重要作用,离子对不溶于水相,但是能溶解在胶束或油相中。

Puntervold 等[23]认为海水含有适量浓度的确定电位离子 Ca^{2+}、Mg^{2+}和 SO_4^{2-},这些离子能够取代白垩岩心表面强烈吸附的羧酸盐,从而改变油藏的润湿性(图 1.4)。

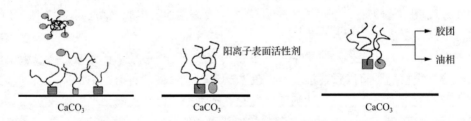

图 1.4   离子对解吸附机理模型

1.2.2   渗吸动力学模型

毛细管渗吸是一种非常重要的采油机理,因而模拟和预测水渗吸过程中的采收率是一项非常重要的工作。第一个模拟毛细管渗吸工作的是 Aronofsky[24]报道的(方程见 Standnes 和 Austad 的报道[20])。1972 年,Iffly 等[25]发现不可能存在能够预测不同岩石物理性质和不同的基质岩块油田的合适的拟合参数 ω 值,实验室得到的 ω 值也不一定能用于实际的油藏,一个校正实验室数据应用于油田的办法是使用相似定律。第一个方程[26,27]是 L-W 方程。Mattax 和 Kyte[28]于 1962 年提出了新的相似定律,该定律是扩展了 Rapoport[29]开发的注水过程中的相似定律。随后,又有多位学者建立了一系列新的相似定律。如表 1.3 所示[30]。

表 1.3　渗吸方程

学者	渗吸方程
Lucas[26]和 Washburn[27]	$t_{D,L-W} = \dfrac{1}{2}\dfrac{1}{L^2}\dfrac{r\sigma}{\mu_w}t$
Mattax 和 Kyte[28]	$t_{D,MK} = \dfrac{1}{L^2}\sqrt{\dfrac{K}{\phi}}\dfrac{\sigma}{\mu}t$
Reis 和 Cil[33]	$t_{D,RC} = \dfrac{1}{L^2}\sqrt{\dfrac{K}{2\phi}}\dfrac{1}{\Delta S_w}\dfrac{\sigma}{\left(\dfrac{\mu_w}{K_{rw}^*}+\dfrac{\mu_{nw}}{K_{mw}^*}\right)}t$
Ma 等[32]	$t_{D,MMZ} = \dfrac{1}{L_c^2}\sqrt{\dfrac{K}{\phi}}\dfrac{\sigma}{\sqrt{\mu_w\mu_{nw}}}t$
Wang[34]	$t_{D,Wang} = \dfrac{1}{L_c^2}\sqrt{\dfrac{K}{\phi}}\dfrac{\sigma}{\sqrt{\mu_w^{0.75}\mu_{nw}^{0.25}}}t$
Zhou 等[35]	$t_{D,ZJKK} = \dfrac{1}{L_c^2}\sqrt{\dfrac{K}{2\phi}}\dfrac{\sigma}{\left(\dfrac{\mu_w}{K_{rw}^*}+\dfrac{\mu_{nw}}{K_{mw}^*}\right)}t$
Ruth 等[36]	$t_{D,RMML1} = \dfrac{1}{L_c^2}\sqrt{\dfrac{K}{\phi}}\dfrac{\sigma P_{cp}'K_{rwe}}{\mu_w}\displaystyle\int_{S_{wo}}^{S_{we}}\left[\dfrac{2K_{rws}K_{mws}}{\left(K_{mws}+\dfrac{\mu_{nw}K_{rwe}}{\mu_w K_{mwe}}K_{rws}\right)(2S_{wo}-S_w)}\right]dS_w$
Ruth 等[36]	$t_{D,RMML2} = \dfrac{1}{L_c^2}\sqrt{\dfrac{K}{\phi}}\dfrac{\sigma}{\mu_w}C_1\left[1+C_2\left(\dfrac{\mu_{nw}}{\mu_w}\right)^{\frac{1}{m}}\right]^{-m}t$
Li 和 Horne[37]	$t_{D,LH} = \dfrac{C^2}{L_c^2}\dfrac{K}{\phi}\dfrac{P_c^*\sigma}{\left(\dfrac{\mu_w}{K_{rw}^*}+\dfrac{\mu_{nw}}{K_{mw}^*}\right)}t$
Fischer 等[38]	$t_{D,FWM} = \dfrac{1}{L^2}\sqrt{\dfrac{K}{\phi}}\sigma\dfrac{ab}{(\mu_w+b^2\mu_{nw})}t$
Standnes[30]	$t_{D,Standnes} = \dfrac{1}{L_c^2}\sqrt{\dfrac{K}{\phi}}\dfrac{\sigma}{\sqrt{\mu_w^{VE}\mu_{nw}^{1-VE}}}t$
Mason 等[39]	$t_{D,MFMR} = \dfrac{1}{L_c^2}\sqrt{\dfrac{K}{\phi}}\dfrac{\sigma}{\mu_w(1+\sqrt{\mu_{nw}/\mu_w})}t$

注:各个方程物理量的含义大多相同。其中, L 为样品长度, m; L_c 为特征长度, m; S_w 为含水饱和度, %; K_{rw}^* 为水相相对渗透率, mD; K_{mw}^* 为非润湿相渗透率, mD; μ_1、μ_w、μ_{nw}、μ_{rw} 分别为黏度、水相黏度、非水相黏度、水相相对黏度, Pa·s(或 mPa·s); K 为岩样的绝对渗透率, mD; σ 为油水界面张力, mN/m; t 为渗吸时间, s; ϕ 为孔隙度, %; ΔS_w 为含水饱和度变化值, %; P_{cp}' 为缩放毛管细压力, Pa; K_{rws} 为起点的润湿相相对渗透率, mD; K_{rwe} 为终点的润湿相相对渗透率; $\int_{S_{wo}}^{S_{we}}$ 中, S_{wo} 为开方面润湿相饱和度, %; S_{we} 为有效含水饱和度, %; C_1、C_2、m 均为方程的拟合参数; C 为与多孔介质几何尺寸有关的常数; P_c 为毛管细压力, Pa; VE 为黏度指数; K_{mws} 为初始时非润湿相相对渗透率, mD; K_{mwe} 为终点时非润湿相渗透率; mD; a、b 为与黏度有关的无量纲常数。

Standnes[30]认为 Aronofsky 模型[24]广泛用于预测单一基质岩层中采收率,但在采油前期时采收率预测偏低,在后期采收率又偏高:

$$R = R_{\max}(1 - e^{-\omega t}) \tag{1.3}$$

式中, R 为时间 t 时的采收率; $R_{\max}$ 为最大采收率; ω 为一个拟合参数; t 为渗吸时间。基于近期解 Washburn 方程的进展,Standnes[20]提出了一个新的单一基质岩层的采收率和时间关系式:

$$\frac{R(t)}{R_{\max}} = 1 + W(-e^{-1-\alpha t_D}) \tag{1.4}$$

式中, α 为拟合参数; W 为 Lambert 的 W 函数; t_D 为无量纲渗吸时间。这个关系式既保持了 Aronofsky 关系式[24]的简单性,即只需要拟合一个参数,通过对渗吸实验数据的拟合,发现改进的关系式能够更好地拟合实验数据。

Tavassoli 等[31]使用积分的方法推导一个非润湿相采收率近似的解析表达式,所得到的表达式与文献中的数据拟合得非常好。然后用得到的采收率的近似解来推导裂缝油藏的双孔介质模拟中的传质函数。

Ma 等[32]通过绘制无量纲时间与渗吸最终采收率图,能够将过去报道的强水湿性基质自发渗吸采油的采收率的实验数据关联起来。

$$t_D = t\sqrt{\frac{K}{\phi}} \frac{\sigma}{\sqrt{\mu_o \mu_w}} \frac{1}{L_c^2} \tag{1.5}$$

式中, t 为渗吸时间,min; K 为渗透率,mD; ϕ 为孔隙度,%; σ 为界面张力,D/cm; μ_w 为水黏度,mPa·s; μ_o 油黏度,mPa·s; L_c 为特征长度。式(1.5)对于研究的多孔介质而言,意味着 $(K/\phi)^{1/2}$ 这一项能够得到较满意的关系(对于孔隙结构和运输性质对两相反向流动的影响)。

Reis[40]提出了一个新的闭合的解析模型,该模型可以用来模拟地层水的毛细管一维渗吸驱油过程,通过建立驱油速率和含油饱和度的瞬时变化之间的等量关系,他设计了一个模型(其中在驱动力是毛细管力时,驱油速率由 Darcy 定律计算得到;在基质岩块中的含油饱和度的瞬时变化通过物料平衡计算得到)。这个模型与文献中发表的数据十分吻合。他设计了一个无量纲的时间,它为不同岩石物理性质和样品尺寸时归一化的渗吸数据提供了一个普遍的相似参数。

Mason 等[41]对式(1.5)中的黏度项进行了修改,使液/液黏度比在四个数量级范围内都给出了数据的近似关系,该关系式与在油相和水相两者中有一相是非黏性的极端情况在物理上是一致的。经改进后关系式在优化相对渗透率及对实验数据进行最优拟合方面都比标准分析更为有效。将标准的数学模型与新的经验关系式相比较,可以评价相对渗透率比值是如何随着黏度的变化而变化的。

Standnes[42]阐述了 Ma 等[32]提出的相似定律,重点关注流体黏度项。他们发现,在不同黏度条件下,要选用不同的黏度相似群才能得到较好的相似结果。

Al-Wahalbi 等[43]将两个关系式与多相混合驱替的实验相比较，发现 Coats 关系式使用一个可调参数模拟相对渗透率和残余油饱和度(二者皆作为界面张力的函数)的变化，模拟结果与实验确定的相对流量结果符合得不是很好。而 Whitson-Fevang 关系式使用两个可调的权重函数将相对渗透率的变化与毛细管数目关联起来，模拟结果与实验结果比较吻合。

Mason 等[44]提出了一个新的岩心形状相似因子。为了检验采收率与时间曲线的预测结果和 Ma 等[32]、Ruth 等[36]及本书提出的新的标度因子，用不同形状的岩心(油饱和，其余岩石性质相同)和浓盐水进行反向自发渗吸实验，结果发现，Ma 和 Ruth 标度因子适用于大多数条件下，但是新的标度因子对于极端的形状变化结果要稍微好一些。新理论也预测，所有的结果可以通过普适的性质因子(G)联系起来。G 的变化可以解释为一些岩心没有足够裸露的表面和没有足够的岩石深度。

Rangel-German 和 Kovscek[45]为填充裂缝流态提出了一个新的解析模型，并在模型中加入了内在的裂缝与基质耦合(度)。在合适的初始和边界条件下，解析耦合(度)可以通过解饱和度扩散方程得到，计算得到的结果与实验结果非常一致。

Delijani 和 Pishvaie[46]使用 Green 元素数值方法来解时间依赖非线性一维反向自发渗吸扩散方程。该方法通过产生大的全局稀疏矩阵和利用 Green 函数的性质，能够得到非常复杂的物理问题的解，同时比边界元素法(BEM)需要的计算时间更少。通过将边界和问题离散化，Green 函数法(GEM)能够解出整个体系的饱和度及其微分。将 GEM 的结果与可查的文献中的渗吸实验结果和问题的解析解相比较，发现对比结果显示出非常好的一致性。

Gladkikh 和 Bryant[47]提出了一个模拟渗吸过程的新方法，该方法最初由 Melrose[48]提出。该方法的原理是纯几何的，能够预测渗吸曲线和相对渗透率。这个方法允许模拟不同接触角和不同初始条件下(不同的排驱终点)的渗吸过程。在各种不同的润湿性条件下，预测的毛细管压力和相对渗透率与实验数据吻合较好，这为动态渗吸原理提供了强有力的支持。

Gallego 等[49]发现三指数传质函数与上述提出的数值方法结合能够很好地与实验渗吸数据吻合，因而可以估算出函数参数，进而可以将实验室结果应用到油田尺度。

Babadagli[50]提出了考虑温度效应的相似方程，考虑了热膨胀的影响，除高温下原油渗吸的情况，修改后的相似方程与实验结果符合得很好。另外，为了验证驱替数值模型，他提出了三种方程，结果发现当方程中包含了基质的润湿性、渗透率及裂缝中的流动速率时，由上述方程计算得到的结果与实验观测的结果非常一致。当回归分析中考虑基质的尺寸时，此时并不是所有的方程得到的结果都与实验一致。

Standnes[51]提出了一种预测单一基质岩层中采收率的新的相似群，该群是基于Washburn 方程的解析解得到的。用不同渗透率和不同尺寸的岩心样品对新的相似定律进行验证，新的相似定律能够很好地把这些数据拟合到相似或相同的曲线上。

Standnes[52]提出了一种新的无量纲相似群，在相似由数值模拟产生的渗吸数据时，这个相似群能够正确解释流体黏度的变化(渗吸流体黏度大于初始流体的黏度)。当关联自发渗吸数据时，新的无量纲时间明显要比 Ma 等[32]建立的常用的相似群好得多。

Li 等[53]提出了一个基于相似定律的线性反向自发渗吸数学模型，该模型能够解释各种渗吸模式。这个模型预测流动速率和前沿的前进距离与前沿流动时间的平方根呈正比，也能预测前沿流动后采收率依赖于产量曲线(为反向自发渗吸实验证实)。

Behbahani 等[54]进行了一维和二维反向渗吸的细网格模拟，并将得到的结果与文献中的实验结果进行对比，另外用一个高渗透率的裂缝与低渗透率的基质相接触，进行水流动的二维模拟。模拟结果与文献中裂缝流动和基质渗吸的实验结果相比较，同时与使用经验传质函数，并可以解释裂缝到基质渗吸过程的一维模拟结果。比较结果表明，若使用这个经验传质函数，则能够用一维模型可以预测二维驱替行为。

Standnes[55]通过解类扩散方程模拟[假设毛细管扩散系数(CDC)为常数]油饱和的多孔白垩岩心的水自发渗吸过程。计算得到的采收率对时间的曲线与实验得到的曲线形状相同，并且在整个饱和度范围内都拟合得非常好。此外，类扩散方程的解析解与文献中报道的结果在定量上是一致的，也可以来描述水饱和度剖面图。这个模型可以用于解释因为毛细管扩散系数变化进而导致的岩石润湿性的差异，当分析实验中圆柱岩心采收速率时，该模型是一个十分有用的工具。

Rangel-German 和 Kovscek[56]对于填充和瞬时填充的裂缝传质，基于对实验数据的无量纲分析，得到了一个新的具有时间依赖性的基质-裂缝传质形状因子方程和传质函数。纯物理数据的无量纲分析可以避免导致表达式不能正确地表示基质-裂缝传质函数的简化。新的形状因子包含了水饱和度(S_w)的瞬时动态的信息，而且能够更加准确地描述基质-裂缝传质的过程。实验数据、分析模型和具有新的时间依赖性的形状因子、传质函数修改后的双孔方程，三者的结果非常一致。

Nguyen 等[57]提出了一个渗吸的动态网络模型，该模型基于对膜流动、膨胀和急变(snap-off)等复杂动力学的真实物理描述。该模型表明，膜膨胀是一个毛细管力驱动的非线性扩散过程，而且急变和前端驱替的竞争依赖于速率，进而导出了速率依赖的相对渗透率曲线和残余油饱和度。与急变只受接触角抑制的准静态网络模型相反，动态模型引入了驱替速率作为一个辅助的急变渗吸机理。

Reis[40]开发了新的解析模型预测注水的波及面积和产油速率，另外提出了双孔和三孔油藏模型，并给出了在模型中加入真实裂缝空间分布(负指数分布)的方法。这些模型显示出了通过裂缝网络的水前端通道及双孔和三孔油藏之间差异。

殷代印等[58]认为，一般在制定渗吸法采油方案和指标预测时，采用双孔介质模型Simbest II软件进行计算，但该软件在渗吸法采油使用时存在缺陷。针对毛细管力驱动项和流动系数的取值问题，他从渗流理论出发，建立了能够描述渗吸特点的数学模型，推导出了数值解，并定量分析了影响渗吸法采油效果的主要因素。

周林波等[59]从两相渗流基本理论出发，考虑毛细管力和重力、岩石的孔隙度、渗透率、特征尺寸及油水黏度等因素的影响，建立了无因次渗吸速率表征模型。利用该模型可以预测裂缝性特低渗透储层的渗吸采油规律。通过对比不同渗吸速率模型对试验数据的表征结果，发现新模型实现了不同岩心渗吸速率的一致拟合，表征结果正确可靠。

刘浪等[60]针对实验设备和测试手段受限制、实验方法周期长、价格昂贵和误差较大的特点，提出了采用油藏生产历史数据进行线性回归来确定模型参数的新方法，建立了裂缝性油藏产量预测及最大渗吸速率发生时间的数学模型。通过实例分析和对比，验证了该方法的可靠性。该方法对裂缝型油藏水驱开采动态研究具有参考价值。

徐晖等以 Kazemi 在 1989 年提出的裂缝性油藏水驱油理论模型为研究对象，通过采用合适的差分格式来验证 Kazemi 模型数值解的正确性，并在此基础上修正完善岩块渗吸项，建立新的拟线性渗流模型，利用特征线法求得解析解，进一步完善裂缝性油藏水驱油理论，结果可更有效地指导该类油藏的开发[61]。

袁迎中等[62]在 Aranofsky 型渗吸曲线的基础上，利用 Li 和 Horne[37]的新的渗吸方程，提出了预测裂缝性油藏产量的一种新的模型，将该方法应用于火烧山 H2 油组，结果表明，该方法对裂缝性油藏的产量预测具有很好的适用性。

1. 无量纲时间方程

Ma 等[32]基于强水湿基质提出了无量纲时间与渗吸时间的关系[式(1.5)]，笔者为了研究无量纲渗吸时间与实验室岩心实验渗吸时间的相关性，选取了四组岩心渗吸的实验数据采用式(1.5)进行计算，结果如图 1.5 所示。图中对应的四根岩心均为新的水湿砂岩，原油用大庆采油一厂的模拟油（密度为 0.8294g/cm³，45℃）和大港港西一区的模拟原油（黏度为 9.9mPa·s，密度为 0.8603~0.8604g/cm³，53.6℃），岩心长度、渗透率、孔隙度等参数如表 1.4 所示，体系界面张力为 0.1663mN/m（A3-1、A3-3）和 0.0407mN/m（A2-1、A2-3），渗吸剂黏度均为 1.11mPa·s。从图中计算的结果看，渗吸时间与无量纲时间具有非常好的线性正相关关系。可见，两者的关系与 Ma 等[32]提出的关系式(1.6)的吻合性极好。即当一个渗吸体系和岩石油藏的物理参数一定时，渗吸时间与无量纲时间具有非常好的线性关系。这对于研究实际渗吸时间与渗吸采收率关系具有重要意义。

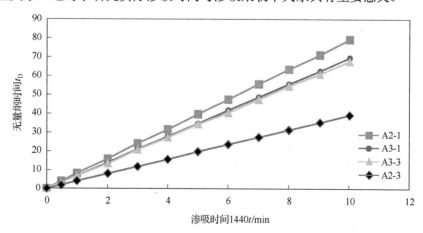

图 1.5　无量纲时间与渗吸时间的关系曲线

表 1.4　渗吸过程动力学研究用岩心的物性参数

岩心	长度 /cm	直径 /cm	孔隙度 /%	渗透率 /mD	束缚水 饱和度/%	油水来源	老化 时间/d	渗吸剂	静态渗吸采 收率/%
A3-4	9.785	2.466	19.8	1457	42.04	大港油水	2	KPS	54.21
A3-1	9.957	2.465	20.4	1822	27.2	大港油水	3	T3	51.06
A3-2	9.868	2.485	14.5	1196	25.9	大庆油水	18	KPS	40.78
A2-1	9.328	2.570	15.1	226	29.5	大庆油水	15	T13	38.83
A2-3	9.634	2.531	34.9	148	75.3	大庆油水	20	T13	14.32
A3-3	9.703	2.479	20.3	1553	22.7	大庆油水	13	T3	58.50
2-1	6.055	2.454	10.4	2.84	23.0	大庆油水	24	HABS15	16.52

2. 渗吸过程动力学新方程

选取用大港和大庆油水饱和的岩心进行了常压静态渗吸实验和温度变化对渗吸效果的影响实验,岩心参数如表 1.4 所示。

借助 Origin 软件对图 1.5 中的四组渗吸实验结果进行了非线性方程拟合,其相关参数值和方程的相关系数列于表 1.5 中。这是在相应的地层温度和常压下进行的单一温度值的渗吸实验。从中可见,其中有三组的拟合相关系数在 0.98 以上,吻合度较高。有一组是相关系数约为 0.91,图 1.6 也看出与方程的吻合度有一定偏差。但当该组实验继续延长时间后,到 15d 后基本达到了渗吸平衡,见图 1.7 中的曲线 B,此时的拟合相关系数值大于 0.94。可以看出所有渗吸过程基本具有一致的趋势,先快速上升后趋于平缓,再上升再平缓的阶梯式过程。有的经过一个阶梯就达到了最终的平衡,有的经过几个阶梯才达到平衡。

表 1.5　恒温恒压下的渗吸过程拟合方程

曲线	参数	各参数值	标准偏差	R^2
B	a	44.32333	1.84507	
	b	−40.59963	3.75508	0.91654
	k	0.66049	0.15416	
C	a	31.34751	0.22368	
	b	−31.55519	0.67226	0.99529
	k	1.74904	0.08646	
F	a	34.48833	0.45185	
	b	−34.74927	1.39447	0.98312
	k	2.12777	0.20643	
G	a	14.42761	0.1027	
	b	−14.58502	0.28528	0.99616
	k	1.22942	0.05528	
方程		$y = a + b\mathrm{e}^{-kx} = y = a + b\mathrm{e}^{\frac{k}{x}}$		

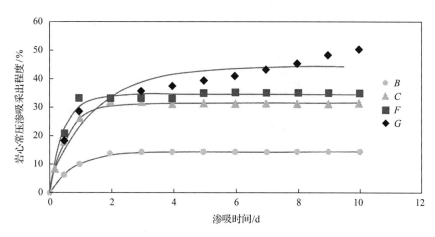

图 1.6　恒温恒压下的渗吸过程拟合曲线

　　表 1.5 对应图 1.6 的结果[11]，发现升高温度可以进一步提高采收率，但采收率的升高幅度不是很大，升温可以促进采收率的阶梯式升高直至新的平衡。

表 1.6　升温前后连续拟合方程

曲线	参数	各参数值	标准偏差	R^2
B	y_0	53.25577	3.04662	
	x_0	-2.45958×10^{-10}	3762615.84233	
	A_1	-24.19837	15177143.60480	
	t_1	5.99910	4.11361	0.94810
	A_2	-24.04204	100379445.82503	
	t_2	0.90119	0.57357	
C	y_0	51.98782	0.22054	
	x_0	-0.00306		
	A_1	-26.21194	126379919.21019	
	t_1	0.42721	9550.07156	0.99335
	A_2	-26.21194	72734996.2725	
	t_2	0.42721	9550.01604	
方程		$y = y_0 + A_1 \mathrm{e}^{\frac{x_0-x}{t_1}} + A_2 \mathrm{e}^{\frac{x_0-x}{t_2}}$		

　　表 1.6 是图 1.7 的拟合结果，表 1.7 是图 1.8 的拟合结果，图 1.8 中的岩心 2-1 渗透率为 2.84mD，对应曲线 B，岩心 A3-2 渗透率 1196mD 对应曲线 C，岩心 A2-1 渗透率为 226mD，对应曲线 D。图 1.8 非常明显地展示了渗吸采收率阶梯式上升的过程。两组升温渗吸的结果可以证明，温度升高对渗吸有利但不十分显著。方程中出现了两个含有自变量的指数项，形式是一致的，t_1 和 t_2 有可能是与温度有关的参数。

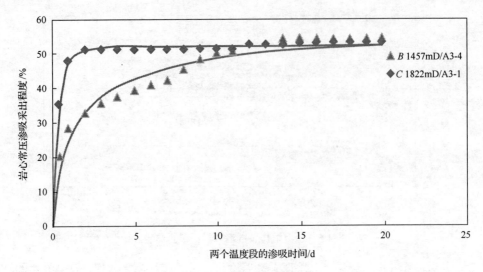

图 1.7 升温前后的渗吸曲线

表 1.7 有几个升温段的曲线拟合方程

曲线	参数	各参数值	标准偏差	R^2
B	y_0	19.91543	1.62057	
	x_0	−0.1818		
	A_1	−9.77786		0.99311
	t_1	22.30793	6.6912	
	A_2	−13.85057		
	t_2	0.61361	0.05652	
C	y_0	52.8943	17.45398	
	x_0	−0.10762		
	A_1	−36.27451		0.95433
	t_1	0.41894	0.08931	
	A_2	−24.99562		
	t_2	31.0904	33.01173	
D	y_0	873.82995	34080.55001	
	x_0	-6.59312×10^{-8}	1.53553×10^{6}	
	A_1	−841.67827	593812.38654	0.99003
	t_1	2180.5492	88832.20382	
	A_2	−32.18503	1.81158×10^{8}	
	t_2	0.27281	0.02686	
方程		$y = y_0 + A_1 \mathrm{e}^{\frac{x_0-x}{t_1}} + A_2 \mathrm{e}^{\frac{x_0-x}{t_2}}$		

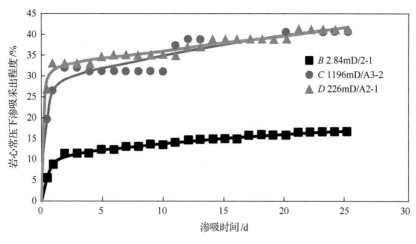

图 1.8   两个升温段的曲线拟合方程

从上述的研究可以看出(图 1.6~图 1.8),渗吸采收率或渗吸总采出程度随着渗吸时间的延长在单一基质岩层中呈阶梯式上升,在渗吸初期上升速度较快,经过几个阶梯后趋于恒定,即渗吸过程达到平衡。达到渗吸平衡后渗吸采收率基本不再变化,但升高温度或调整压力后除外。这一现象说明渗吸采收率表现在数值变化上并不一定是连续升高的光滑曲线。

表 1.8 是图 1.9 的拟合结果。图 1.9 中曲线 B 对应岩心为 A2-3,渗透率为 148mD。曲线 C 对应的岩心是 A3-3,其渗透率是 1553mD。

表 1.8   两个升温段的渗吸曲线拟合方程

曲线	参数	各参数值	标准偏差	R^2
B	y_0	14.45066	0.05073	0.99447
	x_0	-0.00408	1.06696×10^6	
	A_1	-7.24877	1.55885×10^7	
	t_1	0.76641	11703.52083	
	A_2	-7.24877		
	t_2	0.76642	11703.52997	
C	y_0	59.39805	0.21925	0.99432
	x_0	-3.10463×10^{-10}		
	A_1	-28.34664		
	t_1	1.21958	0.46965	
	A_2	-31.03855		
	t_2	0.43338	0.2134	
方程	$$y = y_0 + A_1 \mathrm{e}^{\frac{x_0-x}{t_1}} + A_2 \mathrm{e}^{\frac{x_0-x}{t_2}}$$			

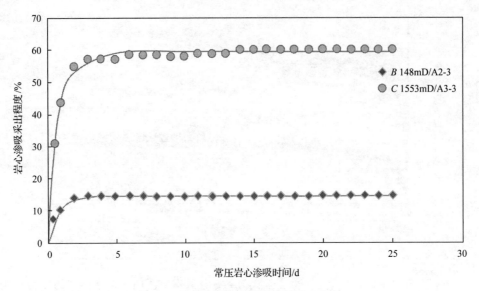

图 1.9　几个升温段的渗吸曲线拟合方程

根据以上图表(表 1.5～表 1.8，图 1.6～图 1.9)的结果得到了两种方程形式，式(1.7)为恒温吸附方程，式(1.8)为变温吸附过程对应的方程[11]：

$$y = a + be^{\frac{k}{x}} \tag{1.6}$$

$$y = y_0 + A_1 e^{\frac{x_0-x}{t_1}} + A_2 e^{\frac{x_0-x}{t_2}} \tag{1.7}$$

式中，a、y_0 分别表示渗吸平衡时的最大渗吸采收率；b、k、x_0、t_1、t_2 均为拟合参数，是与岩心的孔隙度、长度、渗透率和油水黏度等有关的值；A_1、A_2 为方程中变量的系数。将两个方程[式(1.6)和式(1.7)]第一部分一个单元统一表示为

$$y = y_0 + Ae^{\frac{x_0-x}{t}} \tag{1.8}$$

式中，y 为不同渗吸时刻的采收率，%；y_0 为渗吸平衡时的最高采收率，%；A 为系数；t、x_0 分别为拟合参数；x 为渗吸时间，min。

式(1.8)拟合方程的形式与 Standnes[63]于 2010 年提出的针对单一基质岩层采收率方程 $\left[\frac{R(t)}{R_{max}} = 1 + W(-e^{-1-\alpha t_D})\right]$ 具有相似性，但又有区别。式(1.8)中的 x 是实际渗吸时间，t 是拟合参数之一，Standnes 方程中 t_D 代表无量纲时间，明确了 R_{max} 是最大渗吸采收率值。当式(1.5)中涉及的各项参数(岩样尺寸、孔隙度、渗透率)一定时，无量纲时间与渗吸时间具有线性相关性，则式(1.8)与 Standnes 方程就具有了形式与含义上的相似性。同时，笔者发现实际渗吸过程渗吸采收率随时间呈阶梯式上升直至平衡，则式(1.8)中可能含有两个或更多个指数单元，该方程是笔者首先发现并提出的，给出了渗吸过程的新形式和

动力学新规律,可以指导静态渗吸规律研究和渗吸剂的室内优选。

1.2.3　渗吸过程热力学

将热力学方法引入到渗吸过程,是笔者近年来研究工作的一项新进展。

根据黏附功公式:

$$W = \sigma_{ow}(1-\cos\theta) \tag{1.9}$$

式中,θ 为油水岩石体系中水在岩石表面的接触角;σ_{ow} 为油水界面张力;W 为油在岩石表面的黏附功。渗吸剂体系的界面张力越低,或当接触角为 0°~180° 时,θ 越小,$(1-\cos\theta)$ 值越低,黏附功越低,水越易于将油从岩石表面洗脱下来,渗吸效果或驱油效果越好。实验测定了大港模拟地层水和一系列渗吸剂体系的界面张力和三相体系的接触角,进而计算了黏附功的变化,结果如表 1.9 和图 1.10 所示。

表 1.9　模拟地层水与岩心的接触角及黏附功值计算

体系号	岩心号	水或剂的界面张力 σ /(mN/m)	润湿角 θ /(°)	$\cos\theta$	黏附功 W /(mN/m)	岩心润湿性	渗吸效率 R_{im}/%	渗吸方式
模拟地层水		7.1131	180.0	−1	14.2262	亲油矿片		
			44.7	0.7108	2.057	亲水矿片		
			60.0	0.5	3.5566	弱亲水矿片		
T-1	01-25-B	3.3407	82.05	0.1383	2.9789	亲油	6.07	
	R-11		67.1	0.3891	2.0408	亲水	35.3	
T-2	1-4-6	0.0708	25.0	0.9063	0.00663	强亲水	23.95	
	W-6		58.3	0.5255	0.03360	亲水	14.88	
	1-2		52.0	0.6157	0.02721	亲水	30.89	
T-3	W-10	0.2311	74.2	0.2723	0.1682	弱亲水	22.06	
	BD-3		76.5	0.2334	0.1772	弱亲水	45.15	
	01-24-B		91.55	−0.0270	0.2373	中性	6.24	
T-4	B2-3-2	1.0743	110.2	−0.3453	1.4453	中性	16.67	岩心静态
	HD-1		52.45	0.6095	0.4196	亲水	31.35	
T-5	1-4-15	1.586	114	−0.4067	2.2310	弱亲油	0	
	BD-1		37.5	0.7934	0.3277	强亲水	22.53	
T-6	BL-28	3.364	36.6	0.8028	0.9207	强亲水	27.99	
	0-0		110.8	−0.3551	4.5585	弱亲油	0	
T-7	BL-27	2.0494	45.3	0.7034	0.6079	强亲水	26.63	
T-3	1-4-15	0.2311	114	−0.4067	0.3251	弱亲油	10.03	
	W-9		74.2	0.2723	0.1682	中性	39.31	
Ys13-1	A3-4	0.0604	43.5	0.7254	0.0176	亲水	54.21	
	A3-2		57.8	0.5329	0.02821	亲水	40.78	
T-3	A3-1	0.1663	68.3	0.3697	0.1048	亲水	51.06	
	A3-3		65.4	0.4163	0.0971	亲水	58.50	
T-13	A2-1	0.0407	21.2	0.9323	0.0028	强亲水	38.83	

续表

体系号	岩心号	水或剂的界面张力 σ /(mN/m)	润湿角 θ /(°)	$\cos\theta$	黏附功 W /(mN/m)	岩心润湿性	渗吸效率 R_{im}/%	渗吸方式
T-17	BLC-1	1.630	44.5	0.7133	0.4673	亲水	53.6	
T-19	BLC-2	2.856	51.8	0.3816	1.7662	亲水	54.2	岩心动态
T-18	BLD-1	0.2198	37.7	0.7912	0.0459	强亲水	63.4	
T-19	BLD-2	2.856	42.3	0.7396	0.7437	亲水	54.9	

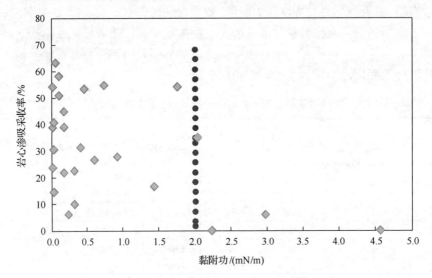

图 1.10　岩心渗吸效率与体系黏附功值的统计结果

从表 1.9 可以看出，有两组实验的渗吸效率为 0，即表明渗吸剂体系对该岩心中的油不能通过渗吸采出。查看其对应的黏附功值，发现均高于大港模拟地层水对应非亲油矿片所测得的平衡润湿角的黏附功值（2.057mN/m）。该值相对于利用模拟地层水在自然状态下对亲油矿片的接触角及水的界面张力值所计算的初始黏附功值而言，设定当界面张力不变时，如果模拟地层水能够启动残余油，需要它降低三相中的接触角到 60° 以下，当接触角等于 60° 时，对应的黏附功值为 2.057mN/m，或者通过调节界面张力使黏附功降低到该值以下才可以启动残余油。上述的实验中能够启动残余油或渗吸效果较好的，所对应的黏附功值均低于这个值，说明这种判断依据具有一定的参考价值。但也有的黏附功虽然低于 2.057mN/m，但渗吸采收率并不很高，其原因可能与岩心本身的润湿性有关，渗吸采收率低的岩心多属于中性或弱亲油性岩心，也就是说接触角实际可能更接近 90°（85°～115°），表 1.9 中有四组实验接触角为 110°～115°，但此时当渗吸体系的界面张力也较高时（大于 1.5mN/m），则黏附功值就超过了界限值，其渗吸效率就很低或为零。这与用毛管数来判断水驱效果的说法不一致，在水驱过程中，如果毛管数的值越大，残余油饱和度就越低。当毛管数值增加 100 倍，界面张力降低两个数量级时残余油饱和度将降到 12% 以下；当界面张力降低 3～4 个数量级时，毛管数就升高 1000 倍以上，残余油饱和度几乎为零。所以，在过去几十年的化学驱油实践中一直在追求超低的界面张力以实现最高的采收率。但按照毛管数的概念，接触角是不能等于 90°的，当接触角无限接近 90°时分母值趋近于 0，毛管数趋近无穷大。可见，用毛管数理论在这里无法解释。

图 1.10 中实验点的分布结果可以看出，当黏附功低于 2.06mN/m 时，所有渗吸剂均可发生渗吸反应，而且绝大多数渗吸剂的渗吸采收率大于 30%，即渗吸效果处于较好级别以上的占多数。而黏附功值高于 2.0mN/m 的三个实验点中有两个点渗吸反应未发生，有一个点虽然发生了渗吸反应，但渗吸采收率很低，低于 10%。所以，实验结果表明，黏附功的界限值是可否发生渗吸反应和反应强弱的重要依据，为了完善该判断依据笔者针对油湿表面做了改进，后面(4.4 节)将做详细介绍。

1.2.4 渗吸过程的研究方法

要研究渗吸过程中水在孔隙网络中的流动机理，若没有与时间有关的原位分布和变化图像，就无法证实猜测的流动机理。Baldwin 和 Spinler[19]使用核磁共振成像(MRI)监测油藏岩心在自发渗吸过程中原始饱和度的变化。核磁共振图像可以监测到渗吸前沿的移动和饱和度的变化，而且这个图像随渗吸前沿(初始水饱和度的函数)的变化而变化。

Brautaset 等[64]使用高分辨率的核磁共振成像技术，测量注水过程中的局部压力和原位流体饱和度，不仅可以确定单个流体的饱和度变化，这种变化由自发渗吸和黏滞位移引起，而且可以用来确定局部采油机理，计算局部采收率和原始 Amott-Harvey 指数。

王学武等[65]采用核磁共振手段研究油水两相渗流规律，可以定量得到不同阶段油水在不同大小孔隙中的分布。

Karpyn[18]使用高分辨率的 X 射线 CT 成像研究在毛细管驱替作用下不均匀裂缝地层中的流动机理。该法不仅能够分辨出自发毛细管渗吸过程中局部的同向和反向流动，也能分辨出三种不同的流动阶段：前期渗吸、中期渗吸和后期渗吸。

Rangel-German 和 Kovscek[45]使用 X 射线计算机扫描仪(CT)研究三维空间中利用水的毛细管渗吸作用，将空气和油从岩石样品中的排除。用 X 射线计算机扫描仪能够测得水的空间分布(随时间而变化)，进而可以解释渗吸过程中观察到的一些趋势。

Melean 等[66]使用 CT 扫描测量追踪渗吸液(水)驱替油的过程，主要是测量水饱和度剖面图，用来确定注水时的渗吸行为。

Akin 等[67]使用计算机 CT 扫描仪和新型的兼容 CT 的渗吸单元，研究了水自发同向渗吸进入硅藻土岩心样品的过程。渗吸过程中的 CT 成像能够观察到水前沿在岩心中的前进过程，能够解释重量增加随时间变化的函数变化趋势。

Mogensen 等[68]使用 X 射线 CT 扫描仪，在最初含有和不含有原生水的条件下，追踪两相注水(渗吸)期间的渗吸前沿。

Zhang 等[69]使用 CT-X 射线扫描技术可以看到原位渗吸剖面图。

1.3　油藏岩石润湿性测试方法

润湿性是指一种流体在其他非混相流体存在条件下，在固体表面展开或黏附的趋势。在一个岩石、油、水系统中，润湿性是岩石亲水或亲油的一种量度。润湿性大致可分为五种类型：①亲水润湿，简称水湿，又可细分为强水湿，中强水湿，弱水湿；②亲油润湿，简称油湿，强油湿，中强油湿，弱油湿；③中性润湿；④部分润湿(选择性润湿)；⑤混合润湿。润湿性对岩心分析结果有非常重要的影响。人们已经认识到，润湿性的变化将影响毛管压力、相对渗透率、水驱动态、示踪剂的分散、束缚水饱和度(IWS)、残余油饱和度(ROS)及电性质。对于要准确推测油藏动态的岩心分析，岩心的润湿性必须与未受破坏的油藏岩石润湿性完全相同。由于岩心处理的许多方面都对其润湿性的影响都很大，如何恢复(或保持)和控制岩心的润湿性是一个值得研究的重要课题。

(1)水湿、油湿与中性润湿。当岩石为水湿状态时，水具有占据小孔隙和接触大部分岩石表面的趋势，油湿的情形则刚好相反。根据岩石、油和水的特定相互作用关系，系统的润湿性范围可以从强水湿到强油湿；当岩石无论对油或对水都没有较强的优先性时，称系统为中性润湿。

最初人们以为所有的储油层都是强亲水润湿的，但后来研究表明，并非所有的油层都是亲水的，不同的油层润湿性相差很大。Chilingar 和 Yen[70]所做的接触角测量表明，大多数碳酸盐岩油藏储层为中性润湿到亲油润湿，大多数砂岩油藏储层为亲水润湿。实际油藏岩石的润湿性具有多样性，岩石表面由于吸附极性化合物和原油中的有机物质，油藏岩石原来的强亲水润湿状况发生改变：一些原油通过在矿物表面沉积一层有机膜使岩石变为亲油润湿；另一些原油包含可被吸附的极性化合物，使岩石的亲油润湿性更强。

(2)部分润湿(选择性润湿)。除了强亲油和亲水润湿和中性润湿之外，还有第三种类型——部分润湿(也称选择性润湿)，即岩心的不同区域具有不同的润湿性。部分润湿又称为非均匀润湿、斑点状润湿。在部分润湿中，原油成分被强烈吸附在岩石的一定部位，因而一部分岩石是强亲油湿的，而其余部分则是强亲水湿。

(3)混合润湿。Salathiel[71]引入了混合润湿的概念。混合润湿实际上是部分润湿的一种特殊类型，亲油表面形成连通较大孔隙的连续通道，较小的孔隙仍然保持水湿并且不含油。混合润湿与部分润湿的主要区别是后者既没有特定的油湿表面位置，也没有连续的油湿通道。

目前，油藏岩石润湿性测定方法主要有定性法和定量法。

(1)定量法主要包括接触角法、渗吸与排驱法(Amott 法)和 USBM(美国矿务局建立)方法等。

(2)定性法包括渗吸率、显微镜检测、浮选法、玻璃滑动法、相对渗透率曲线法、渗透率与饱和度关系曲线、毛管压力曲线、毛细测量法、排驱毛管压力、油藏测井曲线、核磁共振法及染色吸附法等。

1.3.1　动态接触角法

王凤清等[17]应用动态接触角法测出化学剂处理前后固体表面润湿性的变化

(DCA-322 型动态接触角分析仪)。Zhang 等[69]和 Seethepalli 等[72]也应用该方法测量了动态接触角。该方法适用于在典型矿片上模拟测定油藏润湿性。工业标准是用悬滴法测量接触角(静态和动态)。该方法主要存在如下问题。

(1)影响润湿滞后的因素主要有：①表面粗糙度；②表面非均质性；③大分子水垢的表面固定性。

(2)在单一的矿物晶体表面上测量，它仅反映岩石局部的润湿性，未考虑非均质性。

(3)不能说明在油层岩石上是否存在永久性黏附的有机物质膜。

动态接触角的测定方法可见标准《油藏岩石润湿性测定》(SY/T5346 — 2005)[59]。

对于给定的液体-固体-大气三相体系(也可以是另一与液体互不相溶的流体相)，接触角应为一特定的值，它是由三相之间的相互作用，即液-气、液-固和固-气界面所决定的，是体系本身追求最小总能量的结果。液滴在固体表面的形状由杨-拉普拉斯(Y-L)方程决定，而接触角则起(方程解的)边界条件的作用。在理想的情况下，接触角与三相间相互作用力的关系可用以下的杨氏方程式来描述：

$$\cos\theta_c = \frac{\sigma_{os} - \sigma_{ws}}{\sigma_{ow}} \tag{1.10}$$

式中，σ_{os} 为油和固体间的界面张力，mN/m；σ_{ws} 为水和固体间的界面张力，mN/m；σ_{ow} 为油和水之间的界面张力，mN/m；θ_c 为接触角，(°)。

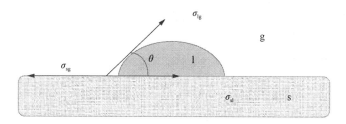

图 1.11　接触角示意图

s 代表固相；l 代表液相、g 代表气相；θ 为接触角，(°)；σ_{lg}、σ_{sg}、σ_{sl} 分别为液-气、固-气、固-液界面张力，mN/m

物理上有意义的接触角 θ 的范围是 0°～180°。接触角为 0°时表示液体在固体表面完全铺展开，直到形成一单分子薄层(假设没有任何阻碍)。接触角为 0°～30°时，表示液体对固体表面有很好的润湿性，能较好铺展开，这一范围对许多工艺过程都很重要，如油漆、涂料、清洗、黏结等。接触角为 30°～90°时，表示液体对固体表面有一定的润湿性，但不是很好。而当接触角大于 90°时，液体对固体表面已不呈现润湿性。当这一角度增加到 130°～140°时，液体开始呈现对固体表面的排斥性(surface repellency)。当接触角增加到 150°以上时，液滴其实只是"坐"在表面上，一有机会就想离开表面，对表面呈现高度的排斥性，水滴在荷叶表面的现象就属于这种情况，当接触角大到约 170°，被称为"荷花效应"，这类表面也常被称为超疏水表面(superhydrophobic surface)。它们具有自清洗能力(self-cleaning)，很有应用前景，是当前研究的一个热点。

式 (1.10) 其实只适用于液滴在光滑、化学均质、刚性、各向同性且无化学反应等相互作用的理想表面上。实际表面上的接触角并非如式 (1.10) 所预示的取值唯一，而是在相对稳定的两个角度之间变化，这种现象被称为接触角滞后现象 (contact angle hysteresis)。上限为前进接触角 θ_a，下限为后退接触角 θ_r，二者之差为

$$\Delta\theta = \theta_a - \theta_r \tag{1.11}$$

$\Delta\theta$ 被定义为接触角滞后性。大量研究表明滞后现象可归因为表面粗糙性、化学多相和亚稳表面能量态。实际表面的非理想性导致用杨氏方程 [式 (1.10)] 中的接触角表征表面湿润性的传统做法不够完善，还必须考虑接触角的滞后性，这样才能完整表征如表面的超疏水性等特性。

接触角一般在水相中测量，它的大小与油、水对固体的润湿程度相关。因此测量油-水-油藏岩石系统的接触角，可以了解油、水对油藏岩石的润湿程度，即润湿性。

考虑油藏岩石的复杂性和矿物组成的基本属性，以及接触角测量的要求，一般选用典型的石英矿片模拟砂岩油藏岩石，选用典型的方解石矿片模拟碳酸盐岩油藏岩石。

用座滴法测量动态接触角有如下两种基本的方法。

(1) 加液/减液法。

该方法是在形成液滴后，再继续以很低的速度往液滴中加入液体，使其体积不断增大。开始时，液滴与固体表面的接触面积并不发生变化，但随接触角渐渐增大，液滴的体积增大到某一临界值时，液滴在固体表面的固-液-气三相接触线向外移动，而在发生移动前瞬间的接触角，被称为前进角。在此之后，接触角基本保持不变。反之，如果从已形成的液滴中不断以很低的速度移走液体，使其体积减小。开始时，液滴与固体表面的接触面积也并不发生变化，但随接触角渐渐减小，液滴的体积减小到一定值时，液滴在固体表面的固-液-气三相接触线开始往里移动。在发生这一移动前瞬时的接触角，就是后退角。在此之后，接触角也基本保持不变。

在运用该方法时，必须注意以下几点：①体积变化的速度应足够低，尽量保证液滴在整个过程中有足够的时间来松弛，使得测量能在准平衡下进行；②由于这一过程中一般都通过针头或毛细管的卷入以加入或移走液体，针头或毛细管的直径一定要（与液滴相比）足够小，使液体在针管或毛细管外壁上的润湿不会对液滴在固体表面的接触角产生影响。这一点对后退角的测量影响尤其突出，否则测得的值将严重偏离真实值。

(2) 倾斜板法。

将一足够大体积的液滴置于待测的样品表面，然后把样品表面朝一方缓慢、不断地倾斜。开始时液滴不发生移动，只是其中的液体由后方向前方转移，使前方的接触角不断增大，而后方的接触角不断缩小。当倾斜到一定角度时，液滴开始发生滑动。发生滑动前夕液滴的前接触角就是前进角，后接触角则为后退角。

1.3.2　渗吸与排驱法

渗吸与排驱法 (Amott 法) 是把渗吸和驱替结合起来测量岩石的平均润湿性[73]。其原理是在毛管压力作用下，润湿流体具有自发吸入岩石孔隙中并排驱其中非润湿流体的特

性。通过测量并比较油藏岩石在残余油状态(或束缚水状态)下,毛细管自吸水(或自吸油)的数量和注水驱替排油量(或注油驱替排水量),可以定性判别油藏岩石对油(水)的润湿性。注意在测量之前,将所用的岩心放在水中,通过离心作用直至使其达到残余油饱和度,才可进行 Amott 法实验。

Amott 法适用于测量岩心平均润湿性,其缺点是当岩心接近中性润湿性时实验灵敏度不高,这时可根据 Amott-Harvy 相对润湿指数 I 判断润湿性:$0.3 \leqslant I \leqslant 1.0$ 为水湿;$-0.3 < I < 0.3$ 为中性润湿;$-1.0 \leqslant I \leqslant -0.3$ 为油湿。

测试方法参见油藏岩石润湿性测定(SY/T5346—2005)[59]。使用的仪器设备见方法中规定仪器。

实验材料:水用标准盐水[配方为 $m(NaCl):m(CaCl_2):m(MgCl_2 \cdot 6H_2O)=7:0.6:0.4$]或模拟地层水;岩心为购买的天然露头岩心(长为 5.0~8.0cm,直径为 2.5cm)或进口的天然贝雷岩心(长为 20~30cm,直径为 3.8cm),按规定完成编号待用;原油为现场取得的脱气脱水原油;其他活性剂和聚合物根据实验设计需要选取和配置一定浓度后使用。

1.3.3　离心法——USBM 润湿性指数法

USBM 润湿性指数法(USBM 法)也是测岩石平均润湿性的方法。该方法测试比较的是一种流体驱替另一种流体所需功的大小,用润湿流体驱替非润湿流体所需的功肯定少于相反的驱替。由于所需功与毛管压力曲线下的面积呈正比,所以 USBM 法是通过计算离心毛管压力曲线下面面积来求润湿性的大小。与 Amott 法相比,其主要优点是该方法在中性润湿附近的灵敏性好,其缺点是 USBM 润湿指数只能在段塞尺寸的岩心中测量,因为岩心必须放在离心机中。

Sharma 和 Wunderlich[74]对 USBM 法进行了改进,既可求出 Amott 指数,也可求出 USBM 润湿指数。改进的 USBM 法分五步:①初始油驱;②水的自吸;③水驱;④油的自吸;⑤油驱。这种通过考虑饱和度变化改进了 USBM 法的结果,同时也求出了 Amott 指数。Amott 法有时可以指出系统的非润湿性,而 USBM 法则不能判断出部分润湿或选择性润湿。

USBM 法应用两种毛管压力曲线下面面积的比值 W 计算润湿指数:

$$W = \lg(A_1/A_2) \tag{1.12}$$

式中,A_1、A_2 分别为两种毛管压力曲线下面的面积值,cm^2。当 $W \geqslant 0$ 时为水湿;当 W 接近 0 时为中性润湿;当 $W < 0$ 时为油湿。

1.3.4　Washburn 法

1921 年,Washburn[27]导出了液体在竖直毛细管中流动的动力学方程:

$$h^2 = \frac{\gamma \cos\theta / 2}{\eta} rt = kt \cos\theta \tag{1.13}$$

式中,h 为液体在毛细管中上升高度,cm;γ 为液体表面张力,mN/m;θ 为接触角,(°);

η 为液体黏度，mPa·s；r 为毛细管半径，cm；t 为时间，s。当液体黏度、界面张力、毛管半径一定时，k 为常数，高度仅与毛细管润湿性有关。将多孔介质理想化为一束毛细管，当毛细管竖直时，理想情况下润湿相的爬升高度的平方（h^2）与时间（t）呈正比。

Washburn 法[60]是将石英砂洗净、烘干，作为表面亲水性标准物质；将石英砂用氯硅烷处理后烘干，作为表面亲油性标准物质。亲水和亲油颗粒样品为用同样方法处理的石英砂。用标准物质计算出 k 值，然后可以检测石英砂用不同溶液处理后润湿角 θ 的变化，从而定量测量化学剂溶液对砂岩表面润湿性的影响。

1.3.5　色谱润湿性指数法

Horstemeyer 等[75]提出了一种新的润湿性指数的计算方法：

$$WI_{new} = A_{wett}/A_{heptane} \tag{1.14}$$

式中，A_{wett} 为硫氰酸盐和硫酸盐曲线之间的面积；$A_{heptane}$ 为硫氰酸盐和硫酸盐曲线之间参考面积（以上曲线都是原油老化岩心注水实验得到，后者假定岩心是强水湿性的）。该方法基于水溶性示踪剂 SCN$^-$ 和势能决定离子 SO$_4^{2-}$ 的色谱分离。该实验在残余油饱和度条件下进行，而且两组分的色谱分离只发生在水湿性区域。与 Amott 法相比，该方法适用于整个润湿范围，尤其对中性润湿条件而言非常有用，且该方法速度快，可以不用进行长时间的渗吸实验而在残余油条件下测试。

Strand 等[76]提出了一种新的润湿性测试方法，该法基于两种水溶性组分（如示踪剂 SCN$^-$ 和对于白垩岩石能决定势能的离子 SO$_4^{2-}$）的色谱分离，并以水占据的表面积分数作为新的润湿指数。使用残余油饱和的白垩岩心，SCN$^-$ 和 SO$_4^{2-}$ 离子的流出曲线之间的面积与注水过程中与水接触的面积呈正比，与注水过程中水接触的面积与完全水湿性的岩心中对应面积的比值为 0～1，0 和 1 分别表示完全油湿和完全水湿状态。该方法对于接近中性润湿条件时非常有效，此时给出的润湿指数为 0.5 左右。Fathi[63]也使用色谱实验表征润湿性。

1.3.6　浮选法

Wu 等[77]用浮选法来证明方解石表面水湿性条件的变化，主要利用粉末状的方解石润湿性从强水湿性变为弱水湿性时，会有越来越多的粉末漂浮起来。

1.3.7　核磁共振方法

Guan 等[78]首先总结了研究用核磁共振表征润湿性的文献，他给出了弛豫时间 T_1 和 T_2 的变化与表征岩心润湿条件的 Amott-Harvey（AH）指数之间的函数关系。该方法的基础是：①松弛时间按差的算术平均值，$T_1 = T_{1\,at\,sor} - T_{1\,at\,swi}$ 和 $T_2 = T_{2\,at\,sor} - T_{2\,at\,swi}$；②几何平均松弛时间比，$T_{1\,at\,sor}/T_{1\,at\,swi}$ 和 $T_{2\,at\,sor}/T_{2\,at\,swi}$。$T_{1\,at\,sor}$ 为在残余油饱和度状态时的纵向弛豫时间；$T_{1\,at\,swi}$ 为在原始润湿状态时的纵向弛豫时间；$T_{2\,at\,sor}$ 为在残余油饱和度状态时的横向弛豫时间；$T_{2\,at\,swi}$ 为在原始润湿状态时的横向弛豫时间）。在每一种情况中，上述量都对 AH 指数作图，结果发现线性关系非常好。

1.3.8　电阻测量方法

Moss 等[79]认为在单一低频率时,电阻率的测量一直被认为可以表征油藏岩石和流体体系的润湿性。在泄油和渗吸循环过程中,实验设备允许在两个或者四个电极排列中且频率为 1M～10MHz 时测量电阻率。多电极可以沿着样品长度方法监控饱和度,因而可以探测出整个样品饱和度的任何不均一性。通过使用对应样品的 Amott-Harvey 润湿指数(AHWI)和原油中老化前后 Archie 饱和度指数的变化来计算样品的润湿性。笔者分析了频率分布与孔尺度流体分布和润湿性的关系,结果表明复电阻率的测量有可能成为评价润湿性的无损技术。然而,孔隙结构、黏土、盐水饱和度和润湿性都能影响油藏电阻响应,且如何影响还没有完全弄清楚。

1.4　恢复和调整润湿性的方法

1.4.1　保持岩心状态的方法

在岩心分析中一般要用到以下三种不同保存状态的岩心:天然状态的岩心、清洗状态的岩心、恢复原始状态的岩心。

多相类型流动分析的最佳结果是通过天然岩心得到的,因为它对油层岩石润湿性的改变最小。天然状态岩心是指用保持油层润湿性方法所取得并保存的任何岩心,只要原始润湿性保持不变,用油基或水基泥浆所取得的岩心之间没有区别。清洗状态的岩心是指注入溶剂通过岩心来除去所有的流体和吸附的有机物。清洗状态的岩心通常是强水湿的,一般只应用于润湿性不影响结果的测量,如孔隙度和空气渗透率的测定。恢复原始状态的岩心即通过三步来恢复岩心原来的润湿性:首先在岩心经过清洗之后饱和地层水;再将岩心饱和原油;使岩心在油藏温度下老化 1000h。获得这三种不同类型岩心的方法将在以后详细讨论[80, 81]。

1.4.2　影响油层初始润湿性的因素

大多数油藏矿物的强亲水性可以被极性化合物的吸附和原油中有机物的沉积而改变。一般认为原油中的表面活性剂是包含氧、氮和硫元素的极性化合物。这些化合物含有一个极性基和一个烃基,极性基吸附在岩石表面,烃基暴露在外面,从而使表面亲油性增强。实验已证明,一些天然表面活性剂足以溶于水中,穿过表面一薄层水后吸附在岩石表面上。

除了原油组成以外,润湿性被表面活性剂改变的程度也取决于压力、温度、矿物表面以及水的化学性质(离子组成和 pH)。具体有以下几方面因素:①原油中的表面活性化合物;②通过水膜的吸附;③砂岩和碳酸盐岩表面,砂岩亲水性较强,碳酸盐岩亲油倾向较强(岩石本身表面并不亲油,但因为其表面具有特殊的微孔结构而导致具有亲油倾向);④简单的极性化合物,砂岩表面优先吸附碱性化合物,碳酸盐岩表面优先吸附酸性化合物;⑤来自原油中的吸附;⑥水的化学性质,包括离子组成和 pH;⑦黏土,原油中的重质油成分极易牢固地吸附在黏土矿物上，使岩石的润湿性由油湿变为水湿；⑧非亲水矿物，大多数矿物(石英、碳酸盐岩、石灰岩等)除去表面杂质以后都是强亲水的，然而有少数矿物是中性弱亲水甚至亲油的，这些矿物包括硫、石墨、煤和许多硫化物。

岩石矿物组成的原始润湿性如下：①石英、碳酸盐岩(其是否是水湿的说法不一)、硫酸盐为强水湿；②硫、硫化物、石墨、滑石、煤为中间偏水湿、油湿；③叶蜡石和其他类滑石硅酸盐为中间到油湿；④Chamosite 黏土为油湿。

研究表明，Northber Burbank 储层油湿是由于孔隙表面覆盖 Chamosite 黏土而非一般有机物(Chamosite 黏土：$Fe_3Al_2Si_2O_{10} \cdot 3H_2O$，岩石表面覆盖 70%)。

1.4.3　恢复润湿性的方法

主要的岩石矿物如石英、碳酸盐岩等在成藏以前长期浸泡在水中，都是强水湿的。成藏以后，由于原油的置换，在某些岩石表面吸附了原油中的极性化合物(包括某些天然表面活性剂)，如各种沥青胶质组分或者原油中的有机物的沉积，造成不同类型的润湿特点。

岩心的天然润湿性在钻井过程中由于钻井液的冲刷可能受到改变，因此必须使用严格的密闭取心。原油暴露于空气，其中某些物质很快氧化成极性物质，它们是可使润湿性改变的表面活性剂，因此从岩心筒取出岩心时，必须立即进行严格的隔氧封装。但由于操作过程不够严格，或现场根本没有实现隔氧封装的条件，所以往往难以达到这样的要求。

因此，对一个油藏天然润湿性的认识和准确确定，会影响所改变润湿性的实际效果。由于在实际工作时常难以获得真正的天然润湿性的岩心，一般常用洗过的岩心进行恢复天然润湿性的老化处理，即先将岩心处理成水湿，再注入原油，通过老化处理来恢复岩石润湿性。其优点是润湿状况与油藏的实际情况接近，缺点是影响因素多，润湿性控制难度大；对于一些特定油样和岩心样品，直接使用原油难以实现润湿性恢复；实验周期较长，有的老化时间要求达到 40d。

通过老化处理恢复天然润湿性的主要影响因素有：①岩样特性(如岩样矿物组成或储层岩心的洗油方法)；②原油组成；③原始含水饱和度(S_{wi})；④岩样老化条件(老化温度、老化时间)；⑤盐水组成(总矿化度、高价金属离子含量)；⑥体系液相的 pH。

利用原油中重质成分的方法主要有下面两种。

(1)沥青质沉淀法。

用富含沥青质原油饱和岩心，而后用戊烷冲洗，利用沥青质在戊烷中沉淀的特性，改变岩心润湿性。Shama 和 Wunderlich[74]用该方法处理了贝雷砂岩，处理后的岩样可能具有混合润湿，既自发吸油也自发吸水。

(2)沥青质甲苯溶液直接作用(清洗)法。

利用沥青质的甲苯溶液与岩样的相互作用来改变岩样的润湿性。但这种方法能否准确地恢复岩石的天然润湿性，还需要进一步论证。

1.4.4　实验室中润湿性的人工调整

人工控制润湿性最常用的方法有以下三种：①用各种化学剂处理清洁、干燥的岩心，一般用有机氯硅烷处理砂岩岩心，用环烷酸处理碳酸盐岩岩心；②用含纯流体的烧结岩心；③在流体中加入表面活性剂。

其中含纯流体的烧结岩心是获得与岩心原始状态具有一致润湿性的较好方法，因为这些岩心的润湿性是稳定的和可再现的。用有机氯硅烷、环烷酸或表面活性剂处理的岩心润湿性非常易变，因为它受如下条件的影响：所用化学剂、浓度、处理时间、岩石表面和水的 pH。不过在研究非均匀润湿或润湿性改变时，该方法的优点有：①有机硅烷具有典型的非极性，可以通过吸附和沉积使固体表面润湿性变为油湿，用含有有机氯硅烷化合物的溶剂处理岩心，被用来产生部分润湿的填砂模型或混合润湿的岩心；②一些研究者已开始用人造岩心和纯净流体来控制润湿性，与实际岩心组成的一致与使用非活性物质这两方面因素提供了稳定、一致、可再现的润湿性，制作人造岩心最常用的物质是聚四氟乙烯；③表面活性剂具有两亲性，可用于清洁岩心，同时利用具有不同浓度的表面活性剂流体可以改变或控制岩石的润湿性。

1.5　渗吸采油的影响因素概述

近年来，国内外许多学者逐渐用较先进的光刻蚀模型进行水驱油机理研究，由于光刻蚀模型具有非常直观的优越性，用它做自发渗吸采油实验十分有利于认识双重孔隙介质的自发渗吸驱油机理。曲志浩和孔令荣[80]通过对火山岩孔隙介质的自发渗吸实验研究，发现水在孔道中自发渗吸驱油有活塞式和非活塞式两种方式：活塞式驱油时水在孔道中均匀推进，驱油较彻底；非活塞式驱油时水沿孔道边缘推进，将原油从孔道中央排出。由于非活塞式驱油留有较多的残余油，使渗吸采油不十分彻底。根据孔隙结构，发现逆向渗吸驱油可以有两种方式：水从孔道细端吸入，原油从孔道粗端排出；在较粗的孔道中，水从边缘夹缝吸入，油从孔道中央排出。另外，他们还发现孔隙尺寸越小，越易发生活塞式驱油。储集层中喉道和基质微小孔隙的水驱油是活塞式的，非活塞式的水驱油主要发生在孔隙中，这是残余油形成于孔隙的主要原因之一。自吸水驱油方式将因润湿性不同而异，孔隙介质的亲水性越强，非活塞式驱油越严重，他们使用的岩心来自鞍山岩油藏，具有弱亲水且自吸速度缓慢的特点，大部分裂缝和孔隙发生的是活塞式驱替。

朱维耀等[81]研究表明，介质润湿性对渗吸程度有较大影响。一般强水湿岩心的渗吸程度大于中等水湿岩心，中等水湿的渗吸程度大于弱水湿岩心。强亲水砾岩的低孔、低渗岩心渗吸速率快，渗吸采收率高。中-弱亲水的粉砂岩岩心渗吸速率较低，渗吸采收率较低。而亲油性细粉砂岩岩心未见渗吸发生。陈淦和宋志理[82]研究发现，影响渗吸的主要因素有：①岩心的润湿性。岩石的润湿性主要受油层岩石表面性质、流体性质及岩石中流体分布状态三种因素控制；②岩石物性，当渗透率小于 0.01mD 时，该岩石没有渗吸能力；③岩石的非均质性。

对于裂缝性低渗透油藏而言，水驱初期驱替作用为主，渗吸作用较弱；水驱中期驱替和渗吸都起作用；水驱后期和末期，渗吸作用逐渐增大，即随着驱替过程的进行，在采出原油过程中驱替的作用逐渐减弱，渗吸作用逐渐增强，在驱动力的作用下水主要进入较大的毛细管孔道。随着驱油过程的进行，大毛细管中的油越来越少，靠毛细管力渗吸采油的作用逐渐增加，充分发挥水驱裂缝油藏介质的渗吸作用具有重要实际意义。

李继山[83]近年来研究了渗吸作用的研究方法、类型、物理特征和机理，深入研究了表面活性剂对渗吸过程的影响及其在提高裂缝性低渗透油藏采收率中的应用。渗吸机理则依赖于渗吸过程中毛细管力和重力的相对作用，根据不同润湿条件下的渗吸特征修正了渗吸机理判别参数，用黏附功降低因子、界面张力因子和润湿性因子等参数分析表面活性剂的渗吸效果，改善渗吸作用能改善裂缝性低渗透油藏的周期注水开发效果。

杨正明[84]基于低渗透和裂缝性低渗透油藏在开发中所面临的实际问题，确定了流体在低渗透油藏中的流动状态；提出了低渗透油藏综合准数、低渗准数和低速准数的概念；分析了不同渗流准数与压力梯度的关系；给出了低渗透油藏的综合准数与采出程度的关系；并利用渗流实验数据，计算了流体在多孔介质中流动时的黏度；验证了黏度方程的正确性。他还分析各种因素对低渗透储层产能的影响，提出有效驱动因子新概念；并针对低渗透油藏的特性和非达西渗流理论，推导出低渗透油藏产量递减方程、低渗透水驱油藏含水率方程及低渗透油藏水驱特征方程，分析了有效驱动因子对低渗透油藏开发效果的影响及各种因素对低渗透岩心的自发渗吸效果的影响，利用改进的三重指数函数模型拟合低渗透岩心的渗吸。

2009 年，彭昱强等[85]研究了表面活性剂在自发渗吸驱油中的作用与机理。证实亲水砂岩的自发渗吸速率和采收率最高，中性润湿性次之，亲油润湿性最低。采收率与注入速度呈单峰变化，在低渗透条件下强制渗吸采收率较静态的低。

1.5.1　岩石类型的影响

1. 硅藻土

硅藻土通常渗透率很低(0.1~10mD)，而孔隙度却很高(35%~65%)，润湿性有水湿和混合润湿两种情况。这种岩石中的黏土组分的亲水性要差一些。如果这种油藏没有天然发育的裂缝，则常常需要通过水压产生裂缝以提高产量。Zhou 等[35]研究了水湿性硅藻土的反向自发渗吸过程；Akin 等[67]研究了水湿性硅藻土的同向自发渗吸，发现与渗透率高的砂岩相比，渗吸速率在绝对意义上相当，在无量纲意义上甚至更高；他还发现温度对硅藻土的润湿性有积极影响(温度升高，水湿性增强)，而且能减少油水黏度比，从而减少渗吸的阻力。并认为润湿性改变的机理是由于微粒从油覆盖的孔壁表面分离。

2. 砂岩

砂岩一般是亲水润湿，中性润湿性的砂岩油藏占 6%~10%。韩冬等[86]研究发现水湿性砂岩不适合使用阳离子表面活性剂溶液，而且岩心的渗透率较低时，表面活性剂对渗吸有促进作用；岩心渗透率较高时，表面活性剂对渗吸影响较弱，甚至不能提高采收率。彭昱强等[85]研究了强亲水的砂岩中无机盐对化学渗吸的影响，发现二价离子在浓度较高时对渗吸有促进作用；他还发现中性砂岩采用盐水时最终采收率多在 6%，而选用合适的表面活性剂可比采用盐水提高 1%～9%；Babadagli[87]研究了温度对水湿性砂岩中渗吸作用的影响，发现随着温度上升，界面张力的减少要比热膨胀效应对残余油饱和度的影响更重要。

3. 硅质页岩

硅质页岩一般孔隙率和渗透率都很低，但是富集了大量的油。Takahashi 和 Kovscek[88]对中性润湿到油湿的硅质页岩进行了自发和被动驱替实验，实验研究了酸性（pH=3）、中性（pH=7）和碱性（pH=12）盐水环境中的渗吸过程，发现碱性盐水渗吸效果最好，认为毛细管力的作用是主要原因。

4. 白垩

白垩是一种非晶质石灰岩，主要成分为碳酸钙。赵海林等[89]认为它是一种碳酸盐岩，如北海的白垩裂缝油藏。而碳酸盐岩油藏通常是中等水湿到油湿，裂缝发育较高，且表面通常带正电，这意味着注入流体会沿着注入端向产出端流动，而且只有裂缝中的油被驱替出来。裂缝相对于流体流动方向的取向也对采收率有影响，因而碳酸盐岩油藏的采收率通常很低，平均小于 30%。Hognesen 等[90]使用 C_{12}TAB（十二烷基三甲基溴化铵）对油湿性白垩油藏岩心进行渗吸实验，研究了重力和毛细管力的相对影响。Babadagli[91]提出了天然裂缝白垩油藏的表面活性剂选择的原则，并考察了影响采收率的一些主要因素。Standnes 和 Austad[92]使用阳离子表面活性剂对油湿性白垩岩心进行实验，采收率在 50% OOIP（原油的原始地质储量）以上。Tang 和 Firoozabadi[93]认为自发渗吸和注水实验的结果（对于强水湿性或混合润湿的岩心）有着非常不同的特点：水渗吸进入混合润湿性的岩心有一个诱导期，在渗吸早期渗吸速率低，然后速率加快，最后又降低；与此相反，强水湿性岩心开始的渗吸速率很高。

5. 方解石

方解石也是一种碳酸盐岩。Seethepalli 等[72]测量了吸附阳离子和阴离子表面活性剂的气水接触角，发现前者接触角为 12°～28°，后者为 39°～63°，主要原因是阴离子表面活性剂不能解吸附岩石表面的羧基化合物；且实验中使用阳离子表面活性剂得到的采收率在 50%以上。

6. 石灰岩

石灰岩油藏一般裂缝发育，基质中控制了大部分储量，但是渗流能力差。注水采油适用于水湿性岩石，但是大部分灰岩不是水湿，而是弱水湿、中性润湿或油湿。常规注水开发由于渗透率的差异巨大，水驱后期高含水饱和度的裂缝系统和高含油饱和度的基质系统共存，基质中大量的剩余油不能采出，开发效果不好。Seethepalli 等[72]的研究表明使用阳离子表面活性剂溶液能够得到较高的采收率。魏发林等[94]分别使用阳离子表面活性剂（CTAB）烷基三甲基溴化铵和阴离子表面活性剂（SDBS，十二烷基苯磺酸钠），对亲油石灰岩岩心进行渗吸实验，结果发现 CTAB 的效果明显要好一些。Karimaie 和

Toraseter[95]证实了弱水湿性的石灰岩注水采油采收率低(小于 15%)，同时发现降低界面张力是提高最终采收率的主要机理。

7. 白云石

Hirasaki 和 Zhang[96]发现使用碱性阳离子表面活性剂溶液，油湿性白云石的采油机理是自发渗吸。Standnes 和 Austad[92]使用伯胺对油湿性白云石进行实验，得到的采收率为 50%～75% OOIP。Ayirala 等[97]发现使用较高浓度的非离子表面活性剂和实验所用浓度范围内的阳离子表面活性剂，都能有效地将强油湿性白云石的润湿性反转为弱油湿性或者中性润湿，而且后者比前者更为有效。

8. 碳酸盐岩

一般来说，碳酸盐岩的表面带正电，而且孔结构远比砂岩复杂，如存在裂缝、晶洞、封闭的孔。大部分裂缝性碳酸盐岩油藏的注水效果并不好，残余油饱和度较高，可能原因如下：如果基质是油湿性的，则毛细管力成为阻力，能保护油不被驱替出来(图 1.12)，毛细管保留油的高度与界面张力、接触角的余弦呈正比，与毛管半径呈反比，另外，不规则的油湿性岩石表面也能留住一部分油(图 1.13)[98]。中性润湿的碳酸盐岩也不能进行自发渗吸，这也是因为毛细管力为渗吸阻力。而 80%的碳酸盐岩油藏岩心是中性润湿或油湿性。Standnes 和 Austad[98]及 Seethepalli 等[72]对白云石、方解石、大理石和石灰岩的实验表明，阳离子表面活性剂具有降低表面张力作用，加入 Na_2CO_3 能够减少磺酸盐阴离子表面活性剂的吸附，使用 0.05wt%①的阳离子表面活性剂溶液进行自发渗吸，对于碳酸盐岩油藏能够得到高于 50% OOIP 的采收率。Sohi 等[99]通过实验比较发现，碳酸盐岩油藏的渗吸采油采收率一般要比砂岩油藏低。Al-Attar[100]证实了油湿性裂缝碳酸盐岩油藏(使用各种渗透率岩心)的自发渗吸是一个慢过程，而且最终采收率随着界面张力的减小而增加，随着岩心渗透率的增加而增加。

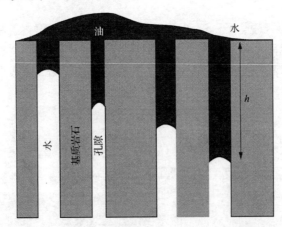

图 1.12　一定孔隙半径的油湿性岩石孔隙中水在界面张力和接触角作用下保持的相应高度

① wt%表示质量百分数，下同。

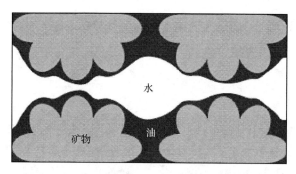

图 1.13　油湿性岩石的油水毛细管孔隙系统

$$\Delta\rho gh = -\frac{2\sigma\cos\theta}{R} \tag{1.15}$$

式中，$\Delta\rho$ 为油水密度差，g/cm^3；g 为重力加速度，9.8m/s^2；h 为水上升高度，m；σ 为界面张力，mN/m；θ 为接触角，(°)；R 为毛细管半径，m。

1.5.2　油藏物性特征的影响

油藏的物性特征对采收率影响比较大，主要影响因素包括渗透率、孔隙度、基质的长度及形状因子、初始水饱和度等，另外还有一些研究较少的影响因素。

1. 渗透率

唐海等[101]以川中大安寨油藏基质岩心进行自发渗吸实验，发现渗透率为 10mD 左右的裂缝系统的自发渗吸驱油效果较好。刘向君和戴岑璞[102]在常压或者脉冲压力条件下，发现最终采收率随着岩心渗透率增大而增加，认为这种与一般情况相违背的现象是由于实验岩心的特低孔隙度和低渗透率性质造成的。王锐等[103]研究发现，渗吸采收率与渗透率呈非单调变化关系，当渗透率小时，采收率也低，渗透率大时，采收率增大，当进一步增大时，采收率又开始缓慢减小。陈俊宇等[104]的研究结论与王锐等[103]所述相同；马小明　等[105]得出的驱油效果最好的渗透率为 4～4.5mD。蔡喜东等[106]从单裂缝数值模型验证了基质与裂缝渗透率之比是影响渗吸过程的敏感因素之一。Sohi 等[99]将渗透率从 0.1mD 增加到 3mD，采收率相应提高了 9%，而且渗透率为 0.1mD 时(孔隙度为 18%，岩石类型为碳酸盐岩)，渗吸采油的采收率为 0。Al-Attar[100]发现碳酸盐岩油藏自发渗吸时，在岩心渗透率较高，界面张力较低时，得到的采收率较高。吴应川等[107]研究发现，在 30℃条件下，中渗岩心的渗吸速率最快，其次是低渗岩心，最慢是特低渗透岩心，低渗岩心的渗吸采收率最高，特低渗透岩心的最低。可见，渗透率对渗吸效率的影响，学者们的认识不尽一致。

2. 孔隙度

蔡喜东[106]通过近井规模单裂缝数值模拟发现基质孔隙度对渗吸作用无影响。刘向君和戴岑璞[102]研究发现最终采收率随孔隙度的增加而增加，并认为这是由于岩心的特低孔低渗性质造成的。陈俊宇等[104]认为理论上水的渗吸与孔隙度的平方根呈正比,并且实验发现,当孔隙度从 15%增加到 18%时,岩石表面开始出现油滴,但是此时的采收率可以忽略不计。孔隙度对渗吸效率的影响,目前认识尚不一致,仍需要开展深入性研究。

3. 基质的长度及形状因子

朱维耀等[81]的实验结果表明,岩心的渗吸速率随着岩心的长度增大而降低。华方奇等[108]以低渗砂岩岩心进行实验,结果发现岩心的长度(其他条件相同)对最终采收率无影响,但是却影响渗吸速率。王鹏志和程华[109]实验发现岩心长度越短,渗吸采收率越大。Standnes[51]用 $C_{12}TAB$ 溶液作为渗吸液,对油湿性碳酸盐岩心进行渗吸实验,发现短岩心得到的采收率为 40%~50% OOIP,长岩心得到的采收率为 65% OOIP。Standnes[52]以白垩岩心(应该是水湿性的)进行自发渗吸实验,发现采收率高度依赖于样品的形状和尺寸,这可以从特征长度(L_c)来定量解释。Hatiboglu 和 Babadgli[110]以浓盐水-煤油、浓盐水-矿物油和表面活性剂-矿物油作为流体对岩心进行渗吸实验,发现形状因子是影响渗吸速率和残余油饱和度的主要的因素,并且比原油黏度的影响要大(假定煤油和矿物油的润湿性质相似)。

4. 原始含水饱和度

蔡喜东等[106]通过近井规模单裂缝数值模拟发现,当原始含水饱和度低时,最终采收率较大,反之也成立。王家禄等[111]发现对于亲水岩心,由于毛细管力随着含水饱和度增加而减小,导致渗吸效果随着含水饱和度增加而变差。Karimaie 和 Torsaeter[95]对弱水湿性的石灰岩的注水实验发现采油速率和最终采收率随着初始含水饱和度增加而增加。Tong 等[112]认为原始含水饱和度对采收率的影响依赖于润湿性:强水湿时,注水采油的采收率随着初始水饱和度的增加而略微减小;弱水湿时,注水采油的采收率随着原始含水饱和度增加而大幅增加。Babadagli[91]发现对于天然裂缝白垩油藏岩心,存在初始水时,非离子表面活性剂不能使岩心有效地发生自发渗吸,而不存在初始水时,能得到较高的采收率。Baldwin 和 Spinler[19]用核磁共振研究初始水饱和度对水湿性白垩岩心渗吸的影响,发现在初始水饱和度低时,水流动的阻力比油大;原始含水饱和度高时,水流动阻力比油小。

1.5.3 润湿性的影响

油层岩样原始润湿性与油层原始流体饱和度有关,油层岩石由不同性质的矿物组成,这些矿物与油水的润湿程度各不相同。当含水饱和度很小时,水不足以形成网状通道,整块岩石就表现为亲油特征。当含水饱和度大于某一值时,水就会形成网状通道,岩石就表现为亲水特征;当水能形成部分网状通道时,就形成部分亲水、部分亲油的双重润湿。随着油层含水饱和度的增加,即含水孔道岩石表面积的增加,油层岩样润湿性由亲油逐渐转为亲水。当含水饱和度小于 30%,即含油饱和度大于 70%时,油层岩样的润湿性为偏亲油;当含水饱和度大于 40%时,油层岩样润湿性为偏亲水;当含介质的水饱和度为 30%~40%时，油层岩样的润湿性为偏亲油和偏亲水两种类型的混合润湿。润湿性对渗吸程度有很大的影响，当岩石亲水润湿时，毛细管力为驱动力，当岩石亲油润湿时，毛细管力为阻力。

朱维耀等[81]发现强水湿的岩心渗吸程度大于中等水湿岩心的渗吸程度，而中等水湿岩心的渗吸程度又大于弱水湿岩心的渗吸程度，而亲油的岩心一般不会发生自发渗吸。笔者用砂岩验证了上述结论。王家禄等[111]使用低渗透油藏裂缝与基质渗吸物理模型(人为制造裂缝，并且所有表面被密封，只留裂缝进行渗吸)考察了动态渗吸条件下润湿性对渗吸的影响，发现强亲水岩心渗吸效率最高(32.2%)，弱亲水岩心其次，中性岩心最低(2.9%)，亲油岩心渗吸效率为 12.9%。笔者认为是因为亲油岩心的水湿指数(0.09)比中性岩心(0.01)高，因而导致渗吸效率高。陈淦和宋志理[82]也认为水湿越强，渗吸能力越强。姚同玉等[113]对亲水润湿、中性润湿、亲油润湿三种岩心的自发渗吸实验，结果发现亲水岩心采收率最高，中性岩心次之，亲油岩心最低。Karimaie 等[114]通过将岩心(Bentheimer core，很可能是砂岩)浸入原油中，老化不同时间来制备润湿性不同的岩心，然后注入盐水进行渗吸实验，结果发现水湿性越强，采收率越高。Hatiboglu 和 Babadagli[110]使用 Berea 砂岩和石灰岩进行渗吸实验，发现润湿性对采收率的影响是至关重要的。Haugen 等[115]研究发现，对于无裂缝，均匀的岩石，弱油湿和弱水湿条件时的采收率要比强水湿时高(碳酸盐岩-盐水-原油体系)，这主要是因为无裂缝和有裂缝的岩心在强水湿条件时，毛细管力起主要作用，采收率相似；弱水湿条件时，黏滞力和毛细管力共同起主要作用，存在裂缝时，黏滞力的作用大大降低，此时采收率由盐水自发渗吸进入基质的能力决定；弱油湿条件时，采收率主要由黏滞力决定(盐水不能自发渗吸)，在裂缝岩心中，注水时观察不到水从裂缝流到基质中的现象，此时的采收率比无裂缝的岩心注水的采收率低很多。 Zhou 等[116](Berea 砂岩)研究发现自发渗吸速率对润湿性非常敏感，并且当润湿性从强水湿逐渐降低时，采收率出现一个最大值。此外，对原油-盐水-岩石体系而言，注水采油的采收率随着水湿性的降低而增加(即老化时间和初始水饱和度变化，其他条件不变)。傅秀娟和阎存章[117]将白垩岩心的水湿性降低，发现水流动的阻力增加。

1. 水湿

韩冬等[86]使用水湿性岩心进行表面活性剂溶液的自发渗吸实验，发现水湿性砂岩不适于阳离子表面活性剂进行渗吸；杨正明等[12]使用人造水湿性岩心进行自发渗吸和驱替实验，发现毛细管渗吸作用使基质小孔隙吸水排油，驱替时基质大孔隙中的原油被排除，两者组合可达到最佳效果；彭昱强等[85]发现较高的二价离子浓度对于水湿性砂岩的化学渗吸有促进作用。

2. 油湿

对于油湿性岩心，由于毛细管力成为渗吸阻力，因而自发渗吸不能发生。在水驱条件下，通过驱动力克服毛细管阻力而发生渗吸。因而，要进一步提高渗吸效率，可以通过降低高油水界面张力导致的流动阻力或使毛细管阻力变为驱动力。魏发林等[94]研究了两种表面活性剂反转油湿性石灰岩的润湿性的能力；Hognesen 等[90]使用油湿性白垩岩心进行阳离子表面活性剂溶液自发渗吸实验，他们发现界面张力值为 1.10mN/m 左右时，渗吸初期毛细管力起主要作用，随后重力逐渐取代毛细管力的作用。在界面张力小于 0.63mN/m 时，此时重力起主要作用。

3. 中性润湿

彭昱强等[85]研究了使用化学渗吸提高中性润湿砂岩的采收率。王家禄等[111]指出中性润湿的碳酸盐岩油藏不适合注水采油，而且这种岩层的平均采收率远远小于 30%。在 100℃以上时，海水能够使润湿性变为更加水湿性。通过向 Ekofish 岩层注入海水，采收率预计提高了 50%。

4. 混合润湿

混合润湿的变化依赖于原生水在岩石表面的分布。由于从原油中吸附极性组分，没有被原生水覆盖的岩石表面区域润湿性发生反转。Tong 等[112]研究了高温高压下通过吸附沥青基原油来制备混合润湿性岩心。

1.5.4　流体的影响

1. 表面活性剂类别

Standnes[55]使用非离子表面活性剂乙氧基醇(CA)和阳离子表面活性剂(如 $C_{12}TAB$)溶液分别对油湿性碳酸盐岩油藏进行渗吸，发现后者提高采收率的效果更明显(短岩心的平均值为 40%～50% OOIP，长岩心的平均值为 65% OOIP)，而且对孔隙结构不敏感。Ayirala 等[97]实验发现对于裂缝强油湿性白云石油藏，阳离子表面活性剂和非离子表面活性剂都能有效地实现润湿性反转，而前者的效果更好，所需浓度更低。Babadagli[50]得到了如下结论(天然裂缝白垩岩油藏)：①并不是所有的表面活性剂比高界面张力情况(只有盐水)的采收率高，界面张力是一个主要的选择原则，但并不意味着低界面张力总能增加采收率。②阴离子表面活性剂在临界胶束浓度(CMC)以上比在 CMC 以下得到的采收率要高，推断此结论应该对于非离子-阴离子混合表面活性剂也成立，但是实际上界面张力低(高于 CMC)却得到了较低的采收率；如果没有初始水存在，非离子表面活性剂自发渗吸能够达到最高的采收率，尽管在预先润湿的体系(pre-wet system,可能指含初始水的体系)中自发渗吸得到的采收率是最低的。③存在初始水时，非离子表面活性剂自发渗吸采油不能见效，可能是因为它在油相中的溶解度较高。④对于阴离子表面活性剂，存在初始水时，疏水部分所占比重越大(organic value)或亲水部分所占比重越小，最终采收率就越高或改变润湿性的能力就越强，也即表面活性剂的水溶性是一个关键因素。⑤对于首次表面活性剂注入，界面张力(IFT)起主要作用，对于二次表面活性剂注入，可能存在的吸附和界面张力共同起主要作用。阳离子表面活性的 CMC 的影响与已有的研究结论一致。Standnes[63]考察了 14 种表面活性剂在白垩岩心的渗吸过程，渗吸速率顺序如下：

$C_{10}TAB \approx C_{12}TAB > C_{16}TAB >$ 季铵盐 $\approx ADMBACl$(阳离子季铵盐型离子液体) $> C_8TAB$

　　影响表面活性剂改变润湿性的效率有：CMC 值、疏水性质、界面张力值和靠近 N 原子的位阻效应(以上结论适用于阳离子表面活性剂)；乙氧基磺酸盐能够通过盐水的自发渗吸驱油，此种表面活性剂的效率随着 EO(乙氧基)基团数目的增加而增加，而且只有局部水发生渗吸，渗吸速率也很慢。在非常低的界面张力(0.08mN/m)时，使用 PO(丙氧基)、EO 硫酸盐，在重力的作用下，少量的油以很慢的速率被驱替出来。Gupta 和 Mohanty[118] 的实验发现阴离子表面活性剂和非离子表面活性剂在温度高达 90℃时能够从裂缝性低渗透碳酸盐岩油藏中采油。对于许多表面活性剂，温度为 90℃时，在非常低的表面活性剂浓度(小于 0.1wt%)能在 30 天内得到 60% OOIP。Wu 等[77] 研究发现对于石灰岩岩心，阳离子表面活性剂更加有效地提高采收率，但是有一种非离子表面活性剂壬基苯氧基聚乙烯醚(Igepal CO-530)也能有效地提高采收率。具有大的亲水基的(1-癸基)三苯基溴化磷($C_{10}TPPB$)和(1-十二烷基)三苯基溴化磷($C_{12}TPPB$)提高采收率的效率最高。在有碳酸钠存在的情况下，Seethepalli 等[72] 实验发现阴离子表面活性剂具有和阳离子表面活性剂十二烷基三甲基溴化铵($C_{12}TAB$)一样的改变方解石润湿性的能力，有的阴离子活性剂效果甚至更好。部分阴离子表面活性剂能将界面张力降低到小于 10^{-2}mN/m，通过加入碳酸钠阻止硫酸盐的吸附，通过 0.05wt%的阴离子表面活性剂溶液的自发渗吸采收率大于 50% OOIP。Babadagli[87] 研究发现，很难界定哪一类表面活性剂效果的好坏，实验中，他发现阳离子表面活性剂，非离子表面活性剂和阴离子表面活性剂都有性能好的情况，也有性能差的情况(碳酸盐岩油藏)。韩冬等[86] 研究发现对于水湿性砂岩岩心，阴离子表面活性剂比非离子表面活性剂提高采收率的效果更好。彭昱强等[85] 研究了中性砂岩的表面活性剂渗吸，发现阴离子表面活性剂的效果比非离子表面活性剂要好，而阳离子表面活性剂对渗吸没有促进作用。Standnes[63] 使用癸胺自发渗吸进入白云石岩心的采收率为 50%～75% OOIP。

　　2. 电解质的影响

　　彭昱强等[85] 研究了向表面活性剂溶液中添加电解质的采油效果，他发现随着二价离子(钙离子或硫酸根离子)浓度增加，渗吸采收率先小幅下降后快速增加。Zhang 等[69] 研究发现在碱/阴离子表面活性剂体系中，随着碳酸钠浓度增加到最大值，接触角逐渐减小，即水湿性增强，当碳酸钠浓度固定时，氯化钠浓度对润湿性没有影响。Seethepalli 等[72] 发现添加碳酸钠后可以减少阴离子表面活性剂在碳酸盐岩心中的吸附，能提高表面活性剂的效率。Morrow 等[119] 证实了润湿性和原油-浓盐水-岩石(COBR)系统的实验室注水采油的采收率强烈依赖于浓盐水组分。Sharma 和 Wunderlich[74] 发现在渗吸实验中，采收率随着原生盐水盐度的增加而显著增加。而驱替盐水的盐度对采收率的影响不大(Berea 岩心)。Fathi 等[120] 在不同温度下(100℃、110℃和 120℃)研究了盐度和智能水的离子组分对采收率的影响。他们发现，在 110℃和 120℃时，与海水相比，除去 NaCl 的海水的采收率提高了约 10% OOIP。当将海水中的氯化钠的量增加四倍时，发现采收率下降了约 5% OOIP。当使用蒸馏水稀释的海水作为渗吸液时，采收率有规律地减少。110℃时的渗吸实验结果显示，与普通盐水（水湿性分数为 11%）相比，除去 NaCl 的海水的水湿性分数提高了 29%。这个结果证实了不仅活性离子（Ca^{2+}、Mg^{2+} 和 SO_4^{2-}）的浓度对润湿性的变化有重要影响，而且非活性离子（Na^+ 和 Cl^-）对润湿性变化过程也有影响，在白垩岩表面，非活性离子的影响被称为双层效应。当使用改性后的海水时，没有观察到被动驱替过程的最终采收率有显著提高。李士奎等[121]通过实验发现降低油水界面张力有利于提高采收率。

3. 界面张力

蔡喜东等[106]通过近井规模单裂缝数值模拟，认为在驱替条件下降低界面张力可以提高采收率，这是因为驱替力超过毛细管力起主导作用，但是如果对于自发渗吸，就要寻求一个折中的界面张力，因为界面张力太大导致渗流阻力变大，太小导致毛细管力很小。Babadagli[91]通过注入含表面活性剂的渗吸液，验证了影响采收率的参数：界面张力、表面活性剂类型及浓度、CMC、表面活性剂的溶解性和天然白垩油藏中的初始水，同时进行稠化驱替（被动渗吸）和毛细管驱替（自发渗吸）实验。为了验证水相存在的重要性，在注水完成后注入一些表面活性剂。在一次表面活性剂稠化驱替实验中，界面张力起主要作用。对于二次表面活性剂注入（在注水完成后被动渗吸）、表面活性剂的种类、可能存在的吸附和界面张力的作用都十分重要。通过计算推测吸附的影响是有意义的，因为在这方面没有进行测量和分析。对于阳离子表面活性剂，尤其是在被动渗吸的情况下，可以推断出 CMC 对采收率的影响。在毛细管渗吸采油的实验中，对于非离子表面活性剂来说，如果岩石中没有初始水，界面张力的变化并不重要。当存在初始水时，没有十分有意义的渗吸采油技术，这主要是因为非离子表面活性剂在油相中的溶解度较高。研究中的分析和观察结果，给高度发育或部分发育裂缝白垩岩油藏采油提供了一个表面活性剂的选择标准。

Al-Attar[100]实验发现自发渗吸的最终采收率和渗吸速率与油和渗吸流体之间的界面张力有很大关系，界面张力越低，得到的采收率越高。Hatiboglu 和 Babadagli[110]实验发现界面张力对采收率和采收速率（逆向渗吸类型的相互作用）十分重要。Schechter 等[122]研究了表面张力对油-水-酒精混合体系的驱替和渗吸过程的影响，发现表面张力的减小，使毛细管力和重力减小，但是总采收率和采收速率却增大。

4. 其他相关因素

除上述因素外，还有一些其他与流体有关的影响因素，如油水重力差、油水黏度比等。朱维耀等[81]研究发现自发渗吸时油水重力差越小，渗吸速率越大。Schechter 等[122]研究发现，相密度差减小，最终采收率和采收速率都增大。蔡喜东等[106]通过近井规模单裂缝数值模拟认为油水黏度比是渗吸过程中很敏感的因素，采出程度可以差 0～20%。王家禄等[111]指出有文献在研究自发渗吸时，发现渗吸采收率与油水黏度比平方呈反比，另外还研究了动态渗吸过程中油水黏度比的影响，发现黏度比越小，渗吸效率越高，黏度比越大，渗吸效率越低。陈俊宇等[104]研究发现，油水黏度比越小，基质毛细管力越大，裂缝性砂岩油藏周期注水的效果会越好。Zhou 等[116]研究发现随着非润湿相对润湿相流体黏度比的增加，润湿流体的前进速度减慢，并且饱和度图样越来越分散。Fischer 等[38]研究了不同油水黏度比的自发渗吸过程，结论如下：①在油水黏度比为 1 时(即等黏度)，随着黏度的增加最终油饱和度只是稍微增加；②随着水相黏度增加，自发渗吸速率减小且采收率略微增加；③最终采收率(黏度比不为 1)随着水相/油黏度比增加直到 4 而略微增加。

1.5.5　其他影响因素

影响渗吸的其他因素有很多，但研究较多的因素有压力脉冲、温度、压力波动、边界条件等。

唐海等[101]发现脉冲渗吸驱油的效果明显优于自然渗吸驱油的效果。马小明等[105]实验发现人造岩心在 8d 后的每日自然渗吸驱油效率仅为 0.1075%，脉冲时间 1d 时为 0.6206%，脉冲时间 2d 时为 0.3651%，脉冲时间 4d 时为 0.1981%。刘向君和戴岑璞[102]发现脉冲渗吸驱油效果优于常压渗吸驱油效果，随着脉冲次数及脉冲压力的增加，渗吸采收率会有不同程度的提高。陈俊宇等[104]发现出压力脉冲最终驱油效果好于自然渗吸条件下的最终驱油效果，但不是脉冲压力越大驱油效果越好。由于每次脉冲有一个憋压压缩过程，脉冲时间越长，憋压压缩过程越长，渗吸驱油效率越低。

蔡喜东等[106]通过近井规模单裂缝数值模拟发现，油藏温度越高采出效果越好，含水率和采出程度的状况越好。温度主要反映在油水黏度比上，其中水的黏度变化有限，而油的黏度降低会显著降低采油的黏附功，温度越高的油藏黏度一般不会很高，温度梯度一般都很相近。由此可见，注入热水或者蒸汽进入裂缝渗吸作用会发挥得更好。吴应川等[107]发现，温度升高时，采收率都出现了明显的上升；另外，其给出了温度影响渗吸的机理如下。

(1) 对岩石表面润湿性的影响。温度升高，润湿系数增大，润湿接触角减小，岩石亲水性增强，残余油饱和度减小，亲水性增强，有利于渗吸驱油过程的进行。

(2) 对原油黏度的影响。温度升高，原油黏度下降黏滞力减小，有利于渗吸驱油过程的进行。

(3) 对孔隙壁面水膜的影响。温度升高后，壁面水膜厚度减小，有效孔隙半径增大，减小自发渗吸阻力，促进渗吸过程的进行。

(4) 对界面张力的影响。温度升高，油水界面张力下降，减小渗吸毛细管力，不利于渗吸过程的进行。

陈俊宇等[16]实验发现，在渗吸驱油的过程中，当裂缝系统充填有高温流体时，温度升高降低了原油黏度，增加弹性能量，改善岩石表面的润湿性，增强了渗吸驱油效果；另一方面由于温度的升高使油水界面的张力下降，毛细管力降低，降低了渗吸驱油的动力又对渗吸作用产生了负面的影响。因此，在考虑温度对渗吸作用影响的时候，必须根据实际情况进行综合分析。Babadagli[50]通过对砂岩岩心的实验发现，温度增加导致油黏度及盐水和油之间的界面张力减小。油黏度的减少极大地促进了毛细管渗吸的速率，同样也能观察到界面张力对毛细管渗吸速率的影响。残余油饱和度随着温度的增加而减少，主要的原因是油的热膨胀效应和界面张力的降低，其中界面张力的影响要比热膨胀效应大。并且在盐水温度低于 100℃时，存在临界的温度和界面张力值，可以得到最优的采收率。Sohi 等[99]研究发现，增加温度能够大幅提升毛细管渗吸作用，因而可以通过加热提高油藏的采收率。Standnes[52]研究发现，对于阳离子表面活性剂的渗吸，当温度从 40℃提高到 70℃时，渗吸速率提高了两倍，可能是因为表面活性剂的扩散速率加快。在大约 30d 的时间内，在 70℃时有 70%的油被开采出来。Strand 等[76]研究发现，低温时(40℃)，自发渗吸的作用随着注入盐水的浓度增加而减弱；高温时(70℃)，上述现象消失了。原因可能是温度对界面张力和 CMC 的影响。Akin 等[67]研究发现，升高温度可以减低油水黏度比，进而减少水渗吸的阻力，还能增加白云石表面的水湿性，因而最终导致渗吸速率和自发渗吸的采收率都得到提高，然而，同时还发现温度对残余油饱和度的影响较小；此外，他们基于理论和实验提出了升高温度改变润湿性的机理是油覆盖的孔壁表面的粉砂粒的分解。Gupta 和 Mohanty[118]研究了温度对表面活性剂作用的影响，发现对于大部分表面活性剂，最优盐度随着温度增加略微减小或者保持不变；最终接触角随着温度的升高而降低；表面活性剂溶液采油速率随着温度的升高而增加(对于所有的表面活性剂均如此)；对于致密的(渗透率小于 15mD)碳酸盐岩油藏，在非常低的表面活性剂浓度(小于 0.1wt%)条件下，温度 90℃时，30d 时间得到了高于 60% OOIP；表面活性剂盐水渗吸是一个重力驱替的过程。升高温度能够降低黏度和接触角，进而提高采收率。

王锐等[103]研究发现，压降幅度和压降速度对渗吸采收率的影响趋势是先减小后增大，即随着压降幅度的增大，在压降幅度较小时，渗吸采收率减小；当压降幅度较大时，渗吸采收率增大。周期注水过程中，采收率在压力波动幅度较小时，岩心压敏性起主要作用；当压力波动幅度较大时，压力波动产生的内外压差起主要作用。王锐等[103]研究发现，不同的压力及压降速度对采收率的影响是先减小后增大的趋势，即当降压幅度较小时，其降压引起的延迟压差对渗吸作用影响较小；而当降压幅度达到一定值时，延迟压差会一定程度抑制毛细管力的作用，导致渗吸采收率减小；当降压幅度较大时，延迟压差会克服毛细管力的作用，将基质中的原油排驱出来，渗吸采收率急剧增大。在低渗透油藏中，周期注水必须保持较低的压降幅度才能得到较高的渗吸采收率，当压降较大时，岩心的压力敏感性会不同程度地抑制驱油效果，导致最终采收率降低。王锐等[103]研究发现，压力和降压速度对渗吸采收率的影响具有先减小后增大的趋势，即在低压和低降压速度下，降压引起的外在压差较小。此时当压力增大时，毛细管力相对较小，降压引起的外在压差增大，且与毛细管力方向相反，即导致岩心内外压差减小，从而引起采收率降低。当压力继续增大至较高水平时，降压引起的外在压降增大，直至大于毛细管力的作用，从而克服毛细管力的作用，将原油从岩心内驱替出来，最终导致渗吸采收率急剧增大。另外，由于压力在不同介质中传播的延迟性或压力升降而导致的岩心内外压差值的大小还需要进一步实验测量。

朱维耀等[81]通过自发渗吸研究发现，岩心的开启面越大，渗吸速率就越大。两面开启的岩心(大的接触面积)渗吸速率要比一面开启岩心的(小的接触面积)渗吸速率大。岩心的开启面的位置不同，其渗吸速率亦不同。上端开启的岩心的渗吸速率与下端开启的渗吸速率不同，且上端开启的岩心的渗吸速率要比下端开启的渗吸速率快。这是因为上端开启有利于发挥重力的作用。Standnes 等[98]证实了反向和同向自发渗吸的采收率都高度依赖于边界条件。

王学武等[65]采用四种不同的边界条件：所有面都裸露（AFO）、两端封闭（TEC）、两端裸露（TEO）、一端裸露。实验表明渗吸的总表面积增加可以加快自发渗吸速率。

1.5.6　发展趋势

综上，国内外对碳酸盐岩油藏的研究比砂岩油藏要多，这是由于前者孔喉的结构远比砂岩复杂，渗吸行为也更加复杂。研究的主要方向也主要集中在怎样通过表面活性剂溶液的渗吸提高油湿性油藏的采收率及在渗吸过程中影响采收率的因素。室内研究多于现场试验，小尺度的实验多于大尺度的实验，自发渗吸多于动态渗吸。对各影响因素的作用大小及影响规律的认识不太一致。

从总体上看，未来渗吸采油的研究趋势应重点在以下几方面有所突破。

（1）进一步从实验上证实阴离子表面活性剂、非离子表面活性剂、阳离子表面活性剂及两性表面活性剂改变润湿性的机理。

（2）能够定性甚至定量地给出适合于不同油藏的表面活性剂的选择标准。

（3）综合影响渗吸过程中的主要影响因素，找出最佳的采油条件，为矿场试验条件选择和方案设计提供依据。

（4）将实验室尺度的结果与油田尺度的结果相比较，分析渗吸结果的差异，进而对实验结果进行修正。

（5）研制出适合油藏润湿性环境条件、考虑裂缝有无的数值分析软件，建立考虑化学渗吸剂作用后效果的新型数值模型，为方案编制提供可靠参考。

参 考 文 献

[1] 智研咨询集团. 2015—2020 年中国石油开采市场评估及市场发展趋势研究报告[R/OL]. 2015-8. http://www.chyxx.com/research/201508/334103.html.

[2] 中商智业公司. 2015—2020 年中国石油行业市场发展机遇与挑战研究报告[R/OL]. 2015-8-24. http://www.askci.com 或 http://www.askci.com/reports/2015/08/24/051845180103.shtml.

[3] 岳来群. 2016 至 2018 年国际油价展望及应对[R/OL]. 2015-11-03. http://www.chinabgao.com 或 http://news.cnpc. com.cn/system/2015/11/03/001565412.shtml.

[4] 康毅力, 罗平亚. 中国致密砂岩气藏勘探开发关键工程技术现状与展望[J]. 石油勘探与开发, 2007, 34（2）: 239-245.

[5] 李浩, 杨海滨. 低品位石油储量有效动用的思考[J]. 中外能源, 2007, 12（2）: 29-32.

[6] 中油网. 中国石油储量分布详细介绍[EB/OQ]. 2014-12-17. http://www.cnoil.com.

[7] 张抗, 门相勇. 中国未开发石油储量分析和对策[J]. 中国石油勘探, 2014, 19（5）: 23-31.

[8] 吴国干, 方辉, 韩征, 等. "十二五"中国油气储量增长特点及"十三五"储量增长展望[J]. 石油学报, 2016, 37（9）: 1145-1151.

[9] 张仲宏, 杨正明, 刘先贵, 等. 低渗透油藏储层分级评价方法及应用[J]. 石油学报, 2012, 33（3）: 437-441.

[10] 陈新彬, 王国辉. 低渗透油藏综合分类方法[J]. 大庆石油地质与开发, 2014, 33（1）: 58-61.

[11] 张翼. 大港油田用渗吸剂及渗吸采油机理[D]. 北京: 中国石油勘探开发研究院博士后出站报告, 2011.

[12] 杨正明, 朱维耀, 陈权, 等. 低渗透裂缝性砂岩藏渗吸机理及数学模型[J]. 江汉石油学院学报, 2001, 23（S1）: 25-27.

[13] 郭东红. 聚表二元驱表面活性剂的研究与应用进展[J]. 精细石油化工, 2012, 29（4）: 9-73.

[14] 曹雷, 孙卫, 周迅, 等. 马岭地区延10储层微观孔隙结构特征研究[J]. 石油化工应用, 2015, 34(9): 89-93.

[15] 郭海峰. 中东地区生物碎屑灰岩储层渗透率预测方法研究[J]. 石油天然气学报, 2015, 37(11-12): 26-30.

[16] 陈俊宇, 唐海, 徐学成, 等. 表面活性剂对低渗裂缝性砂岩油藏渗吸驱油效果影响分析[J]. 海洋石油, 2008, 28(1): 51-55.

[17] 王凤清, 姚同玉, 李继山. 润湿性反转剂的微观渗流机理[J]. 石油钻采工艺, 2006, 28(2): 40-42.

[18] Karpyn Z T, Halleck P M, Grader A S. An experimental study of spontaneous imbibition in fractured sandstone with contrasting sedimentary layers[J]. Journal of Petroleum Science and Engineering, 2009, 67(1-2): 48-56.

[19] Baldwin B A, Spinler E A. In situ saturation development during spontaneous imbibition[J]. Journal of Petroleum Science and Engineering, 2002, 35(1-2): 23-32.

[20] Standnes D C, Austad T. Wettability alteration in chalk 2. Mechanism for wettability alteration from oil-wet to water-wet using surfactants[J]. Journal of Petroleum Science and Engineering, 2000, 28(3): 123-143.

[21] Alehi M, Johnson S J, Liang J T. Mechanistic study of wettability alteration using surfactants with applications in naturally fractured reservoirs[J]. Langmuir, 2008, 24(24): 14099-14107.

[22] Austad T, Standnes D C. Spontaneous imbibition of water into oil-wet carbonates[J]. Journal of Petroleum Science and Engineering, 2003, 39(3-4): 363-376.

[23] Puntervold T, Strand S, Austad T. Coinjection of seawater and produced water to improve oil recovery from fractured North Sea Chalk oil reservoirs[J]. Energy & Fuels, 2008, 23(5): 2527-2536.

[24] Aronofsky J S. A model for the mechanism of oil the porous matrix due to water invasion[C]. Transaction of AIME, 1958, 213: 17-19.

[25] Iffly R, Rousselet D C, Vermeulen J L. Fundamental study of imbibition in fissured oil fields[C]. 47th Annual technical Conference of SPE, Texas, 1972.

[26] Lucas R. Rate of capillary as censiono fliquids[J]. Kolloid-Zeitschrift, 1918, 23(1): 15-22.

[27] Washburn E W. The dynamics of capillary flow[J]. Physical Review Journals, 1921, 17(3): 273-283.

[28] Mattax C C, Kyte J R. Imbibition oil recovery from fractured water-drive reservoirs[J]. SPE Journal, 1962, 2(2): 177-184.

[29] Rapoport L A. Scaling laws for use in design and operation of water-oil flow models[C]. Transaction of AIME, 1955, 204: 143-150.

[30] Standnes D C. Calculation of viscosity scaling groups for spontaneous imbibition of water using average diffusivity coefficients[J]. Energy & Fuels, 2009, 23(5): 2149-2156.

[31] Tavassoli Z, Zimmerman R W, Blunt M J. Analysis of counter-current imbibition with gravity in weakly water-wet systems[J]. Journal of Petroleum Science and Engineering, 2005, 48(1-2): 94-104.

[32] Ma S X, Morrow N R, Zhang X Y. Generalized scaling of spontaneous imbibition data for strongly water-wet systems[J]. Journal of Petroleum Science and Engineering, 1997, 18(3-4): 165-178.

[33] Reis J C, Cil M. A model for oil expulsion by counter-current water imbibition in rocks: one-dimensional geometry[J]. Journal of Petroleum Science and Engineering, 1993, 10(2): 97-107.

[34] Wang R. Gas recovery from porous media by spontaneous imbibition of liquid[D]. Wyoming: University of Wyoming, 1999.

[35] Zhou D, Jia L, Kamath J, et al. Scaling of counter-current imbibition processes in low-permeability porous media[J]. Journal of Petroleum Science and Engineering, 2002, 33(1-3): 61-74.

[36] Ruth D W, Mason G, Morrow N, et al. The effect of fluid viscosities on counter-current spontaneous imbibition[C]// Proceedings of the Society of Core Analysts Symposium, Abu Dhabi, 2004.

[37] Li K W, Horne R N. Generalized scaling approach for spontaneous imbibition: An analytical model[J]. SPE Reservoir Evaluation & Engineering, 2006, 9(3): 251-258.

[38] Fischer H, Wo S, Morrow N R. Modeling the effect of viscosity ratio on spontaneous imbibition[J]. SPE Reservoir Evaluation & Engineering, 2008, 11(3): 577-589.

[39] Mason G, Fischer H, Morrow N R, et al. Correlation for the effect of fluid viscosities on counter-current spontaneous imbibition[J]. Journal of Petroleum Science and Engineering, 2010, 72(1-2): 195-205.

[40] Reis J C. Water advance and oil production rate in a naturally fractured reservoir during waterflooding[J]. Journal of Petroleum Science and Engineering, 2002, 36(1-2): 19-32.

[41] Mason G, Fischer H, Morrow N R, et al. Correlation for the effect of fluid viscosities on counter-current spontaneous imbibition[J]. Journal of Petroleum Science and Engineering, 2017, 72(1-2): 195-205.

[42] Standnes D C. A single-parameter fit correlation for estimation of oil recovery from fractured water-wet reservoirs[J]. Journal of Petroleum Science and Engineering, 2010, 71(1-2): 19-22.

[43] Al-Wahalbi Y M, Grattoni C A, Muggeridge A H. Drainage and imbibition relative permeabilities at near miscible conditions[J]. Journal of Petroleum Science and Engineering, 2006, 53(3-4): 239-253.

[44] Mason G, Fischer H, Morrow N R, et al. Effect of sample shape on counter-current spontaneous imbibition production vs time curves[J]. Journal of Petroleum Science and Engineering, 2009, 66(1-2): 83-97.

[45] Rangel-German E R, Kovscek A R. Experimental and analytical study of multidimensional imbibition in fractured porous media[J]. Journal of Petroleum Science and Engineering, 2002, 36(1-2): 45-60.

[46] Delijani E B, Pishvaie M R. Green Element solution of one-dimensional counter-current spontaneousimbibition in water wet porous media[J]. Journal of Petroleum Science and Engineering, 2010, 70(3-4): 302-307.

[47] Gladkikh M, Bryant S L. Influence of wettability on petrophysical properties during imbibition in a random dense packing of equal spheres[J]. Journal of Petroleum Science and Engineering, 2006, 52(1-4): 19-34.

[48] Melrose J. Wettability as related to capillary action in porous media[J]. Journal of Petroleum Science and Engineering, 1965, 5(1-2): 259-271.

[49] Gallego F, Gomez J P, Civan F. Matrix-to-fracture transfer functions derived from the data of oil recovery, and it's derivative and integral[J]. Journal of Petroleum Science and Engineering, 2007, 59(1-2): 183-194.

[50] Babadagli T. Scaling capillary imbibition during static thermal and dynamic fracture flow conditions[J]. Journal of Petroleum Science and Engineering, 2007, 58(1-2): 259-274.

[51] Standnes D C. Scaling group for spontaneous imbibition including gravity[J]. Energy & Fuels, 2010, 24(5): 2980-2984.

[52] Standnes D C. Experimental study of the impact of boundary conditions on oil recovery by co-current and counter-current spontaneous inhibition[J]. Energy & Fuels, 2004, 18(1): 271-282.

[53] Li Y, Morrow N R, Ruth D. Similarity solution for linear counter-current spontaneous imbibition[J]. Journal of Petroleum Science and Engineering, 2003, 39(3-4): 309-326.

[54] Behbahani H S, Di Donato G, Blunt M J. Simulation of counter-current imbibition in water-wet fractured reservoirs[J]. Journal of Petroleum Science and Engineering, 2006, 50(1): 21-39.

[55] Standnes D C. Spontaneous imbibition of water into cylindrical cores with high aspect ratio: Numerical and experimental results[J]. Journal of Petroleum Science and Engineering, 2006, 50(2): 151-160.

[56] Rangel-German E R, Kovscek A R. Time-dependent matrix-fracture shape factors for partially and completely immersed fractures[J]. Journal of Petroleum Science and Engineering, 2006, 54(3-4): 149-163.

[57] Nguyen V H, Sheppard A P, Knackstedt M A, et al. The effect of displacement rate on imbibition relative permeability and residual saturation[J]. Journal of Petroleum Science and Engineering, 2006, 52(1-4): 54-70.

[58] 殷代印, 王国锋, 刘冠男. 低渗透油藏渗吸法采油的数值模拟[J]. 大庆石油学院学报, 2004, 28(2): 31-33.

[59] 周林波, 程林松, 曾保全. 裂缝性特低渗透储层渗吸表征模型[J]. 石油钻探技术, 2010, 38(3): 83-86.

[60] 刘浪, 郭肖, 张彩. 裂缝性油藏渗吸模型参数确定方法及应用[J]. 西南石油大学学报, 2007, 29(1): 85-87.

[61] 徐晖, 党庆涛, 秦积舜, 等. 裂缝性油藏水驱油渗吸理论及数学模型[J]. 中国石油大学学报(自然科学版), 2009, 33(3): 99-102.

[62] 袁迎中, 张烈辉, 孙致学, 等. 用渗吸曲线法预测裂缝性油藏产量[J]. 新疆石油地质, 2008, 29(2): 247-249.

[63] Standnes D C. Scaling spontaneous imbibition of water data accounting for fluid viscosities[J]. Journal of Petroleum Science and Engineering, 2010, 73(3-4): 214-219.

[64] Brautaset A, Ersland G, Graue A. In-situ phase pressures and fluid saturation dynamics measured in waterfloods at various wettability conditions[J]. SPE Reservoir Evaluation & Engineering, 13(3): 465-472.

[65] 王学武, 杨正明, 时宇, 等. 核磁共振研究低渗透砂岩油水两相渗流规律[J]. 科技导报, 2009, 27(15): 56-58.

[66] Melean Y, Broseta D, Blossey R. Imbibition fronts in porous media: Effects of initial wetting fluid saturation and flow rate. Journal of Petroleum Science and Engineering, 2003, 39(3-4): 327-336.

[67] Akin S, Schembre J M, Bhat S K, et al. Spontaneous imbibition characteristics of diatomite[J]. Journal of Petroleum Science and Engineering, 2000, 25(3-4): 149-165.

[68] Mogensen K, Stenby E H, Zhou D E. Studies of waterflooding in low-permeable chalk by use of X-ray CT scanning[J]. Journal of Petroleum Science and Engineering, 2001, 32(1): 1-10.

[69] Zhang J Y, Nguyen Q P, Flaaten A K, et al. Mechanisms of enhanced natural imbibition with novel chemicals. SPE Reservoir Evaluation & Engineering, 2009, 12(6): 912-920.

[70] Chilingar G V, Yen T F. Some notes on wettability and relative permeability of carbonate rocks. II[J]. Energy Sources, 1983, 7(1): 67-75.

[71] Salathiel R A. Oil recovery by surface film drainage in mixed-wettability rocks[J]. Journal of Petroleum Technology, 1973, 25(10): 1216-1224.

[72] Seethepalli A, Adibhatla B, Mohanty K K. Physicochemical interactions during surfactant flooding of fractured carbonate reservoirs. SPE Journal, 2004, 9(4): 411-418.

[73] 王嘉源. 中国能源对外依存度近10年翻倍上升石油突破60%[EB/OQ]. 2016-11-17. http://finance.sina.com.cn/roll/2016-11-17/.

[74] Sharma M M, Wunderlich R W. The alteration of rock properties due to interactions with drilling-fluid components[J]. Journal of Petroleum Science and Engineering, 1987, 1(1): 127-143.

[75] Horstemeyer M F, Ken Gall K W, Dolan, et al. Numerical, experimental, nondestructive, and image analyses of damage progression in cast A356 aluminum notch tensile bars[J]. Theoretical and Applied Fracture Mechanics, 2003, 39(1): 73-88.

[76] Strand S, Standnes D C, Austad T. New wettability test for chalk based on chromatographic separation of SCN^- and SO_4^{2-} [J]. Journal of Petroleum Science and Engineering, 2006, 52(1-4): 187-197.

[77] Wu Y F, Shuler P J, Blanco M, et al. An experimental study of wetting behavior and surfactant EOR in carbonates with model compounds[J]. SPE Journal, 2008, 13(1): 26-34.

[78] Guan H, Brougham D, Sorbie K S, et al. Wettability effects in a sandstone reservoir and outcrop cores from NMR relaxation time distributions[J]. Journal of Petroleum Science and Engineering, 2002, 34(1-4): 33-52.

[79] Moss A K, Jing X D, Archer J S. Wettability of reservoir rock and fluid systems from complex resistivity measurements[J]. Journal of Petroleum Science and Engineering, 2002, 33(1-3): 75-85.

[80] 曲志浩, 孔令荣. 低渗透油层微观水驱油特征[J]. 西北大学学报(自然科学版), 2002, 32(4): 329-334.

[81] 朱维耀, 鞠岩, 赵明, 等. 低渗透裂缝砂岩油藏多孔介质渗流机理研究[J]. 石油学报, 2002, 23(6): 56-59.

[82] 陈淦, 宋志理. 火烧山油田基质岩块渗吸特征[J]. 新疆石油地质, 1994, 15(3): 268-275.

[83] 李继山. 表面活性剂体系对渗吸过程的影响[D]. 廊坊: 中国科学院研究生院(渗流流体力学研究所)博士学位论文, 2006.

[84] 杨正明. 低渗透油藏渗流机理及其应用[D]. 廊坊: 中国科学院研究生院(渗流流体力学研究所)博士论文, 2005.

[85] 彭昱强, 郭尚平, 韩冬. 表面活性剂对中性砂岩渗吸规的影响[J]. 油气地质与采收率, 2010, 17(4): 48-51.

[86] 韩冬, 彭昱强, 郭尚平. 表面活性剂对水湿砂岩的渗吸规律及其对采收率的影响[J]. 中国石油大学学报(自然科学版), 2009, 33(6): 142-147.

[87] Babadagli T. Temperature effect on heavy-oil recovery by imbibition in fractured reservoirs[J]. Journal of Petroleum Science and Engineering, 1997, 14(3-4): 197-208.

[88] Takahashi S, Kovscek A R. Spontaneous countercurrent imbibition and forced displacement characteristics of low-permeability, siliceous shale rocks[J]. Journal of Petroleum Science and Engineering, 2010, 71(1-2): 47-55.

[89] 赵海林, 赵振, 曹亚明. 北海白垩裂缝油藏共注入海水和生产用水提高原油采收率[J]. 煤炭科技, 2010, 10(1): 219-221.

[90] Hognesen E J, Olsen M, Austad T. Capillary and gravity dominated flow regimes in displacement of oil from an oil-wet chalk using cationic surfactant[J]. Energy & Fuels, 2006, 20(3): 1118-1122.

[91] Babadagli T. Evaluation of the critical parameters in oil recovery from fractured chalks by surfactant injection[J]. Journal of Petroleum Science and Engineering, 2006, 54(1-2): 43-54.

[92] Standnes D C, Austad T. Nontoxic low-cost amines as wettability alteration chemicals in carbonates[J]. Journal of Petroleum Science and Engineering, 2003, 39(3-4): 431-446.

[93] Tang G Q, Firoozabadi A. Effect of pressure gradient and initial water saturation on water injection in water-wet and mixed-wet fractured porous media[J]. SPE Reservoir Evaluation & Engineering, 2001, 6(4): 516-524.

[94] 魏发林, 岳湘安, 张继红. 表面活性剂对低渗油湿灰岩表面性质及渗吸行为的影响[J]. 油田化学, 2004, 21(1): 51-55.

[95] Karimaie H, Torsaeter O. Effect of injection rate, initial water saturation and gravity on water injection in slightly water-wet fractured porous media[J]. Journal of Petroleum Science and Engineering, 2007, 58(1-2): 293-308.

[96] Hirasaki G, Zhang D L. Surface chemistry of oil recovery from fractured, oil-wet, carbonate formations[J]. SPE Journal, 2004, 9(2): 151-162.

[97] Ayirala S C, Vijapurapu C S, Rao D N. Beneficial effects of wettability altering surfactants in oil-wet fractured reservoirs[J]. Journal of Petroleum Science and Engineering, 2006, 52(1-4): 261-274.

[98] Standnes D C, Nogaret L A D, Chen H L, et al. An evaluation of spontaneous imbibition of water into oil-wet carbonate reservoir cores using a nonionic and a cationic surfactant[J]. Energy & Fuels, 2002, 16(6): 1557-1564.

[99] Sohi M L, Sola B S, Rashidi F. Experimental investigation of effective parameters on efficiency of capillary imbibition in naturally fractured reservoirs[J]. Journal of the Japan Petroleum Institute, 2009, 52(2): 36-41.

[100] Al-Attar H H. Experimental study of spontaneous capillary imbibition in selected carbonate core samples[J]. Journal of Petroleum Science and Engineering, 2010, 70(3-4): 320-326.

[101] 唐海, 吕栋梁, 谢军. 川中大安寨裂缝性油藏渗吸注水实验研究[J]. 西南石油学院学报, 2005, 27(2): 41-44.

[102] 刘向君, 戴岑璞. 低渗透砂岩渗吸驱油规律实验研究[J]. 钻采工艺, 2008, 31(6): 111-112.

[103] 王锐, 岳湘安, 谭习群. 低渗透油藏岩石压敏性及其对渗吸的影响[J]. 西南石油大学学报(自然科学版), 2008, 30(6): 173-175.

[104] 陈俊宇, 唐海, 徐学成. 裂缝性低渗砂岩油藏渗吸驱油效果的影响因素分析[J]. 内蒙古石油化工, 2007, 17(4): 85-88.

[105] 马小明, 陈俊宇, 唐海, 等. 低渗裂缝性油藏渗吸注水实验研究[J]. 大庆石油地质与开发, 2008, 27(6): 64-68.

[106] 蔡喜东, 姚约东, 刘同敬. 低渗透裂缝性油藏渗吸过程影响因素研究[J]. 中国科技论文在线, 2009, 4(11): 806-812.

[107] 吴应川, 张惠芳, 代华. 利用渗吸法提高低渗透油藏采收率技术[J]. 断块油气田, 2009, 16(2): 80-82.

[108] 华方奇, 宫长路, 熊伟. 低渗透砂岩油藏渗吸规律研究[J]. 大庆石油地质与开发, 2003, 22(3): 50-52.

[109] 王鹏志, 程华. 渗吸法开发低渗透裂缝油藏相关参数的确定方法[J]. 河南石油, 2006, 20(2): 48-50.

[110] Hatiboglu C U, Babadagli T. Oil recovery by counter-current spontaneous imbibition: Effects of matrix shape factor, gravity, IFT, oil viscosity, wettability, and rock type[J]. Journal of Petroleum Science and Engineering, 2007, 59(1-2): 106-122.

[111] 王家禄, 刘玉章, 陈茂谦, 等. 低渗透油藏裂缝动态渗吸机理实验研究[J]. 石油勘探与开发, 2009, 36(1): 86-90.

[112] Tong Z X, Morrow N R, Xie X. Spontaneous imbibition for mixed-wettability states in sandstones induced by adsorption from crude oil[J]. Journal of Petroleum Science and Engineering, 2003, 39(3-4): 351-361.

[113] 姚同玉, 李继山, 王建. 裂缝性低渗透油藏的渗吸机理及有利条件[J]. 吉林大学学报(工学版), 2009, 39(4): 937-940.

[114] Karimaie H, Torsaeter O, Esfahani M R, et al. Experimental investigation of oil recovery during water imbibition[J]. Journal of Petroleum Science and Engineering, 2006, 52(1-4): 297-304.

[115] Haugen A, Ferno M A, Bull O, et al. Wettability impacts on oil displacement in large fractured carbonate blocks[J]. Energy & Fuels, 2010, 24(4): 3020-3027.

[116] Zhou X M, Morrow N R, Ma S X. Interrelationship of wettability, initial water saturation, aging time, and oil recovery by spontaneous imbibition and waterflooding[J]. SPE Journal, 2000, 5(2): 199-207.

[117] 傅秀娟, 阎存章. 润湿程度、渗透率对吸渗排油作用的影响[J]. 新疆石油地质, 1998, 19(1): 78-80.

[118] Gupta R, Mohanty K K. Temperature effects on surfactant-aided imbibition into fractured carbonates[J]. SPE Journal, 2010, 15(3): 587-597.

[119] Morrow N R, Tang G Q, Valat M, et al. Prospects of improved oil recovery related to wettability and brine composition[J]. Journal of petroleum science and engineering, 1998, 20(3-4): 267-276.

[120] Fathi S J, Austad T, Strand S, et al. Wettability alteration in carbonates: The effect of water-soluble carboxylic acids in crude oil. Energy & Fuels, 2010, 24(4): 2974-2979.

[121] 李士奎, 刘卫东, 张海琴, 等. 低渗透油藏自发渗吸驱油实验研究[J]. 石油学报, 2007, 28(2): 109-112.

[122] Schechter D S, Zhou D, Orr F M. Low ift drainage and imbibition[J]. Journal of Petroleum Science and Engineering, 1994, 11(4): 283-300.

第2章 渗吸作用与储层物性关系

渗吸过程及渗吸效果不仅与油藏地质因素有关，还与储层物性、岩石组成及流体或驱替液性质有关。本章重点讨论储层物性与渗吸效率的关系，将物理模拟实验结果与数值分析结果相结合展开讨论。

由于研究多集中在室内，物理模拟实验多集中在小尺度岩心上，数值模拟分析多采用传统模型，缺少针对实际油藏有无裂缝和是否加密井网的对比，而且大多数研究仅考虑水湿性油藏的自发渗吸，缺少考虑混合润湿性和油湿性状态的模型，数值分析采用的传统模型具有局限性，可以很多工作具体深入开展。

从目前国内外已经开发的油田来看，涉及的储层岩石主要有砂岩、碳酸盐岩、岩浆岩和砾岩四大类。这几种岩石由于各自组成、形成的地质历史条件、经历的地质历史时期及成岩后变化的不同，其岩性、孔隙结构、储集性能、流体流动特征和渗吸特征也各不相同。油藏的物性特征对渗吸采收率的影响较大，主要的影响因素包括渗透率、孔隙结构、初始含水饱和度大小、储层岩石裂缝发育情况等。

1. 渗透率

岩心的渗透率是岩心的孔隙结构和孔隙连通情况的综合反映，是表征储层物性的基本参数。研究发现，岩心渗透率的大小是影响渗吸过程的敏感因素之一，它不仅影响最终渗吸采收率的大小，而且对渗吸速率的快慢也起着决定性作用。实验结果表明，在相同渗吸驱油的条件下，中高渗岩心的渗吸速率最快，其次是低渗岩心，最慢的是特低渗透岩心[1]。但渗吸采收率与渗透率之间并不呈现单调的变化关系，当渗透率小时，采收率也低；当渗透率大时，采收率增大；当渗透率进一步增大时，采收率又开始缓慢减小，但这一认识并不一致。中国石油勘探开发研究院采收率所的研究结果发现，在利用自发渗吸机理进行采油时，存在最佳的渗透率区间，在特/超低渗甚至致密油藏的储层渗透率对渗吸效率作用敏感。

2. 孔隙结构

孔隙结构是指岩石所具有的孔隙和喉道的几何形状、大小、分布、相互连通情况，以及孔隙与喉道之间的配置关系。研究发现，自发渗吸采出程度与拟孔喉半径(将实际渗流通道半径假设成理想岩石渗流毛管半径)之间存在较好的相关性，随着渗流孔喉半径的增加，渗吸采出程度逐渐增大，如图2.1所示[2]。因此，储层岩石孔隙结构越好，越有利于渗吸作用的发挥。

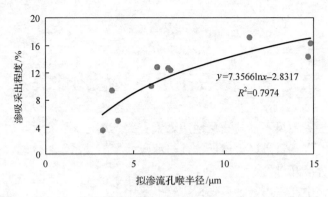

图 2.1　岩心拟渗流孔喉半径与渗吸采出程度的关系[2]

3. 初始含水饱和度

对于基质岩块初始含水饱和度的大小对渗吸效果的影响，目前研究者还没有一致的结论，虽然有些科研人员的研究已被实验证实，但由于实验中实验仪器、测试条件、测试方式、岩心特征等各方面的差异，使试验结论有很大差异。有学者认为原始含水饱和度对采收率的影响依赖于润湿性：强水湿性时，注水采油的采收率随着初始水饱和度的增加而略微减小；弱水湿性时，注水采油的采收率随着原始含水饱和度增加而大幅增加[3]。有研究人员发现，采油速率和最终采收率随着初始含水饱和度的增加而增加[4]。在不同岩性的油藏体系中，初始含水饱和度对渗吸采收率的影响也不同：初始含水饱和度对砂岩体系的渗吸采收率的最终结果几乎无影响，对石灰岩则影响较大。

4. 储层岩石裂缝发育情况

低渗透油藏储层微裂缝发育为渗吸作用提供了充足的水源供给，为由毛细管力引发的自发渗吸提供了条件。因此，储层岩石裂缝的发育情况与渗吸采油效果有密切的关系。通常根据裂缝渗透率与基质渗透率的比值来分析裂缝的发育程度对渗吸采收率的影响。研究表明，当裂缝与基质渗透率比值大于 100 时，适当增大基质的渗透率，更能有效地发挥渗吸的作用，有利于渗吸采收率的提高。当裂缝与基质渗透率比值小于 100 时，随着裂缝与基质渗透率比值的减小，渗吸采油效果逐渐变差，渗吸作用减弱[5]。

5. 岩心尺度

对于实验中所用基质岩心长度对最终渗吸采收率结果的影响，目前并没有一致的结论，不同的研究人员就此问题有不同的认识。

（1）在对低渗岩心进行的实验中发现，岩心的长度对于最终的采收率结果并无影响或影响较小，但对渗吸速率影响较大，利用同性质的岩心进行实验发现，岩心长度越短，达到最大渗吸采收率的时间越短。

（2）华方奇等[6]以低渗砂岩岩心进行实验，结果发现岩心的长度对最终采收率无影响，但是却影响渗吸速率。Standnes 等[7]用 $C_{12}TAB$ 溶液作为渗吸剂，对油湿性碳酸盐岩心进行渗吸实验，发现短岩心得到的采收率为 40%～50%OOIP，长岩心得到的采收率为

65%OOIP。Standnes[8]以白垩岩心进行自发渗吸实验,发现采收率高度依赖于样品的形状和尺寸,并以特征长度对此进行了定量解释。

6. 注入流体的驱替速度

在进行动态渗吸实验研究中发现,随着驱替速度的不断增大,存在与渗吸采收率最佳值对应的最佳驱替速度。驱替速度小于最佳值时,随着驱替速度的增加,渗吸效率逐渐增大,此时由毛细管力和黏滞力共同作用。

7. 温度

研究发现,温度对储层岩石的润湿性、油水体系的界面张力和原油黏度都有影响,这些因素的改变也直接影响了自吸采收率。一般认为,温度的升高对渗吸采油具有积极的效果。温度升高,会使渗吸过程中的多个参数指标发生变化,具体变化如下。

(1)改变岩石润湿性。温度升高,导致润湿系数增大,润湿接触角减小,使岩石亲水性增强,残余油饱和度降低。

(2)降低原油黏度。温度升高后,原油黏度下降,使得黏滞力减小,有利于渗吸驱油过程的进行。

(3)减小水膜厚度。温度升高后,孔隙壁面水膜厚度减小,使得有效孔隙半径增大,减小了自发渗吸阻力,促进了渗吸过程的进行。

(4)降低油水界面张力。油水界面张力的降低对渗吸采油效果具有双重影响,既降低了渗吸过程中的渗流阻力促进渗吸,又降低了毛细管力而对渗吸产生负面影响。

因此,在考虑温度对渗吸作用的影响时,必须根据实际情况进行综合分析。

8. 其他影响因素

除上述介质环境和渗吸剂体系外,影响渗吸的因素很多,目前研究人员较关注的有压力脉冲采油方式和压力波动等。

刘向君和戴岑璞[9]研究发现,脉冲渗吸驱油效果优于常压渗吸驱油效果,随着脉冲次数及脉冲压力的增加,渗吸采收率会有不同程度的提高。压力脉冲最终驱油效果优于自然渗吸条件下的最终驱油效果,但不是脉冲压力越大,驱油效果越好。由于每次脉冲都有一个憋压压缩过程,脉冲时间越长,憋压压缩过程越长,渗吸驱油效率越低。

渗吸采油过程中,压力的波动也会对采收率造成一定的影响。王锐等[10]研究发现,不同的压力及压降速度对采收率的影响具有先减小后增大的趋势。当降压幅度较小时,其降压引起的延迟压差对渗吸作用影响较小,而当降压幅度达到一定值时,延迟压差会在一定程度上抑制毛细管力的作用,导致渗吸采收率减少;当降压幅度较大时,延迟压差会克服毛细管力的作用,将基质中的原油排驱出来,导致渗吸采收率急剧增大。

2.1　储层润湿性与评价方法比较

润湿性是在油藏条件下油、水与储层岩石间的相互作用,决定着油藏流体在岩石孔道内的微观分布和原始分布状态，在油田开发中对原油的采出程度起决定性作用，它影响油水分布、油水流动状态、毛管压力大小及油水相对渗透率大小等，并最终影响原油采收率。

对于不同润湿类型的油藏，在表面活性剂作用下进行渗吸采油的过程中，其在渗吸驱油的主要机理方面和对表面活性剂类型的适应性上都表现出了很大的不同。

对于水湿性油藏，利用毛细管力渗吸驱油可达到较好的效果。对水湿性岩心进行表面活性剂溶液的自发渗吸实验，发现水湿性砂岩不适于阳离子表面活性剂渗吸，阴离子表面活性剂对水湿性砂岩的渗吸采收率提高有较好的效果，离子表面活性剂的作用效果要好于非离子表面活性剂。在驱油机理上，由于毛细管渗吸作用使得水湿性砂岩基质小孔隙吸水，驱替时基质大孔隙中的原油被排出。

对于油湿性油藏，由于毛细管力成为渗吸阻力，渗吸作用得不到充分发挥。在水驱条件下，可通过驱动力克服毛细管阻力而采出一部分原油。要进一步提高采油效率，可利用表面活性剂降低高油水界面张力导致的流动阻力，或者通过改变岩石润湿性使毛细管阻力变为渗吸驱动力来实现。在储层的油湿表面发生润湿反转后，其亲水性得到增强，此时既提高了微观驱油效率，又可充分发挥毛细管力渗吸采油的作用，使得基质系统中原油的采出程度得以提高。对于油湿性低渗灰岩储层，利用 CTAB（如 $C_{16}TAB$）类阳离子表面活性剂可以得到较好的渗吸采油效果[11]。

在砂岩油藏中，中性润湿性油藏占据 6%～10%。研究发现，中性润湿性砂岩用表面活性剂渗吸采油可比盐水渗吸提高采收率 1%～9%，阳离子表面活性剂对中性润湿性砂岩渗吸采油没有促进作用，阴离子表面活性剂和特定结构的非离子表面活性剂可得到较好的渗吸效果。对于中性润湿性砂岩油藏，可尽早开展表面活性剂渗吸采油。

混合润湿性的变化依赖于原生水在岩石表面的分布。由于原油中吸附极性组分，没有被本体水覆盖的岩石表面区域润湿性发生反转。在混合润湿性储层介质中，原油自发渗吸过程能否发生与储层介质中亲水颗粒的比例关系密切，当储层介质中亲水颗粒比例占据优势喉道才表现出亲水性。

2.1.1 定量测定方法

第 1 章介绍了渗吸采油常见方法的原理和评价指标，下面对各种方法的特点及实用性进行分析和概述。

1. 接触角法

接触角法的测试特点：适用于大块固体和粉末润湿性的测定。测试简单快速，范围从强水湿到强油湿，数值定义及边界清楚，不确定度高，一般不推荐使用。

1）大块固体润湿角的测定

（1）光学投影法[12]。

将被测矿物磨成光面，浸入油（水）中，将矿物表面上滴一滴水（或油），直径为 1mm，然后通过光学系统，将液滴放大，投影到屏幕上，拍照后便可在照片上直接测出润湿角，其示意图如图 2.2 所示，润湿角 θ 表达式为

$$\tan\frac{\theta}{2} = \frac{2h}{D} \tag{2.1}$$

式中，h 为液滴截面高度；D 为弧度口长度。

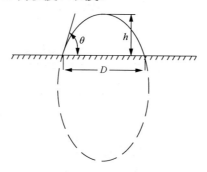

图 2.2　润湿角示意图

测量结果：接触角为 0°~75°时，亲水；接触角为 75°~105°时，中性润湿；接触角为 105°~180°时，亲油。

(2) 吊板法[13]。

测量前吊板在油中处于平衡状态，调整旋钮使其受力为零，调整试样皿高度微调旋钮，使油水界面刚好与吊板底部接触，由于各界面张力在三相周界点争夺的结果使吊板受到向下的拉力 F，L 为薄板周长，$\sigma_{1,2}$ 为液体的表面张力，待受力平稳后有

$$\cos\theta = \frac{F}{L\sigma_{1,2}} \tag{2.2}$$

(3) 液滴法[14]。

用极细毛细管将液体滴加到固体表面上，由幻灯机射出的一束很强的平行光通过液滴和双凸透镜将放大的像投影到屏幕上，然后用铅笔描图，再用量角器直接测出 θ 的大小。

(4) 气泡法[15]。

将欲测液体盛入槽中，再把欲测固体侵入槽内流体里，然后将小气泡由弯曲毛细管中放出，使气泡停留在被测固体的表面下，再用光学显微法测出润湿角。

2) 粉末-液体体系润湿角的测定[16]

粉末-液体体系中用 Wash-burn 的动态法测量前进润湿角。此法是用一定量的粉末装入下端用微孔板密闭的玻璃管内，并压紧置于某固定刻度。然后将测量管垂直放置，并使下端与液体接触，记录不同润湿时间 t 时液体润湿粉末的高度 h，以 h^2 为横坐标，以湿润时间 t 为纵坐标作图，此法只有相对意义。

Wash-burn 的动态接触角法主要用于纯净流体和人造岩心系统润湿性的测定。一般用石英矿片模拟砂岩油层，方解石矿片模拟碳酸盐岩油层。表面粗糙度、表面非均质性及分子在表面吸附对润湿性都有影响。一般而言，表面粗糙将减少水湿岩石的视接触角，而增大油湿岩石的视接触角。Wash-burn 的动态接触角法未考虑岩石表面的非均质性，

而是在单一的矿物晶体上测量的。岩石含有许多不同的组分，且原油中重质表面活性剂对砂岩和黏土润湿性的影响不同，从而可造成局部不均匀的润湿性。

2. Amott 法[17]

Amott 法是将岩心浸入盐水中，离心达到残余油饱和度，再把岩心浸没在油中，测量原油自动渗吸后驱替出的水的体积，然后在油中用离心法处理岩心，直到达到束缚水饱和度，测量被驱替出水的总体积，包括自动渗吸驱替出的体积；再把岩心浸没在盐水中，测量盐水自动渗吸后驱替出的油的体积及离心法处理后测得的总体积。其基本原理为润湿流体一般将自动渗吸进入岩心，驱替非润湿流体，结合渗吸和强制驱替来测量岩心的平均润湿性。

Amott 法测定中可使用油藏岩心和流体，测量岩心的平均润湿性，测量结果比较接近油藏的实际情况；当岩心的润湿性接近中性润湿时，这种实验灵敏度不高，是测量润湿流体自动驱替非润湿流体的情况，然而当接触角为 60°～120°时，并非任何流体都将自动渗吸并驱替另一种流体；岩心的初始饱和度影响岩心润湿性的测定[8]。

Amott 法测试过程复杂，周期长，测试范围从强水湿到强油湿，数值定义及边界清楚，对中性润湿条件不敏感，考虑到该条件对对油气勘探开发影响不大，推荐使用。

3. USBM 法

USBM 法是通过做功使一种流体驱替另一种流体，润湿流体从岩心中驱替非润湿流体所需要的功要小于相反驱替所需要的功。事实已证明，润湿流体所需要的功正比于毛管压力曲线下面的面积[13]。通过离心求得吸入和驱替毛细管压力曲线，并用曲线下的面积之比的对数 $W = \lg(A_1/A_2)$，即润湿性指数表示孔隙介质的润湿性，A_1 和 A_2 分别为油驱和盐水驱油曲线下面的面积。

USBM 法的适用条件及其特点为：①测量岩心的平均润湿性，在接近中性润湿性是非常敏感；②只能用岩心塞测量；③不能确定一个系统是否属于部分润湿和混合润湿，而 Amott 法则对此敏感；④改进型的 USBM 法[18]，可同时计算 Amott 和 USBM 润湿性指数。改进型的 USBM 法包括五个步骤：初期油驱，盐水自动渗吸，盐水驱，油自动渗吸和油驱。盐水驱和油驱曲线下的面积用于计算 USBM 指数，而自动渗吸和总的水驱和油驱体积用于计算 Amott 指数。该法的优点是考虑了零毛管压力时发生饱和度的变化，从而改善了 USBM 的分辨率，同时也计算了 Amott 指数，并可确定一个系统为不均匀润湿。

USBM 法的测试过程简单，周期短，测试范围从强水湿到强油湿都可以，数值定义及边界清楚，对中性润湿敏感，一般推荐使用。

4. 自吸速率法

由于自动渗吸中毛管压力是驱动力，自吸曲线下的面积应与对应的自动渗吸表面自由能下降的驱替功密切相关，从标定自吸曲线可以得到拟自吸毛管力曲线，以曲线下相对面积为基础而得到的润湿指数 W_R 定义为相对拟吸吮功。W_R 可以确定 Amott 法和 USBM 法不能确定的系统的润湿性[11]。

自吸速率法适用于当 Amott 润湿指数 I_W 相当高时，自动渗吸法可测定其润湿性，从而定量区分两系统的润湿性，而 Amott 方法则不能。

自吸速率法测试过程简单，周期短，但仅适用于强水湿到中性润湿岩样，需要强水湿参考样品，边界明确，对强水湿样品敏感，不推荐使用。

5. 核磁共振松弛法

核磁共振松弛法是依据润湿和非润湿表面分子间引力对分子运动影响的程度不同，通过观测表面上流体分子的动态行为来测定液/固体系的润湿性[19]。

当岩心样品置于均匀静磁场时，岩心中流体富含的氢原子核(^{1}H)与磁场之间发生相互作用，产生磁化矢量。此时在垂直于静磁场方向对岩心样品发射(^{1}H)拉莫尔频率的射频脉冲就会产生核磁共振信号，核磁共振信号包含频率、相位和振幅信息，核磁共振成像是在静磁场上叠加一个梯度磁场，从而建立 NMR 信号的共振频率与核所处位置的关系，再利用快速傅里叶变换、图像重建等技术，获取核磁共振图像。表示核磁共振图像信号的分别叫做纵向弛豫时间 T_1 图像和横向弛豫时间 T_2 图像。T_1 图像测量费时，核磁共振岩心分析通常测量 T_2 图像，用 T_2 图像脉冲序列获取不同回波时间系列 T_2 图像，利用不同回波时间系列 T_2 图像计算质子密度图像，根据获取 T_2 图像、质子密度图像可以得到孔隙度、渗透率、可动流体百分数等油层物理信息。岩心核磁共振实验方法参见石油天然气行业标准 SY/T6490—2007《岩样核磁共振参数实验室测量规范》[19]。

核磁共振松弛法过程简单、周期短，ΔT_1、ΔT_2、$R\Delta T_1$、$R\Delta T_2$ 与润湿指数线性关系好，考虑核磁测井的特点，应重视 T_2 的测量，推荐使用(ΔT_1 和 ΔT_2 分别为纵向、横向弛豫时间差，R 为流体扩散系数)。克服了传统的 Amott 法和 USBM 法费时和难度大的缺点，还可以非常灵敏地从油湿表面区分出水湿表面，可用于部分润湿性的测定。但该法需要强水湿、油湿做参考样品，受表面处理效果影响较大，应慎重使用。

2.1.2 定性测量方法

润湿性定性测量方法很多，包括低温电子扫描法、Wihelmy 动力板法、相对渗透率法、微孔膜技术、渗吸法、显微镜检验、浮选法、玻璃片法、渗透率-饱和度关系和毛管测量法[19]。

1. 相对渗透率曲线法

1)测量参数

测量参数包括 S_{wi}、$S_w(K_w=K_o)$、$K_w(S_{or})/K_o(S_{wc})$。其中，S_{wi} 为束缚水饱和度(%)；$S_w(K_w=K_o)$ 为等渗点饱和度(%)；$K_w(S_{or})$ 为残余油状态的水相对渗透率(mD)；$K_o(S_{wc})$ 为残余水状态的油相对渗透率(mD)。

2)评判指标

(1)当 $S_{wi}>20\%$ 为水湿，其中大于 30%为强水湿；当 $15\%<S_{wi}<20\%$ 时为中性润湿；小于 15%时为油湿，其中小于 10%时为强油湿。

(2) 当 $S_w(K_w=K_o)>50\%$ 时为水湿，其中大于 60% 时为强水湿；当 $S_w(K_w=K_o)=50\%$ 时为中性润湿；当 $S_w(K_w=K_o)<50\%$ 时为油湿，其中小于 40% 为强油湿。

(3) 当 $K_w(S_{or})/K_o(S_{wc})\leqslant0.25$ 时为水湿，其中小于 0.1 时为强水湿；$K_w(S_{or})/K_o(S_{wc})=0.5$ 时为中性润湿；$0.5<K_w(S_{or})/K_o(S_{wc})<1$ 时为油湿，其中 $K_w(S_{or})/K_o(S_{wc})>0.7$ 时为强油湿。

3) 测试方法

(1) 油水相对渗透率和油气相对渗透率联合鉴定法。

将油水相对渗透率曲线和油气相对渗透率曲线的油相曲线画在同一张图上，如果两条油相线重合(或非常接近重合)，则岩样亲油。如果两条油相线不重合，则岩样亲水。

(2) 相对渗透率曲线回线鉴定法。

相对渗透率曲线的形态与流体的微观分布状态有很大关系，而流体饱和次序的改变所形成的润湿滞后会影响流体的微观分布，使驱替相对渗透率曲线和吸入相对渗透率曲线在形态上产生很大差异。如果油相回线分开，而水相回线重合，岩样是亲水的；反之如果油相回线重合，而水相回线分开，则岩样是亲油的。

相对渗透率曲线法仅适用于区分强水湿和强油湿岩心，小幅度的润湿性变化用这些方法难以检测出来。其测试过程简单，周期短，测试范围从强水湿到强油湿，数值定义及边界基本清楚，推荐在缺乏润湿性专项测量时使用，以弥补资料缺陷。

2. Cryo-SEM 法

Cryo-SEM 法是通过观察油藏岩石在不同孔隙和不同矿物上的油和水微观分布情况，进而判断其润湿性的一种方法。Sutanto 等[20]最早应用 Cryo-SEM 法研究孔隙内油和水的分布，后来也应用该方法结合孔壁的几何形态和矿物形态，在孔隙尺度下表征矿物的润湿性，并推断中性润湿性的成因。研究的系统包括多孔隙介质模型和油藏岩心。

Cryo-SEM 法实验测试分为两步：第一步是样品的准备，通过离心驱替使样品饱和度分别为残余油饱和度和束缚水饱和度，然后将样品快速冷冻，镀金(或铬、碳)；第二步是利用次级电子图像选择感兴趣的区域，通过反散射电子图像来区分矿物相、油相和水相，用 X 射线图进行元素分析以证实矿物、油和水每一相，硫为油相指示剂，氯为水相指示剂。通过 Cryo-SEM 可以观察到无黏土情况下水以薄膜形式覆盖在矿物表面，而油以液滴的形式存在于孔隙中心，此岩心为水湿；相反现象则为油湿。含有黏土时可以观察高岭石的油湿行为和伊利石及长石等的水湿行为，由此可以解释岩心的中性润湿性的成因。

Cryo-SEM 法的优点是可以分辨原始多孔隙介质的矿物组成，同时可以研究不同参数(孔隙矿物形态、几何形态、表面化学性等)对润湿性的影响。尤其是能对油-盐水-岩石系统进行微观研究，从而更好地理解中性润湿性的成因，解释某些油层岩石的宏观表面，此方法的缺点是它要求样品中的流体处于凝固状态，并且只能给出润湿的静态情况[21]。

3. Wilhelmy 动力板法

Wilhelmy 动力板法测得的是黏附力，可将这种力直接与油层其他力作比较，使油藏润湿性以力的形式反映出来。实验测试中用地层油代表油相，地层水代表水相，用模拟矿物片代表固相，测量矿物片通过油水界面时的前进黏附力和后退黏附力，两者之和大于零者为亲水，小于零者为亲油，二者符号相反为混合润湿性。通过黏附力和界面张力求得接触角，非常适合于接触角滞后情形的研究[22]。通过 Wilhelmy 动力板法可以证实在一个平的、均相的、干净的表面只存在一个接触角，它是测定小接触角最可靠的方法[22]。

阿莫科石油公司推荐将 Wilhelmy 动力板法法、Amott 法和相对渗透率曲线法并列为主要的三种常规方法，用于岩心润湿性的综合鉴定，使润湿性测得的结果更客观、更真实。

4. 微孔膜测定法

早在 1951 年 Calhoun[23]就提出，可用完整的毛管压力曲线测量岩心的润湿性。最初用孔隙板法测量毛管压力曲线，即正、负毛管压力情况下的完全的排泄和渗吸曲线。后来用微孔膜技术，以及用微孔膜代替孔隙板测量毛管压力，使测量时间和岩心长度大大减小。此法准确、可靠，是到目前为止唯一能给出完整毛管压力曲线的方法，实验结果已表明，在驱替毛管压力测量中使用微孔膜代替孔隙板，可使实验时间大为减少。

2.1.3　现场测定法

1. 在位润湿性的测定

Debrandes[24]提出，在位润湿性的测定可用于评价油藏的原润湿性。在位润湿性是以基本的毛细原理为基础，根据式(2.3)来计算：

$$\cos\theta = g(\rho_w - \rho_o)R_m h / 2\gamma_{wo} \tag{2.3}$$

式中，θ 为接触角；ρ_w 为水的密度；ρ_o 为油的密度；R_m 为孔隙半径；h 为孔隙中自由水位与油水界面的高度差；γ_{wo} 为油水界面张力。其中油水界面高度可以通过电阻率测井测得，自由水位可以通过油水压力梯度得到，因此已知孔隙平均半径和界面张力时，就可以计算出接触角，并进一步分析多孔介质的平均润湿性。

该方法能给出真实地层润湿性的估计，并且可避免与处理过程、温度、压力、氧化等有关的许多问题[25]，因此具有一定的应用价值。该方法的准确性直接依靠地层压力数据的准确性和岩石的物理参数，如平均孔隙半径等，因此在某种情况下有可能导致错误估计润湿性。

2. 常规井中润湿性的测定

Spinler[26]提出了常规井中润湿性的测定方法。该方法根据油藏的某一条件制备岩心，用室内岩心的自吸指数和电阻率指数与常规测井所得信息相比较，来判断油藏润湿性。自吸指数 $S_\Pi = D / \phi^{0.24} - S_{wi}$（式中，$S_{wi}$ 为初始润湿相饱和度，%；D 为岩心直径，cm；ϕ

为岩心孔隙度，%），当 S_Π =1 时为强水湿性；当 S_Π =0 时为中性润湿性或油润湿性。电阻率指数 $R_I = R_t/R_o$，其中 R_t 为含油和水岩心的电阻率，R_o 为只含水岩心的电阻率，R_I 通过 R_o 反映岩心孔隙内水的位置和数量。润湿性影响岩石孔隙内油和水的分布，润湿性的改变可影响电阻率。在自吸发生后测量 R_I，此时水的自吸量与润湿性呈正比。在自动渗吸实验中，电阻率随润湿性的变化而变化，而在驱替实验中 R_I 不随润湿性的变化而变化，这样就可以将实验室测得的 R_I 和 S_Π 的关系与油井的测量联系起来。该方法可以快速测定油藏润湿性，并可避免实验室润湿性测定中出现的一些问题。

2.1.4　各种润湿性测定方法的评价

1. 定量方法评价

接触角法、Amott 法、USBM 法是较常用的三种定量测量润湿性的方法。

（1）接触角法是测量磨光矿物上原油和盐水润湿性的最直观、最简单的方法，也是用于纯净流体和人造岩心的最好方法。

（2）Amott 法和 USBM 法可测量岩心的平均润湿性。测全原态或复态岩心的润湿性时优于接触角法，在接近中性润湿时 USBM 法比 Amott 法敏感，但对于分润湿性和混合润湿性的系统，USBM 法无法测定，而 Amott 法却比较敏感。Amott 法和 USBM 润湿性指数方法（改进型 USBM 法），集中了二者的优点。

（3）自动渗吸法作为 Amott 法和 USBM 法的备选方法，该方法可以评价 Amott 法和 USBM 法不能确定的系统。

（4）NMR 法是近些年来提出的简单、快速定量测定润湿性的方法，可以测定部分润湿性。

2. 定性方法评价

（1）Cryo-SEM 法对微观流体分布的研究是一种有效的方法，尤其对中性润湿性系统的研究更有价值。

（2）Wilhelmy 动力板法将润湿性以力的形式用于油藏的润湿性评价中，它适用于研究接触角滞后的情形。

（3）相对渗透率法是许多润湿性定性测量方法的基础，因而常被使用。

（4）微孔膜技术是用微孔膜代替原来的多孔板来测定毛管压力，是唯一可得到完整毛管压力曲线的方法。

3. 在位润湿性测定法

在位润湿性测定法可以估计油藏润湿性，常规井中润湿性测定法，可以将实验室测得的 R_I 和 S_Π 关系与油井的测量联系起来判断油藏润湿性。

2.1.5　化学剂对储层润湿性及渗吸效果关系

表面活性剂种类繁多，通常人们按照它的化学结构来对其进行分类。表面活性剂分为离子型表面活性剂(包括阴离子和阳离子)、非离子型表面活性剂、两性表面活性剂、复合结构表面活性剂、生物表面活性剂及其他新型表面活性剂等。表面活性剂分子结构简单,均由两部分组成,一端为亲水基团,另一端为疏水基团。这种两性分子结构特征决定了表面活性剂的两亲性。表面活性剂在溶液表面定向吸附的特性决定了其具有很多特有的表面活性,如润湿、渗透、乳化、破乳,分散、洗涤等一系列功能。从表面活性剂被应用到渗吸采油至今,作为渗吸剂主要考察它对岩石润湿性改变能力。

　油层润湿性是油田注水开发中受到普遍关注的问题,但由于油层润湿现象特别复杂,目前仍存在不少争论。低渗透油田水驱油的主要机理是渗吸促使水吸入基质而进行采油,而在低渗透油藏中,注水困难,注水压力普遍很高,而通过改变岩石表面的润湿性,可以增加水相渗透率,降低注入压力,增加注水量。在低渗透油藏中通过化学剂改善岩石界面润湿性,能够增加低渗透油藏注入水的渗流能力,从而达到降低低渗透油藏注入压力,提高注水量的目的。鄢捷年[27]的室内研究结果表明,随水湿性逐渐减弱,驱油效率呈上升趋势,弱水湿岩样的驱油效率最高。刘中云等[28]评价了各种润湿类型岩石的水驱效果,结果也显示,弱亲水岩石的水驱采收率最高。

　驱油过程是用流体把存在于地层毛细管中的油排驱出来的两相渗流过程。在此过程中,油滴能否流动,不仅取决于油滴两端的压力差(动力),而且还取决于附加毛细管力(阻力)。动力可以用 $\nabla P / L$ 表示(∇P 为施加的压力差,L 为油滴长度)。阻力可由毛细管力 $P_{c} = \dfrac{2\sigma \cos\theta}{r}$ 表示,它与表面张力 σ、毛细管半径 r 和动力滞后有关,其中除 σ 外,油滴能否流动取决于动力和阻力的比值,此值升高到一定值时,油滴便能流动。考虑流动是发生在孔隙介质中,将压力梯度 $\nabla P / L$ 按照达西公式换算成水的黏度与渗流速度之积。李永太[29]指出由 Moore 和 Slobed 定义的毛细管数 N_{c}(考虑了润湿滞后因素)[28]:

$$N_{c} = \frac{\mu v}{\sigma \cos\theta} \tag{2.4}$$

式中,v 为流体的真实流速;σ 为油和驱替液之间的界面张力;μ 为排驱液的黏度;θ 为液体润湿接触角;N_{c} 为毛细管数,无纲量,它表示在一定润湿性和一定渗透率的孔隙介质中两相流动时,排驱油滴的动力与阻力之比。

　以往都是通过添加表面活性剂降低 σ,进而提高 N_{c},但是表面活性剂用量高、成本高,且采出液乳化严重,所以近年来很多学者逐渐研究通过调整 θ 来提高 N_{c}。这种方法是一种渗吸采油方法,前提是所用的化学剂使岩石表面改变但不会引起油水表面张力的变化。

　自 20 世纪 80 年代开始,大量的室内研究开始围绕弱水湿性、混合润湿性和中间润湿性展开。Morrow 等[30]提出了润湿指数与采收率的关系,并指出弱水湿性岩样可获得较高的驱油效率。Amott[17]于 1959 年指出,中间润湿性和弱水湿性岩样的水驱油效率较强水湿性和油湿性的都高。Jadhunandan 和 Morrow[31]等的室内研究得出,当润湿性从强水湿性向接近中间水湿性转化时,原油-盐水-岩石系统的水驱油效率增加,在接近中间润湿性时获得最高水驱油效率。Anderson[31]及 Jadhunnandan 和 Morrow[32]指出,在所有润湿性类型中，中间润湿性或混合润湿性对于水驱油最有利；而对于油湿性地层而言，若在注水过程中添加化学剂预处理地层，使亲油性油层转变为中间润湿性或弱亲水性油层，则可以大大提高油层采收率。Tweheyo 等[33]也指出，在水突破前，水湿性岩心具有最高的原油采收率；水驱结束时，中间润湿性所对应的采收率最高。

对于表面活性剂类别对渗吸采油效果的影响，Babadagli[34]利用天然裂缝白垩油藏岩心进行了研究，得到如下结论。①界面张力指标是表面活性剂一个主要的选择原则，但并不意味着低界面张力总能增加采收率。②阴离子表面活性剂在 CMC（临界胶束浓度）以上比在 CMC 以下得到的采收率要高，推断此结论应该对非离子-阴离子混合表面活性剂也成立，但是实际上对于非离子-阴离子混合表面活性剂溶液，在渗吸中却得到了较低的采收率。③当存在初始水时，非离子表面活性剂自发渗吸采油在这里未能见效。

有研究表明，对于石灰岩岩心，阳离子表面活性剂的渗吸采油效果更佳，有些非离子表面活性剂对该类型的岩心也就有很好的渗吸采油效果。韩冬等[35]研究发现，对于水湿性砂岩岩心，阴离子表面活性剂比非离子表面活性剂提高采收率的效果要好。对于中性砂岩岩心进行实验发现，阴离子表面活性剂要比非离子表面活性剂渗吸效果好，而阳离子表面活性剂对渗吸没有促进作用。因此，渗吸采油中很难界定哪一类型表面活性剂的效果最佳，油藏的岩石类型和润湿性种类众多，与其相适应相匹配的表面活性剂很难有统一的标准。

1. 渗吸体系中添加离子化合物的影响

影响自发渗吸的因素较多，近年来，人们在表面活性剂溶液中添加离子化合物来进行渗吸采油，以此来考察离子成分对渗吸效果的影响。离子化合物在水溶液中电离出阴离子和阳离子，随着表面活性剂中不同种类离子浓度的增加，渗吸采收率会呈现不同的变化趋势。

彭昱强等[36]发现，随着表面活性剂中二价离子浓度的增加，渗吸采收率呈现先小幅减小后快速增加的趋势。Zhang 等[37]研究发现在碱/阴离子表面活性剂体系中，随着碳酸钠浓度增加到最大值，接触角逐渐减小，即水湿性增强，当碳酸钠浓度固定时，发现氯化钠浓度对润湿性没有影响。Morrow 等[30]证实了润湿性和原油-浓盐水-岩石系统的实验室注水采油的采收率强烈依赖于浓盐水组分。Sharma 和 Filoco[38]发现在渗吸实验中，采收率随着原生盐水浓度的增加而显著增大，而驱替盐水的盐度对采收率的影响不大。

离子化合物对渗吸效果的影响可归结为两类因素：①对油水界面张力和岩石润湿性的影响；②离子的吸附作用引起参与渗吸作用的表面活性剂数量的变化，从而对最终渗吸采收率结果产生影响。

2. 国内研究成果

为了消除其他因素对驱油效率的影响，鄢捷年[27]的研究选用均质性较好且物性参数基本相同的贝雷砂岩岩心，并以相同的注水速率和实验程序分别测定当岩样处于不同水湿状态时的驱油效率,其中通过沥青质的甲苯溶液与岩样的相互作用来改变油藏岩石的润湿性。使用传统的 Amott 法结果表明,均质强水湿岩样的驱油效率最低,随水湿性逐渐减弱,驱油效率呈上升趋势,润湿指数 I_{w-o} 值在 0.20 左右时弱水湿岩样可获得最高的驱油效率,当 I_{w-o} 值低于或高于该值时,均不利于在注水过程中提高驱油效率。

刘中云等[28]认为,许多研究中岩心的润湿性是经化学处理剂(通常是有机氯硅烷)处理过的,但这种控制润湿性方法的缺点是由于水解和解吸附作用使改变后的润湿条件会随时间的变化而发生变化。此外,由于这种体系属人造性质,因此与油藏岩石的真实情况仍有一定差异。另一个能得到与油藏条件更相近的办法是利用原油作为润湿性的改变剂,其研究采用的就是这种控制润湿性的方法。结果表明润湿性对相对渗透率有很大影响,亲水岩石油相相对渗透率高于亲油岩石。润湿性影响了油水在岩石孔道中的分布,最终影响水驱采收率。在各种润湿类型的岩石中,弱亲水性岩石的水驱采收率最高,强亲油性岩石水驱采收率最低,如表 2.1 所示。

表 2.1　润湿性对水驱采收率的影响[28]

岩心号	空气渗透率/$10^{-3}\mu m^2$	孔隙度/%	水湿指数	油相类型	老化时间/h	润湿性	水驱采收率/%
B5-1-4	805	30	0.89	精炼油	144	亲水	73
B5-1-10	814	30	0.88	精炼油	96	亲水	74
B5-1-6	810	29	0.79	地层原油	24	弱亲水	78
B5-1-7	812	31	0.59	地层原油	48	中性	75
B5-1-8	809	30	0.39	地层原油	96	弱亲油	73
B5-1-9	811	30	0.18	地层原油	240	亲油	68

宋新旺等[35]在前人工作的基础上,分别将高、中、低三种渗透率岩心的润湿性由亲水转变为亲油和中性润湿,研究润湿性对油水在不同渗透率岩心中的渗流特性及采收率的影响。表 2.2 为其在不同润湿性条件下的水驱采收率结果。

表 2.2　不同润湿性条件下的水驱采收率[35]

岩心分类	岩心编号	直径/cm	长度/cm	孔隙度/%	润湿性	水测渗透率/mD	E_w/%	$(E-E_w)$/%
低渗(30mD)	C-1	2.52	7.43	23.91	亲水性		41.30	0.00
	C-2	2.52	7.25	24.14	中性	30.00	45.46	4.16
	C-3	2.51	9.19	24.97	亲油性		40.22	-1.08
中渗(197mD)	C-4	2.52	8.60	27.42	亲水性		50.93	0.00
	C-5	2.49	8.93	29.77	中性	197.00	53.98	3.05
	C-6	2.51	8.43	31.68	亲油性		49.90	-1.03
高渗(508mD)	C-7	2.51	9.50	39.69	亲水性		62.75	0.00
	C-8	2.51	8.50	35.66	中性	508.00	66.67	3.92
	C-9	2.53	9.19	41.63	亲油性		62.22	-0.53

注:E_w 为水驱采收率;E 为实际采收率。

由表 2.2 可以看出,在不同润湿性条件下,水驱采收率随着渗透率的增加而增加。对于不同渗透率的岩心,中性润湿条件下的水驱采收率最高,亲水条件下次之,亲油条件下最低。低渗、中渗、高渗岩心渗透率分别为 30mD、197mD、508mD 的亲水岩心转变为中性润湿性后,水驱采收率分别提高 4.16%、3.05%、3.92%。这说明对于不同渗透率的岩心,将岩心的润湿性由亲水和亲油转向中性润湿条件均有利于增加油的流动能力,增加水的流动阻力,从而降低流度比,改善水驱效果。不同润湿性岩心中的油水渗流和水驱采收率的实验结果还表明,在长期注水油藏中,其岩石的润湿性往往亲油性较弱或为中性润湿条件,润湿性由亲油转向中性润湿是提高采收率的一个重要机理。此外,在使用化学剂驱油提高采收率时,要特别注意避免油藏的润湿性转为亲油性[36]。

3. 渗吸采油所采取化学剂

1) MD 膜驱剂

分子沉积(molecular deposition, MD)膜是利用有机(无机)阴阳离子的静电吸附反应特性,通过异性离子体系的交替沉积制备的层状有序的超薄膜,是一种纳米材料。它以水溶液为传递介质,MD 分子靠静电作用沉积在岩石表面,形成纳米级超薄分子膜,改变了储层表面的性质和与原油的相互作用状态,使原油在注入流体冲刷孔隙的过程中易于剥落和流动而被驱替出来。用玻璃模拟亲水性砂岩,用涂过环氧树脂的玻璃模拟亲油性砂岩。用光学法测定了浸在精制煤油中的载玻片(1cm×2cm)上 MD 膜驱剂水溶液对玻璃表面(亲水表面)和涂环氧树脂的玻璃表面(亲油表面)的接触角,得到表 2.3 所示结果[39]。结果表明,MD 膜驱剂可将强水湿性和油湿性表面转变为中性润湿性表面,且它不是表面活性剂。

表 2.3　不同质量浓度的 MD 膜驱剂水溶液在煤油中对表面接触角的影响[39]

质量浓度/(mg/L)	亲水表面接触角/(°)		亲油表面接触角/(°)	
	MD-A100	MD-A200	MD-A100	MD-A200
0	4.2	4.2	114.1	114.1
100	16.9	8.8	109.7	110.2
200	80.7	77.3	92.1	93.6
300	89.6	83.3	91.5	92.1
600	88.9	88.2	90.3	92.0
1200	90.3	88.6	90.1	91.6
1800	89.9	88.4	90.2	91.5

冯文光和贺承祖[40]提出在注入水中加入一种带阳离子基团物质(以下简称膜剂)的段塞,通过在带负电荷的砂岩矿物表面上形成可在后续水中脱附的自组装单分子膜,取代水膜和沥青膜除去各种形式的残油。室内试验表明,该法无论在水湿性或油湿性情况下,高渗透或超低渗透油藏岩心中均可获得良好的驱油效果,其与水驱效果对比如表 2.4 所示。

表 2.4　实验室水驱油驱油效率与纳米驱油效率比较[40]

岩样	孔隙度/%	渗透率/$10^{-3}\mu m^2$	纳米剂	驱替油	水驱后驱油效率/%	纳米驱提高的驱油效率/%
A-1	14.4	0.43	纳米剂 4-1	煤油	20.01	4.08
A-2	12.9	0.142	纳米剂 4-2	煤油	59.8	31.5
B-2	18.05	8.25	纳米剂 4-3	煤油+原油	13.2	15.52

2）其他化学剂

毕只初和廖文胜[41]用十六烷基三甲基溴化铵（$C_{16}TAB$）水溶液作为驱替液，以正十二烷作模拟油，在硅胶粉末上形成油膜以模拟油藏，来研究固体表面的润湿性与固体粉末渗吸效率之间的关系，试验结果如表 2.5 所示，可以发现油水间界面张力在远非超低的条件下，通过模拟油藏表面润湿性的变化时发现，表面活性剂浓度很低且没有乳化的情况下获得了高的驱油效率（渗吸效率），说明深入研究液（油）-固（油藏砂岩）界面性质的重要性，但是该试验并非是在中性润湿附近取得的最高采收率，可能是由于 $C_{16}TAB$ 水溶液同时影响油水界面张力。

表 2.5　$C_{16}TAB$ 在二氧化硅表面吸附层厚度与接触角的关系[41]

浓度 c(CTAB)/(mol/L)	界面张力 γ/(mN/m)	θ/(°)	驱油效率/%
0	72.9	95	29
1.0×10^{-6}	71.3	59	42
1.0×10^{-5}	68.1	57	44
1.0×10^{-4}	62.6	55	50
2.0×10^{-4}	56.4	49	52
5.0×10^{-4}	43.4	43	54
6.0×10^{-4}	39.3	0	63
1.0×10^{-3}	34.9	23	63

3）季铵盐型表面活性剂

姚同玉等[42]研究了季铵盐型表面活性剂的驱油机理，在季铵盐型表面活性剂中，十八烷基三甲基氯化铵的驱油效果最好，其在亲水表面和亲油表面改变润湿性的效果如表 2.6 所示。十八烷基三甲基氯化铵有较好的驱油效果，但是其作用机理仍有降低油水界面张力的作用，所以中性润湿时（接触角为 90°左右），其采收率不是最大。

除以上两种化学剂外，还有聚季铵型阳离子聚合物（COP）可以改变岩石表面的润湿性。COP 的一个重要特性是具有使地层岩石表面亲水的能力[41]。SDBS 水溶液（SDBS）作用含十二烷油膜硅胶和高岭土能引起润湿反转，但水湿时驱油效率最高[42]。同样的，SDBS 也具有降低表面张力的作用。由此可以看出，在渗吸采油过程中，若要想在中性润湿时采收率最大，需采用不引起界面张力变化的化学剂。

表 2.6　十八烷基三甲基氯化铵溶液对表面的接触角[42]

质量浓度/(mg/L)	接触角/(°)	
	亲水表面	亲油表面
0	4.2	114.1
100	19.4	87.2
200	68.5	86.0
300	82.4	84.0
600	82.5	6.4
1200	81.7	0
1800	81.7	0

2.1.6　实验结果[43]

　　渗吸过程的原始定义是仅依赖于毛细管力的作用使润湿相流体自发排驱非润湿相流体的过程。而毛细管力的定义式是与界面张力、油水界面的曲率半径及接触角直接相关联的，其中一个参数变化会导致毛细管力的变化，也就会影响渗吸采油的效果。从化学角度考虑，采油过程也是驱替液体系，降低原油在岩石孔隙表面的黏附功，进而启动残余油和驱动残余油的过程。无论驱动力依靠的是毛细管力、重力，还是外在动力都需要克服流动阻力，降低黏附功。以上两个因素都与接触角或润湿角直接相关，所以理论上岩石的润湿性就具有了特殊的地位。实际渗吸过程是否如此，需要大量的实验结果验证。下面是笔者采用天然露头岩心或天然贝雷岩心进行的静态渗吸实验结果（图 2.3、表 2.7、图 2.4、表 2.8），该系列实验进行了 42 组，每一组的渗吸液不完全相同，含有单一活性剂和复合活性剂体系，有阳离子、阴离子或非离子。

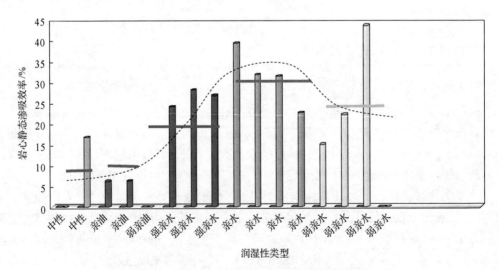

图 2.3　不同润湿性的岩心静态渗吸脱油效果

表 2.7　不同润湿性岩心的静态渗吸效率值

润湿性类型	岩心号	渗吸效率/%	平均渗吸效率/%
强亲水	3	24.0	
	14	28.0	26.3
	15	26.6	
亲水	10	16.7	
	4	39.2	29.2
	6	31.7	
弱亲油	12	31.4	
	13	22.5	20.0
	2	6.1	
中性	9	6.2	
	16	0	2.07
	1	0	
弱亲水	5	14.9	
	7	22.1	
	8	43.5	20.13
	11	2	

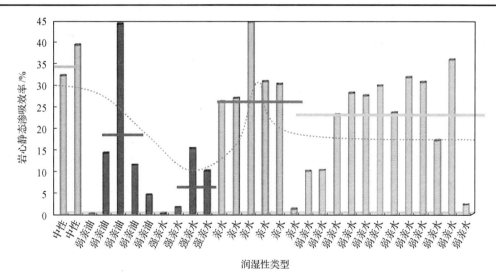

图 2.4　不同润湿性岩心的静态渗吸效果

　　总结表 2.8 和表 2.9 得到表 2.10。从上面的 42 根岩心实验结果可以看出，润湿性对渗吸效率的影响比较显著，而且岩心的静态渗吸效率水湿岩心(强水湿和较强水湿)高于弱水湿岩心湿、弱水湿岩心高于弱油湿岩心、弱油湿岩心高于中性润湿岩心。另外，考察在相同渗吸剂体系、体系界面张力和黏度相同的两组岩心静态渗吸的效果如表 2.10、图 2.2 和图 2.3 所示，当岩心属于水湿类型时，用剂相同渗吸效果也因水湿强弱而有差别，渗吸效果最好的是中等水湿(亲水)岩心，即比强水湿岩心和弱水湿岩心的效果好。总之，从润湿性的大类和亚类来看，渗吸采收率随着岩心润湿性的变化效果也不同。水湿岩心的渗吸效果较油湿和中性润湿岩心的好，中等水湿岩心的较强水湿岩心和弱水湿岩心的好。

表 2.8　强亲水性、亲水性及弱亲油性岩心的静态渗吸效率值

润湿性类型	岩心实验号	渗吸效率/%	平均渗吸效率/%
强亲水	4	0.13	4.03
	5	1.68	
	8	14.3	
亲水	9	44.2	29.57
	19	4.6	
	24	30.9	
	26	44.6	
	28	26.1	
	29	27.0	
弱亲油	1	0	15.78
	8	14.3	
	9	44.2	
	19	4.6	

表 2.9　中性和强亲水性岩心的静态渗吸效率值

润湿性类型	岩心实验号	渗吸效率/%	平均渗吸效率/%
中性	3	39.3	24.65
	2	10.0	
弱亲水	7	10.3	23.68
	14	23.1	
	15	28.2	
	16	27.5	
	17	29.9	
	18	23.7	
	21	31.8	
	22	30.5	
	23	17.2	
	25	35.9	
	27	2.34	

表 2.10　润湿性与静态渗吸效率的分类统计

润湿性类型	实验组数	平均渗吸效率/%	结果
亲水	15	23.74	
弱亲水	15	22.73	
弱亲油	7	17.59	亲水＞弱亲水＞弱亲油＞中性
中性	5	11.10	

在同样的水湿岩心中(表 2.11)，从强亲水到弱亲水过程中有最佳采收率值，在渗吸剂的筛选时，尤其要考虑渗吸剂的润湿反转能力和调整能力，主要原因可能是水湿岩心的利用毛管正向力自发吸水排油能力强、速度快，最终采收率也高。弱油湿性岩心也可能内部存在水湿部位和油湿部位(油湿部位比例较大)，水湿部位能自吸水排油、油湿部位则需要润湿反转后吸水排油的速度较纯水湿的岩心慢些(实际油藏中往往是混合润湿和部分润湿状态)。中性润湿的初始毛细管力为零，因此渗吸速率最慢、效果最差。强水湿较中等水湿效果差一点，主要可能是油滴已经聚并，残余油较少，渗吸剂需要将已聚并的大油滴乳化分散成细小油滴后采出，这个过程在大孔隙中有驱替压力下较好实现，因此，对于不同油藏或不同岩性的低渗透储层需要对渗吸剂进行系统优化，综合考虑多种渗吸剂的作用。

表 2.11　不同润湿性岩心的静态渗吸效率值

渗吸剂	岩心号	界面张力 γ/(mN/m)	黏度/(mPa·s)	润湿性类型	渗吸采收率 R_{im}/%
	D-1			强水湿	23.95
T2	D-2	0.0708	3.30	亲水	31.66
	D-3			弱水湿	14.88
	D-4			强水湿	26.63
T7	D-5	2.0494	0.80	亲水	30.18
	D-6			弱水湿	10.08

2.2　渗透率与孔隙度

2.2.1　岩石渗透率的影响

岩心静态渗吸效率与油砂的静态渗吸效率不同，本节采用的是岩心渗吸达平衡时的静态渗吸效率，即静态渗吸效率。图 2.5 的结果(采用的渗吸剂大多不相同)是随机统计的，图 2.5 将两组数据(一个序列)放到一起进行分析。

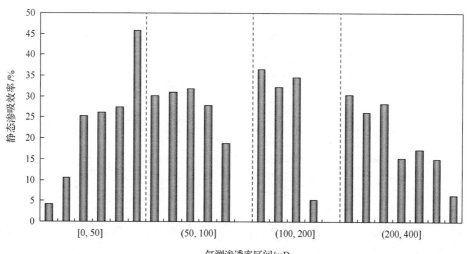

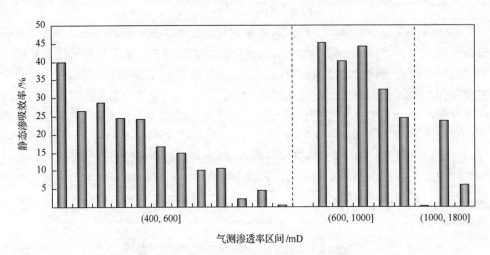

图 2.5   不同渗透率区间的天然岩心静态渗吸效率

图 2.5 的 45 根岩心的实验结果及岩心的渗透率是自然统计的，没有按照某一指标的高低顺序进行编排，岩心渗透率的分布如表 2.12 所示。从图 2.5 和表 2.12 的结果看，似乎 100mD 以下的较低渗透率岩心的静态渗吸效率高些，但 600～1000mD 的岩心静态渗吸效率更高，而在大于 1000mD 和 200～600mD 的岩心静态渗吸效率也有较高的。静态渗吸效率高的(30%以上)和渗吸效率低的(5%以下的)在各个渗透率范围内都有，在各个段也都有，所以，渗透率对静态渗吸效率的影响似乎不是很显著，说明不同渗透率的岩石孔隙都能找到效果更好的渗吸剂。但从表 2.12 中统计的平均静态渗吸效率结果看，100mD 以下的岩心渗吸效果更好，说明渗透率低，孔隙细小的岩石渗吸效果总体更好。600～1000mD 的岩心实验总数为 6 组，渗吸效率平均最高，说明这 6 组实验选择的渗吸剂更合适这种孔隙和喉道。因此，从化学渗吸的角度考虑，对于不同渗透率的岩心，孔隙结构不同，应对渗吸剂进行系统优化，都有可能找到合适的渗吸剂，因为渗吸剂的化学属性使它与油、水、岩石间的作用方式有多种形式，既存在乳化作用，又存在渗吸作用和润湿反转作用。由于低渗透油藏的低孔隙度、低渗透率、低丰度和难开采等特点，化学渗吸对于低渗透油藏更有实际意义。

表 2.12   各渗透率区间中平均静态渗吸效率

渗透率区间/mD	岩心数/根	所占百分数/%	静态渗吸效率/%
[0,50]	6	13.33	23.2
(50,100]	6	13.33	23.3
(100,200]	5	11.11	21.4
(200,400]	7	15.56	19.8
(400,600]	13	28.89	15.6
(600,1000]	6	13.33	31.1
(1000,1800]	2	4.44	14.86

对于同一种渗吸剂、同类型润湿性岩心来说，体系的黏度和界面张力相同，渗吸结果如图 2.6 所示。可见三根岩心的渗透率不同，渗吸采收率也不同，渗透率越高的渗吸

效果越好。可以说，在一定范围内渗透率与渗吸采收率也存在正比关系。这一趋势仍然说明这种渗吸剂的适应范围较宽。

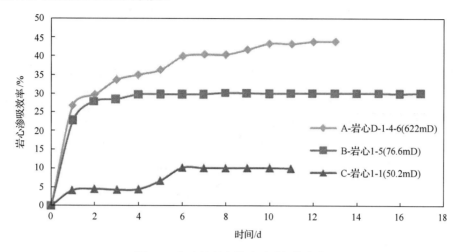

图 2.6　岩心渗吸率随渗吸时间的变化

A、B、C 表示曲线；岩心 D-1-4-6 表示岩心号；622mD 表示气测渗透率，图 2.7 同

图 2.7 中，从接触角测定结果看 A 为弱亲油型岩心（平均接触角 $\overline{\theta}_A$ =104°，$\overline{\theta}_B$=76°，$\overline{\theta}_C$=78°，$\overline{\theta}_D$=83.4°），其他 B、C、D 三根均为中性偏弱亲水的岩心。由图 2.7 可知：①亲水的岩心静态渗吸采收率均高于亲油的岩心，这与前面的实验结果一致；②从 B、C、D 三根水湿岩心静态渗吸脱油实验中可见，水湿的强度不同效果也不同，渗透率最低的渗吸速率最快，达到平衡需要时间最短，最初几天的渗吸采收率也高，这与毛细管力起主导作用的理论一致；③最终采收率顺序为 C > D > B > A。这个结果与渗透率之间没有明显关系。

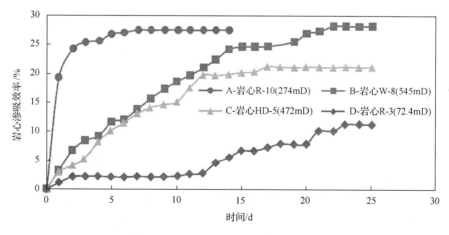

图 2.7　四组岩心渗吸效率与时间关系

从上面四组岩石实验中采用两种渗吸剂的结果看出（图 2.6 和图 2.7），静态渗吸采收率与岩心的气测渗透率间大量统计结果中未发现显著的线性相关关系，但渗吸剂相同时，对于渗透率高于 50mD 的岩心来说，渗透率相对高的岩心最终采收率高，相对低渗透的

岩心达到渗吸平衡需要的时间更短，因此，毛细管力的作用仍然很重要，渗吸剂本身的性质对渗吸结果的影响至关重要。

2.2.2　岩石孔隙度的影响[43]

　　岩样中所有孔隙空间体积之和与该岩样体积的比值，称为该岩石的总孔隙度，以百分数表示。孔隙度是储层评价的重要参数之一，孔隙度对孔隙流体有影响。

　　储集层的总孔隙度越大，说明岩石中孔隙空间越大。从实用出发，只有那些互相连通的孔隙才有实际意义。它们不仅能储存油气，而且允许油气在其中渗滤，因此在生产实践中，提出了有效孔隙度的概念。有效孔隙度是指那些互相连通的，在一般压力条件下，可以允许流体在其中流动的孔隙体积之和与岩样总体积的比值。一般情况下，有效孔隙度要比总孔隙度少 5%～10%。多数储集层的孔隙度为 5%～30%，最普遍为 10%～20%。孔隙度不到 5% 的储集层，一般认为没有开采价值，除非其中存在断裂、裂缝及孔穴。储集岩孔隙度可以粗略分为五类：孔隙度为 0～5%，无价值；孔隙度为 5%～10%，不好；孔隙度为 10%～15%，中等；孔隙度为 15%～20%，好；孔隙度为 20%～25%，极好。本节也将岩心的孔隙度粗分为六个区段。对应不同区段的平均渗吸效率统计结果如图 2.8 和表 2.13 所示。在所选用的岩心中，孔隙度为 30% 的仅有两根，20%～30% 的占有 52.3%，比例最大，其次是孔隙度为 10%～15% 的占 25%。从平均渗吸效率的结果看（表 2.13），在孔隙度为 10%～15% 的渗吸效率平均值最高。而孔隙度为 15%～20% 和 20%～30% 的平均渗吸效率相差不多，较好。平均渗吸效率最低的孔隙度为 40%～55%，岩心所占总数的比也最低，只有两根，实际油藏中也很少有这么高的孔隙度，可见孔隙度太高对渗吸采油不一定有利。孔隙度为 5%～30% 时都可能找到渗吸效果较好的渗吸剂，这里的岩心渗透率与孔隙度基本呈正相关关系，渗透率低、孔隙度也较低的岩心出现了较好的渗吸效率，主要是此类岩心孔隙和喉道较细，毛细管力相对较大，渗吸动力更大的原因。

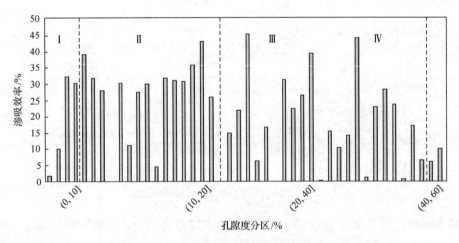

图 2.8　不同孔隙度区段的岩心静态渗吸效率

表 2.13　不同孔隙度的平均渗吸效率统计

孔隙度区间/%	岩心数/根	所占百分数/%	平均渗吸效率/%
(5,10]	4	9.1	18.59
(10,15]	11	25.0	30.6
(15,20]	4	9.1	16.08
(20,30]	23	52.3	17.82
(30,40]	0	0	0
(40,55]	2	4.5	8.05

2.3　含油饱和度

含油饱和度反映了岩心孔隙总体积中被油占有的体积的大小，与岩心孔隙结构和岩性有关系[43]。从图 2.9 和图 2.10 中可见，岩心的含油饱和度大多集中在 40%～75%，而且随着含油饱和度的升高，渗吸效率呈不规则变化。但在渗吸效率高于 30%的 15 根岩心中，有 6 根的含油饱和度为 40%～60%，占 40%；有 5 根的含油饱和度为 60%～80%，也占 33.3%；有 2 根在 80%～90%区间内，占 13.3%；还有 2 根的含油饱和度为 90%～100%，占 13.3%。可见，渗吸效率高的含油饱和度主要集中在 40%～80%，共占 73.3%，而处于 80%～100%的概率是 26.6%，这与实际油藏中的情况一致，即含油饱和度过高或过低对渗吸采油都不太有利，因为含油量超过 80%时，岩石孔隙大多被原油占据，岩心的润湿性就会更显亲油或强亲油，要求渗吸剂的润湿反转能力更强才行。而含油饱和度低于 20%时，岩心孔隙中绝大部分被水占据，此时虽然水湿面积大，但含油量过少，加上分布的分散性使得渗吸作用针对性弱，渗吸效果就会弱得多。因此，含油饱和度处于中间对渗吸过程更有利些[42]。

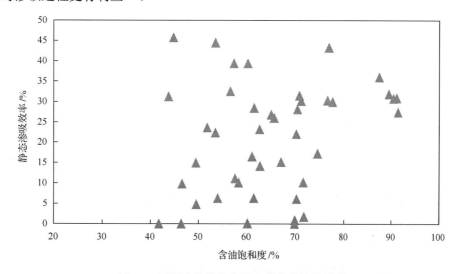

图 2.9　不同含油饱和度岩心的静态渗吸效率

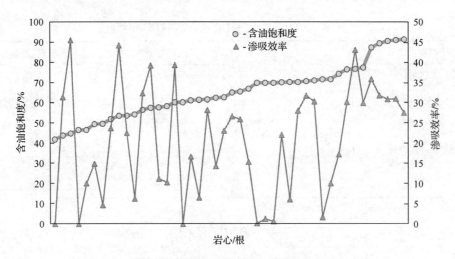

图 2.10　随着含油饱和度的升高岩心静态渗吸效率的变化

2.4　储层孔隙与裂缝的影响

2.4.1　储层孔隙与喉道的影响

渗吸采油主要针对低渗透储层，流体在低渗透储层中的渗流规律不同于中高渗透储层，研究和认识低渗透储层岩石孔隙结构及其流体的微观规律具有重要的意义。任晓娟[44]对低渗透储层岩石的表面性质及储层岩石表面弱亲油性质存在的原因进行了分析研究，同时采用砂岩微观模型实验和岩心实验，在微观尺度和岩心尺度上对弱亲油低渗透储层岩石中油水的渗流规律及其影响低渗透储层油水渗流的主要因素，进行了大量的室内实验研究，认为成岩作用强弱、填隙物成分、岩石颗粒之间的接触关系、孔隙类型是影响低渗储层岩石孔隙结构的重要因素。低渗透砂岩储层岩石渗透率与孔隙度存在正相关关系，毛管压力曲线形状复杂，孔喉分布多呈双峰、多峰分布，孔隙结构参数之间及随孔隙度、渗透率的变化存在一定的规律。孔隙结构是影响低渗储层水驱油效率的主要因素，润湿性对低渗透储层油水相对渗透率曲线特征具有重要影响，渗透率和储层的微裂缝对低渗透储层油水相渗曲线的形状影响显著，但不同润湿性条件下其影响规律明显不同。

1. 孔隙结构及其分析方法

孔隙结构是指岩石所具有的孔隙和喉道的几何形状、大小、分布及其相互连通关系。分析方法主要包括毛管压力曲线法、孔隙铸体薄片分析法、扫描电子显微镜法、恒速压汞法、激光共聚焦显微镜和核磁共振技术法等。目前研究孔隙结构的方法主要为毛管压力曲线法、孔隙铸体薄片分析和扫描电子显微镜法。

1)毛管压力曲线

毛管压力曲线可以用多种方法获得，通常在研究储层岩石的孔隙结构时常使用水银注入法获得毛管压力曲线。其基本原理是将非润湿相的水银注入多孔介质的孔隙中，由于非润湿相水银与固体所形成的接触角大于 90°，此时毛细管力的作用将阻止水银进入孔隙介质内，因此，必须在外部对水银施加压力克服毛细管力的作用，才能将非润湿相水银注入岩石的孔隙中去，此时注入水银的每一个压力就代表一个相应的孔喉大小下的毛细管压力，在这个压力下进入孔隙系统的水银量就代表相应的孔喉大小在系统中所连通的孔隙体积，随着注入压力不断增加，水银即不断进入较小的孔隙，在每一个压力点待岩样中达到毛细管压力平衡时，同时记录注入压力和注入岩样的水银量，将若干压力点的压力和水银饱和度关系汇成图件，即可获得用水银注入法测得的毛管压力曲线。从曲线中可以获得的主要有排驱压力 (P_d)、中值压力 (P_{c50})、最小非饱和的孔隙体积百分数 (S_{min}，%)、平均毛管压力 (P_c)、J 函数曲线、均值、分选系数、变异系数、歪度、退汞效率、孔隙表面积、平均孔喉体积比等重要参数。

2) 孔隙铸体薄片分析

孔隙铸体薄片与普通薄片不同的是该薄片的孔隙中填充了特殊颜色的有机树脂，在镜下可以更清楚地观察到孔隙喉道的特征，因此该方法能够提供储层岩石有关孔隙和渗滤方面的特征，是直观定性和定量研究孔隙结构的有效手段。从铸体薄片镜下统计分析可以得到的定量参数有面孔率、孔隙直径、平均孔隙直径、视孔隙比表面、孔隙形状因子、孔喉比、孔隙均质系数、孔隙直径分选系数和平均孔隙配位数等，还可以看出孔隙类型和孔喉组合类型等定性参数。

3) 扫描电子显微镜 (SEM)

20 世纪 60 年代发明的扫描电子显微镜，可以在微米尺度观察物体的形貌和表面特征。SEM 工作原理是基于检测和分析高能量电子束聚集在样品上所发射出的辐射，从而可以直观地研究储层岩石孔隙结构和矿物形态的一种方法。由于其分辨率高于常规显微镜，可以清楚地看到微孔和一些矿物的形态及分布。但由于非晶物质没有清晰的形态特征，必须结合其他手段研究，利用扫描电镜能谱分析研究黏土矿物的优越性尤其明显。以往对黏土矿物的分析手段着重于精确分析黏土矿物的成分和晶体结构如衍射等，对其形态特征及分布研究不多，而黏土矿物在储层中的分布及存在状态，对成岩作用、油气运移及开发的影响，使黏土矿物的形态、分布及其变化的研究更加深入。黏土矿物是以微米为计量单位的质点，一般黏土矿物仅为几微米，用普通的光学显微镜已经很难区分黏土矿物的成分、形态及分布特征，利用扫描电子显微镜能谱分析可以弥补这一不足。同时在碎屑岩及碳酸盐岩储层研究中，应用扫描电子显微镜能谱分析，可以对储集岩的矿物成分、结构构造、孔隙类型及成因、胶结程度及次生变化作深入系统的研究。

由于低渗透储层岩石孔隙和喉道结构复杂，通常结合几种方法进行分析。

2. 孔喉结构与渗吸效果

韦青等[45]采用恒速压汞、氮气吸附、高压压汞等试验手段求取了平均孔喉比、比表面、孔隙尺寸等表征微观孔隙特征的参数，并在此基础研究了微观孔隙结构对渗吸效果的影响。试验结果表明，在致密砂岩渗吸过程中，中等尺寸的孔隙采出程度最大；孔隙度与渗吸采收率相关性不大，而渗透率越大，储层品质越好，渗吸采收率越高；平均孔喉比和比表面均与渗吸采收率负相关，比表面越大，中小喉道分布越多，孔喉比越大，越不利于渗吸流体的吸入和非润湿相的排出；中等孔隙比例越大，渗吸采收率越高，由于黏滞力的作用，部分小孔隙无法进行有效的渗吸，小孔隙比例增大不利于提高渗吸采收率。因此，储渗性能较好、中等孔隙占比较高的致密砂岩储层更适宜采用渗吸采油。韦青等[45]利用延长油田某区块的油水及致密砂岩岩心(15块)，研究了孔隙特征与渗吸效率的关系，结果如下。

1) 实验条件

延长油田致密砂岩岩心 15 块(表 2.14)，岩石颗粒表面均为水湿性。试验用油为现场原油经脱水、脱气处理后与煤油以 1 : 4 体积比配制成模拟油，其室温下的黏度为 2.23mPa·s，密度为 0.81g/cm³。试验用水的矿化度为 62mg/mL 的 CaCl₂ 型模拟地层水，其室温下的黏度为 0.91mPa·s，密度为 1.03g/cm³，同时，向水中加入一定浓度的 MnCl₂。

表 2.14　实验岩心基本物性参数[45]

岩心编号	长度/cm	直径/cm	孔隙度/%	气测渗透率/mD	原始含油饱和度/%
T08B	4.716	2.483	12.499	0.044	66.19
T10B	6.549	2.519	5.983	0.014	59.22
T18B	6.345	2.518	8.351	0.014	56.41
T19B	6.549	2.519	8.781	0.078	61.11
T22B	6.261	2.519	10.431	0.048	60.09
T26B	6.115	2.520	8.221	0.042	63.69
T27B	6.434	2.517	14.936	0.042	62.16
T30B	4.247	2.483	4.376	0.014	57.77
W01B	5.705	2.511	9.600	0.295	65.22
W11B	6.434	2.517	9.294	0.105	64.22
002	6.261	2.519	7.787	0.026	63.22
005	6.434	2.517	8.187	0.033	61.53
009-3	3.830	2.530	12.082	0.052	64.32
Y6642-1	4.330	2.530	6.328	0.003	50.41
Y5320-2	4.060	2.530	6.113	0.008	51.37

2) 实验结果分析

韦青等[45]采用恒速压汞实验测定了 T19B、W11B、T18B 三块岩样的孔隙特征，孔隙半径主要分布在 100～250μm，相对集中且满足正态分布特征，呈单峰分布。孔隙度大致相同时，孔隙半径分布差别不大，而渗透率有较大差别，认为微观孔隙结构的差异主要受喉道控制。

岩心的喉道半径基本呈单峰分布，喉道半径为 0.5～3.5μm。渗透率较大的岩心喉道半径也大，大喉道分布比例也大，因此，喉道反映了孔隙间的连通情况，是控制储层物性的主要参数，直接决定储层物性的好坏。孔喉比分布范围较宽，且均呈现单峰形态，且分布在 100~250。渗透率越大，孔喉比为 0~200 的比例越大；平均孔喉比越小，储层连通性越好。

3）利用核磁技术研究渗吸特征

将同一块岩心不同自发渗吸时间所对应的 T_2 谱绘制到同一坐标系下，研究其渗吸特征。其趋势相同，认为 T_2 谱反映了不同时间岩心中油的分布情况，通过曲线包围面积的变化，了解水渗吸进入孔隙置换油的过程。由图 2.11 可知，自发渗吸初始阶段 T_2 谱有明显变化，此时水迅速进入孔隙，含油饱和度减小，采出程度增加。24h 后 T_2 谱变化变小，含油饱和度递减变缓，79h 直至渗吸结束，含油饱和度基本不变，油水置换速率非常微小。

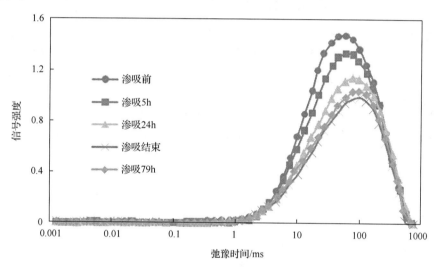

图 2.11　致密砂岩岩心 T19B 自发渗吸 T_2 谱[45]

整个渗吸过程中，T_2 谱并非在全孔径范围内均匀变化，即不同孔径对渗吸作用的贡献不同。由于核磁共振的横向弛豫时间与孔隙大小呈正比，故可以根据横向弛豫时间来划分大、中、小孔隙。横向弛豫时间小于 10ms 时，为小孔隙；横向弛豫时间为 10~100ms 时，为中孔隙；弛豫时间大于 100ms 时，为大孔隙。由图 2.11 还可知，渗吸开始时谱峰左翼向右移动并且振幅迅速减小，说明岩心接触到水后，在毛细管力作用下小孔隙和中孔隙中油迅速被驱出，而大孔隙中含油饱和度的变化较小。

由图 2.12 可知，在整个渗吸过程中总的含油孔隙比例减小约 33%，其中小孔隙减小 3%，中孔隙减小约 25%，大孔隙减小约 5%。由于初始饱和油状态下大孔隙、中孔隙、小孔隙所占的比例不同，因此，比较不同孔隙中采出程度能够更清晰地表征各类孔隙对渗吸的贡献。

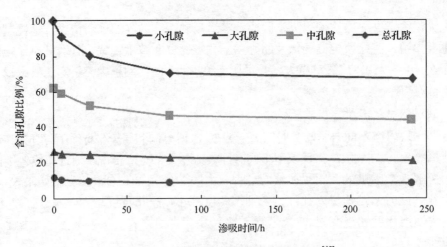

图 2.12　含油孔隙比例随渗吸时间的变化[45]

　　渗吸初期吸水排油速率较快(图 2.13),参与渗吸的孔隙迅速增多,随着渗吸过程的进行,吸水排油速率变缓,参与渗吸的孔隙趋于稳定,中孔隙原油采出程度约为 39.8%,大孔隙中原油采出程度约为 28.9%,而小孔隙采出程度约为 18.6%,中孔隙在水驱油渗吸过程中起主要作用,小孔隙次之,大孔隙作用较小。

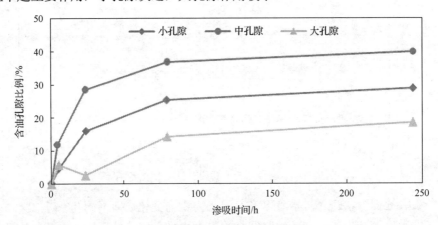

图 2.13　各类孔隙中原油采出程度随时间变化[45]

4)孔隙度与渗吸效率关系

　　在实际应用中,常用孔隙度和渗透率两个参数对储集层基本物性进行表征。岩石储集空间大小由孔隙度来表征,而渗透率可以反映孔隙空间的连通性和储层的渗流能力,实验结果如图 2.14 和图 2.15 所示。

　　由图 2.14 和图 2.15 可知,孔隙度与渗吸采收率无明显相关性,而渗透率与渗吸采收率具有很好的正相关关系。由于致密砂岩储层孔隙结构十分复杂,在孔隙度大致相同的情况下,渗透率存在很大差异。

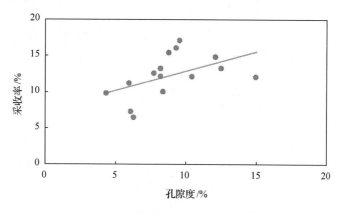

图 2.14　孔隙度与采收率关系[45]

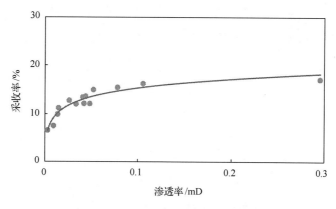

图 2.15　渗透率与采收率关系[45]

5) 孔隙尺寸的影响

通过对渗吸过程中 T_2 谱变化的分析发现，不同尺寸孔隙对渗吸过程的贡献不同，各类孔隙比例对渗吸结果有较大影响。图 2.16 为小孔隙、中孔隙和大孔隙比例与采收率关系。

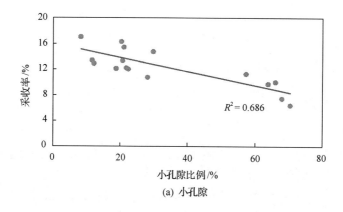

(a) 小孔隙

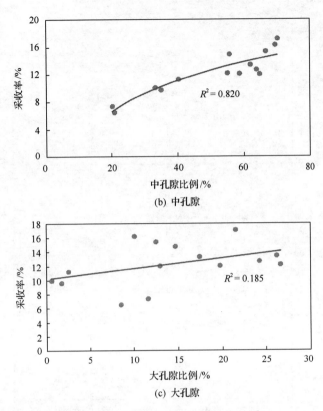

图 2.16　各类孔隙比例与采收率关系

由图 2.16 可知，小孔隙比例与采收率呈负相关关系，且相关性较好；中孔隙比例与采收率呈正相关关系，相关性不好；大孔隙比例与采收率呈正相关关系，相关性不好。在渗吸过程中小孔隙产生较大的毛细管力，但由于孔径较小，空隙内非润湿相流体的黏滞力较大，因此，小孔隙中采收率不高，中孔隙中毛细管力略小于小孔隙，但同时非润湿相流体产生的黏滞力也相对较小，有利于油水置换。大孔隙中毛细管力较小，对渗吸采收率贡献不大，但在孔隙连通性较好的情况下，中小孔隙中渗吸出的油可顺着大孔道排出，有利于提高采收率。

2.4.2　裂缝性油藏的渗吸

影响渗吸采油的因素主要包括基质毛细管力、裂缝与基质渗透率比值、裂缝密度、油水黏度比、渗吸采油的开始时间，以及岩石的润湿性、温度等。

向阳[46]研究了裂缝-孔隙中双重介质毛细管渗吸现象，认为储层岩石由于岩性、孔隙结构、储集性能、流体流动等特征的差别，渗吸特征也各不相同。他通过岩石渗吸作用所得到的渗吸资料、J 函数及累积产油量方程回答了裂缝大小、注水量和注水速度等对渗吸采收率的影响，研究结果如下。

裂缝-孔隙双重介质油气藏，双重孔隙系统可能发育很好，虽然裂缝、溶蚀通道在总孔隙度中占的比例很小(约为 10%以下)，但它却是流体流向井底的有利通道。它将引起天然水浸或注入的流体，形成严重的窜流而影响到最终采收率，然而大体积、低渗透率的基块部分有时却含有大部分的石油或天然气,其中的油气可依靠毛细管渗吸作用缓慢地被水驱赶出来进入裂缝。

注水开发裂缝-孔隙双重介质油气藏时将发生两种渗吸过程:当水尚未完全包围基块,其中的油气被驱替到尚未完全水淹时,油(气)与水之间的置换为单项渗吸;相反,基块全部被水淹,油(气)被驱替到已水淹的裂缝中时,则发生反向渗吸。所以水浸入到裂缝性油气藏时,排驱油气主要有两种情况:①由于自然的压力梯度影响下的水的驱动;②毛细管的渗吸作用,在毛细管力的作用下水自发地吸入将油气排至裂缝。许多研究者用数学和实验方法探讨过渗吸的动向问题。

Garham 和 Richardson[47]认为,在反向渗吸中,可根据油、水流动的达西公式和毛细管压力公式,利用莱福利特的无因次毛细管力 J 函数推导出瞬时的水流量(即反向流出的油量):

$$q_o(t,\ L) = -\sqrt{K\phi}A\sigma f(\theta)\left[\frac{K_{rw}K_{ro}}{\mu_w K_{ro} + \mu_o K_{rw}}\frac{dJ(S_w)}{dS_w}\frac{2S_w}{2L}\right] \qquad (2.5)$$

式中,A 为渗吸面面积,m^2;$f(\theta)$ 为润湿接触角函数;$J(S_w)$ 为莱福利特无因次毛细管力 J 函数;L 为到渗吸面的距离;t 为从渗吸开始计算的时间;K 为渗透率;ϕ 为孔隙度;K_{rw}、K_{ro} 分别为水、油的相对渗透率;μ_w、μ_o 分别为水、油的黏度;S_w 为水的饱和度。

Garham 和 Richardson[47]认为,作为时间函数的反向渗吸所产出的累计油量为

$$V_o(t) = -\int_0^t q_o(t,\ L)\ dt \qquad (2.6)$$

从式(2.6)可以推断,渗透率、界面张力和润湿接触角对渗吸速率有影响,即在其他因素不变的情况下,产油量 $q_o(t,\ L)$ 与渗透率 K 的平方根呈正比,与油水界面张力 σ 呈正比,而且产油率取决于润湿接触角的某个函数 $f(\theta)$。一般认为,θ 越小,渗吸速率越大。渗吸速率是油水黏度的函数,在油水比一定的情况下,吸水速度与黏度呈反比关系,而且是孔隙介质相对渗透率和毛细管力特征的一个复杂函数。

Graham 和 Richardson[47]采用露头砂岩样品进行实验研究还发现,渗吸速率和石油采收率都与样品长度无关,而且当自由气存在的情况下,会降低渗吸的速度。Graham 和 Richardson[47]还在一腰长为 1ft①、厚 1.5in②的三角形砂岩上进行了注水开采裂缝-孔隙型油藏的模拟实验,如图 2.17 所示。分别改变裂缝宽度、注水速度进行实验发现,当裂缝宽度一定时,在一定的含水饱和度下,油水比随注水速度的升高而增加,即注水速度越高,为了排出一定量的油,就必须注入更多的水,但是采油时间并不随注水速度的升高而成比例的减少。当注水速度一定时,改变裂缝宽度,也就是说增加裂缝孔隙基块的渗透率比值,当水饱和度一定时,水油比也是增加的,即为了采出同量的油,必须增加注水量。以上说明,无论是增加注水量还是增加裂缝宽度,都会使水的流量增加,从而使

---

① 1ft=0.3048m。
② 1in=0.0254m。

水绕过基块，毛细管渗吸不能发挥作用。

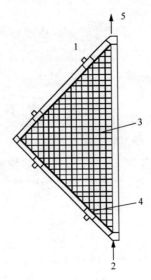

图 2.17　裂缝-孔隙型油藏模型

1.裂缝宽度调节器；2.流体进口；3.砂岩块；4.裂缝；5.流体出口

　　由上述实验结果可以看出，开采基块中的油时，有两种采油机理：①在外加压力梯度下油被水流排驱；②毛细管压力梯度下油被水排驱。在很高的注水速度下，由外加压力梯度控制排驱过程，而在非常低的压力梯度下，毛细管渗吸过程起支配作用。因此，如果油全部被外加压力梯度驱出，则原来裂缝中的油被排驱出来，如果毛细管渗吸力是唯一的驱油动力，则在油全部被采出之前，油井是不产水的。这足以说明产油量与注水速度有关，当在同一裂缝宽度下，如果注水量相同，注水速度越低，采出的油量就越多；如果增大裂缝宽度，而基块渗透率不变时，为采出同量的油而所需的注水量并不是成比例增加。因此，要开采裂缝-孔隙型油藏基块中的油时，毛细管渗吸起主要作用。

　　崔鹏兴等[48]研究认为，裂缝与基质渗透率比值越大，渗吸采油效果越好。有研究表明，在其他条件固定时，当其比值从 10 升到 100 时，渗吸采收率可从 0.4%提高到 2%，提高了 5 倍。较大的裂缝密度能促进渗吸采油，这是因为裂缝不仅增加渗吸体系与基质的接触面积，而且增加了窜流系数。在裂缝性低渗透油藏开发中，大量注入水会沿着裂缝流动，在基质波及效率较低的情况下，利用渗吸法采油是一种较好的途径。

　　总之，在裂缝-孔隙型双重介质储集层中，要度量岩石中的石油向裂缝渗流的数量和速度，需要采用渗吸方法，不同的渗吸方法反映了不同的油田开发时期的驱油特征，在储集岩受到水驱影响期，可用顺向渗吸模拟；而在水淹后，则用反向渗吸模拟。根据 Graham 和 Richardson[47]的意见，渗吸的数量和速度与渗透率、界面张力、润湿接触角有关，并可用式(2.5)进行计算。在双重介质的条件下，当裂缝宽度一定时，一定的含水饱和度下，油水比随注水速度升高而增加；当注水速度一定，改变裂缝宽度时，则油水比随裂缝宽度增加而增大。

　　在裂缝-孔隙型双重介质的油气储层中，渗吸作用的重要性已为广大石油工作者所公认，然而关于渗吸作用的影响因素及影响规律方面的研究却远远满足不了实际需要，在渗吸机理、渗吸强度、速度和效率等方面的研究都还未完全清楚。因此，笔者认为加强渗吸的研究是当前的一项重要任务，它对于低渗透油田的开发，特别是注水开发的油田具有不可忽视的重要性，应当引起各界同行的注意。

参 考 文 献

[1] 吴应川, 张惠芳, 代华. 利用渗吸法提高低渗透油藏采收率技术[J]. 断块油气田, 2009, 16(2): 80-82.

[2] 许建红, 马丽丽. 低渗透裂缝性油藏自发渗吸渗流作用[J]. 油气地质与采收率, 2015, 22(3): 112-114.

[3] Tang G Q, Firoozabadi A. Effect of pressure gradient and initial water saturation on water injection in water-wet and mixed-wet fractured porous media[J]. SPE Reservoir Evaluation & Engineering, 2001, 6(4): 516-524.

[4] Karimaie H, Torsaeter O. Effect of injection rate, initial water saturation and gravity on water injection in slightly water-wet fractured porous media[J]. Journal of Petroleum Science and Engineering, 2007, 58(1-2): 293-308.

[5] 王希刚, 宋学峰, 姜宝益, 等. 低渗透裂缝性油藏渗吸数值模拟研究[J]. 科学技术与工程, 2013, 13(7): 1952-1956.

[6] 华方奇, 宫长路, 熊伟. 低渗透砂岩油藏渗吸规律研究[J]. 大庆石油地质与开发, 2003, 22(3): 50-52.

[7] Standnes D C, Nogaret L A D, Chen H L, et al. An evaluation of spontaneous imbibition of water into oil-wet carbonate reservoir cores using a nonionic and a cationic surfactant[J]. Energy&Fuels, 2002, 16(6): 1557-1564.

[8] Standnes D C. Experimental study of the impact of boundary conditions on oil recovery by co-current and counter-current spontaneous inhibition[J]. Energy&Fuels, 2004, 18(1): 271-281.

[9] 刘向君, 戴岑璞. 低渗透砂岩渗吸驱油规律实验研究[J]. 钻采工艺, 2008, 31(6): 111-112.

[10] 王锐, 岳湘安, 尤源, 等. 裂缝性低渗透油藏周期注水与渗吸效应研究[J]. 西安石油大学学报(自然科学版), 2007, 22(6): 56-59.

[11] Hirasaki G, Zhang D L. Surface chemistry of oil recovery from fractured, oil-wet, carbonate formations[J]. SPE Journal, 2004, 9(2): 151-162.

[12] 何更生. 油层物理[M]. 北京: 石油工业出版社, 1999.

[13] 吴志宏, 牟伯中, 王修林, 等. 油藏润湿性及测定方法[J]. 2001, 18(1): 90-96.

[14] 秦积舜, 李爱芬. 油层物理学[M]. 山东东营: 中国石油大学出版社, 2006.

[15] 沈钟, 赵振国, 王果庭. 胶体与表面化学[M]. 北京: 化学工业出版社, 2004.

[16] 黄小凤, 龚福忠. Washburn 动态渗透压力法测量粉体接触角[J]. 实验室研究与探索, 2003, 22(5): 48-50.

[17] Amott E. Observations relating to the wettability of porous media[C]//Trans, France. 1959, AIME, 216: 156-162.

[18] Morrow N R, McCaffery F G. Displacement studied in uniformly wetted porous media[C]// Padday G F. Wetting Spreading and Adhesion. New York: Academic Press, 1978.

[19] 陈守军, 孙宝佃, 杜环虹, 等. 岩样核磁共振参数实验室测量规范(SY/T6490-2007)[M]. 北京: 石油工业出版社, 2007.

[20] Sutanto E, Davis H T. Liquid distributions in porous rock examined by cryo scanning electron microscopy[C].Annual Technocal Conference and Exhibition, New Oreans. 1990.

[21] Pobin M, Koci Xhuliano. Wettability hererogeneities on planar minerals: Application to reservoir rock[C]. Proceedings 3rd International Symposium on Evaluation of Reservoir Wettability and Its Effect on Oil Recovery. Laramie: University of Wyoming, 1996.

[22] Mennells A, Morrow N R. Investigation of complex wetting behavior of liquid/ solid systems by the dynamic Wilhelmy plate[C]. Proceedings 3rd International Symposium on Evaluation of Reservoir Wettability and Its Effects on Oil Recovery. University of Wyoming, 1996.

[23] Calhon J C. Criteria for determining rock wettability[J]. Oil & Gas Journal, 1951, 50(1): 151-153.

[24] Debrandes R. In situ wettability determination with wireline formation test data[J]. The Log Analyst, 1989, 114(10): 34-41.

[25] Gaspar Gonzalez, Vera Elias L G, Sylvio Anders. Wetting and contact angle in relation to reservoir wettability[C]//Proceedings 3rd International Symposium on Evaluation of Reservoir Wettability and Its Effect on Oil Recovery, Laramie: University of Wyoming, 1996.

[26] Spinler E A. Determination of reservoir wettability from conventional well log[C]. Proceedings 3rd International Symposium on Evaluation of Reservoir Wettability and Its Effect on oil recovery, Laramie: University of Wyoming, 1996.

[27] 鄢捷年. 油藏岩石润湿性对注水过程中驱油效率的影响[J]. 石油大学学报(自然科学版), 1998, 22(3): 43-46.

[28] 刘中云, 曾庆辉, 唐周怀, 等. 润湿性对采收率及相对渗透率的影响[J]. 石油与天然气地质, 2000, 21(2): 148-150.

[29] 李永太. 提高石油采收率原理和方法[M]. 北京: 石油工业出版社, 2008.

[30] Morrow N R, Tang G Q, Valat M et al. Prospects of improved oil recovery related to wettability and brine composition[J]. Journal of Petroleum Science and Engineering, 1998, 20(3-4): 267-276.

[31] Anderson W G. Wettability Literature Survey -Part 2: Wettability Measurement, Journal PetroleumTechnology, 1986, 38(11): 1246-1262.

[32] Jadhunandan P P, Morrow N R. Effect of wettability on waterflood recovery for crude-oil/brine/rock systems[C]. Presented at the 66th Annual Technology Conference and Exhibition of SPE, Dallas, 1991.

[33] Tweheyo M T, Holt T, Torsaeter O. An experimental Study of the relationship beween wettabillity and oil production characteristics[J]. Journal of Petroleum Science and Engineering, 1999, 24(2): 179-188.

[34] Babadagli T. Temperature effect on heavy-oil recovery by imbition in fractured reservoirs[J]. Journal of Petroleum Science and Engineering, 1997. 14(3-4): 197-208.

[35] 韩冬, 彭昱强, 郭尚平. 表面活性剂对水湿砂岩的渗吸规律及其对采收率的影响[J]. 中国石油大学学报(自然科学版), 2009, 33(6): 142-147.

[36] 彭昱强, 郭尚平, 韩冬. 表面活性剂对中性砂岩渗吸规的影响[J]. 油气地质与采收率, 2010, 17(4): 48-51.

[37] Zhang D L, Liu S H, Puerto M. Wettability alteration and spontaneous imbibition in oil-wet carbonate formations[J]. Journal of Petroleum Science and Engineering, 2006, 52(1-4):213-226.

[38] Sharma M M, Filoco P R. Effect of brine salinity and crude-oil properties on oil recovery and residual saturations[J]. SPE Journal, 2000, 5(3): 293-300.

[39] 姚同玉. MD 膜驱剂驱油机理探讨[J]. 油田化学, 2003, 20(2): 172-174.

[40] 冯文光, 贺承祖. 自组单分子纳米膜提高驱油效率及微观机理研究[J]. 成都理工大学学报(自然科学版), 2004, 31(6): 726-729.

[41] 毕只初, 廖文胜. CTAB 在硅胶表面吸附引起的润湿性变化和模拟驱油[J]. 物理化学学报, 2002, 18(11): 962-966.

[42] 姚同玉, 刘福海, 刘卫东. 季铵盐型表面活性剂的驱油机理研究[J]. 西南石油学院学报, 2003, 25(6): 43-45.

[43] 张翼. 大港油田用渗吸剂体系及渗吸作用机理[D]. 北京: 中国石油勘探开发研究院博士后出站报告. 2011: 82-102.

[44] 任晓娟. 低渗砂岩储层孔隙结构与流体微观渗流特征研究[D]. 西安: 西北大学博士学位论文, 2006.

[45] 韦青, 李治平, 白瑞婷, 等. 微观孔隙结构对致密砂岩渗吸影响的试验研究[J]. 石油钻探技术, 2016, 44(5): 109-117.

[46] 向阳. 储层岩石的渗吸及其应用[J]. 新疆石油地质, 1984, 5(4): 46-56.

[47] Graham J W, Richardson J C. Theory and application of imbibition phenomena in oil recovery[J]// Journal of Petroleum Technology, 1959, 11(2): 65-69.

[48] 崔鹏兴, 刘双双, 党海龙. 低渗透油藏渗吸作用及其影响因素研究[J]. 非常规油气, 2017, 4(1): 88-93.

第3章　渗吸实验方法

20世纪80年代,全国矿产储量委员会将我国低渗透油田油层渗透率的下限定为0.1mD,渗吸采油是低渗透油藏的主要开发技术之一。我国低渗透油气储量丰富,分布于全国各个油区,目前探明地质储量50多亿吨,其中砂岩油田占70%,其他特殊岩性油田占30%。渗吸采油在我国还处于研究发展阶段,矿场应用不多。表面活性剂技术的发展为渗吸采油技术的广泛应用提供了新的契机,但因缺少统一便捷的渗吸采收率评价方法,不同程度地制约着渗吸剂的研制和室内优选工作,在行业内亟须建立相应的评价方法。

从概念上理解到主动利用渗吸过程经历了半个多世纪的发展历程。化学渗吸是人为地在水溶液中加入具有活性或其他增强渗吸作用的化学剂,从而改变渗吸作用状态的过程,是一种主动调节渗吸体系的过程,属于动态渗吸。如果以强化渗吸效率为目的,改变毛细管中油水环境和介质条件,如温度、压力、流体性质和组成、岩石表面性质等,在新环境和新条件下发生的渗吸过程都应属于动态渗吸,也叫强制渗吸。当使用渗吸剂发生渗吸作用时,化学渗吸剂的作用强弱大小如何评价,采用哪些参数或指标来衡量和区分不同化学剂的作用效果,就需要根据化学剂的结构和属性特征,结合油藏因素考虑其作用方式和作用强度,来制订室内测试和评价方法。

笔者建立了一种对实际储层具有良好模拟性的渗吸效果室内评定方法[1],该方法为油田用渗吸剂的评价提供了规范、实用的科学依据。

渗吸效率的测定方法是渗吸剂渗吸采油效果的定量评价方法,是用于评价渗吸剂对于目标油藏原油渗吸采油效果的方法,早期国内外常用的是重量法[2]。

本书主要介绍体积法,测试主要包括以下两个步骤。

(1)根据目标油藏的储层渗透率(K_a),选择相应粒径范围的石英砂(或天然砂),或者选择相应渗透率的岩心。

(2)测定渗吸剂对目标油藏的原油或模拟油与所述石英砂或天然砂混合制成的油砂的渗吸效率值,或者测定渗吸剂对饱和了目标油藏原油或模拟油后岩心的渗吸效率值。

3.1　静态渗吸实验

渗吸的原始定义是指仅依赖于毛细管力的作用吸入润湿性流体排驱非润湿性流体的过程,即静态渗吸。毛细管中的这种现象是利用毛细管力作用的结果,没有改变任何环境和介质条件,是在原始状态下进行的自发过程。渗吸取决于毛细管内壁的润湿状态,如果是油湿状态,则可以自发吸入原油排驱水;如果是水湿状态,则会自发吸入水排驱出毛细管中的油。静态渗吸过程在实验室内如何模拟呢?笔者主要考虑了实验的室内可行性和便利性，所以，为了使建立的方法既能够较快速度地完成实验，又能够比较出不同化学剂或地层水在相同条件下的渗吸效果，于是设计提出了渗吸效率的测试方法。在常压下、地层温度下进行实验，使用模拟油砂或岩心，实验还采用了目标油藏的原油或模拟油、采出水或注入水，实验条件尽可能与实际油藏一致。

　　为了优化大量化学剂，首先采用模拟油砂进行实验，然后再采用露头岩心或人造岩心，最后，在矿场试验前采用目标区块的天然岩心进行实验验证。

3.1.1　早期实验方法

　　国外早期的室内渗吸实验研究主要采用重量法，如20世纪60年代Pickell等[2]提出了储集岩的自吸方法，借助于半自动天平、秒表、烧杯、岩心吊件等组装的测量装置测量渗吸效率，人工定时测量常压下渗吸过程中岩心重量随着时间的变化，计算渗吸效率用于评价渗吸剂的作用效果。后来学者们对重量法所用的仪器进行了改进和完善，使操作和自动化程度进一步提高[3]。基于国外重量法测试渗吸效率所用仪器的不足，我国在20世纪80年代有学者开始改进重量法的测试仪器，如成都地质学院的向阳[3]在国外重量法的测试仪器基础上进行了改进，设计研制了全自动渗吸过程测试仪，使测量和记录自动完成，大大提高了重量法渗吸仪的测试效率。之后，西南石油大学唐海等[4]发明了"一种渗吸实验装置"，中石油化工集团公司胜利油田分公司采油工艺研究院张星等[5] 2014年8月公开了"用于测量多孔介质渗吸的装置"的发明，中国石油大学(北京)杨柳等[6] 2014年10月公开了"一种便携式自发渗吸测量装置"的发明，李曹维[7]于2015年5月公开了"一种同向自发渗吸实验用岩心固定装置"的发明，杨柳等[8]于2015年10月公开了"一种表征页岩储层压裂液吸收能力的方法"的专利，任凯等[9]于2015年11月11日公开了"基质渗吸测量装置"的发明，宿帅等[10] 2016年10月公开了"一种岩心自发渗吸驱油测量装置"的发明，杨志辉等[11, 12] 2016年12月公开了"一种页岩高温渗吸测量装置"和"一种页岩加围压渗吸测量装置"的发明。在众多学者的努力下，重量法测量渗吸效率的仪器不断提升和完善，具备了更准确、更便捷、耐压、耐温等特点。在改进和升级这种测量仪器上做出了重要贡献，但这些基于重量法研制的仪器每一次只能进行一组岩心实验，测试周期较长，不能满足当前筛选渗吸剂大量工作的需要。为此，基于体积法测量渗吸效率所需要的仪器，2009年5月，彭昱强[13]发明了"用于自发渗吸驱油的新型自吸仪"，设计精细、岩心室自带岩心支架，读数部的上部与岩心室的下部以内磨口相连，导致部分油因积存在连接部位不能上浮而影响读数。2011年，张翼等[14]基于以上情况研制了常压玻璃自吸仪，较彭昱强发明的渗吸仪，在结构上有很大改进和简化，更便于操作和清洗，连接部位用外磨口克服了积油现象，使用于批量油砂和岩心渗吸实验更方便。2012年，张翼等[15]公开了渗吸仪这发明专利，可以用于高温、高压下渗吸过程渗吸效率测试，可研究渗吸在压力和温度变化环境中的动态渗吸过程，仪器实现了动态可视、观察和实时计量，操作方便，将室内实验仪器和方法推进一步，大大方便了渗吸剂筛选和评价工作。

一些学者也在针对有裂缝发育的油藏进行模拟，研究相应的渗吸实验仪器或建立新方法。2015 年 5 月，谢坤和卢祥国[16]公开了"一种低渗裂缝性油藏渗吸采油实验方法"的专利，该发明专利涉及一种裂缝基质实验模型的制作过程和方法，为研究裂缝性油藏渗吸过程提供了岩心实验模型。采用该方法模拟裂缝性油藏渗吸采油过程。该低渗透裂缝性油藏渗吸采油过程实验方法，能够保证基质岩心含油饱和度不受裂缝影响，简化了现有实验方法的操作步骤，提高了动态渗吸实验的精度。另外，针对渗吸过程可视化和动态记录问题，2015 年 4 月，鹿腾[17]公开了 "一种毛细管微观渗吸驱油图像采集装置及工作方法"的发明，为渗吸过程的微观观察提供了方法和仪器。该发明的毛细管微观渗吸驱油图像采集装置可以观测不同流体在毛细管内的微观渗吸驱油图像，结构简单，观察方法便捷。

重量法测试渗吸效率时，实验样品均采用岩心，包括天然岩心和露头岩心，经过洗油、烘干后称取质量，然后抽真空、饱和地层水、称量其湿重，常压、室温或油藏温度下饱和原油老化，将岩心全部浸入渗吸剂溶液或地层水溶液中，渗吸过程为自吸水排油过程。用电子天平不断对岩心进行称量，记录质量变化，岩样吸水排油，由于水油密度差使质量逐渐增加，计算渗吸采出程度：

$$R = \frac{\Delta m}{(\rho_{\mathrm{w}} - \rho_{\mathrm{o}})V_{\mathrm{o}}} \times 100\% \qquad (3.1)$$

式中，R 为岩样在 t 时刻的渗吸采收率，%；Δm 为岩样质量的增加值，g；ρ_{w} 为实验用水密度，$\mathrm{g/cm^3}$；ρ_{o} 为模拟油密度，$\mathrm{g/cm^3}$；V_{o} 为岩样的饱和油体积，$\mathrm{cm^3}$。

重量法采用的测试仪器如图 3.1 所示。

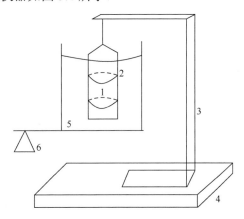

图 3.1 重量法渗吸效率测试仪图
1.岩心；2.岩心吊环；3.支架；4.支撑架座；5.烧杯；6.台秤或天平

唐海等[4]发明的重量法渗吸效率测试仪如图 3.2 所示，其操作过程为：实验用岩心通过岩心固定架连接于精密电子天平托盘上，精密电子天平和数据采集系统相连，岩心、岩心固定架和精密液位传感器处于岩心室内，岩心室、储油和储水杯放置于带有恒温控制系统的仪器柜中。将饱和油的岩心安装在岩心支架上，实验渗吸用液通过微流量泵泵入岩心室中，水和岩心接触发生渗吸，质量的变化通过精密天平上的读数反映出来，数据传输到数据采集系统上，还可以通过调节微流量泵流量大小控制岩心水淹速率，完成不同水淹速率下的渗吸实验[4]。这项发明对国外早期使用的重量法测试渗吸效率装置进行了改进，实现了反应过程的全程恒温和自动控制，但每次仍然是只能进行单组实验。

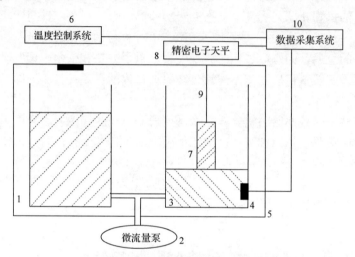

图 3.2　西南石油大学改进的重量法测试仪器[4]

1.储水恒温杯；2.微流量泵；3.岩心室；4.精密液位传感器；5.仪器柜；6.温度控制系统；7.岩心；8.精密电子天平；
9.岩心固定架；10.数据采集系统

重量法存在以下不足：①同一时间只能进行单组实验，周期较长，一般需要 10～30d 时间；②重现性不好，不方便进行对比实验；③操作、观察、计量不方便，每次称量需要反复从烘箱中取出，影响实验结果；④不便于进行大量实验和开展规律性研究。

基于以上不便，笔者设计研制了基于体积计量法的耐压可视渗吸仪。采用可视化体积计量仪器，可随时观察记录渗吸采出油的量和渗吸过程。

由于重量法存在的不足，国内外学者在探索使用体积法计量渗吸出油量并计算出渗吸效率。国内彭昱强[13]基于体积法发明了如图 3.3 所示的常压渗吸效率测试用"自吸仪"。

图 3.3 是国内较早使用的岩心静态渗吸实验装置，即自吸仪。该仪器包括测量部和岩心室，两者之间设有颈部，颈部内径大于岩心室内径，测量部的刻度管内径为 8.2～8.5mm，这样可以确保油滴或油珠在上浮时快速顺利地到达刻度管内。岩心室侧壁和底面设有支腿 4 和支腿 5，用于支撑岩心。该仪器可以完成岩心静态渗吸实验过程的析出油的计量和渗吸效率的计算。但该仪器上下两部分利用内磨口衔接，内设支腿清洗起来不太方便，为此，张翼等[14]发明了更为简易方便的油砂渗吸和岩心常压渗吸用渗吸仪。

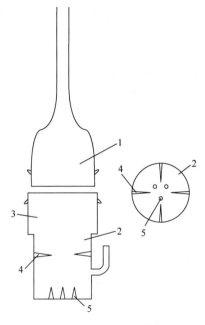

图 3.3　国内早期的体积法渗吸效率测试仪
1.测量部；2.岩心室；3.颈部；4、5.支腿

3.1.2　新建立的实验方法

基于原有重量法的不足和化学渗吸剂优化实验过程的大量工作，笔者采用不同粒径等级的油砂或目标区块的天然油砂进行静态渗吸，然后再进行贝雷岩心或露头岩心的静态渗吸，最后用天然岩心做动态渗吸实验和渗吸采油工艺参数的室内优化。

油砂根据油藏岩石物性来选取，大多砂岩油藏可采用石英砂代替，特殊岩性的油藏采用模拟油砂或天然油砂。石英油砂是将筛分好不同粒径（≤40 目、40~80 目、80~100 目、100~120 目、120~160 目、≥160 目）等级的砂子，然后将筛分好砂子与原油或模拟原油按照一定质量比混匀、老化一定时间后待用。油砂的制备过程在 2013 年前，都是实验室内手工制备的，砂与油的混匀、老化过程都需要手工操作，在静置保温时也常出现油与砂的分离现象。为了克服手工制备油砂时的繁琐操作和油砂中油的分离和聚集等问题，张翼等[18]于 2014 年公开了在老化保温过程中能够持续搅拌混匀的"一种实验用油砂制备装置"的发明专利，解决了手工搅拌和每天需要手工摇动的不便。

实验前应根据目标区块的储层渗透率指标选择相应粒径段的油砂，称量一定量后放入特制的磨口刻度渗吸仪[14]中，压实、注入渗吸剂溶液、保温、定时记录渗吸脱出的油量。静态渗吸效率是指在常压、地层温度下进行实验，油砂或岩心一定时间内析出油的量（体积或质量）占原始含油量（体积或质量）的百分含量值即为渗吸效率，其测试公式为

$$R_{im} = \frac{V}{V_o} \times 100\% \tag{3.2}$$

或

$$R_{\text{im}} = \frac{nVd_{\text{o}}}{m_0} \times 100\% \tag{3.3}$$

式中，R_{im} 为渗吸效率，%；V 为一定时间析出油的体积值，mL；V_{o} 为油砂或岩心中渗吸实验前含油体积，mL；d_{o} 为原油或模拟油地层温度下的密度，g/cm³；m_{o} 为油砂中实验前含油质量，g；n 为是配制油砂时的砂与油的质量比，无量纲。

经过一定量的实验规定了油砂与不同渗透率岩心的对应等级(表 3.1)。油砂实验后，再结合区块的渗透率情况，选取下一步实验用岩心的渗透率值和孔隙度范围，进一步完成岩心静态渗吸实验。

表 3.1　油砂粒径与岩心渗透率的对应等级

	油砂粒径等级				
	<40 目	40~80 目	80~100 目	100~120 目	120~160 目
岩心渗透率 K_{a}/mD	>800	800~300	300~100	100~10	10~1

注：设定的对应值经过了实验验证。

为了定量地评价渗吸剂的效果，制定了不同等级油砂和岩心渗吸效果等级，如表 3.2 所示。

表 3.2　渗吸效果评定等级

	等级				
	好	较好	中等	较差	差
油砂渗吸效率/%	≥80	79~60	69~40	39~20	≤19
岩心渗吸效率/%	≥40	39~30	29~20	19~10	≤9

测量体积求渗吸效率方法的特点：①计量、观察更方便；②便于实现多组实验和平行实验，符合化学分析方法和误差分析规则；③便于开展大量的深入性研究工作，利于对渗吸规律的探索研究；④能够模拟储层的油、水、岩石主要成分、温度及晶间孔隙等特征，具有一定模拟性。

3.1.3　测试实验和结果分析

1. 油砂配制和岩心饱和油

(1)石英油砂。将石英砂用振筛机筛分为不同粒径等级的砂子：小于等于 40 目、40~80 目、80~100 目、100~120 目、120~160 目、大于 160 目六个等级，待用。

(2)模拟天然油砂。将用常规清洗岩心方法洗净的天然岩心研磨成粒状砂粒(天然砂)，粒径根据储层的渗透率和规定的对应等级确定。

(3)油砂配制。根据目标油藏储层的气测渗透率(K_{a})值选择不同粒径范围的砂子(表 3.1)，分别与目标油藏储层的原油或模拟油(用中性煤油调制成室温下黏度与储层温度下的黏度相同的原油)，以砂、油质量比为 n(10/1~4/1，优选为 7/1)的比例称量并盛入 250mL

或 500mL 的广口瓶中，通过手工搅拌、摇动混合均匀后置于在烘箱中保温(温度控制为油藏储层温度)，期间每 4～5h 回旋摇动 10 次，老化 72h 以上待用。

(4)岩心处理。岩心清洗、烘干、物性检测、称量、饱和油、老化等过程可以参照"复合驱油体系性能测试方法"[19]中的相关步骤进行。岩心尺寸、形状和渗透率等参数根据油藏储层的渗透率和物模实验的设计方案等选取，一般是选择与油藏储层相同渗透率的岩心。

2. 静态渗吸实验

(1)静态渗吸实验步骤：①将饱和油的岩心或称量好的油砂放入渗吸仪[14]中，盖好渗吸仪上部刻度管，旋紧；②注入渗吸剂或其他试验液体至某一刻度处(刻度线以上即可)，并留有刻度空间以备上浮的油在刻度线内可读数；③将渗吸仪放入恒温箱中，在地层温度下保温；④定时记录采出的油量并计算采收率。

实验进行至采收率值不再变化为止，记录最终出油量，计算最终采收率，即为静态渗吸总采收率值。为了研究渗吸过程的速度和效率可以每 1h 或 2h 测试读取一次结果，用于绘制渗吸效率随着时间的变化曲线。

(2)油砂渗吸：用天平称取老化后的油砂 m_0(10.0～20.0g，优选 15.00g 左右)置于刻度渗吸瓶中，向两只渗吸瓶中各注入一定浓度的渗吸剂溶液(采用渗吸剂和地层模拟地层水配制)至留有 2～4mL 有刻度空间的某一刻度处，旋紧磨口后放入恒温箱，在油藏储层温度下保温 24h，记录保温 24h 渗吸脱出油的体积量 V_1(mL)。

(3)岩心渗吸：将饱和油后的岩心在封装材料或容器中取出后，迅速放入渗吸仪中的支架上，快速注入渗吸液后旋紧磨口，放入恒温箱中，定时读取渗吸脱油量，记录渗吸平衡时的脱油量 V_1(mL)。

3.1.4　渗吸采收率的计算

1. 采用油砂实验

称取的油砂质量为 m_0，配制油砂时的砂、油质量比为 n，称取的油砂中原始含油的质量为 m_0/n，制备油砂或饱和岩心用的原油或模拟油的密度(油层温度下)为 d_0(单位为 g/cm^3)，渗吸脱出油的质量为 V_1d_0，渗吸采收效率计算参见式(3.2)和式(3.3)。

2. 采用岩心实验

岩心渗吸的渗吸效率计算见式(3.2)

3.1.5　渗吸效果评定

采用油砂的粒径范围不同、渗吸剂不同，渗吸采收率有差别，具体判断标准可以参考表 3.2。

渗吸剂渗吸采油效果的定量评价方法具有以下优点：①给出了渗吸效果的评价等级，使比较和优选有明确的依据；②前期的筛选可以用油砂替代岩心，能够大大缩短测试筛选的时间，更便捷；③该方法评定渗吸剂的效果，具有很好的模拟性和一致性。

案例1　针对大庆外围低渗透油藏(渗透率低于10mD)筛选渗吸剂，包括以下步骤。

(1)首先将8种渗吸剂配成相同浓度的渗吸剂溶液(质量分数为0.2%)，选用已老化好的100~160目的大庆油砂。

(2)采用相同的渗吸仪在45℃恒温箱里保温做渗吸采收率测试(按照前述的步骤进行)，渗吸24h结果如表3.3所示，其中，渗吸剂TJ13、TJ15、TJ12的主要成分分别是十三烷基二甲基甜菜碱铵盐、十五烷基二甲基甜菜碱铵盐和十二烷基二甲基甜菜碱铵盐，这三种和YGTJ(实验用剂的编号)(作为对比)均由南通市凯华化工股份有限公司生产；A1284(实验用剂的编号)的主要成分是OP-6，是烷基酚聚氧乙烯(乙氧基链节数6)醚，邢台蓝星助剂厂生产。

(3)将渗吸效率值与表3.2中的油砂项中的大于100目等级比较，确定不同渗吸剂对应的等级。渗吸剂溶液的浓度是指在渗吸剂溶液中渗吸剂的成分的总含量。

表3.3　五种渗吸剂渗吸效果比较

	渗吸剂				
	A1284	TJ13	TJ15	TJ12	YGTJ
渗吸采收率/%	19.27	44.81	30.05	34.25	25.35
效果等级	较差	好	中等	中等	中等

注：①渗吸剂溶液的浓度为0.2%，保温24h；②油砂老化96h。

由表3.3的结果可以看出，在相同测试中，渗吸剂溶液浓度相同的情况下，不同渗吸剂的渗吸结果也不同。渗吸采收率指标和等级评定方法可以有效区分不同剂的渗吸作用能力，而且采用油砂进行测试，分析更方便，分析时间更短，可用作渗吸规律研究和前期评价以及筛选渗吸剂。

案例2　针对大庆中高渗油藏的渗吸剂的渗吸效果的评价方法，包括以下步骤。

(1)选用两种制备好的大庆油砂(40~80目和80~100目，原油密度为0.8450g/cm³)，45℃下老化96h。

(2)选用甜菜碱渗吸剂TJ18(十八烷基二甲基甜菜碱铵盐，南通市凯华化工股份有限公司生产)，对该渗吸剂进行24h的渗吸采收率测试，其结果如表3.4所示，渗吸剂溶液采用矿化度为5228mg/L的大庆模拟地层水配制，测定配制得到的渗吸剂溶液具有不同浓度时的渗吸采收率数值。

表3.4　不同浓度的TJ18渗吸效果比较

	浓度(质量分数)					
	0.1%		0.2%		0.3%	
油砂/目	40~80	80~100	40~80	80~100	40~80	80~100
渗吸采收率/%	46.78	66.3	72.96	76.5	78.71	82.5
渗吸效果	好	极好	极好	极好	极好	极好

注：①实验温度为45℃；②油砂老化96h。

(3) 根据表 3.4 中的评价内容，对上述的渗吸采收率进行比对以确定效果等级。

由表 3.4 可以看出，渗吸剂溶液的浓度在 0.2% 以上时，其对两种油砂的渗吸效果都达到了极好状态，同时也可以看出，相同浓度的同一种渗吸剂对不同油砂的作用效果不完全相同，所以需要根据实际储层特征对油砂进行分类。

案例 3　针对大庆高渗透油藏渗吸剂的渗吸效果的评价方法，油砂用原油密度为 0.8450g/cm³，油砂选 40~80 目，模拟地层水矿化度为 5228mg/L，包括以下步骤。

(1) 选 40~80 目的油砂，利用渗吸剂 JBX-1 配制不同浓度的渗吸剂溶液，在 45℃ 的油藏储层温度下进行渗吸实验，测定渗吸采收率数值。

(2) 24h 的渗吸采收率的测试结果如表 3.5 所示。

(3) 将测试结果与表 3.2 中的评价指标进行比对以确定效果等级。

表 3.5　不同浓度渗吸剂的渗吸效果

	浓度（质量分数）				
	0.025%	0.05%	0.10%	0.20%	0.40%
24h 的渗吸采收率/%	70.15	79.23	82.34	77.33	80.40
效果等级	极好	极好	极好	极好	极好

由表 3.5 的内容可以看出，浓度不同的渗吸剂溶液对同样的油砂作用效果也不同，对同一种油砂存在最佳浓度，但可以看出，无论其浓度高低，渗吸效果都很好。

案例 4　针对大港中、高渗透油藏筛选渗吸剂，其包括以下步骤。

(1) 选择 5 根不同的天然露头岩心，规格尺寸如表 3.6 所示，用大港原油，密度为 0.8815g/cm³，按照常规物理模拟实验方法 (SY/T6424—2000) 进行饱和油处理，得到五种饱和油的岩心。

(2) 将五种饱和油的岩心分别在密封塑料管中老化 10~15d，老化后装入自吸仪的岩心室中，选用两种渗吸剂进行渗吸实验至渗吸平衡为止，测出渗吸采收率数值。

(3) 将测试结果与表 3.2 中的评价指标进行比对以确定渗吸剂的效果等级，具体结果如表 3.6 所示。

表 3.6　岩心的静态渗吸效果

	岩心编号				
	H-1	H-2	H-3	H-4	H-5
长度/cm	8.03	7.207	4.781	7.755	6.084
直径/cm	2.520	2.526	2.512	2.513	2.457
气测渗透率 K_a/mD	738	1367	539	333	70.5
岩心润湿性	中性	弱油湿	水湿	弱水湿	水湿
渗吸剂	T1	T1	T1	T2	T2
渗吸平衡时间/d	1	6	6	1	3
渗吸采收率/%	5.30	23.95	39.24	14.88	31.65
效果等级	差	中等	好	较差	好

注：①保温温度为 53.5℃；②T1 和 T2 为两种以阴离子表面活性剂为主剂的体系，辅剂不同。

由表 3.6 可以看出，岩心的润湿性、渗透率不同，相同渗吸剂的渗吸效果也有差别，在相同润湿性条件下，不同渗吸剂的渗吸效果也不同，说明该方法可以用于研究影响渗吸过程的因素和规律。当需要研究多孔介质的物性与渗吸效果关系时，可采用岩心做渗吸实验。

3.2　动态渗吸实验

通过对渗吸工艺的优化组合可以为现场开发方案设计和编制提供实验依据。实验室开展了几种工艺的探索，动态渗吸工艺包括压力脉冲、周期注水、动静组合式等渗吸形式，单一工艺既各有特色，又各有不足，因此组合式渗吸工艺表现出明显优势。

3.2.1　压力脉冲法

1. 实验准备

(1)取得目标油藏原油和地层水，测试其性能，将原油进行脱气、脱水处理后备用。

(2)测定原油族组成、黏度或黏温曲线及密度，水的矿化度、密度、黏度等指标。

(3)选择合适渗透率的岩心，进行基本参数测定，如气测渗透率、水测渗透率、饱和水、饱和油，老化 15d 以上。

2. 实验测试

(1)采用自行研制的压力可视渗吸仪[15]，实验前经清洗、烘干处理。

(2)将饱和油并老化完成的岩心迅速取出放入渗吸仪岩心室中，用特制支架支撑，注入渗吸剂、排空、旋紧底座和各个阀门，保持密闭状态。

(3)将渗吸仪放入恒温箱中，温度调至目标地层温度，待温度升到目标值。

(4)开启环压阀和渗吸仪连接阀门，开始压力脉冲渗吸实验。

3. 实验的设计

根据研究或测试目标，可采取灵活多样的设计方式，可以是升压式，也可以是降压式，但最高恒压一般不高于地层饱和压力。每一个压力下保温多久可自行安排，最终达到采收率值稳定为止。计算渗吸效率，计算方法同常规物理模拟实验结果的计算方法。图 3.4 中的后两组结果采用了压力脉冲方式，实验用长庆姬塬模拟地层水，采用自行设计的渗吸剂体系，结果模拟地层水采收率为 28.23%，渗吸剂渗吸总采收率为 51.6%。说明渗吸剂的作用远高于模拟地层水，但压力脉冲的结果作为一种动态渗吸方式，在实际油藏中放大实施还需要探索建立相应的数字模型，但压力脉冲加上静态浸泡(静态渗吸)的过程取得了非常好的效果(图 3.4 最后两组)。这两组岩心实验结果看出，在压力脉冲动态渗吸实验取得较好效果的基础上，再进行后静态渗吸又分别提高了 59.63%和 48.4%的采收率，总采收率在 87%以上。压力脉冲法动态渗吸与后静态渗吸组合也取得很好的渗吸效果。

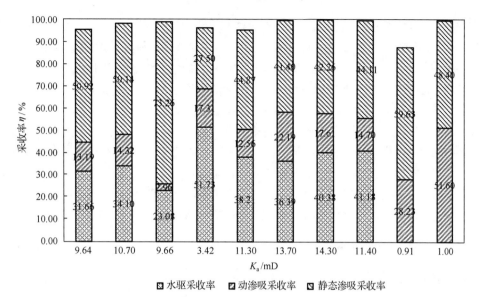

图 3.4　动静结合式渗吸效果

3.2.2　周期注水法

1. 实验准备

采用常规复合驱用驱替装置,岩心准备和基本测试、饱和油、老化等步骤同压力脉冲法。

2. 实验测试

每一个周期的形式可以酌情设计,可进行 2~4 个周期。综合考虑成本和效益,设计出周期的数量和段塞长度。根据渗透率和岩心性质确定注入速度和保持恒温时间。

3. 工艺设计

工艺设计主要是指段塞设计,根据储层物性、渗透率和润湿性等指标进行渗吸实验设计,包括渗吸剂的选择。笔者常采用慢速注入一定 PV(孔隙体积)的渗吸剂,然后恒温保持 n 小时或数天,然后后水驱作为一个周期,经过几个周期后实现渗吸效率的相对平衡,结束动态渗吸过程,计算渗吸总采收率。一般在周期注入之前,先进行水驱并记录水驱采收率。

4. 效果评价

单一的周期注水可以充分发挥渗吸剂的渗透和润湿反正功能,同时利用水的辅助功能,节省了渗吸剂成本,提高了渗吸效率,但单一的动态渗吸也比组合式渗吸工艺效果差些,图 3.4 中的前 8 组动态渗吸过程采用的是周期注水方式,渗透率不同,效果有所差别,但平均总的采收率取得了非常好的效果。图 3.4 中前 8 组实验采用了两类岩心:一类是特低渗透(3 组),岩心渗透率 K_a 为 1~10mD;一类是普通低渗岩心(5 组),其渗透率 K_a 为 10~20mD。8 组岩心都是先进行水驱至含水 98% 以上,计算出水驱采收率。3 组平均水驱采收率为 37.09%,周期注水法化学渗吸平均采收率为 14.36%,之后静态渗吸采收率平均为 46.64%，这 3 组实验(水驱法+动态渗吸法+静态渗吸法)总采收率平均为 98.09%。普通低渗的 5 组岩心，其水驱采收率平均 38.05%，与特低渗透岩心接近但稍好，动态渗吸采收率平均 16.28%，比特低渗岩心的高。之后的静态渗吸平均采收率为 44.28%，比特低渗岩心的低。总采收率为 98.61%，比特低渗岩心高。也就是说，岩心的渗透率越低，采用静态渗吸越有利，但对水驱和动态渗吸越不利。总体来说，这 8 组实验在(周期注水)动态渗吸后，每一组岩心转入静态渗吸后又都取得了非常好的效果。因此，动态渗吸与静态渗吸组合法的渗吸效果最好[20]。但在渗吸段塞设计、注入速度和保温时间上仍有进一步探索优化的空间，在渗吸剂的选用上也仍有研究开发新产品的巨大潜力。在提高采收率方面，渗吸剂的作用是主体，注水过程是辅助，两者优化还有进一步提高采收率的可能，所以，周期注水这种动态渗吸工艺较压力脉冲工艺在实际油藏中更方便实施。

3.2.3　动态渗吸和静态渗吸组合法

动态渗吸和静态渗吸组合法的步骤如下。

(1)先进行连续慢速水驱+渗吸剂段塞+后水驱至含水 98%，或周期式驱(水驱 0.2PV+渗吸剂驱 0.3PV+水驱至含水 98%作为一个周期)进行 2～3 个周期至采收率稳定。此过程称为动态渗吸，计算整个过程的采收率。

(2)将结束动态渗吸的岩心转入到静态常压渗吸仪中，注入实验用模拟地层水配制的新渗吸剂溶液中，静置保温若干天，直至渗吸采收率值恒定为止，计算渗吸效率，该渗吸采收率为静态渗吸采收率。

将两个过程的渗吸结果相加记为动态和静态渗吸总采收率。大量实验证实，动、静结合的渗吸效果大大高于单一的压力脉冲、周期注水和单一的静态渗吸、单一的动态渗吸效果(图 3.4、表 3.7)[20]。

表 3.7　静态渗吸结果

	渗吸瓶号					
	D-2	D-3	D-5	D-6	E	A
岩心号	10-29	10-35	2-YG	5-YG	7-YG	2-3
K_a/mD	17.29	16.9	0.373	3.99	9.79	10.7
K_w/mD	6.23	5.28	0.092	0.35	2.94	1.48
S_o/%	65.01	68.96	89.28	62.72	61.15	35.39
L/cm	10.287	10.264	5.755	6.106	5.965	8.038
岩心直径 D/cm	2.493	2.491	2.475	2.465	2.459	2.558
岩心截面积 A/cm²	4.88	4.87	4.81	4.74	4.75	5.139
孔隙体积 $V_孔$/mL	9.69	9.698	2.8	2.28	3.14	6.33
孔隙度/%	19.3	19.41	10.12	7.89	11.08	15.32
岩心老化时间/d	15	15	8	12	9	2
渗吸终止时间/d	200	200	201	155	155	105
最终采收率/%	72.97	57.36	74	66.67	58.34	68.23
平均采收率/%		65.17		74.0		64.41

室内优化的动态渗吸和静态渗吸组合式工艺为油田实际应用设计工艺时提供了重要依据。可以根据油藏实际渗透率情况，选择静态渗吸法或一种动态渗吸法，或采用组合式工艺，目的是取得效益和效果的最大化。

3.3　渗透力的定义与测试方法

笔者建立了一种化学渗吸剂渗透性能的评价方法[24]，通过测定各种化学渗吸剂或地层模拟水的渗透力值，比较判断化学渗吸剂在目标油藏中的渗透和扩散性能。

渗透力的定义式：

$$渗透力(F_p)=毛细管举升系数(S_c)×渗透速度(S_p) \tag{3.4}$$

通过实验可以测定化学渗吸剂的毛细管举升系数和渗透速度值，然后即可根据渗透力的定义式计算出渗透力值。

3.3.1　毛细管举升系数(S_c)

1. 背景

目前，国内外还没有完整的评价渗吸剂毛细管举升能力的实验仪器和实验方法，而渗吸剂是用于渗吸采油的一种化学剂，关于渗吸剂及其体系的哪一项属性更能影响渗吸采油效果也还没有统一的认识。因此，学者们仍然在不断深入研究和探索影响渗吸效果的因素和规律。常考核的指标是通过接触角变化测定其润湿性反转能力和岩心的静态渗吸效率。但在筛选和评价渗吸剂的大量实验中，又往往不能采用岩心实验，因为岩心实验从基础数据测试、饱和油、到老化和渗吸实验整个周期需要历时 2～3 个月甚至更长时间，非常不方便用于评价和筛选渗吸剂。于是，笔者在探索研究影响渗吸效果主控因素的同时，不断完善相关指标和参数的测试方法，其中"毛细管举升系数"是用于描述渗吸剂在不同润湿性的毛细管中排驱原油能力的一项指标[21,22]。笔者为此通过大量实验和观察，设计完成了具有很好实用性的毛细管举升实验测试装置，并建立了测试毛细管举升系数的实验方法。

2. 定义

毛管举升系数(S_c)为渗吸剂在毛细管中的举升高度与毛细管半径之比：

$$S_c = \frac{h}{r} \tag{3.5}$$

式中，S_c 为毛管举升系数，无量纲；h 为举升高度，mm；r 为毛细管半径，mm。

通过对多个试管中不同渗吸剂的举升高度值及计算的毛细管举升系数值，与地层水的举升高度及毛细管举升系数值进行对比，进而对不同渗吸剂的性能进行评价。若渗吸剂的举升高度值越低于同条件下地层模拟水的升举高度，则渗吸剂的毛细管举升系数越小，举升能力越差，该渗吸剂的渗吸效果越差；若渗吸剂的举升高度值越高于同条件下地层模拟水的升举高度，则其毛细管系数值越高，渗吸剂的升举能力越好，该渗吸剂的渗吸效果越好。

3. 毛细管举升系数测试

1) 毛细管选择

毛细管在测试实验前需要经过润湿性处理，通常处理成内表面为油湿状态（此时，可以测定渗吸剂的润湿反转能力，也可以根据需要采用水湿或中性润湿的材质），油湿和中性的毛细管需要采用化学渗吸剂进行润湿性处理。毛细管半径的规格可根据储层情况自行选择，有 0.1mm、0.3mm、0.4mm、0.5mm、0.8mm 或更细的微米级的毛细管。储层渗透率越低的油藏进行渗吸剂筛选实验时，平均喉道半径越细，选择毛细管半径相对越小，渗透率高的油藏选择毛细管半径相对大。可根据事先测定的平均喉道半径来选取毛细管，以便更好地模拟实际油藏的储层特征。

毛细管材质可选用玻璃或石英，然后经过化学渗吸剂浸泡一定时间，即可得到相应润湿性的毛细管。润湿性处理可根据不同目标的需要选用不同的试剂，玻璃和石英表面本身为亲水的，如需要油湿和中性润湿表面需要按照下面方法对毛细管内表面进行处理。

中性润湿表面：①将硅油 3%+石油醚（60～90℃）97%按体积比混合均匀待用；②将毛细管放入上面配制好的溶液中，于通风橱中室温放置 24h，用吸耳球吹出残余液体，放入烘箱内，在180～190℃（比硅油最高使用温度略低）烘干 4h；③测试采用接触角法，水滴到毛细管表面的角度为接触角，接触角为 75°～105°，表面为中性。

油湿表面：①将二氯甲基苯基硅烷（DCMPS）和石油醚（60～90℃）以体积比 1：2混合，待用；②将毛细管放入配制好的溶液中浸泡，于通风橱中室温放置 24h，采用水洗的方法排除残余液体，至流出溶液为中性，放入烘箱内，105℃温夜下干燥 4h。

2) 饱和油

润湿性处理后，还需要对毛细管进行饱和油，即选取 3～5 只相同内半径、润湿性一定的毛细管插入盛满目标油藏原油（经过脱水的）的试管中，放入恒温箱中在地层温度下保温 3～5d，直至原油在毛细管中的高度不变化为止，记录其高度值以用于渗吸剂举升实验。

3) 举升系数测试

毛细管举升系数的测定方法可参见发明申请"渗吸剂性能的评价装置及方法"[21]，实验仪器采用专利渗吸剂性能的评价装置[22]。测试实验每一种剂做三组平行实验，结果取平均值。将三组润湿性一定的毛细管插入盛有一定量（3～4mL）化学渗吸剂的小试管中，放入恒温箱在地层温度下保温至化学渗吸剂上升的高度不变化为止，记录化学渗吸剂上升高度 h（mm）。用游标卡尺准确测量 h 值，毛细管半径值购买时已标注。

4) 举升系数计算

利用毛细管举升系数的定义式（3.5）计算出毛细管举升系数，同时也测定模拟地层水的毛细管举升系数用于计算模拟地层水的渗透力值。化学渗吸剂的举升系数值相对越大，则说明该化学渗吸剂在实际油藏的多孔介质中渗透性和发生自发渗吸的可能越大。

3.3.2　渗透速度的测试方法

1. 背景

油田开采中渗吸剂的作用对象是岩石孔隙中的原油，那么在特、超低渗透、甚至致密油藏中，储层渗透率在 10mD 以下，岩石喉道和孔隙细小，处于微、纳米级别。储层具有较高的迂曲度，液体在此类岩石中如何发挥作用？首先，取决于它能否很好地穿透储层并较快速地在孔喉中扩散；其次，能否在遇到孔喉中的原油时具有较好的启动原油的能力。因此，化学渗吸剂的穿透性或渗透性如何来表征就成为渗吸剂在储层中作用能力衡量的一个重要指标。笔者提出并定义了"渗透力"的概念[23]，同时，实验建立了测试渗透力的方法，其中参数之一就是测定"渗透速度"，采用自行研制的渗透速度测定装置[24]。渗透速度的测定首先需要解决在模拟油藏条件下的实验过程中如何测试问题。但由于之前人们没有做过这方面的研究，也没有相关的概念和测试该参数的相关仪器。笔者在实验室内前期只能用化学实验中常用的碱式滴定管代替盛砂刻度管，测试过程全部是手工操作，没有标准方法、缺少相关仪器，操作有一定误差，操作和清洗都很麻烦，实验数据重现性也不十分理想。为此，笔者提出并建立了下面用于表征渗吸剂在储层岩石孔隙中扩散能力的一个物理量之一，即渗透速度并建立了渗透速度的测试方法。

2. 定义

渗透速度 (S_p) 指一定量渗吸剂单位时间流经刻度管中油砂的体积值，是用于反应渗吸剂等流体在储层岩石孔隙中渗透快慢的物理量。单位为 mL/min。其公式表达如下：

$$S_p = \frac{V}{t} \text{ 或} S_p = \frac{m}{t} \tag{3.6}$$

式中，V 和 m 分别为刻度管中盛有的油砂体积或质量，单位分别为 mL 和 g；t 为溶液前沿在刻度管中流经一定量油砂值所需的时间，min。

用上述方法可测定模拟地层水的渗透速度 S_{p0}，计算渗吸剂和模拟地层水的渗透速度之比如下：

$$R = \frac{S_p}{S_{p0}} \tag{3.7}$$

式中，S_p 为渗吸剂在油砂中的渗透速度，mL/min；S_{p0} 为空白盐水（或模拟地层水）在油砂中的渗透速度，mL/min。

3. 渗透速度的测试过程

1）油砂选择和制备

根据目标油藏的储层渗透率 K_a 选择相应粒径范围的石英砂或天然砂，以目标油藏原油或模拟油与选好的石英砂或洗净的天然砂混合制成油砂。

当 $K_a > 800$mD 时，选择粒径不大于 40 目的石英砂或天然砂；当 K_a 为 300~800mD

时，选择粒径为 40～80 目的石英砂或天然砂；当 K_a 为 100～300mD 时，选择粒径为 80～100 目的石英砂或天然砂；当 K_a 为 10～100mD 时，选择粒径为 100～120 目的石英砂或天然砂；当 $K_a \leqslant 10$mD 时，选择粒径为 120～160 目的石英砂或天然砂；当 $K_a \leqslant 1$mD 时，选择粒径＞160 目的相应砂。

根据实际油藏的含油饱和度确定砂油质量比，砂油质量比为 10/1～4/1，优选后通常实验室采用的砂油质量比为 7/1。将砂子和油搅拌、混匀，将该油砂放于烘箱中保温，温度设定为油藏温度，每 4～5h 拿出油砂瓶摇动 10 次左右，以保持油与砂均匀分布，老化 7d 后备用(时间长些老化效果更好)。或直接采用笔者发明的"油砂制备装置"进行。

2) 测试实验

实验仪器：采用渗吸剂渗透速度测定仪[25]或用碱式滴定管代替盛砂刻度管，用秒表计时。

油砂柱装填：如果采用笔者设计的渗透速度测试装置[25]，则有配套的刻度管。如果选用碱式滴定管代替盛砂刻度管，则需要先取下碱式滴定管的胶管以下部分，在管底部尖头部位填充脱脂棉至有刻度以上部位并压实，装填 5mL 或 5g 油砂，墩 15 下，再装填 5mL 油砂或 5g 后墩 15 下，填完后再墩 15 次左右，以油砂已呈压实状态为止，标记两个量的油砂在刻度管中位置。

将盛有油砂的刻度管(或碱式滴定管)垂直固定在铁架台的蝴蝶夹中，量取 4.00mL 化学渗吸剂溶液，一次快速注入刻度管并同时计时。以溶液前缘为准，记录溶液前缘抵达 5mL 或 5g 油砂位置时的时间，平行进行 2～3 次实验，结果取平均值。

根据渗透速度的定义式[公式(3.6)]计算渗透速度值。如，十二种渗吸剂与模拟水的渗透速度测试结果如图 3.5 所示。

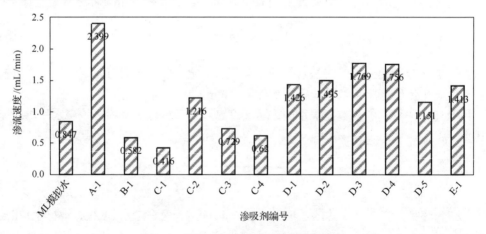

图 3.5　多组渗吸剂的渗透速度测试结果

从图 3.5 中可见，不同渗吸剂之间及渗吸剂与模拟地层水之间的渗透速度值可以通过实验进行测试并进行比较分析。

4. 方法特点

渗透速度测试方法具有以下特征：①提供了一种评价渗吸剂渗透能力的一个参数；

②方法考虑了渗吸剂在油砂孔隙中的运移状态，具有模拟性；③反映了渗吸剂对岩石表面原油的作用能力和贯穿能力。

3.3.3 渗透力的结果与分析

通过实验测定毛细管举升系数和渗透速度后，再通过渗透力的定义式[式(3.4)]即可计算出不同渗吸剂的"渗透力"值。通过渗透力值评价渗吸剂等化学剂在低渗透油藏的多孔介质中的渗透和扩散性，首先需要测定模拟地层水的渗透力值，然后将渗吸剂的渗透力值与模拟地层水水的值相比，其比值(R)越大说明化学剂的渗透性比水越好，比值越小说明渗透性越差。通过大量实验结果和数学分析结果发现，渗吸效果好的化学渗吸剂其渗透力比值 $R > 1.0$，但不是无限大，任何储层孔隙都有一个最佳的值域区间[26]。

笔者实验了使用不同化学渗吸剂分别模拟三个油田的油藏情况，评价化学渗吸剂的渗透性能。三个油田的油和水的基本性质如表 3.8 所示。

表 3.8 三个区块油水性质

油田	地层温度 /℃	原油密度 /(g/cm³)	模拟地层水矿化度/(mg/L)	模拟地层水渗透力 F_{p0}/(mL/min)	模拟地层水渗吸效率/(%/d)	岩心渗透率 /mD	油砂渗吸效率 /%
YT 油田	64	0.841	21040	9.18	0	3.28	9.52
QX 油田	80	0.799	96927	15.92	0	0.988	14.51
ML 油田	50	0.851	23896	4.52	0.32	16.90	

注：①实验用毛细管内径 0.10~0.50mm；②渗透速度测试用 100~160 目油砂。

案例 1 用五组实验模拟 QX 油田的油藏情况，该油田属于超低渗透油藏（K_a 为 0.1~1.0mD），选用油砂的粒径为 100~160 目的细油砂，制备方法如前述。实验温度为 80℃、油水性质如表 3.8 所示。毛细管内表面处理成油湿状态，毛细管举升系数与渗透速度测试实验均为两组的平均值。

将五种化学渗吸剂用 QX 油田模拟地层水配制成质量浓度为 0.20%的水溶液 100mL 待用，取 12 组内径为 0.40mm 的毛细管用前述方法处理成油湿状态后饱和脱水的原油。将毛细管每两根分成一组分别插入盛有五种化学渗吸剂和模拟地层水的试管中，将试管插入渗吸剂渗吸性能实验装置的支撑架上，然后用锡箔封好每一根试管并放入恒温箱中，在 80℃地层温度下保温至化学剂与水的上升高度不再发生变化为止，测量高度 h 并记录下来。利用毛细管举升系数的定义式计算出 S_c，五组实验结果如表 3.9 所示。

表 3.9 五种化学渗吸剂的毛细管举升系数值

	渗吸剂编号					
	0	1	2	3	4	5
试剂	QX 油田模拟地层水	GRJ-1	PEG2000	B13	TH904	JFC
两组实验举升高度/mm	1.00	2.50	4.40	2.60	12.10	12.56
	1.58	3.80	4.16	2.60	11.82	11.98
平均举升高度/mm	1.29	3.15	4.28	2.60	11.96	12.27
毛细管半径/mm	0.20	0.20	0.20	0.20	0.20	0.20
毛细管举升系数(S_c)	6.45	15.75	21.40	13.00	59.80	61.35

准备洁净的碱式滴定管 12 根，每种化学渗吸剂或水测试两组，取平均值作为测试结果。采用 QX 油田脱水原油和高于 160 目石英砂配制成油砂(砂油质量比为 7∶1)并老化 1 周，将每根滴定管下方填塞脱脂棉压实，然后按照前述方法定量装砂并压实，将滴定管垂向固定在铁架台的蝴蝶夹上，准备好秒表，用移液管量取 4mL 化学渗吸剂或模拟地层水一次迅速注入盛砂的滴定管中并开启秒表计时，至渗吸剂或水的前沿达到 5mL 的油砂位置为止。将通过渗透速度定义式计算渗透速度 S_p 的值列表 3.10 中，两次结果的平均值为测试结果。

表 3.10　五种化学渗吸剂的渗透速度值

试剂	渗吸剂编号					
	0	1	2	3	4	5
	QX 油田模拟地层水	GRJ-1	G2000	B13	H4	JFC
5mL 时间/min	2.24	10.13	4.34	2.02	1.65	1.88
	1.81	8.93	4.13	2.41	2.87	1.58
流经时间平均值/min	2.03	9.53	4.24	2.21	2.26	1.73
渗透速度 S_p/(mL/min)	2.47	0.52	1.18	2.26	2.21	2.89

利用表 3.9 和表 3.10 中不同化学渗吸剂或水的毛细管系数和渗透速度测试结果，利用渗透力定义式计算出其渗透力值和渗透力比值如表 3.11 所示。

表 3.11　五种化学渗吸剂的渗透力值

试剂	渗吸剂编号					
	0	1	2	3	4	5
	QX 油田模拟地层水	GRJ-1	G2000	B13	TH4	JF
渗透力 F_p/(mL/min)	15.92	8.26	25.26	29.36	132.13	177.50
渗透力比值 R/(mL/min)	1.00	0.52	1.59	1.84	8.30	11.15

由渗透力值的大小可看出不同化学渗吸剂的渗透性及在油砂中的扩散速度情况，化学渗吸剂与水的渗透力比值可直接以水为参考标准判断出该化学渗吸剂的渗透性比模拟地层水强或弱，比值的变化也可用于研究化学渗吸剂渗透性与渗吸效率的相关关系，如图 3.6 所示。24h 油砂渗吸效率高于 50% 的其渗透力比均在 1.0 以上，渗吸效果较好(渗吸效率大于 40%)的数据中，其渗透力比在 1.0 以上的占 79%。岩心渗吸结果如图 3.7 所示，当渗透力比 $R \geq 2.0$ 以上时，每天的渗吸效率高于 1.5% 的占 65%，低于 1.5% 的占 35%，同时看出两种渗吸效率都呈现随着 R 值的增大先增加后又逐渐下降的趋势，因此，性能好的渗吸剂其渗透力值有一个合适的区间，太小和太大都不一定好。

该评价方法既体现了可定量的优势，也有对比的依据和参照指标，基本能够反映出不同化学渗吸剂的差别。具有室内实验测试的可操作性、便捷性、可靠性和多组实验并行可减少误差的特点。

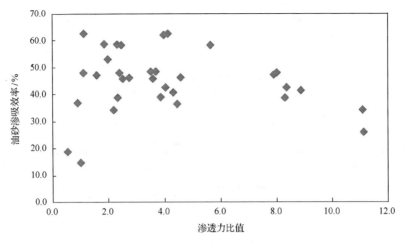

图 3.6　化学渗吸剂和水的渗透力比与油砂渗吸效率关系

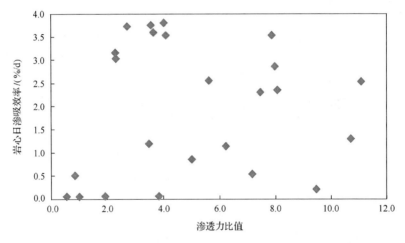

图 3.7　化学渗吸剂和水的渗透力比与岩心日渗吸效率关系

案例 2　实验是模拟 YT 油田的低渗透油藏情况，实验采用细油砂（100～160 目）油砂，实验温度为 64℃，该油田属于特低渗透油藏（K_a=1.0～10mD）。油砂配制和毛细管处理同案例 1，毛细管内表面处理成油湿状态，测试方法同案例 1。刻度管渗透速度测试方法同案例 1，其中，毛细管实验见表 3.12，刻度管渗透速度实验见表 3.13，渗透力计算结果见表 3.14。

表 3.12　七种化学渗吸剂的毛细管举升系数值

试剂	渗吸剂编号							
	1	2	3	4	5	6	7	8
	JS151	JS152	JS153	JS154	JS155	JS156	JS157	YT 油田模拟地层水
	3.12	3.04	3.10	3.66	5.10	12.64	6.20	2.14
三组实验举升高度/mm	2.70	3.80	3.02	2.08	6.04	13.14	4.96	1.74
	2.96	2.32	3.44	2.04	5.44	12.08	8.46	0.36
平均举升高度/mm	2.93	3.05	3.19	2.59	5.53	12.62	6.54	1.41
毛细管半径/mm	0.25	0.25	0.25	0.25	0.25	0.25	0.25	0.25
毛细管举升系数(S_c)	11.71	12.21	12.75	10.37	22.11	50.48	26.16	5.65

表 3.13　七种化学渗吸剂的渗透速度值

试剂	渗吸剂编号							
	1	2	3	4	5	6	7	8
	JS151	JS152	JS153	JS154	JS155	JS156	JS157	YT 油田模拟地层水
时间/min	6.78	4.91	7.41	6.99	9.23	1.23	1.59	3.79
	6.95	6.49	5.55	3.14	7.49	2.78	0.97	2.37
平均流经时间/min	6.87	5.70	6.48	5.07	8.36	2.01	1.28	3.08
渗透速度 S_p/(mL/min)	0.73	0.88	0.77	0.99	0.60	2.49	3.91	1.62

表 3.14　七种化学渗吸剂的渗透力值

试剂	渗吸剂编号							
	1	2	3	4	5	6	7	8
	JS151	JS152	JS153	JS154	JS155	JS156	JS157	YT 油田模拟地层水
渗透力 F_p/(mL/min)	8.53	10.71	9.84	10.24	13.22	125.89	102.19	9.18
渗透力比值 R/(mL/min)	0.93	1.17	1.07	1.12	1.44	13.71	11.13	1.00

　　从案例 2 测试结果可以看出，在相同实验条件和油水介质中，不同化学渗吸剂的渗透力值仍然有明显不同，说明该方法确实可以将不同化学渗吸剂的渗透力定量地表征出来，而且可以通过与模拟地层水的结果比较分析各个化学渗吸剂的渗透性强弱。尽管每一组的单管实验结果有些偏差，但取多组实验的平均值即可较好地克服因油砂压实程度和原油分散程度对结果的影响。

3.4　乳化性能测试方法

3.4.1　乳化力及测试方法

1. 乳化力定义

　　乳化力 f_e(emulsifying) 是指乳化相中萃取出油的量与被乳化油总量的百分比，是构成乳化强度综合指数的物理量之一。该方法是笔者自行建立的[27,28]，采用的是光度法，使用的是脱气脱水原油或基准油及模拟地层水，其表达式如下：

$$f_e = \frac{W}{W_0} \times 100\% = \frac{cV \times \dfrac{50}{10}}{m \times \dfrac{10}{10+10}} \times 100\% \tag{3.7}$$

式中，f_e 为乳化力，%；W 为乳化层中的含油量，g；W_0 为加入油量，g；c 为从工作曲线上查得的乳化油浓度，g/L；V 为萃取液体积，L；m 为加入乳化剂和油的量，g。

2. 乳化力的测试方法

1) 原理

　　乳化剂与具有颜色的油类以一定的比例进行充分混合后，加到油田模拟地层水中，经过振荡,形成乳化液。静置分层后,用溶剂萃取乳化层中的油。测定萃取液的光密度值。从工作曲线找到对应的乳化油量,从而计算出乳化力的大小。

2)试剂

使用的试剂有石油醚[分析纯(60~90℃)]、基准油、蒸馏水(pH 为 7~8)、无水硫酸钠(分析纯)。

3)仪器和设备

(1)球形分液漏斗:容量为 100mL、250mL。

(2)移液管:容量为 1mL、2mL、5mL、10mL、20mL、25mL。

(3)容量瓶:容量为 25mL、50mL、100mL。

(4)刻度烧杯:容量为 50mL、100mL。

(5)搅拌器、转速表、紫外可见分光光度计(测量的波长范围为 190~600nm)、秒表。

4)基准油准备(参国标 SH/T 0580—94)

取 40mL 原油于分液漏斗中,加入 160mL 石油醚(以原油全部溶解为宜),加入 30mL 1:1 盐酸(调至 pH=2)左右。充分振荡并放气,静置约 2h 分层(若未分层,补加 5mL 盐酸摇几下),收集上层萃取液于锥形瓶中,加入适量无水硫酸钠(加到不再结块为止),加塞后放置 2h 以上脱水。然后用定性滤纸过滤上层萃取液,滤液收集于蒸馏瓶中,蒸馏回收大部分石油醚,醚蒸馏温度为 95℃±5℃,将剩余少量萃取液转入蒸发皿中,在 95℃±5℃的恒温水浴上将其蒸发近干后,趁热转入称量瓶中,放入 95℃±5℃烘箱中烘到恒重,即得到基准油。将其放入干燥器中待用。

5)测定

(1)绘制工作曲线图。

称取基准油 0.5g,称准至 0.01g(即误差在 1%以内,余同),用石油醚稀释至 100mL。分别吸取 0.5mL、1mL、1.5mL、2mL、2.5mL、3mL,各稀释至 50mL(或用石油醚将基准油准确稀释至质量浓度为 0mg/L、50mg/L、100mg/L、150mg/L、200mg/L、250mg/L、300mg/L 系列样品),利用紫外可见分光光度计扫描其最佳波长,扫描的吸收峰一般有两个,一个吸收峰的波长为 226~236nm,另一个为 255~261nm,根据"强度大、干扰小"的原则选取最佳波长,最终选取较短的波长为最佳波长(最佳波长范围为 226~236nm),然后测其光密度值,根据所测得的六个光密度值,与对应的油含量值绘制工作曲线。

(2)配制乳化液混合物。

在 50mL 烧杯中,称取基准油 10g,称准至 0.01g,称取 10%乳化剂 10g,称准至 0.01g,置于搅拌器中,启动搅拌。调节搅拌速度为 1400~1500r/min,搅拌时间为 30min。配制好的混合液待用。

(3)测定。

分别在三只分液漏斗中加入规定温度的模拟地层水 25mL,然后分别加入新配制的混合液 0.5g,称准至 0.01g,再补加模拟地层水至 50mL。振荡 200 次后,垂直置于支架上,静置 30s 放下水相及乳化层溶液 40mL 于烧杯中,搅拌均匀后,用移液管吸取 10mL,移入另一分液漏斗中,用石油醚约 100mL 分 3~5 次进行萃取,每次萃取震荡 100 次,萃取液收集于 100mL 容量瓶至刻度处。若发现萃取液较浑浊，可加入无水硫酸钠进行脱水，使溶液呈褐色透明液体。

　　在基准油的最佳波长处，以石油醚为参比液，对三只容量瓶内的萃取液进行光密度值测定(若所测得的光密度值超过标准曲线范围的，可将萃取液稀释一定倍数)，根据光密度值，从工作曲线找到对应的含量，通过下面公式可计算出乳化剂的乳化力。

　　(4)测定结果处理。

　　测试结果按照乳化力的定义式(3.7)进行计算。由同一分析人员进行的三次测定中，至少有两次测定结果之差不超过平均值的 5%。测试等级评价参见表 3.15。

表 3.15　乳化力对应等级

乳化力(f_e)	乳化力等级
81～100	一级/好
61～80	二级/较好
41～60	三级/中等
21～40	四级/较弱
0～20	五级/差

　　试验报告应包括以下内容：①完成测定样品所需的技术资料；②所用的试剂规格；③所得的结果及表示方法；④试验条件；⑤该方法未规定的任何操作及会影响结果的任何情况。

3. 测试条件优化

1)最佳波长

采用分光光度计对基准油或脱气脱水原油进行最佳波长扫描，图 3.8～图 3.10 分别是对克拉玛依油田、辽河油田、吉林油田三个油田原油的测定结果。

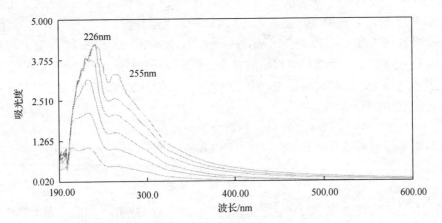

图 3.8　克拉玛依原油的最佳波长

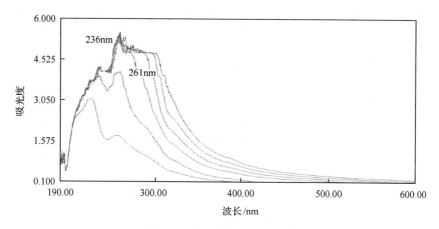

图 3.9　辽河原油的最佳波长

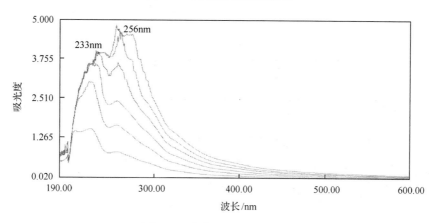

图 3.10　吉林原油的最佳波长

由图 3.6~图 3.8 可知，每种油都有两个波峰，一个波峰在 230nm 左右，另一个波峰在 260nm 左右，可根据标准曲线和"强度大、干扰小"的原则选取最佳波长。

2）绘制标准曲线

测定标准曲线时，油用石油醚稀释，配制浓度为 50mg/L、100mg/L、150mg/L、200mg/L、250mg/L、300mg/L 的基准油溶液，在最佳波长下测其吸光度值并绘制标准曲线，标准曲线如图 3.11~图 3.16 所示。

3）测量

在最佳波长处，以石油醚为参比液，对容量瓶内的萃取液进行光密度值测定。根据光密度值，从标准曲线找到对应的含油浓度 c_0，通过查得的值可计算出乳化层中油的质量 W，通过下面公式可计算出表面活性剂的乳化力。平行测定三次，以平行测定三次的算术平均值为测定结果。

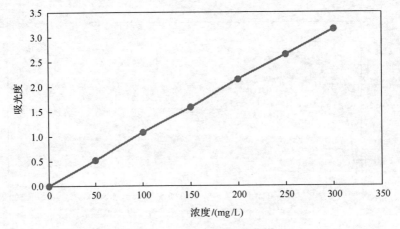

图 3.11　50mg/L 时标准曲线

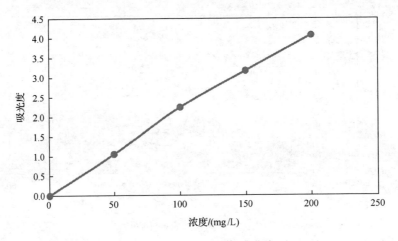

图 3.12　100mg/L 时标准曲线

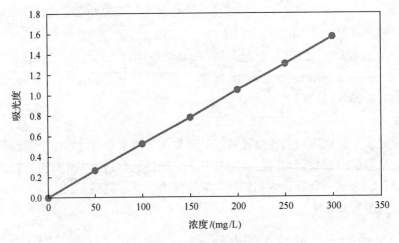

图 3.13　150mg/L 时标准曲线

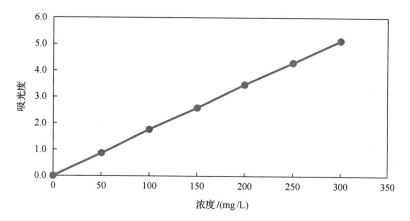

图 3.14　200mg/L 时标准曲线

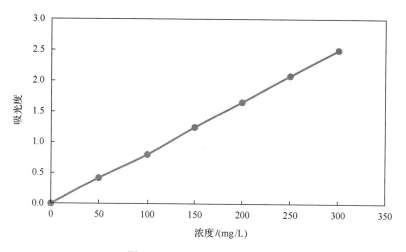

图 3.15　250mg/L 时标准曲线

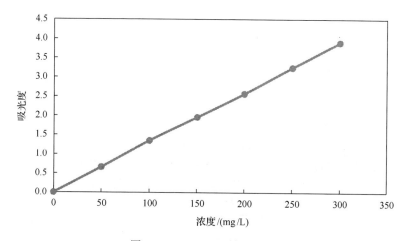

图 3.16　300mg/L 时标准曲线

3.4.2　乳化稳定性及测试方法

1. 乳化稳定性定义

为了研究化学复合驱的驱油规律,笔者基于乳化力和乳化稳定性两个概念提出了"乳化综合指数"[28]的概念,同时,建立了乳化力和乳化稳定性的两个指标的测试方法,所用仪器为自行设计发明[29-31]。

乳化稳定性 S_{te}(emulsion stability)是指一定量乳化剂使油水充分乳化后稳定存在时间的长短,用一定时间内乳液的分水率(S_w)来表示(一定时间内分水率越高说明稳定性越差):

$$S_{te} = 1 - S_w \tag{3.8}$$

乳化稳定性等级如表 3.16 所示。

表 3.16　乳化稳定性对应等级

分水率 S_w/(%/h)	乳化稳定性 S_{te}/%	稳定性等级	评价和优选
0~30	70~100	一级/好	
31~60	40~69	二级/较好	
61~80	20~39	三级/中等	1h 后分水率在 80%以下,稳定性在 20%以上的试剂乳化性能好
81~90	10~19	四级/较弱	
91~100	0~9	五级/差	

2. 乳化稳定性的测试方法

1)原理

采用不同类型的活性剂溶液,通过乳化仪作用,制备一系列乳化液,在一定的条件下,测定乳液的稳定性,最终与乳化力指标一起综合评价乳化剂的乳化能力。

2)主要仪器设备

(1)乳化稳定性评价仪(RHY-Ⅲ或 RHY-Ⅳ或全自动乳化稳定性评价仪 RHY-Ⅴ),中石油勘探开发研究院采收率所自行设计研制[28]。

(2)刻度试管(10mL、20mL)、烧杯(容量为 100mL)、恒温水浴(室温至 100℃,控温精度 0.5℃)、北京恒聚聚合物 HJ2500、油田用乳化剂及其他表面活性剂、原油(目标区块的脱气脱水原油)、地层模拟水(根据地层水成分组成配制)。

3)乳化稳定性评定

(1)乳液的配制。

分别称取配制 50g 乳液所需的油相和水相物质(油水质量比为 2∶8 或其他比例,称准至 0.01g)于烧杯中,按照质量含量为 0.1%~0.3%,称取一定量的乳化剂(称准至 0.01g),

置于易溶的一相中(或配制好浓度的乳化剂水溶液与油按照质量比混合)，将烧杯加盖以免蒸发，预热油相和水相至地层温度。

(2)乳液的制备。

打开乳化稳定性评价仪中的循环恒温水浴，调节温度为地层温度，预热 30min。打开阀门，将配制好的乳液混合相转移到乳化稳定性评价仪的乳化管中，关闭阀门。打开电动机，调节转速(一般为 40 档，约 2.0m/min)，乳化 1h 左右(以乳化均匀为标准)，或采用机械搅拌机打到一定转速搅拌混合液至形成均匀乳液为止。

(3)乳液稳定性的评定。

目测(定性评定)：在强烈照明的条件下，温度为 20~25℃，在一定的时间间隔(如 1h、2h、4h、6h、12h、24h)目测乳液所呈的现象，按表 3.17 进行评定，时间间隔应在报告中注明(原行业标准中方法)。

表 3.17　乳液稳定性评定

乳液稳定性/级	乳液所呈的现象
1	良好的均匀性
2	初步可见稠度不均
3	向不均匀清晰转化
4	初步可见相的分离
5	明显可见相的分离
6	两项完全分离

乳液分水率测定(定量评定)：在地层温度条件下，配制乳化剂浓度为 3000mg/L，(可根据油田实际添加聚合物，聚合物浓度一般为 1000mg/L)油水质量比为 2:8 的乳状液，待在乳化稳定性评价仪中形成稳定均一乳液后迅速转移至三支 10mL 刻度管中，并在地层温度条件下静置观察。在一定的时间间隔(如 5min、10min、30min、1h、2h、3h)读取分出水的体积量，计算分水率。用于比较不同乳化剂在同等条件下所形成乳状液的稳定性，以分水率 S_W(%)表示乳化稳定性能的优劣，计算公式如下：

$$S_W = \frac{V_1}{V_2} \times 100\% \tag{3.9}$$

式中，V_1 为乳状液静置分出水的量，mL；V_2 为乳状液中总含水量，mL。

试验记录应包括下列内容：①配制乳液时的温度；②乳液配方；③乳液稳定性的测试条件及结果；④该方法未规定的任何操作及会影响结果的任何情况。

3.4.3　乳化强度综合指数及评价方法

1. 乳化强度综合指数的定义

乳化强度综合指数是用于评价油田用乳化剂的乳化性能的综合指标。用 S_{ei}(emulsification strength index)表示，其等级划分如表 3.18 所示。乳化强度综合指数与乳化力 f_e 和乳化稳定性 S_{te}(%)关系如下：

$$S_{ei} = \sqrt{f_e S_{te}} \tag{3.10}$$

可以利用乳化强度综合指数的数值来确定乳化剂的综合乳化能力。

2. 乳化性能评价方法

通过上面对乳化力和乳化稳定性的定义和测试，可以计算乳化综合指数值。计算得到的结果与表中的等级进行对比，可以确定该乳化剂、驱油剂、渗吸剂等化学助剂或地层水等流体对原油的乳化能力。

表 3.18　乳化强度综合指数等级

S_{ei} 等级	强	较强	中等	弱	差
对应数值	75～100	50～75	30～50	15～30	0～15
评价	建议乳化强度综合指数在 30 以上认为乳化性能较好				

3. 测试条件优化

乳液制备是在自制的乳化稳定性评价仪[30,31]中进行，油水质量比为 2∶8，将油水混合液注入乳化稳定性评价仪的乳化管中，将速度档调到 40 档(约等于 2m/min)(表 3.19)位置，打开循环水浴待温度达到指定值(规定为地层温度，如 40℃)后，开启乳化管控制电机并计时。运行到生成稳定乳液时(最佳时间一般为 1h)关闭电机，此时乳液制备完成。

表 3.19　乳化稳定性评价仪运行速度与挡速对应表

	挡速				
	10 档	20 档	40 档	60 档	80 档
活塞运行速度/(m/min)	≈0.5	≈1.0	≈2.0	≈2.5	≈3.5

1)测定分水率

将制备好的乳液流到刻度试管中一定体积(如 10mL、20mL、30mL)，然后放入恒温箱中静置观察，并定时记录分水值、计算分水率，对比评价时一般取静置保温 1h 的分水率。

2)乳化稳定性计算

根据式(3.8)计算，可知分水率越高，乳化稳定性值越低，说明乳化剂的乳化稳定性越差。

3)实验参数的确定

(1)乳液制备方法的选择。

以自制的石油磺酸盐(DR-ZC85)、新疆油田用助剂(KPS)、复合型活性剂(SPDR-3)和石油磺酸盐为乳化剂，分别通过不同乳液制备方法，测定其分水率以便对比研究不同乳液制备方法对生成的乳液稳定性的影响，进而确定最佳的乳液制备方法。

该组实验对比研究了不同乳液制备方法(油水质量比为 2∶8，$t = 1h$)的效果。制成的乳状液，在 40℃静置保温，计算 1h 和 2h 时的分水率和乳化稳定性值，其结果如表 3.20 所示，并在表 3.20 中列出了不同制备方法下四种表面活性剂所对应的乳化稳定性值的次序。

表 3.20　不同乳液制备方法对应的乳化稳定性测定

乳液制备方法(测试条件)	乳化稳定性次序
手摇(100 次)	石油磺酸盐<DR-ZC85<KPS<SPDR-3
高速剪切(11000r/min，2min)	石油磺酸盐<KPS<SPDR-3<DR-ZC85
电动搅拌(500r/min，20min)	DR-ZC85<KPS<SPDR-3<石油磺酸盐
乳化稳定性评价仪乳化(2m/min，1h)	DR-ZC85<KPS<SPDR-3<石油磺酸盐

通过以上实验发现，采用乳化稳定性评价仪制备乳液和低速搅拌结果一致，而高速剪切和手摇法的结果与之不完全一致，现象也不同，认为高速剪切可能对分子结构发生破坏，而手摇乳化强度不够。

两种较低速的制备方法对乳化液具有相似的影响，所形成的乳化液稳定性亦优于高速剪切和手摇方式，这说明较低速条件下有利于形成稳定的乳化液，对分子结构的影响也不大，相比具有优越性，可见采用乳化稳定性评价仪进行乳液制备具有可行性，因此，该发明推荐使用乳化稳定性评价仪法制备乳液。

(2) 乳化稳定性评价仪运行时间的选择。

分别选用不同类型乳化剂，首先在中低挡速下乳化不同时间，结果如下。

① 两性离子表面活性剂。

该组实验乳化剂为自制磺酸盐阴离子型活性剂(LEYL)，乳化稳定性评价仪调 40 档，$t = 40℃$，油水质量比为 2∶8，40℃静置，记录一定时间的分水值，计算分水率如表 3.21 所示，结果可以看出乳化 1h 所形成乳状液稳定性最好。

该组实验利用乳化稳定性评价仪调 40 档，乳化剂质量浓度为 0.3%的十二烷基二甲基甜菜碱铵盐，油水比 2∶8，40℃保温，乳液制备时运行时间分别为 1h、2h、3h、4h，静止恒温分水结果如表 3.22 所示，可以看出乳化 1h，分水率随静止时间的延长增长最慢，乳状液稳定性最好。

表 3.21　LEYL 乳化稳定性评价实验结果

乳化时间/h	分水率/%											
	静置 5min	静置 10min	静置 20min	静置 30min	静置 45min	静置 60min	静置 90min	静置 120min	静置 150min	静置 180min	静置 240min	静置 300min
1	10.6	26.3	39.4	42.5	46.3	48.8	52.5	55.0	56.9	57.5	60.6	73.8
2	35.6	60.3	67.8	71.6	75.3	76.9	79.1	81.3	82.8	84.4	85.0	88.7
3	60.0	68.1	74.4	79.4	82.5	85.0	86.9	88.8	90.0	91.3	91.9	94.4
4	62.5	71.9	75.0	78.9	82.5	85.6	88.8	89.4	90.0	91.3	91.9	93.8

表 3.22　十二烷基二甲基甜菜碱铵盐乳化稳定性评价结果

乳化时间/h	分水率/%										
	静置 10min	静置 20min	静置 30min	静置 60min	静置 90min	静置 120min	静置 150min	静置 180min	静置 240min	静置 300min	静置 360min
1	34.7	42.1	45.3	46.8	48.4	49.5	50.5	51.6	52.6	53.7	55.8
2	50	61.4	63.6	69.3	71.6	72.2	72.7	73.9	76.1	77.3	77.8
3	47.6	52.9	54	54.5	55.6	56.6	57.7	58.2	59.3	60.3	61.4
4	51.4	53.7	56.6	60.6	61.7	62.9	64	64.6	65.7	67.4	68.6

②非离子表面活性剂。

用 0.3%的脂肪醇聚氧乙烯硫酸钠（AESN70）作乳化剂，油水质量比为 2∶8，40℃制备乳液，运行不同时间，结果如表 3.23 所示，可见乳化 1h，乳状液稳定性最好。

表 3.23　AESN70 乳化稳定性评价实验结果

乳化时间/h	分水率/%										
	静置 5min	静置 10min	静置 20min	静置 30min	静置 45min	静置 60min	静置 90min	静置 120min	静置 150min	静置 180min	静置 240min
1	13.8	23.8	43.1	53.1	56.9	58.1	60.6	63.8	65.6	66.9	68.1
2	21.3	47.5	65.6	70.6	73.8	75.6	78.1	80	81.9	82.5	83.1
3	31.9	61.3	70.6	76.9	79.4	81.9	83.1	84.4	86.3	86.3	88.1
4	29.4	48.8	59.4	71.3	73.1	74.4	76.9	76.9	76.9	77.5	78.8

③阳离子表面活性剂。

用乳化剂十二烷基三甲基氯化铵（1231，配制质量浓度为 0.3%），油水质量比为 2∶8，乳化稳定性评价仪调 40 档，40℃下制备乳液，乳液生成时间不同的分水结果如表 3.24 所示，可以看出乳化 1h，乳状液稳定性最好。

表 3.24　1231 乳化稳定性评价实验结果

乳化时间/h	分水率/%										
	静置 5min	静置 10min	静置 20min	静置 30min	静置 45min	静置 60min	静置 90min	静置 120min	静置 150min	静置 180min	静置 240min	静置 360min
1	28.6	49.8	56.7	60.4	63.6	66.7	69.9	72	74.2	75.2	76.8	83.7
2	39.8	55.4	60.5	63.5	65.5	68	71.6	73.6	75.1	76.1	78.6	84.7
3	42.8	58.5	68.5	72.6	74.6	76.6	79.6	80.6	81.7	82.7	83.7	88.7
4	25.1	41.9	62.5	69.6	72.8	74.7	77.3	79.9	81.2	81.8	82.5	88.9

④阴离子表面活性剂。

用乳化剂十二烷基苯磺酸钠（配制质量浓度为 0.3%），油水质量比为 2∶8，40℃下运行乳化稳定性评价仪（调 40 档），不同时间制备的乳液分水结果如表 3.25 所示。从表中结果可见，乳化 1h 的乳液稳定性最好。

表 3.25　十二烷基苯磺酸钠乳化稳定性评价实验结果

乳化时间/h	分水率/%								现象
	静置10min	静置20min	静置30min	静置45min	静置60min	静置90min	静置120min	静置240min	
1	46.8	61	63.8	69.5	70.9	75.2	76.6	83.7	产生泡沫
2	60.8	68.2	70.5	73.9	76.1	78.4	79.5	85.2	产生泡沫
3	46.1	62.5	68.4	72.4	73.7	76.3	78.9	85.5	产生泡沫
4	33.3	58.3	66	69.6	72.2	76.4	78.5	84.7	产生泡沫

通过以上几组实验证明，在制备乳液时乳化稳定性评价仪运行时间 1h 为最好。

(3) 乳化稳定性评价仪运行挡速的确定。

通过比较以上结果，针对同一实验条件下，选用十二烷基二甲基甜菜碱铵盐继续进行实验，采用不同乳化稳定性评价仪挡速，以便确定最佳的转速，实验结果如表 3.26 所示。

该组实验乳化剂为十二烷基二甲基甜菜碱铵盐，乳化($T = 40$℃、$t = 1$h，油水质量比为 2∶8)后 40℃静置，一定时间间隔计算分水率，由结果可以看出乳化稳定性评价仪调 40 挡时，乳液状态均匀、分水率较低，乳状液稳定性较好。

表 3.26　不同挡速对应十二烷基二甲基甜菜碱铵盐乳化稳定性评价实验结果

乳化稳定性评价仪挡速/档	运行速度/(m/min)	分水率/%						现象
		静置10min	静置20min	静置30min	静置60min	静置120min	静置240min	
10	0.5							部分未乳化
20	1	38	40	40.8	42.1	43.5	47.6	乳化不均匀
40	2	29	34.8	37.4	42.5	45.1	54.1	乳化均匀
60	2.5	35.9	48.1	48.9	53.9	57.5	64.7	乳化均匀
80	3.5	27.5	46.7	48.1	54.9	60.4	66.6	乳化均匀

选用 NP-10 活性剂(壬基酚聚氧乙烯醚类非离子型活性剂)，同一条件下，采用不同乳化稳定性评价仪转速，进一步进行实验，对应结果如表 3.27 所示，可见，20 挡和 40 挡时都能生成稳定乳液。

表 3.27　不同挡速对应 NP-10 乳化稳定性评价实验结果

乳化转速/档	分水率/%										现象
	静置5min	静置10min	静置20min	静置30min	静置60min	静置90min	静置120min	静置180min	静置240min	静置300min	
10	69.4	79.8	83.2	84.4	86.7	87.9	87.9	89	89.6	90.2	乳化不均匀
20	27.6	50	62.9	67.6	73.8	75.2	76.2	80	81.9	81.9	乳化均匀
40	38.8	50.5	65	69.9	75.7	77.7	79.1	81.6	83.5	84	乳化均匀

选用 1231(十二烷基三甲基氯化铵)活性剂，同一条件下，采用不同乳化稳定性评价仪转速，进一步进行实验，对应结果如表 3.28 所示。由表 3.28 结果可知，40 挡时制备的乳液最稳定。

表 3.28　不同挡速对应 1231 乳化稳定性评价实验结果

乳化挡速/档	分水率/%									
	静置 10min	静置 20min	静置 30min	静置 45min	静置 60min	静置 90min	静置 120min	静置 180min	静置 240min	静置 360min
20	51	59	61.5	65	68.5	70	72	75	77	78
40	49.8	55.6	58	61.5	65.4	67.3	69.3	72.2	76.1	76.1
60	52.3	60	62.5	66.2	70.8	72.8	74.9	77.4	80	80
80	39	57.6	61.9	67.8	73.7	74.6	76.3	79.7	81.4	83.1

选用 HABS-15(重烷基苯磺酸盐)活性剂,同一条件下,采用不同乳化稳定性评价仪转速,进一步进行实验,对应结果如表 3.29 所示。

表 3.29　不同挡速对应 HABS-15 乳化稳定性评价实验结果

乳化挡速/档	分水率/%												现象
	静置 10min	静置 20min	静置 30min	静置 45min	静置 60min	静置 90min	静置 120min	静置 180min	静置 240min	静置 300min	静置 360min	静置 420min	
20													乳化不均匀
40	39.1	44.2	46.3	54.5	66.4	73	78.7	80.8	83.3	84.4	85.4	88.5	乳化均匀
60	53.8	61.2	67	73.8	79.1	82.3	85.4	86.5	88.6	89.7	89.7	92.3	乳化均匀
80	35.9	74.8	84.5	88.1	89.1	91.2	93.8	94.3	94.8	95.3	96.3	97.3	乳化均匀

实验过程中肉眼观察发现以 0.5m/min 和 1.0m/min 速度乳化时,试样分别出现部分未乳化和乳化不均匀现象,故排除此乳化速度,同等条件下,随着乳化稳定性评价仪速度的增加,乳化稳定性出现先增大后减小的现象,其中以 2.0m/min 的中档速度乳化效果最好。

综上可以看出,选用乳化稳定性评价仪 40 档,运行 1h,乳化较为可行,在该条件下,乳化速度为 1.8~2.0m/min(即乳化管中活塞的运行速度相当于 1.8~2.0m/min,乳化稳定性评价仪筛网运移速度约为 108~120m/h),这一距离与现场实际井距相近,所以,用乳化稳定性评价仪制备乳液时选用的转速为 40 档作为最佳使用参数。

3.5　洗油效率实验方法

3.5.1　背景

国内外的研究表明,化学复合驱作为三次采油提高采收率的最重要技术,具有大幅度提高采收率的优势。三元复合驱现在开始推广应用、二元复合驱逐步进入矿场先导性试验阶段。国内各大石油公司在推广三元复合驱的同时,也部署了多项二元复合驱的试验区块,亟须评价筛选出性能优异的复合驱用表面活性剂,但以往的标准方法中缺少对洗油效率的单独评价,特别是缺少一种快速可行的定量评价方法。

化学复合驱中用表面活性剂的洗油性能及驱油效率与复合驱矿场试验的效果直接相关。洗油效率是影响驱油效果的关键因素,通常指驱油用化学剂在波及范围内剥离岩石表面原油的能力,也是室内研究、筛选和评价驱油剂综合性能和效果的关键指标。这个指标与渗吸效果不同，驱油剂与岩石孔隙表面的原油接触面越大，洗油效果就越能够反应驱油效果。因此，在测试时需要搅拌或振荡以保证驱油剂与砂表的原油充分接触。以往方法和标准中评定驱油剂驱油效果采用岩心的物理模拟实验测定驱油效率，每一组实验耗时较长，均质性好的贝雷岩心(美国进口)的价格高，不便于对比实验。

由于目前国内各个石油公司的企业和行业标准中缺少洗油效率指标，各油田采用各自不同的评价指标和评价方法，进行复合驱用表面活性剂的筛选，缺乏统一规范的快速评定方法，导致进入现场试验的表面活性剂产品质量控制难以奏效，严重制约了矿场试验的推广和顺利开展。而国内学者姚同玉[32]在研究论文中报道了通过测定驱油剂的接触角、界面张力和黏附功计算出黏附功因子、界面张力因子和润湿性因子等参数来间接评价驱油剂的洗油效率，这种方法创造性地提出了三个因子的概念，但作为评价驱油剂洗油效率的方法，测试相对较麻烦，属于间接方法，也未对效率等级进行系统摸索和规定。

基于以上生产需求和缺少直接测试方法的不足，笔者[33]建立一种与实际储层具有良好模拟性的洗油效率室内快速评定方法，为油田用驱油剂的评价和筛选提供了具有系统性和规范性的科学方法。所采用的仪器也是自行开发设计的洗油效率测试刻度瓶[34]与洗油效率测试装置[35]。

3.5.2　洗油效率评价方法

1. 油砂的制备

(1)普通模拟油砂。

将筛分过的不同等级的石英砂(如 40～80 目)、80～100 目、100～120 目，120~160 目、大于 160 目与目标区块的原油或模拟油(用中性煤油调制成黏度相同的原油)以质量比为 7∶1 的比案例混合均匀后，在烘箱中保温老化 48h 以上待用。

(2)天然油砂。

将从油田取回的岩样用研磨机研磨到相应粒径范围后，用清洗岩心的试剂和方法洗净、烘干，配成油砂并饱和油、老化后待用。

2. 洗油实验

用天平称取老化后的油砂 m_0(15.00g 左右)置于刻度脱油瓶中，注入洗油液至洗油瓶上部某一刻度处(留 2～3mL 的有刻度空间)，放入已调到目标区块油层温度的洗油效率测试装置中，调节数显控制面板上的磁力搅拌旋钮确定速度，每 1h 记录一次析油量，最终记录 5h 析出油的总体积量 V_1(mL)。

3. 洗油效率计算

称取的油砂质量 m_0 中含有的原油质量为 $m_0/8$，制备油砂用的原油或模拟油密度(油层温度下)为 d，洗出的油的质量为 $V_1 d$，则洗油效率：

$$\eta = \frac{8dV_1}{m_0} \times 100\% \tag{3.11}$$

式中，η 为洗油效率，%；d 为原油的密度，g/cm^3；V_1 为洗出油的体积，mL；m_0 为油砂的质量，g。

洗油效率的测试，同一个样品可进行 2~3 组，取其平均值作为最终测试结果。也可同时测试出地层水的洗油效率值，驱油剂或渗吸剂的洗油结果可与水的进行比较，分析各种剂相对于模拟水效果的优劣。

洗油效率评价方法为驱油剂和渗吸剂洗油功能的测试提供了方法，为驱油剂和渗吸剂的筛选和效果评价提供了一种指标参考。笔者使用自行发明的刻度瓶和测试装置，测试过程连续进行，减少了操作误差，结果可靠性高。测试过程在搅拌和地层温度下连续进行，具有一定模拟性。该方法同时可进行多组实验，测试总时间较原来（缺少仪器时）分步进行缩短了，适用于分析评价。

3.6　渗吸剂的综合筛选方法

3.6.1　背景

化学渗吸主要适用于渗透率在 50mD 以下的油藏，因为这样的油藏注水开发更困难。该类油藏往往孔隙小、喉道细、水驱后原油分布分散、油藏润湿性复杂，如果有裂缝发育对水驱还有一定有利的效果。但目前我国低渗油田采收率平均仍在 23%左右，还处在相当低的水平。水驱是常规补充能量的办法，可低渗透油藏往往难以形成有效的驱替压力，那么，水驱采油经过几十年的实践后已进入瓶颈阶段。超前注水、井网加密、体积压裂、水平井等技术的应用，对提高低渗透油藏采收率都起到了一定作用。但总体提高采收率幅度都不大，以上技术本质上依赖于水的自发渗吸面积的扩大来实现提高采收率，但没有考虑油藏岩石润湿性的复杂性和剩余油的分布问题。如何利用化学渗吸剂减小毛管阻力进而降低水的注入压力、启动残余油和剩余油，是国内外学者已经开始并不断深入开展研究的课题。由于国际油价的波动及环境指标和经济指标的限制，对渗吸剂品质和用量的要求越来越苛刻。因此，如何综合考虑一种品质优异渗吸剂自身属性的同时，又能兼顾它的功能性和孔喉匹配性即成为筛选剂的标准和依据。基于以上考虑，笔者提出并建立了渗吸剂的筛选方法。

3.6.2　渗吸剂筛选步骤

渗吸剂的综合筛选方法是在室内大量实验基础上建立的，目前笔者申请了国家发明专利[24]。该筛选方法中，乳化稳定性、黏度、界面张力等指标测定参见企业标准《二元驱用表面活性剂技术规范》（Q/SY1583—2013）中的相关内容和操作步骤及规定的仪器进行，乳化性能评价采用自行建立的方法[28]。渗透力测试方法需要进行毛管力举升测试和刻度管渗透速度测试[21]，然后进行计算。黏附功降低值中接触角的测试按照行业标准《油藏岩石润湿性测定》[36]进行，采用 OCA20 视频接触角测量仪（Dataphysics 公司）。饱和油的实验方法参照行业标准方法《复合驱油体系性能测试方法》（SY/T6424—2000）进行，油砂渗吸效率的测试方法及使用仪器参见专利"一种渗吸剂渗吸采油效果的定量评价方法"[1]。具体实验步骤如下。

1. 静态渗吸效率(油砂)测试与评价

对筛选的低渗透油藏渗吸剂进行油砂渗吸效果测试,常常是初步筛选的第一步工作:若筛选普通低渗透油藏(渗透率在 50mD 以下)用渗吸剂,则选择对细油砂的 24h 渗吸效率高于 60% 的渗吸剂;若筛选特低渗透油藏(渗透率低于 10mD 的)用渗吸剂,则选择对细油砂的 24h 渗吸效率高于 50% 的渗吸剂;若筛选超低渗透油藏(渗透率低于 1mD 的)用渗吸剂,则选择对细油砂的 24h 渗吸效率高于 30% 的渗吸剂。

2. 黏附功降低值

第一步是初步优化的基础,筛选出的样品应进行黏附功降低值测试,无论对于哪种渗透率的油藏,都需选择黏附功降低值大于零的样品(对应接触角 90°时的理论黏附功与渗吸剂作用后的黏附功之差),再进行下面的性能评价。

3. 黏度与乳化稳定性的测试

对已筛选的样品进行乳化稳定性和黏度测试,看一看是否符合预期要求:若筛选普通低渗透油藏用渗吸剂,推荐选择乳化稳定性 $S_{te} \leqslant 30\%$ 的样品;若筛选特低渗透油藏用渗吸剂,则选择乳化稳定性 $S_{te} \leqslant 20\%$ 的样品;若筛选超低渗透油藏用渗吸剂,则选择乳化稳定性 $S_{te} \leqslant 15\%$ 的样品;若筛选普通低渗透稀油油藏用渗吸剂,推荐选择渗吸剂体系黏度 $\mu \leqslant 1.0 \mathrm{mPa \cdot s}$ 的样品;若筛选特低渗透油藏用渗吸剂,则选择黏度 $\mu \leqslant 0.80 \mathrm{mPa \cdot s}$ 的样品;若筛选超低渗透油藏用渗吸剂,则选择黏度 $\mu \leqslant 0.80 \mathrm{mPa \cdot s}$ 的样品。

4. 渗透力值

经过以上性能测试的样品还应进行渗透力测试,推荐选择渗透力值高于低渗透油藏地层模拟水渗透力值的 2 倍以上,至少应是模拟水渗透力值 1.2 倍以上的样品。得到的渗吸剂,完成了对低渗透油藏渗吸剂的初步筛选(图 3.17)。

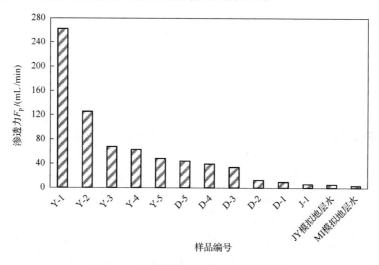

图 3.17　不同渗吸剂与模拟水的渗透力

　　通过测试低渗透油藏渗吸剂的油砂渗吸效果、黏附功降低值、乳化稳定性、黏度和渗透力，并对各个参数进行具体限定，筛选可得到一种适用于普通低渗透油藏、特低渗透油藏或超低渗透油藏，特别适用于特低渗透油藏和超低渗透油藏的渗吸剂。具体测试实验通过以下实案例加以说明。

　　(1)黏度与渗吸效率相关性实验。

　　采用长庆马岭原油和模拟地层水，长庆马岭原油密度为 0.8512g/cm³，模拟地层水矿化度为 23562mg/L，实验温度为 50℃，细油砂为 100～160 目石英砂与原油以质量比为 7∶1 配制而成的。岩心采用露头低渗岩心，其中，气测渗透率为 11～50mD 代表普通低渗透油藏、气测渗透率为 1.0～10mD 代表特低渗透油藏、气测渗透率为 0.1～0.99mD 代表超低渗透油藏。岩心饱和油采用姬塬原油，实验用水和配制渗吸剂用水采用相应的模拟地层水(姬塬原油密度为 0.8025g/cm³，模拟地层水矿化度为 13919mg/L)。

　　通过对不同黏度的渗吸剂进行筛选，使筛选的渗吸剂更适用于低渗油藏。为了验证渗吸剂的黏度与油砂静态渗吸效率的相关性，进行不同黏度的渗吸剂的油砂静态渗吸效率，结果如图 3.18 所示，渗吸剂的黏度高于 1.20mPa·s 时渗吸效率基本低于 30%，而黏度低于 0.80mPa·s 的渗吸效率绝大多数高于 40%。仅从这个因素看，渗吸剂的黏度越低对特低或超低渗透的油藏来说渗吸效率越高，可以认为是低渗油藏中细小孔隙和微细的孔喉限制了分子的作用空间，小分子的回旋余地更大、发挥作用的可能更大。

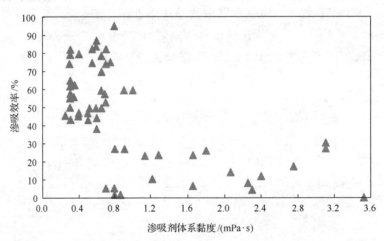

图 3.18　黏度与渗吸效率的关系

　　(2)乳化稳定性与渗吸效率相关性实验

　　通过对渗吸剂乳化指标的限定，使筛选的渗吸剂更适用于低渗透油藏。为了验证渗吸剂的乳化指标与油砂静态渗吸效率的相关性，进行了不同乳化指标渗吸剂的油砂静态渗吸效率实验测试，结果如图 3.19 所示。从图 3.19 结果看出，对于特低、超低渗透油藏对应的细油砂实验来说，渗吸剂乳化稳定性强(50%)的渗吸效率都低于 20%、渗吸效果差，这主要是因为乳液分子团大、作用空间大，在低渗透油藏的细小孔隙中传递和扩散相对慢，因此作用效果较差。但乳化稳定性指标在 15% 以下时，会出现较高的渗吸效率(渗吸效率 40% 以上)，进一步验证了渗吸剂的乳化稳定性对渗吸效率有影响，同时，该指标也受到储层孔喉的制约，不同储层需要有一个合适的乳化稳定性数值区间。

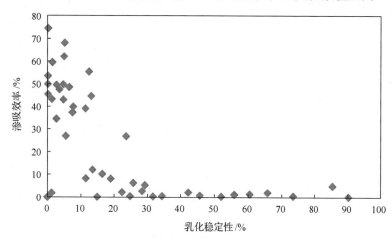

图 3.19　乳化稳定性与渗吸效率的关系

(3)黏附功降低与渗吸剂优选

如果要使原油从岩石矿物表面脱离，即黏附在岩石表面的原油的接触角由 140°以上的角度降到 90°以下，因此，渗吸剂水溶液应能够使油在矿物表面的接触角最少变化到 90°以下，将降为 90°角时对应的黏附功值定义为理论黏附功值，即启动油膜需要做的最小功值要满足这个要求。如果稳定角度变得越小，实际做功能力越大，说明该剂剥离油膜的能力越强，将理论黏附功与渗吸剂作用后平衡接触角对应的黏附功之差($\Delta W = W_{理论} - W_{实际}$)定义为黏附功降低值，详细分析见 4.4。

通过对渗吸剂黏附功降低值的测定，使筛选的渗吸剂更适用于低渗透油藏。不同渗吸剂的对油湿矿片的接触角和黏附功降低结果如表 3.30 和表 3.31 所示。实验结果说明，渗吸剂 J-1、J-2、J-5、J-6 平衡接触角都低于 90°，其中剥离油膜时间最短的是 J-2。J-3 和 J-4 作用时间长，20min 之内没有能够剥离油膜。由表 3.30 可知，渗吸剂使原油脱离矿片表面的时间短、剥离油膜能力越强，渗吸效果越好。

表 3.30　六种渗吸剂剥离油膜时间

渗吸剂编号	记录值				对比
	测定时间/s	左角/(°)	右角/(°)	平均/(°)	剥离时间/s	
J-1	10:28	139.8	139.8	139.8		
	10:30	80.1	80.1	80.1	154	第三
	10:31	34.8	34.8	34.8		
J-2	9:28	156.7	156.7	156.7	80	第一
	9:29	20.8	20.8	20.8		
J-3	10:49	153.6	153.6	153.6		
	10:59	137.7	137.7	137.7	30min 未剥离	较慢
	11:09	131.9	131.9	131.9		
	11:19	128.7	128.7	128.7		

续表

渗吸剂编号	记录值				对比
	测定时间/s	左角/(°)	右角/(°)	平均/(°)	剥离时间/s
J-4	10:00	144.3	144.3	144.3	20min 未剥离	较慢
	10:10	144.1	144.1	144.1		
	10:20	141.1	141.1	141.1		
J-5	16:42	121.97	121.97	121.97	138	第二
	16:44	28.4	28.4	28.4		
J-6	10:34	162.0	162.0	162.0	588	第四
	10:43	24.5	24.5	24.5		

表 3.31　渗吸剂的黏附功降低值

渗吸编号	界面张力/(mN/m)	稳定接触角 θ_{11}/(°)	$\cos\theta_{11}$	$W_{实际}$/mJ	$W_{理论}$/mJ	ΔW/mJ	模拟地层水的黏附功降低值/mJ
J-1	0.00927	34.8	0.8211	1.66×10^{-3}	9.27×10^{-3}	7.61×10^{-3}	水作用后的黏附功 $W_{实际}=\sigma_水(1-\cos\theta_1)=$
J-2	0.054	20.8	0.9348	3.52×10^{-3}	54.0×10^{-3}	50.48×10^{-3}	$0.877(1-\cos165°)=0.877\times1.966$
J-3	0.0203	128.7	−0.6252	32.99×10^{-3}	20.3×10^{-3}	-12.69×10^{-3}	$=1.724$mJ，理论黏附功为
J-4	0.0196	141.1	−0.7782	34.95×10^{-3}	19.6×10^{-3}	-5.35×10^{-3}	$0.877(1-\cos90°)=0.877$mJ，可见，水的实际黏附功比理论黏附功值大很多，黏
J-5	0.00633	28.4	0.8796	7.62×10^{-4}	6.33×10^{-3}	5.57×10^{-3}	附功降低值小于0，没能启动油膜，说明
J-6	0.00639	24.5	0.9099	5.76×10^{-4}	6.39×10^{-3}	5.81×10^{-3}	水启动油膜的作用理论上没有可能

渗吸剂 J-4 和 J-3 分别用了 20min 和 30min 使接触角变化微小、实际做功比理论做功值小，黏附功降低值小于零，这两种渗吸剂的实际做功值低于理论需要的最低值，因此在较长时间内没能够启动油膜，渗吸能力弱。而剥离油膜用时较短的 J-2、J-5 和 J-1 三种渗吸剂在较短时间内就使得接触角降低较大，由 160°～180°的钝角变为小于 60°的锐角，黏附功降低得多，低于理论黏附功值的幅度越大、启动油膜的速度就越快。因此，黏附功降低值可以很好地定量描述一种渗吸剂对油湿表面原油的作用效果。

(4) 渗透力与渗吸效率相关性实验

通过对渗吸剂渗透力的限定，使筛选的渗吸剂更适用于油藏孔喉的要求。为了验证渗吸剂的渗透力与油砂静态渗吸效率的相关性，对不同渗透力渗吸剂的静态渗吸效率进行了测试，结果表 3.32 所示。由于该指标没有参考依据，于是将渗吸剂的测试结果与模拟水的比较，再根据对应的岩心渗吸结果，判断出渗吸剂渗透力值在哪个区域更适合于低渗岩心。以模拟水的结果为参考标准，表 3.32 中对应的渗吸剂比模拟水的渗透力强的，基本都可以启动残余油，但速度有的快有的慢，渗透力（F_p）在模拟地层水的两倍以上时，发现其渗吸速度就快些，特别是渗吸剂 Y-1 用于特低渗透和超低渗透岩心的静态渗吸效果均好，用于动态渗吸的效果也较好。因此，说明一种渗吸剂的其他指标达到要求后，渗透力指标的考核对于选择高效渗吸剂是非常必要的。

表 3.32　不同渗透力剂的渗吸效率对比

渗吸剂编号	渗透力比	岩心 K_a/mD	岩心静态渗吸效率/%	JY 油砂(100～160 目)渗吸效率/%
ML 模拟地层水	1	油砂(100～160 目)	6.52	0.091
D-2	<2	13.46	23.81	4.16
D-3	≥2	17.2	35.8	49.58
Y-4	>2	2.05	3.4	53.60
Y-3	>2	11.3	52.4	53.32
Y-1	>2	0.36	65.7	74.50
Y-2	>2	3.47	54.4	70.02

(5)界面张力与渗吸效率相关性实验

通过对渗吸剂界面张力的评价,使得到的渗吸剂更适用于低渗透油藏。为了验证渗吸剂界面张力与油砂静态渗吸效率的相关性,测试了不同界面张力的渗吸剂的油砂静态渗吸效率,结果如图 3.20 所示。从图 3.20 中可以看出,界面张力值处于 0.1mN/m 以下的区域渗吸效率超过 50%的居多,界面张力大于 1.0mN/m 的油砂渗吸效率多处于 10%以下。所以界面张力太高对特低和超低渗透油藏中偏油湿部位来说渗吸效果不好,实验数据中渗吸效率高于 70%的渗吸剂的界面张力值在超低水平(1×10^{-3}mN/m)以下的也不多。仅从界面张力因素考虑,界面张力低于 0.1mN/m 以下可以达到很好的渗吸效果,同时从图 3.20 可以看出还有其他因素对渗吸效率有影响。

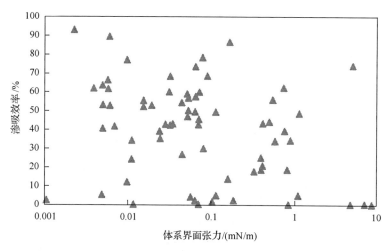

图 3.20　界面张力与渗吸效率的关系

综合考察渗吸剂以上性能指标后,所得到的渗吸剂应更加适合特低渗透、超低渗透甚至致密油藏的孔喉特征,同时也从热力学上进一步验证了黏附功降低的物理意义。以上优化方法所包含的内容将为渗吸剂的室内优化和筛选提供重要依据。今后,随着对渗吸剂分子构性关系研究的深入,有可能提出分子设计的新思路。

参 考 文 献

[1] 张翼, 马德胜, 刘化龙, 等. 一种渗吸剂渗吸采油效果的定量评价方法: ZL201310451182. X[P]. 2016-1-18.

[2] Pickell J J, Swanson B F, Hickman W B. Application of air-mercury and oil-air capillary pressure data in the study of pore structure and fluid distribution[J]. SPE Journal, 1966, 6(1): 55-61.

[3] 向阳. 储层岩石的渗吸及其应用[J]. 新疆石油地质, 1984, 5(4): 46-56.

[4] 唐海, 钟家峻, 吕栋梁. 一种渗吸实验装置: ZL201320013060. 8[P]. 2013-7-3.

[5] 张星, 毕义泉, 汪庐山, 等. 用于测量多孔介质渗吸的装置: ZL201210034713. 0[P]. 2014-8-21.

[6] 杨柳, 葛洪魁, 申颖浩. 一种便携式自发渗吸测量装置: CN201410328112. X[P]. 2014-10-15.

[7] 李曹维. 一种同向自发渗吸实验用岩心固定装置: ZL 2015200316485[P]. 2015-5-6.

[8] 杨洪魁, 秦小仑. 一种表征页岩储层压裂液吸收能力的方法: 2015104346075[P]. 2015-7-22.

[9] 任凯, 葛洪魁, 宿帅 . 基质渗吸测量装置: CN105043956A[P]. 2015-11-11.

[10] 宿帅, 申颖浩, 杨志辉. 一种岩心自发渗吸驱油测量装置: CN201620417109. X[P]. 2016-10-5.

[11] 杨志辉, 申颖浩, 宿帅. 一种页岩高温渗吸测量装置: CN201620417106. 6[P]. 2016-12-28.

[12] 杨志辉, 申颖浩, 宿帅. 一种页岩加围压渗吸测量装置: CN201620417107. 0[P]. 2016-12-28.

[13] 彭昱强. 用于自发渗吸驱油的新型自吸仪: CN200820109215. 7[P]. 2009-5-6.

[14] 张翼, 韩大匡, 马德胜, 等. 一种自吸仪: ZL201120075849. 7 [P]. 2011-11-09.

[15] 张翼, 樊剑, 朱友益, 等. 渗吸仪: ZL201110252824. 4[P]. 2014-7-23.

[16] 谢坤, 卢祥国. 一种低渗裂缝性油藏渗吸采油实验方法: 2015101149408[P]. 2015-5-27.

[17] 鹿腾. 一种毛细管微观渗吸驱油图像采集装置及其工作方法: CN201510032387. 3[P]. 2015-4-8.

[18] 张翼, 马德胜, 吴康云, 等. 一种实验用油砂制备装置: ZL201420343137. 2[P]. 2014-11-26.

[19] 杨林, 杨振宇, 田艳春, 等. 复合驱油体系性能测试方法(SY/T6424-2000)[S]. 2000-12-25.

[20] 张翼, 马德胜, 刘庆杰, 等. 一种适用于低渗透油藏的渗吸采油方法及实验室模拟方法: ZL201510127551. 9[P]. 2017-5-18.

[21] 张翼, 蔡红岩, 范家屹, 等. 渗吸剂性能的评价装置及方法: ZL201510092985. X[P]. 2017.

[22] 张翼, 蔡红岩, 范家屹, 等. 渗吸剂性能的评价装置: ZL201520120972. 4[P]. 2015-8-5.

[23] 张翼, 蔡红岩, 韩大匡, 等. 一种低渗透油藏渗吸剂的筛选方法. ZL201510446093. 5[P]. 2016-11-16.

[24] 张翼, 蔡红岩, 陈健, 等. 渗吸剂渗透速度测试仪: ZL201620336455. 5[P]. 2017-1-4.

[25] Zhang Y, Li J G, Zhang W L, et al . Effects of Imbibing agents on oil displacement efficiency by imbibitions[C]//2016 International Conference on Applied Mechanics, Mechanical and Materials Engineering (AMMME). Pennsylvannia: DEStech Publications, 2016: 398-403.

[26] 张翼, 王德虎, 林庆霞, 等. 油田用乳化剂乳化力的测定方法改进[J]. 化工进展, 2012, 31(8): 1852-1856.

[27] 朱友益, 张翼, 袁红, 等. 油田用乳化剂综合乳化性能的定量评价方法: ZL 01110069553. 9[P]. 2013-2-4.

[28] 张翼, 朱友益, 武劼, 等. 全自动原油乳化稳定性评价仪: ZL201210265482. 4[P]. 2014-7- 4.

[29] 张翼, 朱友益, 武劼, 等. 原油乳化稳定性评价仪: ZL201220370725. 6[P]. 2014-7-4.

[30] 袁红, 朱友益, 武劼, 等. 一种油水乳化实验装置: ZL201020122999. 4[P]. 2010-11-03.

[31] 姚同玉. 油层润湿性反转及其对渗流过程的影响[D]. 北京: 中国科学院研究生院博士学位论文, 2005.

[32] 张翼, 朱友益, 马德胜, 等. 一种驱油剂洗油效果的室内快速评定方法: ZL201310451177. 9[P]. 2016-3-9.

[33] 张翼, 蔡红岩, 范家屹, 等. 洗油效率测试用刻度瓶: ZL201420333886. 7[P]. 2014-11-26.

[34] 张翼, 蔡红岩, 李建国, 等. 一种洗油效率测试装置: ZL201420369085. 6[P]. 2014-11-26.

[35] 曲岩涛, 王建, 李奋, 等. 油藏岩石润湿性测定(SY/T 5153-2007)[S]. 2007-10-8.

第4章 渗吸剂属性与渗吸效果

渗吸剂中的主剂多为表面活性剂，表面活性剂的基本属性包括表界面性质、水溶液黏度、乳化稳定性和乳化力、润湿性、渗透与扩散性等性质。不同类型的表面活性剂及其体系对于同一种油水及岩心的作用方式和机理也不尽一致。因此，对于不同区块油藏条件应进行系统的设计和筛选。如果每一种属性与渗吸效率之间存在某种联系或变化趋势，那么在筛选过程中就有规律可循，室内实验就方便得多。近年来，笔者针对特低、超低渗透油藏开展了大量室内优化渗吸剂实验，探索渗吸剂各个属性与渗吸效率的相关性及其变化趋势，利用矩阵和多元分析理论及相关计算机软件对大量实验数据进行统计与分析，明确渗吸剂界面活性、乳化性能、黏性和渗透性四种属性与渗吸效率的相关性及变化趋势，建立了多因素相关性结构方程。

根据自发渗吸的定义，毛细管力越大，自发渗吸作用就越强。二次采油及三次采油所采用的驱替液多为水或化学剂水溶液，因此，油藏如果是水湿性的，毛细管力会自发吸入驱替液排驱油，毛细管力与渗吸作用方向一致。而对于油湿油藏或部分润湿的油湿部位，毛细管力则是驱油的阻力，不会自发吸入水排驱油。此时，就需要人为改变岩石表面性质使毛细管力降低或消失，这种外界因素影响下的渗吸称为强制渗吸或动态渗吸。图 4.1 和图 4.2 分别为毛细管力(P_c)三种形式及其举升力大小随半径的变化示意图。大多油藏原始状态为混合润湿或部分润湿，经过长时间水驱后，水湿部位的油在毛细管力和自发渗吸作用下，大部分以可动油方式被采出，而残余油和剩余油多存在于毛细管末端或无回路的死角，以及油湿部位或驱油剂不可及的边缘。

从表 4.1 的估算结果看，相对于高渗透油藏，普通低渗透、特低渗透到超低渗透油藏的平均孔隙半径分别缩小了 2～70 倍，对应的毛细管力增加了 2～70 倍。因此，对于特低渗透和超低渗透油藏来说，无论储层润湿状态如何，毛细管力的作用都不可忽视。同时，渗吸剂在毛细管的作用下受岩石、原油、水质等影响，与其自身的属性有密切关系。

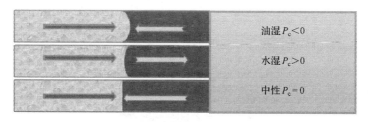

图 4.1 储层中几种典型润湿性与毛细管力状态

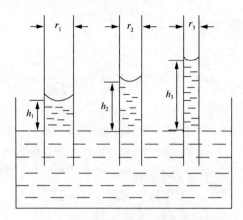

图 4.2　毛细管半径与毛细管力举升能力

表 4.1　低渗透储层与高渗透储层毛细管力大小比较

	渗透率						
	超低渗透(0.1~1.0mD)		特低渗透(1.0~10mD)		普通低渗透(10~50mD)		高渗透(≥500mD)
孔隙半径/μm	0.1	0.5	0.6	1.5	1.6	3.5	≥7.0
毛细管力倍数	70	14	11.7	4.7	4.4	2	1

注：毛细管倍数的数据是以 P_c=1MPa 为参照计算出来的。

渗吸剂溶液的界面张力、乳化性能、黏度和渗透性等是渗吸剂的基本属性，在渗吸采油过程中渗吸剂各个属性的综合作用使其表现出很好的渗吸效果。以往针对中高渗透油藏中所使用驱油剂的评价，室内往往依据毛管数(低张力)理论进行评价和筛选。认为化学剂的界面张力如果达到超低(10^{-3}mN/m)，该化学剂就会有很好的驱油效果，这一评价方法在油田开发，特别化学复合驱技术中应用了 30 多年，一直发挥着重要作用。但实际用于驱油的化学剂往往不是单一的活性剂，而是一个由活性剂(S)、聚合物(P)和碱(A)几种物质中的 1~3 种成分构成的具有洗油和波及功能的体系。因此，近年来笔者提出通过测试驱油剂体系的乳化综合指数对其驱油效果进行预测的新标准[1-3]。但对于化学渗吸剂的评价和筛选则缺少理论依据和相应的实验方法，通过对渗吸效率影响因素及渗吸规律的研究发现，渗吸剂体系自身属性中界面张力、乳化稳定性、黏度比和渗透力比对渗吸效率有显著影响，笔者通过室内物理模拟实验得到了单因素的影响趋势，但在特、超低渗透油藏的岩石孔隙中四个参数又都存在最佳值域，这一点通过多元回归分析得到了确认。这里重点介绍如何利用多元回归分析方法确定渗吸剂体系的界面张力、乳化稳定性、渗透性及黏度等指标在特低渗透油藏中的最佳值域及各因素与渗吸效率相关性方程的建立。

4.1　实　验　条　件

4.1.1　实验材料

选用 ML 油田和 YT 油田作为特低渗透油田、JY 油田和 QX 油田作为超低渗透油田的代表,取得相应油田的原油和模拟地层水,油水性质见表 4.2。实验中各项指标的测定分别在地层温度下进行。实验采用的岩心为油田天然岩心和购买的露头岩心,渗透率为 0.1～10.0mD,尺寸为 10cm×2.5cm。接触角测试用石英矿片经过油湿处理,采用的化学试剂均为分析纯试剂(国药集团化学试剂有限公司生产)。采用的石油磺酸盐分别由胜利油田和中国石油大庆炼化分公司生产,其他表面活性剂也是购买的商业品。

表 4.2 实验采用的油水性质

	油田			
	ML	YT	JY	QX
原油密度/(g/cm)	0.8506	0.8405	0.8025	0.7989
地层水矿化度/(mg/L)	23895.7	21039.9	13919.7	96926.8
地层温度/℃	50	63.5	70	80

4.1.2 实验仪器与方法

实验中界面张力测试采用美国生产的旋转滴界面张力仪(TEXAS 500),润湿性评价参照行业标"油藏岩石润湿性测定(SY/T5153—1999)"方法,采用 OCA20 视频接触角测量仪(Dataphysics 公司),黏度测试采用 BROOKFIELD DV-Ⅱ+Pro 型黏度计(美国 Brookfield 公司),洗油效率和乳化稳定性指标的测试方法参照企业标准"二元驱用表面活性剂技术规范(Q/SY1583—2013)"中的相关内容进行的[4],乳化稳定性评价采用笔者自行研制的乳化稳定性评价仪(RHY-Ⅲ或 RHY-Ⅳ型)进行[5],驱油实验方法参照行业标准方法"复合驱油体系性能测试方法(SY/T6424—2000)"进行。静态渗吸实验及采用仪器参见国家专利技术及自行研制的常压和耐压渗吸仪[6]。油砂配制采用 100～160 目石英砂与脱水原油按照砂油质量比为 7∶1 的比例配制并在地层温度下老化 1 周以上,使用油砂制备装置[7]为自行研制的专利产品。渗吸效率测试实验参见专利技术"一种渗吸剂渗吸采油效果的定量评价方法"[8]。

渗吸效率计算参见 3.1.2 节式(3.2),渗透力计算参见 3.3.3 节。

4.2 界面张力与渗吸效果

界面张力作为驱油剂筛选和评价的最重要参数,一直是人们最关注的指标,但在渗吸过程中究竟起多大作用仍需进一步进行探究。可以通过下面的统计结果给出一些判断(表 4.3)。ML 油田和 JY 油田两种模拟地层水与相应储层原油在 50℃和 70℃地层温度下的界面张力分别为 8.397mN/m 和 0.877mN/m。

由表 4.3 可知,所有渗吸剂体系的渗吸效果均高于模拟地层水,这与水具有携带和驱动功能而缺少洗油及润湿性反转等功能有关。当界面张力在同一级别时,乳化稳定性值低于 10%的渗吸剂,乳化性能相对稍高的,渗吸效果更好些,但乳化稳定性值升高到 11%以上时渗吸效果则下降。所以,对于特低渗透和超低渗透储层的渗吸过程来说,渗吸剂界面张力不一定要达到超低,应有乳化能力但乳化稳定性需要相对弱一些。界面张力越低会使渗吸剂降低原油毛细管阻力的能力越强、洗油能力越强,对油湿部位的油膜启动有利。需要根据储层的润湿性和注入性的要求来定。图 4.3 是界面张力与渗吸效率的实验结果,渗吸效率高于 40%以上对应的界面张力值的分布也非常宽,在 0.1～1.2mN/m 时都有分布,说明界面张力的因素不是唯一的决定因素。

表 4.3　不同张力的渗吸剂与模拟地层水的渗吸效果比较

样品号	界面张力/(mN/m)	乳化稳定性 S_{te}/%	16h 渗吸效率/%
JY 油田水	8.77×10^{-1}	0	1.02
Y-1	1.11×10^{-2}	2.67	34.45
Y-2	1.17×10^{-2}	5.09	62.07
Y-3	2.39×10^{-2}	2.89	34.59
Y-4	2.84×10^{-2}	11.36	39.21
Y-5	3.89×10^{-3}	4.82	43.09

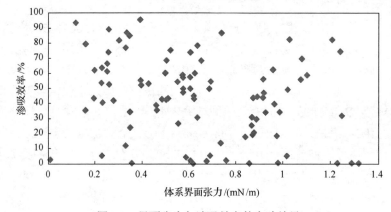

图 4.3　界面张力与渗吸效率的实验结果

利用 TX-500C 型旋转滴界面张力仪,测量了 278 组渗吸剂体系和长庆原油之间的界面张力,步骤如下。

(1)用模拟地层水配制不同类型、不同浓度的表面活性剂溶液。

(2)用注射器在测试管中注入渗吸剂溶液,滴入目标油藏的原油。

(3)将测试管安装在界面张力仪中,在地层温度条件下恒温 30min。

(4)在 5000r/min 的转速条件下,测定不同时间下油水的界面张力值,直到界面张力值基本恒定时测量结束,通常为 120min。

在 50℃的实验条件下,用 TX-500C 型旋转滴界面张力仪测量了不同实验条件下,表面活性剂溶液与原油之间的界面张力。图 4.4 为某两种渗吸剂体系与长庆原油的动态界面张力。从图 4.4 可以看出,随着实验时间的延长,受表面活性物质的扩散作用和吸附作用的影响,表面活性剂溶液与原油之间的界面张力先急剧下降至最低界面张力,随后略微升高,界面张力随时间的推移而逐渐达到一个稳定值[9]。

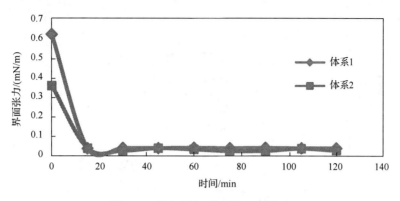

图 4.4　不同时刻下体系的界面张力

测量 278 组渗吸剂体系的界面张力，不同界面张力的渗吸剂体系对油砂的脱油效果如图 4.5 所示。

从实验结果来看，各个渗吸剂体系的油水界面张力和油砂渗吸采收率之间并没有明确的函数关系，但可以看出，随着油砂渗吸采收率的升高，其渗吸剂体系的油水界面张力值总体呈现下降趋势，即在低渗透油藏中，低界面张力的渗吸剂体系有利于渗吸作用的发挥，低界面张力对渗吸采收率的提高有积极的促进作用。

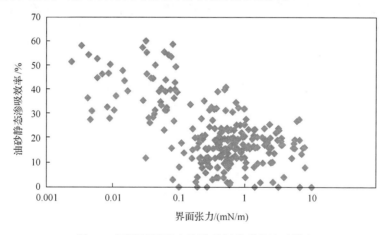

图 4.5　不同界面张力的渗吸剂体系的渗吸效率

图 4.6 为油砂静态渗吸采收率较差的体系对应的油水界面张力，可以看出，绝大多数渗吸剂体系与原油的界面张力值大于 1.0×10^{-1}mN/m，依据毛细管力是静态渗吸采油的动力的理论，界面张力越高越有利于采收率的提高，但较高的界面张力减弱了原油的变形能力，减少了可动油的数量，不利于渗吸采收率的提高。因此，对渗吸采油来说，存在一个合理的界面张力区间，使渗吸剂体系既可以充分发挥毛细管力的促进作用，又有利于促使原油发生形变，促进油湿部位残余油的启动，在这一个界面张力的"平衡点"上，渗吸采油才能取得更好的效果。

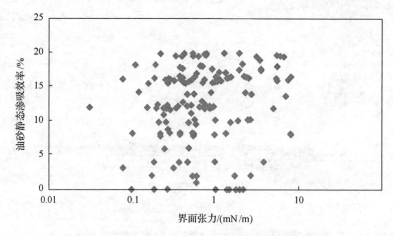

图 4.6　油砂静态渗吸效率较差体系的油水界面张力

图 4.7 为油砂静态渗吸效率为中的体系的油水界面张力值,从图中可以看出渗吸剂体系与原油的界面张力值为 $1.0 \times 10^{-3} \sim 1.0 \times 10^{-1}$ mN/m。在这些实验结果中,油水的低界面张力和超低界面张力均存在,但渗吸效率并不理想,所以低界面张力并不是体系提高渗吸采油效果的充分条件,在对渗吸剂体系的优选过程中,应考虑储层润湿性及渗吸剂对岩石表面润湿性的调整能力,在细小孔喉中应兼顾乳化能力、渗透力等方面的性能综合评定。

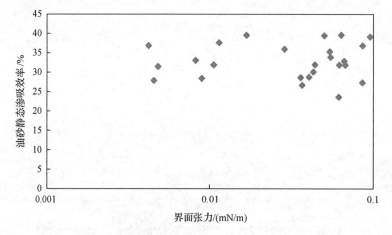

图 4.7　油砂静态渗吸效率为中体系的界面张力

图 4.8 为油砂静态渗吸效率结果较好的界面张力与采收率之间的关系,可以看出,油砂渗吸效率达到 40% 以上的渗吸剂体系,其界面张力值均小于 1.0×10^{-1} mN/m。因此,对于长庆低渗透油藏,界面张力小于 1.0×10^{-1} mN/m 为长庆低渗透油藏渗吸剂选择的必要条件,即渗吸效率的提高,需要界面张力达到 10^{-2} mN/m 级别,但并非所有达到低或超低界面张力的体系,其渗吸效率都能达到理想效果。因此,在筛选渗吸剂体系的过程中,界面张力并不是唯一衡量的标准和要求。

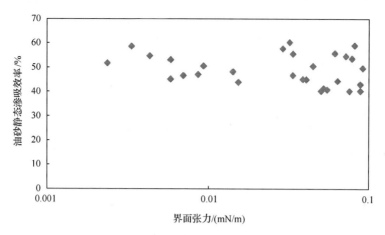

图 4.8　油砂静态渗吸效率大于 40%体系的界面张力

在 29 种渗吸效率大于 40%的渗吸剂体系里，其中有 20 种体系的油水界面张力为 10^{-2}mN/m 级别，9 种体系的油水界面张力为 10^{-3}mN/m 级别。因此长庆低渗透油藏利用渗吸作用进行采油时，对渗吸剂体系界面张力的要求是：渗吸体系不一定要求具有超低界面张力，但要低于一定值即可[9]。

多孔介质中的原油受到宏观及微观等多种力的共同作用，在利用渗吸机理进行采油的过程中，渗吸剂体系与原油之间的低油水界面张力是体系优选的一个必要条件，从油砂静态渗吸实验和界面张力测量实验的结果来看，为得到一个适合目标油藏的渗吸剂体系，在根据油水界面张力值选出低界面张力体系之后，还需进一步考察渗吸剂体系其他方面的指标，对渗吸剂体系进行综合评价和优选。

4.3　黏度与乳化性能

4.3.1　黏度的影响

对于常规的水驱油藏开发而言，驱油体系的黏弹性与驱油效率之间有密切的关系，注入水中聚合物的加入不仅改善油水流度比，抑制驱替相指进，而且可以提高驱油体系的波及系数，从而对采收率有非常重要的正向影响。对于低渗透油藏渗吸采油来说，采收率也对原油黏度的大小极为敏感，原油的黏度越低，其流动性越好，对渗吸采收率的提高越有利[9]，也有人认为适度增黏对渗吸有利。渗吸剂体系的黏度对渗吸效果具有什么样的影响，体系的黏度值对于渗吸效率而言在低渗的小喉道中也是一个较为敏感的因素，需要通过实验来进一步分析和研究。

在 50℃地层温度条件下，用 NDJ-5S 型数字式旋转黏度计对 278 组渗吸剂体系进行黏度测量实验。结合各渗吸剂体系的油砂静态渗吸采收率实验的结果，来探讨渗吸剂体系黏度对渗吸采收率的影响。结合渗吸剂体系油砂静态渗吸实验结果，探寻体系黏度对静态渗吸采收率的影响规律[10,11]。实验分两部分进行：一部分为未添加聚合物的渗吸剂体系，一部分为添加聚合物的体系。两种渗吸剂体系的黏度与渗吸采收率之间的关系呈现不同的形式[10,11]。

1. 未添加聚合物的渗吸剂体系

未添加聚合物的渗吸剂体系是由表面活性剂和地层水配制而成。经黏度测量实验得出，该类型的渗吸剂体系黏度为 0.1～1mPa·s，体系的黏度与渗吸效果没有明确的函数关系。油砂静态渗吸采收率大于 40%所对应的渗吸的体系，其黏度值大都集中在 0.6～0.9mPa·s，如图 4.9 所示。说明此时孔喉对黏度较低的渗吸剂体系在较宽泛的范围内尚未达到限制的上限，但仍然存在最佳值区间。

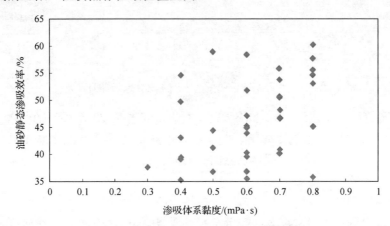

图 4.9　不同渗吸效率条件下的渗吸体系黏度

2. 添加聚合物的渗吸剂体系

添加聚合物的渗吸剂体系组成如表 4.4 所示。根据油砂静态渗吸采收率实验筛选出渗吸采收率大于 40%的单剂体系，加上不同质量分数的聚合物，形成不同类型渗吸剂的复配体系。

表 4.4　添加聚合物复配系统的黏度和油砂静态渗吸效率

表面活性剂	聚合物浓度/(mg/L)	渗吸剂体系黏度/(mPa·s)	油砂静态渗吸采收率/%
	50	1.0	45.22
	100	1.5	50.48
YF11	150	1.8	51.83
	200	2.0	55.59
	250	3.1	40.88
	50	0.8	45.16
	100	1.5	46.61
YF12	150	1.7	53.78
	200	2.8	53.07
	250	3.4	49.72

　　选取阴离子表面活性剂与不同质量分数的阴离子聚合物进行复配(表4.4),形成五种不同黏度的渗吸剂体系进行油砂静态渗吸实验,以此来进行体系黏度对采收率的影响的分析。以下为两种类型的阴离子与不同质量分数的聚合物形成的体系,其油砂静态渗吸采收率随黏度的变化如图4.10所示[9]。

　　两种表面活性剂添加相同聚合物的两个渗吸剂体系(图 4.10),其静态渗吸采收率都呈现一个先增加后减小的趋势,说明其渗吸效果与体系黏度并不呈正比。对于用 YF11 和 YF12 进行复配的渗吸剂体系,在一定黏度区间内,渗吸采收率随渗吸体系黏度的增加而增大,当其黏度分别为 2.0mPa·s 和 1.7mPa·s 时渗吸采收率出现最高值,之后随着体系黏度的继续增加渗吸采收率下降。因此,对于添加聚合物的渗吸剂体系来说,存在着一个合适的黏度范围,可使渗吸效果达到最佳,这与体系与喉道的匹配性密切相关。

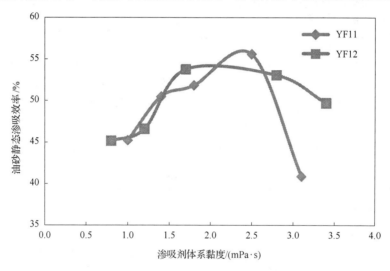

图 4.10　渗吸剂体系黏度与油砂静态渗吸效率关系

　　对比图 4.9 和图 4.10 的结果也可以看出,体系中增加聚合物使体系黏度增大了,同时渗吸效率也存在最佳值,但与未添加聚合物的体系相比最佳渗吸效率值有所下降。说明此时体系黏度增加不利于提高渗吸效率。

4.3.2　乳化性能的影响

　　大多三元驱的驱油剂因有碱、聚合物和活性剂的存在,采出液有较强的乳化作用使得油水难以分离,因此,乳化问题也引起了广大采油工作者的关注。乳化作用在驱油过程中存在有利的一面,但在采出液的处理上又存在不利的一方面。对乳化作用、乳化性能和乳化机理研究都还需要深入,目前,仍缺少统一的评价方法或标准,关于乳化作用的主要影响因素及其对采收率的影响还需要大量实验的验证和深入探索。渗吸剂是否具有乳化作用,乳化作用强弱对渗吸作用有无影响及其影响大小,对用于岩心静态和动态渗吸实验的多组渗吸剂的乳化性能采用自行制订的方法进行了抽样评价,乳化评价等级规定如表 4.5 所示,渗吸剂的乳化性能实验测定结果如表 4.6 所示(具体方法参见第 3 章相关内容)[10-12]。

表 4.5　乳化强度综合指数等级评价

对应值区间	$S_{ei}/\%$
强——一级	100～75
较强——二级	74～50
中等——三级	49～28
弱——四级	27～14
差——五级	13.0～0

　　对于中、高渗透油藏而言，界面张力指标是传统的驱油剂筛选和评价最重要参数，认为界面张力值达到超低(10^{-3}mN/m)驱油效率就会达到理想的效果。近年来许多研究结果表明，驱油剂的乳化性能与驱油效果具有较好的一致性，乳化性能好一般在中高渗透油藏中驱油效率也好，那么，对于特低、超低渗透储层来说，是否也是这样呢？由于特低渗透和超低渗透储层多为细砂、堆积紧密、黏土含量较高、喉道和孔隙细小，对水、酸、碱甚至盐都有较高的敏感性，因此，对驱油剂的要求就更高、筛选起来更困难。目前，还未见统一的渗吸剂综合筛选和评价方法，主要原因可能是对渗吸规律和影响因素的研究还不够深入。笔者采用自行建立的方法[10,11]和自行研制的仪器[5]对渗吸剂的乳化性能进行了实验研究，结果如表 4.6 所示。

表 4.6　渗吸剂体系的黏度、乳化稳定性与渗吸效率结果

序号	界面张力/(mN/m)	JY 油田油水黏度/(mPa·s)	ML 油田油水黏度/(mPa·s)	乳化稳定性/%	渗吸效率/%
1	0.1130	0.30	0.50	0.45	43.39
2	0.1030	0.80	0.90	5.48	26.96
3	0.1140	0.80	0.85	11.18	1.84
4	0.3242	0.60	0.65	3.46	49.91
5	0.0152	0.70	0.80	0.56	74.50
6	0.0191	0.70	0.30	12.54	55.34
7	0.0341	0.25	0.40	0.22	45.37
8	0.0452	0.70	0.70	0.94	53.32
9	0.0518	0.70	0.80	29.14	5.37
10	0.0523	0.30	0.50	0.34	49.66
11	0.0691	0.40	0.50	0.78	47.46
12	0.0712	3.10	5.30	23.55	26.99
13	0.0886	0.90	0.60	8.58	37.74
14	0.0964	0.90	1.00	1.57	59.57

　　表 4.6 是对应特低渗透或超低渗透的储层用细油砂(100～160 目)的渗吸效率实验结果。当界面张力值在同一等级(如表 4.6 前 4 个样品的界面张力为 10^{-1} 数量级，后 10 个样品的界面张力为 10^{-2} 数量级)，渗吸剂的黏度高于 0.80mPa·s 时，乳化稳定性值相对越高，渗吸效率值就越低；而体系黏度低于 0.80mPa·s，乳化稳定性值在 8%以下时，渗吸

效率都高于 40%。表明在特低渗透和超低渗透储层中，孔隙细小对渗吸剂乳化稳定性和黏度都有限制性要求。体系黏度过大、乳化性强不利于渗吸剂的渗透和扩散，因而渗吸效果不太理想，因此，这两个指标应作为渗吸剂适应性考核的必备指标。

从图 4.11 中的六组油砂渗吸实验结果可以看出，在体系有沉淀或浑浊的前四组实验中，沉淀越多渗吸效果相对越差，而溶液透明的后两组实验效果较好。所以，对于特低渗透和超低渗透储层，除了储层孔喉自身发育的自然条件外，渗吸剂的性质对渗吸效果也有较大影响。因此，对于超低渗透储层，在选择和优化渗吸剂时，体系有无沉淀也是考虑因素。渗吸剂体系浊度高或沉淀多，可能堵塞喉道和孔隙，不便于渗吸剂的渗透和扩散，油珠运移受阻，因此降低了洗油和脱油的效果、影响油珠聚并和运移。

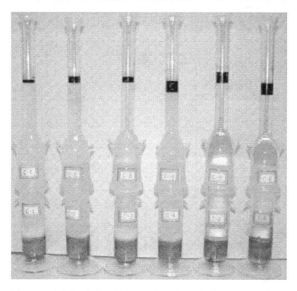

图 4.11　乳化对渗吸效果影响的六组实验（文后附彩图）

表 4.7 中的 T 系列渗吸剂中除了 T-8 为阳离子型、T-9 为两性离子型之外，主剂均为阴离子型，阴离子型系列中共有五种组合。从表 4.7 中的数据结果可见，当乳化综合指数处于一级、二级档次（乳化性能最强和较强）时，渗吸采收率基本在 35%以下，没有最好的渗吸效果；当乳化综合指数为三级（乳化性中等）时，有 57.1%(4/7)的岩心渗吸采收率高于 40%，渗吸效果达到最好的程度；当乳化性能处于四级、五级的（乳化性最弱）档次时，渗吸效果最好的占 22.2%(2/9)、较好的占 44.4%(4/9)，即效果在较好以上的占 66.6%。渗吸效果中等的占 22.2%(2/9)，不好的（渗吸采收率小于 10%）占 11.1%(1/9)。通过对上面的 21 组岩心动静态渗吸结果对比可以看出，乳化性太强对渗吸过程不一定有利，而乳化性能在中等以下的却是大多渗吸效果较好，因此，在渗吸剂的筛选中应综合考虑岩心渗透率、润湿性和渗吸剂的乳化性能等各方面因素[8]。

表 4.7　渗吸剂的乳化性能测定

渗吸剂编号	岩心号	1h 分水率/%	S_{te}/%	f_e/%	S_{ei}/%	乳化性能等级	R_{im}/%
T-1	R-11	41.7	58.3	7.3	20.6	四级	39.22
T-2	1-2	67.0	33.0	83.8	52.6	二级	31.66
T-3	BD-3	78.8	21.2	74.5	39.7	三级	45.48
	A3-3						57.14
T-4	HD-1	55.3	44.7	38.2	41.3	三级	31.35
T-5	BD-1	99.0	1.0	2.6	1.6	五级	22.53
T-6	BL28	77.8	22.2	81.5	42.5	三级	24.49
T-7	BL27	41.5	58.5	1.5	9.4	五级	24.97
	D-1-4-6						44.19
T-8	BL29	100.0	0.0	89.4	0.0	五级	0.00
T-9	W-5	79.3	20.7	98.6	45.2	三级	15.33
T-10	R-3	14.1	85.9	92.7	89.2	一级	27.54
T-11	R-13	98.3	1.7	94.9	12.7	五级	29.88
T-12	1-8	98.3	1.7	5.6	3.1	五级	31.79
T-13	R-16	51.6	48.4	90.1	66.0	二级	30.54
T-14	2-8	99.5	0.5	6.8	1.8	五级	35.93
T-1	BL29	29.6	70.4	98.6	83.3	一级	0.32
T-16	R-4	83.0	17.0	86.0	38.2	三级	43.08
T-17	BLC-1	82.7	17.3	84.8	38.3	三级	53.60
T-19	BLD-1	100.0	0.0	2.67	0.0	五级	54.90

4.4　黏附功与接触角

4.4.1　黏附功变化

黏附功既能够反映岩石与原油的结合程度，也是要启动岩石表面上原油需要克服的功，油湿岩石表面的原油黏滞力越大，其黏附功就越大。黏附功与驱替流体界面张力有关，与岩石表面的润湿性有关。渗吸剂水溶液作用到油湿岩石表面上的油时，如果渗吸剂的界面张力越低，就越容易使接触角变小直至剥离，这个过程黏附功在降低。在渗吸剂溶液中，原油在岩石表面由一个较大的接触角变为一个较小的接触角时原油才可以启动。理论上当接触角降低到 90°时刚好可以启动原油，此时对应的黏附功为启动原油的理论黏附功。实际上，能够启动原油的渗吸剂对应的稳定接触角都低于 90°，将渗吸剂作用后稳定接触角所对应的黏附功称为实际黏附功。理论黏附功(W_0)与实际黏附功(W_1)之差定义为黏附功降低值[式(4.2)]。实际黏附功值越低，说明渗吸剂实际做功越大，黏附功降低值越大，渗吸剂启动油膜的能力越强、渗吸效果越好。如果实际黏附功大于理论黏附功，即黏附功降低值小于 0，说明原油没有被启动，该化学剂或其他添加剂启动原油能力很弱或不具有启动原油能力。

黏附功公式为

$$W = \sigma(1 - \cos\theta) \tag{4.1}$$

式中，W 为流体对岩石表面的黏附功；σ 为油、水、岩石体系中油水界面张力；θ_0 为在地层水中油在湿岩石表面稳定状态的接触角大于 90°的角；θ_1 为在渗吸剂水溶液中油在油湿岩石表面稳定状态的接触角，如果渗吸剂对油膜剥离有作用，则 θ 一般小于 90°。

黏附功降低值为

$$\begin{aligned} \Delta W = W_0 - W_1 &= \sigma_0(1 - \cos\theta_0) - \sigma_1(1 - \cos\theta_1) \\ &= \sigma_0(1 - \cos90°) - \sigma_1(1 - \cos\theta_1) \\ &= \sigma_0 - \sigma_1(1 - \cos\theta_1) \end{aligned} \tag{4.2}$$

式中，ΔW 为黏附功降低值，即理论黏附功与实际黏附功之差值，mJ；W_0 为理论黏附功，mJ；W_1 为是实际黏附功值，mJ；σ_0 对应的接触角为 90°，σ_1 对应的接触角为 θ_1。为了简化测试过程，当 σ_0 与 σ_1 一致时，相当于渗吸剂作用从原油刚刚启动到作用结束过程中的两个状态的体系界面张力没有变化。此时，黏附功降低可近似看成 $\Delta W = \sigma_1\cos\theta_1$。为了更直观地分析黏附功变化幅度，用黏附功降低值占理论黏附功的百分比来表示黏附功降低的相对幅度。

实验采用视频接触角测量仪进行接触角测量(图 4.12)，采用同样油湿的石英矿片和长庆某区块的原油，用相同的模拟地层水配制渗吸剂样品，八种渗吸剂的平衡接触角、黏附功降低值及渗吸效果见表 4.8，启动油膜过程如图 4.13 所示。脱油过程中接触角由一个较大的钝角变为小于 90°的锐角，接触角变化明显，非常清楚地模拟了岩石表面原油被剥离的动态过程。从表 4.8 中可知，黏附功降低相对幅度越大，渗吸效率越高，说明一定时间内渗吸剂发挥作用越快，渗吸剂在短时间内改善岩石表面的润湿性效率较高，剥离油膜的能力越强，渗吸效果越好。当黏附功降低值为小于零的值，即黏附功变大时，理论上不会启动油膜。实验中发现此时渗吸效率为 0，确实没有渗吸发生。

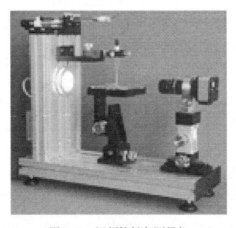

图 4.12　视频接触角测量仪

表 4.8　几种渗吸剂的相对黏附功降低幅度

渗吸剂	界面张力/(mN/m)	平衡接触角 θ_1/(°)	$\cos\theta_1$	$W_{实}$(实际黏附功)/mJ	$W_{理}$(理论黏附功)/mJ	ΔW/mJ	黏附功降低幅度 $(\Delta W/W_{理})\times100$/%	油砂渗吸效率/%
M-1	0.0159	33.35	0.8353	2.62×10^{-3}	15.9×10^{-3}	13.28×10^{-3}	83.52	58.07
M-2	0.0288	49.40	0.6508	10.06×10^{-3}	28.8×10^{-3}	8.74×10^{-3}	30.35	54.69
M-3	0.0152	75.10	0.2571	11.29×10^{-3}	15.2×10^{-3}	3.91×10^{-3}	25.72	43.95
M-4	0.0628	75.25	0.2546	46.81×10^{-3}	62.8×10^{-3}	15.99×10^{-3}	25.46	31.81
M-5	0.5028	72.30	0.3040	34.99×10^{-3}	50.28×10^{-2}	15.29×10^{-2}	30.41	40.34
M-6	0.0444	89.80	3.49×10^{-3}	44.24×10^{-3}	44.40×10^{-3}	0.16×10^{-3}	0.36	12.17
M-7	9.14	138.4	-0.7478	15.97	9.14	-6.83	-74.78	0

图 4.13　原油在油湿矿片表面被化学剂剥离的过程

　　总之，化学渗吸剂可以改变油湿油藏或油湿部位的润湿性，进而改变毛细管力方向、变毛细管阻力为动力、启动残余油，提高原油的采收率。尤其在特低渗透和超低渗透油藏中，细小喉道和孔隙更加限制了分子的运动和运移，各种力相互作用更加敏感。因此，要求渗吸剂不仅具有很好的润湿性调整能力（哪怕是暂时性的），还需要具有降低黏附功及提高黏附功降低幅度的能力。黏附功降低幅度越大，渗吸效率理论上就越高，实验也验证了这点，但不是所有渗吸剂或其他化学剂都是如此，在优化时需要重点考虑这个参数，这是一个衡量和评价渗吸剂作用效果的重要指标[12,13]。

4.4.2　接触角

　　润湿性是指一种液体在一种固体表面铺展的能力或倾向性。油藏岩石的润湿性是储层岩石的一个基本物性参数，是储层岩石与地层流体之间长时间相互作用的综合表现。在低渗透油藏渗吸采油中，岩石润湿性是影响渗吸能力的重要因素。根据毛细管力计算公式可知，润湿性决定着毛细管力的大小和方向，从而决定着渗吸过程能否发生及渗吸作用力强度的大小。由于表面活性剂具有特殊的分子结构，使其在降低界面张力的同时，还具备改变岩石润湿性的能力，储层岩石润湿性的改变会引起渗吸采油生产特征的改变，因此在渗吸采油中得到了科研人员的重视。

　　实验针对亲油地层设计，将石英载玻片处理成油湿状态，用来模拟静态渗吸实验中油砂的润湿状态。再用 OCA20 型视频光学接触角测量仪测定表面活性剂处理前后矿片表面的静态接触角。利用表面活性剂处理前后石英载玻片表面润湿性的变化情况研究表面活性剂对润湿性的影响。

　　将规格为 20mm×10mm×1mm 的石英载玻片用二氯甲基苯基硅烷和石油醚进行处

理，使其形成油湿表面。处理方法如下。

（1）用质量分数为 1%的盐酸浸泡载玻片 4h 以上，然后用注入水冲洗至中性，烘干。

（2）把二氯甲基苯基硅烷（DCMPS）和石油醚（60°～90°）以体积比 1：2 进行混合。将载玻片浸入其中，于通风橱中室温放置 24h，采用水洗的方法排除残余液体，放入烘箱内，在 105℃条件下干燥 4h。

（3）测定了载玻片与模拟地层水之间的接触角为 115.25°，如图 4-14（a）所示。说明此处理方法可以将载玻片表面变为亲油表面。

考察待测液体对接触角的影响，再增加步骤（4）和（5）。

（4）用待测渗吸剂溶液浸泡 2d，烘干。

（5）再用 OCA 视频光学接触角测量仪测定载玻片与模拟地层水之间的静态接触角，如图 4.14（b）和图 4.14（c）所示。

利用 OCA 视频光学接触角测量仪测量了 278 组渗吸剂体系处理后的油湿载玻片与长庆模拟地层水之间的接触角，以此来确定渗吸剂体系对油湿性玻璃片润湿性的改善程度和效果，根据接触角的变化情况来判断渗吸剂体系的润湿反转能力。

表 4.9 中列出了四种渗吸剂在五种不同浓度下的接触角和油砂静态采收率。图 4.14 分别是浓度为 0.1%、0.2%、0.3%的渗吸剂 YL-1 处理过的油湿载玻片与模拟地层水之间的接触角。

表 4.9　不同浓度渗吸剂的接触角与渗吸效率值

		表面活性剂浓度				
		0.10%	0.15%	0.20%	0.25%	0.30%
YL-1	接触角/(°)	89.35	69.95	54.25	50.25	49.40
	油砂静态渗吸效率/%	28.76	30.11	44.93	50.65	57.77
YL-2	接触角/(°)	76.75	62.35	56.55	49.33	40.55
	油砂静态渗吸效率/%	27.84	36.79	31.49	36.79	54.69
FL-1	接触角/(°)	75.70	58.95	47.60	45.66	43.85
	油砂静态渗吸效率/%	27.32	31.85	39.60	43.55	48.21
YL-3	接触角/(°)	67.75	50.34	40.75	41.30	38.40
	油砂静态渗吸效率/%	16.06	24.78	31.90	35.28	39.54

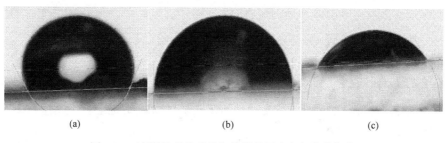

　　　　（a）　　　　　　　　　　　（b）　　　　　　　　　　　（c）

图 4.14　油湿处理的矿片与模拟地层水之间的接触角

实验结果表明，这些渗吸剂均不同程度地改变了载玻片的润湿性。未做化学渗吸剂处理时，载玻片与水的接触角大于 90°，说明二氯甲基苯基硅烷和石油醚处理过的载玻片亲油。渗吸剂处理过的载玻片与水的接触角均低于不做任何处理的载玻片与水的接触角，且接触角均小于 90°，说明渗吸剂对油湿载玻片的润湿性具有润湿反转作用。随着表面活性剂浓度的增加，载玻片与模拟地层水的接触角逐渐减小，说明其对载玻片的润湿性改变程度逐渐增大，与之相对应的油砂静态采收率的值也相应地增加。

图 4.15 为 278 种渗吸剂体系的油砂静态渗吸采收率与测得的接触角之间的关系图，从图中可以看出，接触角与油砂静态渗吸采收率之间不能严格地呈现出一种函数关系，但随着接触角的降低，油砂静态渗吸采收率整体上呈现增高的趋势，说明渗吸剂对油藏的润湿性起到了润湿反转作用。根据黏附功的定义，随着接触角的减小，原油与岩石之间的黏附功降低，原油更容易从岩石上剥离，因此渗吸采收率随之增大。

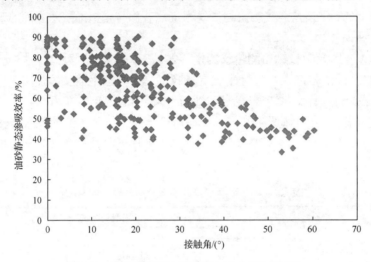

图 4.15　不同油砂静态渗吸效率对应的接触角

图 4.16 是油砂渗吸效率大于 40%的渗吸剂体系，其接触角的大小均小于 60°，说明渗吸剂对油藏润湿性的反转能力是油藏渗吸剂选择所要考虑的必要条件，其余试剂的实验结果与上述结论大致相当，但接触角的改变程度与其对渗吸效率大小的影响程度，需要用统计学方法进一步分析。

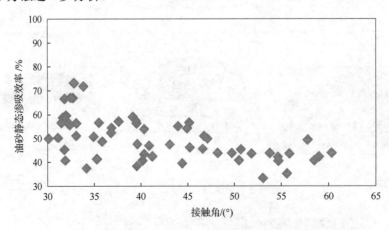

图 4.16　油砂静态渗吸效率高于 40%的体系对应渗吸剂的接触角

4.5　渗吸剂的渗透性

根据第 3 章中渗透力概念的基本思想和物理意义，采用这一物理量来评价和优化渗吸剂在低渗透油藏中的扩散和波及能力[14-17]。为此，在渗吸剂优化过程中对大量的渗吸剂进行了渗透性测试和评价，再利用渗透性与渗吸效率之间的相关性研究成果推断出适用于不同油藏的渗吸剂及体系。

4.5.1　毛细管举升系数实验

利用第 3 章建立的相关方法及第 5 章的相关仪器，可以对任何化学剂及非化学剂的渗透性进行综合评价。表 4.10 中列出了十五种渗吸剂的毛细管系数测试结果，采用毛细管半径为 0.25mm，内表面经过油湿处理和老化，毛细管内表面基本呈油湿状态。从表 4.10 中可以看到，有的渗吸剂举升高度的两组实验结果相差较大，说明毛细管内表面润湿性处理得不均匀，在处理方法上仍需进一步探索更好的办法并研制配套仪器。该区块模拟地层水的毛细管举升系数(S_c)事先测定为 18.72。

表 4.10　15 种渗吸剂的毛细管系数测试结果

	样品														
	H1-1	H1-2	H1-3	H1-4	H1-5	H1-6	H1-7	H1-8	H1-9	H1-10	H2-1	H2-2	H2-3	H2-4	H2-5
举升高度/mm	89.34	81.00	19.46	42.26	12.48	61.12	97.84	13.00	87.94	67.98	15.56	14.28	14.40	9.04	10.12
	11.54	84.22	24.24	13.30	15.52	71.16	99.52	13.90	82.96	41.86	56.58	15.60	65.70	18.00	11.80
平均举升高度/mm	50.44	82.61	21.85	27.78	14.00	66.14	98.68	13.45	85.45	54.92	36.07	14.94	40.05	13.52	10.96
毛细管半径/mm	0.25	0.25	0.25	0.25	0.25	0.25	0.25	0.25	0.25	0.25	0.25	0.25	0.25	0.25	0.25
毛细管举升系数(S_c)	201.76	330.44	87.40	111.12	56.00	264.56	394.72	53.80	341.80	219.68	144.28	59.76	160.20	54.08	43.84

表 4.10 中这两批测试所使用的渗吸剂是复合体系，由非离子和阴离子表面活性剂组成，对该区块模拟油的作用效果均较模拟地层水好，对毛细管的润湿反转能力较强、作用速度也较快。结果其毛细管中举升水排驱油的能力均比模拟地层水高很多，高出 2～20 倍，甚至更高。

4.5.2　渗透速度实验

渗透速度的测试仍然采用第 3 章和第 5 章建立的方法和研制的仪器进行，实验结果如 4.11 所示。这两批实验采用了模拟低渗透的油砂(100～160 目)，油砂配制采用该区块脱水原油。渗吸剂配制均采用模拟地层水。渗透速度测试取了 5mL 和 10mL 两个级别的油砂体积，分别测试经过两个体积量油砂的时间，然后利用渗透速度的公式计算出结果取其平均值。模拟地层水的 S_p 为 2.43mL/min，表 4.11 中所有剂的渗透速度值都比水低，说明渗吸剂的多功能性对油砂的作用也是多方面的，应综合考虑渗吸剂对多孔介质中油砂的作用效果。水分子本身对油砂中油的作用一般只体现在携带和驱动的物理作用过程中，不会有其他乳化、降黏、洗油等化学作用，因此，渗吸剂与水的作用效果完全不同。

表 4.11　15 种渗吸剂的渗透速度测试结果

渗吸剂编号	5mL 油砂		10mL 油砂		平均渗透速度/(mL/min)
	时间/min	渗透速度/(mL/min)	时间/min	渗透速度/(mL/min)	
H1-1	4.94	1.01	14.44	0.69	0.85
H1-2	4.46	1.12	12.82	0.78	0.95
H1-3	4.37	1.14	10.66	0.94	1.04
H1-4	4.23	1.18	10.54	0.95	1.07
H1-5	4.41	1.13	11.63	0.86	1.00
H1-6	4.02	1.24	10.98	0.91	1.08
H1-7	3.99	1.25	9.28	1.08	1.17
H1-8	3.74	1.34	8.07	1.24	1.29
H1-9	4.36	1.15	9.31	1.07	1.11
H1-10	3.36	1.49	8.20	1.22	1.35
H2-1	5.29	0.95	12.58	0.79	0.87
H2-2	5.19	0.96	12.03	0.83	0.90
H2-3	5.16	0.97	11.62	0.86	0.91
H2-4	5.17	0.97	11.64	0.86	0.91
H2-5	5.07	0.99	11.34	0.88	0.93

4.5.3　渗透性评价

根据第 3 章中渗透力的定义，利用表 4.10 和表 4.11 中的测试结果可以计算出 15 种渗透剂的渗透力值(表 4.12)，模拟地层水的渗透力(F_p)值为 45.49mL/min。

表 4.12　15 种渗透剂的渗透力值及渗吸效率

	渗透剂														
	H1-1	H1-2	H1-3	H1-4	H1-5	H1-6	H1-7	H1-8	H1-9	H1-10	H2-1	H2-2	H2-3	H2-4	H2-5
渗透力(F_p)/(mL/min)	171.97	314.10	90.99	118.39	55.82	285.00	459.99	69.30	379.55	297.40	125.53	53.62	146.55	49.38	40.95
渗透力比	3.78	6.90	2.00	2.60	1.22	6.27	10.11	1.52	8.34	6.14	2.76	1.18	3.22	1.08	0.90
渗吸效率/%	55.72	60.73	48.29	54.78	50.46	54.71	53.21	53.94	53.76	55.98	51.70	45.44	42.55	48.93	46.04

从渗透力值的结果看，油砂静态渗吸效率高其渗透力值也较高，大多高于模拟地层水的 1.2 倍以上。低于 1.2 倍的有 3 个样品，占 20%，但有 93.33% 的样品渗透力值高于水的 1 倍以上。渗吸效率也都高于 40%，效果较好。但渗透力值过高渗吸效果也不一定好，如 H1-7，渗透力是水的 10 倍多，但渗吸效率不是最高的；H1-2 的渗吸效率最高，

但其渗透力与水的比值不是最高的。可见，渗透力不一定越高越好，可能存在最佳值域，该推断在下面的优化分析中会得到验证[13]。

4.6　渗吸剂属性与渗吸效率相关性综合分析

4.6.1　数学方法与分析软件

1. 线性回归模型简介

回归分析(regression analysis)是研究一个变量关于另一个(些)变量的具体依赖关系的计算方法和理论。从一组样本数据出发，确定变量之间的数学关系式对这些关系式的可信程度进行各种统计检验，并从影响某一特定变量的诸多变量中找出哪些变量的影响显著，哪些不显著。利用所求的关系式，根据一个或几个变量的取值来预测或控制另一个特定变量的取值，并给出这种预测或控制的精确程度。其目的在于通过后者的已知或设定值，去估计和(或)预测前者的(总体)均值。前一个变量被称为被解释变量(explained variable)或因变量(dependent variable)，后一个(些)变量被称为解释变量(explanatory variable)或自变量(independent variable)。

由于变量间关系的随机性，回归分析关心的是根据解释变量的已知或给定值，考察被解释变量的总体均值，即当解释变量取某个确定值时，与其统计相关的被解释变量所有可能出现的对应值的平均值。从总体中随机抽取一个样本，根据样本的 n 对 X 与 Y 的资料导出的线性回归模型，由于受到抽样误差的影响，它所确定的变量之间的线性关系是否显著，以及按照这个模型用给定的自变量 X 值估计因变量 Y 值是否有效，必须通过显著性检验才可得出结论，一元线性回归模型的显著性检验包括回归系数 b 的检验和模型整体的 F 检验。

2. 多元线性回归模型的一般形式

多元线性回归的基本原理和基本计算过程与一元线性回归相同，但由于自变量个数多，计算相当麻烦，一般在实际应用时都要借助统计软件。事实上，一种现象常常是与多个因素相关联的，由多个自变量的最优组合共同预测或估计因变量，比只用一个自变量进行预测或估计更有效、更符合实际。因此多元线性回归比一元线性回归的实用意义更大。

由于各个自变量的单位不一样，而这些影响因素(自变量)的单位显然是不同的，自变量前系数的大小并不能说明该因素的重要程度，所以要想办法将各个自变量化到统一的单位上，将所有变量包括因变量都先转化为"标准分"，再进行线性回归，此时得到的回归系数就能反映对应自变量的重要程度[18]。对于一个实际问题，如果获得了 n 组观测数据：

$$(x_{i1}, x_{i2}, \cdots x_{ip}, y_i), \qquad i = 1, 2, \cdots, n$$

则线性回归模型式可表示为

$$\begin{cases} y_1 = \beta_0 + \beta_1 x_{11} + \beta_2 x_{12} + \cdots + \beta_p x_{1p} + \varepsilon_1 \\ y_2 = \beta_0 + \beta_1 x_{21} + \beta_2 x_{22} + \cdots + \beta_p x_{2p} + \varepsilon_2 \\ \qquad\qquad\qquad \vdots \\ y_n = \beta_0 + \beta_1 x_{n1} + \beta_2 x_{n2} + \cdots + \beta_p x_{np} + \varepsilon_n \end{cases}$$

也可以写成矩阵的形式：

$$Y = XB + \varepsilon \tag{4.3}$$

式中，$Y = \begin{pmatrix} y_1 \\ y_2 \\ \cdots \\ y_n \end{pmatrix}, X = \begin{pmatrix} 1 & x_{11} & x_{12} & \cdots & x_{1p} \\ 1 & x_{21} & x_{22} & \cdots & x_{2p} \\ 1 & \vdots & \vdots & \vdots & \vdots \\ 1 & x_{n1} & x_{n2} & \cdots & x_{np} \end{pmatrix}, B = \begin{pmatrix} \beta_0 \\ \beta_1 \\ \vdots \\ \beta_p \end{pmatrix}, \varepsilon = \begin{pmatrix} \varepsilon_1 \\ \varepsilon_2 \\ \vdots \\ \varepsilon_n \end{pmatrix}$

其中，矩阵 X 是一个 $n \times (p+1)$ 矩阵，称 X 为回归设计矩阵或资料矩阵。

3. 多元线性回归模型的基本假设

1）随机误差项具有零均值和零方差

$$\begin{cases} E(\varepsilon_i) = 0, & i = 1, 2, \cdots, n \\ \mathrm{cov}(\varepsilon_i, \varepsilon_j) = \begin{cases} \sigma^2, i = j \\ 0, i \neq j \end{cases}, & i, j = 1, 2, \cdots n \end{cases}$$

这个假设常被称为高斯-马尔可夫条件。

2）正态分布假设条件

$$\varepsilon_i \sim N(0, \sigma^2), \qquad i = 1, 2, \cdots n, \varepsilon_1, \varepsilon_2, \cdots, \varepsilon_n, \ 相互独立$$

随机变量 Y 服从 n 维正态分布，回归模型的数学期望为：$E(Y) = X\beta$。

3）参数最小二乘估计

$$X'X\hat{\beta} = X'Y$$

$$\hat{\beta} = [X'X]^{-1} X'Y$$

求得 β 的最小二乘估计 $\hat{\beta}$ 后，$\hat{Y} = X\hat{\beta}$。

观测值 Y 与拟合值 $\hat{Y}$ 之间的差值称为残差，$e = Y - \hat{Y}$。残差的平方和记为 S_E：

$$S_E = \sum_{i=1}^{n} (y_i - \hat{y}_i)^2 = (Y - \hat{Y})'(Y - \hat{Y}) = e'e \tag{4.4}$$

4. 回归模型的检验

1) 回归方程的显著性

对多元线性回归方程的显著性检验就是看自变量 $X_1, X_2, \cdots, X_p$，从整体上对随机变量 Y 是否有明显的影响。为此提出原假设：$H_0: \beta_1 = \beta_2 = \cdots = \beta_p = 0$，如果原假设被接受，则表明 Y 与 $X_1, X_2, \cdots, X_p$ 的线性回归模型没有意义。

构造 F 检验统计量：$F = \dfrac{S_R / p}{S_E/(n-p-1)}$

在正态假设条件下，当原假设 $H_0: \beta_1 = \beta_2 = \cdots = \beta_p = 0$ 成立时，F 服从自由度为 $(p, n-p-1)$ 的 F 分布。对于给定的显著性水平 α，当 F 值大于临界值 $F_\alpha(p, n-p-1)$ 时，拒绝原假设 $H_0: \beta_1 = \beta_2 = \cdots = \beta_p = 0$，说明回归方程显著。

2) 回归系数的显著性

若方程通过显著性检验，仅说明 $\beta_1, \beta_2, \cdots, \beta_p$ 不全为零，并不意味着每一个自变量对 Y 的影响显著，所以还需要对每一个自变量进行显著性检验。若某一个系数 $\beta_i = 0$，则说明 X_i 对 Y 的影响不显著，因此可以从方程中剔除这些次要的、无关的变量。检验 X_i 是否显著，等于检验 $H_{0j}: \beta_j = 0(j=1,2,\cdots,p)$，若接受 H_0 假设，则说明 X_i 影响不显著。

构造 T 统计量：

$$T_j = \frac{\hat{\beta}_j}{\sqrt{C_{jj}\sigma^2}}$$

其中回归标准差为

$$\hat{\sigma} = \sqrt{\frac{1}{n-p-1}\sum_{i=1}^{n}e_i^2} = \sqrt{\frac{1}{n-p-1}\sum_{i=1}^{n}(y_i-\hat{y}_i)^2} \tag{4.5}$$

当原假设 $H_{0j}: \beta_j = 0$ 成立时，T 统计量服从自由度为 $n-p-1$ 的 T 分布，对于给定的显著性水平 α，当 $|T| \geq T_{\frac{\alpha}{2}}$ 时，拒绝原假设 $H_{0j}: \beta_j = 0$，认为 X_i 对 Y 有显著影响。

5. 回归模型的应用

回归分析应用广泛，例如，实验数据的一般处理、经验公式的求得、因素分析、产品质量的控制、气象及地震预报、自动控制中数学模型的建立等。多元回归分析是研究多个变量之间关系的回归分析方法，按因变量和自变量的数量对应关系，可划分为一个因变量对多个自变量的回归分析(简称"一对多"回归分析)及多个因变量对多个自变量的回归分析(简称"多对多"回归分析)，回归模型类型可划分为线性回归分析和非线性回归分析，回归模型的应用主要有以下三个方面[18]。

(1)确定几个特定的变量之间是否存在相关关系，如果存在的话，找出它们之间合适的数学表达式。

(2)根据一个或几个变量的值，预测或控制另一个变量的取值，并且可以知道这种预测或控制能达到什么样的精确度。

(3)进行因素分析。例如，在对于共同影响一个变量的许多变量(因素)之间，找出哪些是重要因素，哪些是次要因素，这些因素之间又有什么关系等。

4.6.2 分析方法介绍

1. 逐步回归分析

在实际问题中建立回归模型时，首先碰到的问题是如何确定回归自变量，通常是根据实际问题，结合理论列出对因变量有影响的一些因素作为自变量。在此过程中若漏掉某些重要变量，回归效果肯定不会好，但是若考虑的自变量过多，其中有的自变量对因变量的影响不是很大，或有些变量可能和其他变量有很大程度的重叠，就会导致 S_E 的自由度减少进而使 σ^2 的估计增大，影响回归方程的预测精度。因此，挑选出对因变量有显著影响的自变量，构成最佳回归方程非常重要。

1)最优回归方程的选择

构造最优回归方程有多种方法，人们提出一些较为简便、实用、快速选择最优方程的方法，这些方法各有优缺点，至今没有绝对最优的方法，逐步回归法因为计算简便最受推崇。

逐步回归的基本思想：将变量一个一个引入，每引入一个变量后，对已选入的变量要进行逐个检验，当原引入的变量由于后面变量的引入而不再显著时，要将其剔除。引入一个变量或是从方程中剔除一个变量，为逐步回归的一步，每一步都要进行 F 检验，确保每次引入新的变量之前回归方程中只包含显著的变量。这个过程反复进行，直到既无显著的自变量选入回归方程，也无不显著的变量从方程中剔除为止。

2)逐步回归的 SPSS 应用

逐步回归的计算步骤：标准化处理数据，确定标准化回归方程的系数，选择第一个变量，选取最大的偏回归平方和构造 F 统计量，作矩阵变换；选择第二个变量，对原有变量重新检验，在已有多个变量的情况下，对原有变量重新检验，在已有多个变量的情况下，重新挑选新变量，若 $F_1 > F_\alpha(1, n-l-2)$，则引入变量同时作变换，否则表明已无显著变量引入，结束变量挑选工作。逐步回归的计算过程复杂，借助 SPSS 软件完成[19]。

2. 二元响应回归方程

1)二元响应回归方程的意义

设因变量 y 是只读取 0 和 1 两个数值的定性变量，考虑简单线性回归模型：$y_i = \beta_0 + \beta_1 X_i + \varepsilon_i$，在这种情况下，因变量 y 的均值 $E(y_i) = \beta_0 + \beta_1 X_i$ 有着特殊的意义。

由于 y_i 是 0-1 型伯努利随机变量，则有如下概率分布：

$$P(y_i = 1) = \pi_i, \qquad P(y_i = 0) = 1 - \pi_i$$

根据离散型随机变量的期望值的定义，有

$$E(y_i) = 1 \times \pi_i + 0 \times (1 - \pi_i) = \pi_i$$

进而得到

$$E(y_i) = \pi_i = \beta_0 + \beta_1 X_i$$

所以，作为由回归函数给定的因变量均值，$E(y_i) = \pi_i = \beta_0 + \beta_1 X_i$ 是自变量水平为 X_i 时 $y_i = 1$ 的概率。对因变量均值的这种解释，既适用于此处的简单线性回归函数，也适用于复杂的多元回归函数。

2）二元响应的回归方程的特殊问题

离散非正态误差项：对于一个取值 0 和 1 的因变量，误差项 $\varepsilon_i = y_i - (\beta_0 + \beta_1 X_i)$ 只能取两个值。

$$\varepsilon_i = 1 - (\beta_0 + \beta_1 X_i) = 1 - \pi_i, \qquad y_i = 1$$

$$\varepsilon_i = 0 - (\beta_0 + \beta_1 X_i) = -\pi_i, \qquad y_i = 0$$

显然，误差项 ε_i 服从 0-1 离散型分布，当然正态误差回归模型的假定就不适用了。

零均值异方差性：当因变量是定性变量时，误差项 ε_i 仍然保持零均值，这时出现的另一个问题是误差项 ε_i 的方差不相等。

回归方程的限制：当因变量只取 0，1 时，回归方程代表概率分布，所以因变量均值受到如下限制：$0 \leqslant E(y_i) \leqslant 1$，一般回归方程本身并不具备这种限制，线性回归方程 $y_i = \beta_0 + \beta_1 X_i + \varepsilon_i$ 将会超出这种限制范围。

3. Logistic 回归模型

因变量只取 0，1 两个离散值，用 $y_i = 1$ 的比例数 $\hat{P}_i = \dfrac{n_i}{N_i}$ 称为相对频率，将它作为每一个 X_i 的真实 P_i 的一个估计值，如果样本相当大，$\hat{P}_i$ 将是 P_i 的良好估计值。利用 $\hat{P}_i$ 可以得到估计的 Logistic 回归模型如下：

$$\hat{L}_i = \ln \left(\frac{\hat{P}_i}{1 - \hat{P}_i} \right) = \hat{\beta}_0 + \hat{\beta}_1 X_i \tag{4.6}$$

如果观测个数 N_i 足够大，在 X_i 的每一次观测都可视为一个独立分布的二项式变量，那么 $u_i \sim \left[0, \dfrac{1}{N_i P_i (1 - P_i)} \right]$，即 u_i 服从均值为零，方差为 $\dfrac{1}{N_i P_i (1 - P_i)}$ 的正态分布。因此，可以用 $\sigma^2 = \dfrac{1}{N_i \hat{P}_i (1 - \hat{P}_i)}$ 作为 σ^2 的估计量。

1) 估计 Logistic 回归模型的步骤

第一步：对每一个 X_i 计算估计概率 $\hat{P}_i = \dfrac{n_i}{N_i}$。

第二步：对每一个 X_i 计算 $\hat{L}_i = \ln\left(\dfrac{\hat{P}_i}{1-\hat{P}_i}\right) = \beta_1 + \beta_2 X_i + u_i$。

第三步：为解决异方差问题进行如下变换：

$$\sqrt{\omega_i}\, L_i = \sqrt{\omega_i}\,\beta_1 + \sqrt{\omega_i}\,\beta_2 X_i + \sqrt{\omega_i}\, u_i$$

简写为

$$L_i^* = \sqrt{\omega_i}\,\beta_1 + \beta_2 X_i^* + v_i$$

式中，权重 $\omega_i = N_i P_i(1-P_i)$；$L_i^*$ 为变换的或加权的 L_i；X_i^* 为变换的或加权的 X_i；v_i 为变换的误差项；v_i 为误差项，且变换后具有同方差性。

第四步：用 OLS 去估计 $\sqrt{\omega_i}\, L_i = \sqrt{\omega_i}\,\beta_1 + \sqrt{\omega_i}\,\beta_2 X_i + \sqrt{\omega_i}\, u_i$。

第五步：按照平常的 OLS 方式建立置信区间和检验假设。

2) 回归方程的检验

(1) T 检验法。

取检验统计量：

$$T = \frac{\hat{\beta}_1}{\hat{\sigma}}\sqrt{L_{xx}} \sim t(n-2)$$

当 $|T| > t_{\frac{\alpha}{2}(n-2)}$ 时，回归效果显著。

(2) F 检验法。

取检验统计量：

$$F = \frac{S_{回}}{S_{测}/(n-2)} \sim F(1, n-2) \tag{4.7}$$

当 $F > F_{\alpha(1,n-2)}$ 时，回归效果显著。

相关系数检验法：

$$R = \frac{\sum\limits_{i=1}^{n}(x_i-\bar{x})(y_i-\bar{y})}{\sqrt{\sum\limits_{i=1}^{n}(x_i-\bar{x})^2}\sqrt{\sum\limits_{i=1}^{n}(y_i-\bar{y})^2}} = \frac{L_{xy}}{\sqrt{L_{xx}}\sqrt{L_{yy}}} \tag{4.8}$$

当 $R > r_{\alpha(n-2)}$ 时，回归效果显著。

4.6.3　主成分分析法的基本思想

主成分分析(principal component analysis)是运用降维的思想,将多个变量转化为少数几个综合变量(即主成分),其中每个主成分都是原始变量的线性组合,各主成分之间互不相关,从而这些主成分能够反映原始变量的绝大部分信息,且所含的信息互不重叠。

1. 主成分分析法代数模型

假设用 p 个变量来描述研究对象,分别用 $X_1, X_2, \cdots, X_p$ 来表示,这 p 个变量构成的 p 维随机向量 $\boldsymbol{X} = (X_1, X_2, \cdots, X_p)'$。设随机向量 $\boldsymbol{X}$ 的均值为 μ,协方差矩阵为 $\boldsymbol{\Sigma}$。假设 $\boldsymbol{X}$ 是以 n 个标量随机变量组成的列向量,并且 μ_k 是其第 k 个元素的期望值,即 $\mu_k = E(X_k)$,协方差矩阵然后被定义为

$$\boldsymbol{\Sigma} = E\left\{\left(\boldsymbol{X} - E[\boldsymbol{X}]\right)\left(Y - E[Y]\right)\right\}$$

$$= \begin{bmatrix} E\left[(X_1 - \mu_1)(X_1 - \mu_1)\right] & E\left[(X_1 - \mu_1)(X_2 - \mu_2)\right] & \cdots & E\left[(X_1 - \mu_1)(X_n - \mu_n)\right] \\ E\left[(X_2 - \mu_2)(X_1 - \mu_1)\right] & E\left[(X_2 - \mu_2)(X_2 - \mu_2)\right] & \cdots & E\left[(X_2 - \mu_2)(X_n - \mu_n)\right] \\ \vdots & \vdots & \vdots & \vdots \\ E\left[(X_n - \mu_n)(X_1 - \mu_1)\right] & E\left[(X_n - \mu_n)(X_2 - \mu_2)\right] & \cdots & E\left[(X_n - \mu_n)(X_n - \mu_n)\right] \end{bmatrix}$$

$$(4.9)$$

对 X 进行线性变化,考虑原始变量的线性组合:

$$\begin{cases} Z_1 = \mu_{11}X_1 + \mu_{12}X_2 + \cdots + \mu_{1p}X_p \\ Z_2 = \mu_{21}X_1 + \mu_{22}X_2 + \cdots + \mu_{2p}X_p \\ Z_p = \mu_{p1}X_1 + \mu_{p2}X_2 + \cdots + \mu_{pp}X_p \end{cases} \qquad (4.10)$$

主成分是不相关的线性组合 $Z_1, Z_2, \cdots, Z_p$,并且 Z_1 是 $X_1, X_2, \cdots, X_p$ 的线性组合中方差最大者,Z_2 是与 Z_1 不相关的线性组合中方差最大者,$\cdots$,Z_p 是与 $Z_1, Z_2, \cdots, Z_{p-1}$ 都不相关的线性组合中方差最大者。

2. 主成分分析法基本步骤

第一步:假设估计样本数为 n,选取的指标数为 p,则由估计样本的原始数据可得矩阵 $\boldsymbol{X} = (X_{ij})_{m \times p}$。

第二步:为了消除各数据指标之间在量纲和数量级上的差别,对指标数据进行标准化,得到标准化矩阵(SPSS 系统自动生成)。

第三步:根据标准化数据矩阵建立协方差矩阵 $\boldsymbol{R}$,是反映标准化后的数据之间相关关系密切程度的统计指标,数值越大说明有必要对数据进行主成分分析。其中,$R_{ij}(i, j = 1, 2, \cdots, p)$ 为原始变量 X_i 与 X_j 的相关系数。$\boldsymbol{R}$ 为实对称矩阵(即 $R_{ij} = R_{ji}$),只需计算其上三角元素或下三角元素即可,其计算公式为

$$R_{ij} = \frac{\sum_{k=1}^{n}(X_{kj}-X_i)(X_{kj}-X_j)}{\sqrt{\sum_{k=1}^{n}(X_{kj}-X_i)^2(X_{kj}-X_j)^2}} \tag{4.11}$$

第四步：根据协方差矩阵 R 求出特征值、主成分贡献率和累计方差贡献率，确定主成分个数。解特征方程 $|\lambda E - R| = 0$，求出特征值 λ_i ($i=1, 2, \ldots, p$)。因为 R 是正定矩阵，所以其特征值 λ_i 都为正数，将其按大小顺序排列，即 $\lambda_1 \geqslant \lambda_2 \geqslant \cdots \geqslant \lambda_i \geqslant 0$。特征值是各主成分的方差，它的大小反映了各个主成分的影响力。

主成分 Z_i 的贡献率为 $W_i = \dfrac{\lambda_i}{\sum_{j=1}^{p}\lambda_j}$，累计贡献率为 $\dfrac{\sum_{j=1}^{m}\lambda_j}{\sum_{j=1}^{p}\lambda_j}$。根据选取主成分个数的原则，要求特征值大于 1 且累计贡献率达 80%～95%的特征值 $\lambda_1, \lambda_2, \cdots, \lambda_m$ 所对应的 $1,2,\cdots,m(m \leqslant p)$，其中整数 m 即为主成分的个数。

第五步：建立初始因子载荷矩阵解释主成分。因子载荷量是主成分 Z_i 与原始指标 X_i 的相关系数 $R(Z_i, X_i)$，揭示主成分与各比率之间的相关程度，利用它可较好地解释主成分的经济意义。

第六步：计算综合评分函数 F_m，计算出的综合值，并进行降序排列。

$$F_m = W_1 Z_1 + W_2 Z_2 + \cdots + W_i Z_i \tag{4.12}$$

4.6.4　分析软件的选择和功能性介绍

目前在科学技术、教育教学、工程及管理领域比较流行和著名的通用数学软件主要有四个，分别是 Maple、Mathematica、Matlab 和 MathCAD。它们在各自针对的目标方面都有不同的特色。

科学计算可分为两类：一类是纯数值的计算，如求函数的值、方程的数值解；另一类计算是符号计算，又称代数运算，这是一种智能化的计算，处理内容是符号，符号可以代表整数、有理数、实数和复数，也可以代表多项式、函数、矩阵，还可以是集合、群、环、域等数学结构。在数学的教学和研究中用笔和纸进行的数学运算多为符号运算，计算的结果表现为精确的解析形式。可以进行符号计算的软件系统称为计算机代数系统，通用的计算机代数系统大多同时具有符号运算、数值计算、图形显示和高效的编程功能。数学软件的实质是数学方法及其算法在计算机上的实现。

1. 软件分类

1）Maple

Maple 具有无与伦比的符号计算功能，同时具有任意精度的数值处理能力，而且可处理二维及三维图形，还提供了一套内置的编程语言，用户可以开发自己的应用程序。

Maple 的符号计算功能还是 MathCAD 和 Matlab 等软件符号处理的核心。

Maple 是一个交互式系统，系统界面十分友好。Maple 的操作是通过用户输入 Maple 命令来实现的，每一条命令实际上是 Maple 的一个函数。Maple 采用字符行输入方式，输入时需要按照规定的格式输入，虽然与一般常见的数学格式不同，但灵活方便，也很容易理解。输出则可以选择字符方式和图形方式，产生的图形结果可以很方便地剪贴到 Windows 应用程序内。

Maple 8 提供了 3000 余种数学函数。Maple 系统具有良好的模块化结构，系统提供了许多专门领域功能强大的程序包，它们是 Maple 的重要组成部分，用户可以在需要时加载。

2）Mathematica

主要功能包括符号演算、数值计算和绘图功能。基本系统主要是用 C 语言开发的，因而可以比较容易移植到各种平台上。对于输入形式有比较严格的规定，用户必须按照系统规定的数学格式输入，系统才能正确地处理。

Mathematica 可应用在以下领域。

（1）可以作各种多项式的计算（四则运算、展开、因式分解），有理式的计算。

（2）可以求多项式方程，有理式方程和超越方程的精确解和近似解，做数值、向量和矩阵的各种计算。

（3）求解一般函数表达式的极限、导函数、求积分，做幂级数展开，求解某些微分方程等。

（4）可以做任意位的整数精确计算。分子、分母为任意位整数的有理数的精确计算（四则运算、乘方等），任意精确度的数值（实数值或虚数值）计算。

（5）可以方便地做出以各种方式表示的一元和二元函数的图形，可以根据需要自由选择画图的范围和精确度。通过对这些图形的观察，人们可以迅速地把握对应函数的某些特征。

3）Matlab

Matlab 和 Maple、Mathematica 并列为三大数学软件。Matlab 集数值分析、矩阵运算、信号处理和图形显示于一体。在这个环境下，对所要求解的问题，用户只需简单地列出数学表达式、其结果便以人们十分熟悉的数值或图形方式显示出来。Matlab 以无须定义维数的矩阵作为基本数据单位，可以运行在十几个操作平台上，在通用的数值计算、线性代数、数理统计、算法设计、自动控制、数字信号处理、动态系统仿真等应用方面已经成为首选工具，同时也是目前国内外高校和研究部门科学研究的重要工具。

Matlab 的功能和特点如下。

（1）运算功能强大。

Matlab 的数值运算要素不是单个数据而是矩阵，每个元素都可看作复数，运算包括加、减、乘、除、函数运算等。通过 Matlab 的符号工具箱，可以解决在数学、应用科学和工程计算领域中常遇到的符号计算问题。

（2）功能丰富的工具箱。

Matlab 主要由主程序和功能各异的各种工具箱组成，其中主程序部分是 Matlab 的核心，包含数百个内部核心函数。工具箱是扩展部分，是用 Matlab 的基本语句编成的各种子程序集，用于解决某一方面的专门问题或实现某一类的新算法，使 Matlab 适用于不同领域。工具箱包括系统仿真、信号处理工具、系统识别工具、优化工具、神经网络工具、控制系统工具、分析和综合工具、样条工具、符号数学工具、图像处理工具、统计工具等。这些 Matlab 程序包代表了相关领域内的最先进的算法。

(3)文字处理功能强大。

Matlab 在输入方面很方便，可以使用内部的 Editor 或其他任何字符处理器，同时它还可以与 Word6.0/7.0 结合在一起，在 Word 的页面里直接调用 Matlab 的大部分功能，使 Word 具有特殊的计算能力。Matlab 的 Notebook 为用户提供了强大的文字处理功能，允许用户从 Word 访问 Matlab 的数值计算和可视化结果。

(4)人机界面友好，编程效率高。

Matlab 语言易学易用，不要求用户有高深的数学和程序语言知识，不需要用户深刻了解算法及编程技巧。Matlab 的语言规则更接近数学表示，与人们习惯的使用的笔算式极为相似，命令表达方式与标准的数学表达式非常相近。它以解释方式工作，键入算式无须编译立即得出结果，若有错误能立即做出反应，便于编程者立即改正。

(5)强大而智能化的作图功能。

Matlab 具有图形用户接口(GUI)，允许用户把 Matlab 当作一个应用开发工具来使用。Matlab 还包含几十个 PDF 帮助文件，从 Matlab 的使用入门到其他专题应用均有详细的介绍。强大而智能化的作图功能使计算的结果可视化，并使原始数据的关系更加清晰明了，多种坐标系，能绘制三维坐标中的曲线和曲面。

(6)可扩展性强，工具箱可以任意增减。

4)MathCAD

MathCAD 可以看作是一个功能强大的计算器，没有很复杂的规则。同时它也可以和 Word 等文字处理软件很好地配合使用，可以把它当作一个出色的全屏幕数学公式编辑器。用户可以通过 MathCAD 直接进行各种数学计算。如代数运算、三角函数运算、解方程、生成各种随机数、积分运算、求导和微分的运算、矩阵运算、解不等式、分解因式等。MathCAD 是集文本编辑、数学计算、程序编辑和仿真于一体的软件。它是主要特点是使用操作十分简单，输入格式与人们习惯的数学书写格式很近似，采用所见即所得界面，不要求用户具有精深的计算机知识，对于任何具有一定数学知识的人，都很容易学习使用。因此，MathCAD 是一种大众化数学工具，适合一般无须进行复杂编程或要求比较特殊的计算，但是对于数值精度要求很严格的情形，或对于计算方法有特殊要求的情况，MathCAD 就显得有些不太适合。

2. 统计软件的功能性介绍

在统计与运筹方面也有四个常用的数学软件，它们分别是 SAS、SPSS、Stata、LINDO。此外，还有在几何教学中常用几何画板软件。

1)SAS

在数据分析处理和统计分析领域，SAS 是目前国际上应用最广泛的专业统计软件之一，被誉为国际上的标准软件系统。是一个由三十多个专用模块组成的大型集成软件包。SAS 系统是一个由三十多个专用模块组成的大型集成式软件包，其功能包括客户机/服务器计算、数据访问、数据存储及管理、应用开发、图形处理、数据分析、报告编制、质量控制、项目管理、运筹学方法、计量经济学与预测等。实际使用时可以根据需要选择相应的模块，SAS 主要有如下模块：其基本部分称为 SAS/BASE，可以完成基本的数据管理工作和数据统计工作，是 SAS 系统的基础，所有其他 SAS 模块必须与之结合使用；SAS 分析核心，这一部分是 SAS 系统的灵魂，它提供了严肃的、权威的数据分析与决策支持功能，包括 SAS/STAT（高级统计）、SAS/ETS（时间序列分析）、SAS/IML（交互式矩阵语言）、SAS/OR（运筹学）、SAS/QC（质量控制）、SAS/INSIGHT、SAS/LAB 等；SAS 开发工具，面向对象的开发工具，可以定制信息处理应用系统，包括 SAS/AF、SAS/EIS（经济信息系统）、SAS/GRAPH（图形处理）等模块；SAS 分布式处理及数据仓库设计，该部分为 SAS 的高级数据处理功能，包括 SAS/ACCESS、SAS/ CONNECT、SAS/SHARE 等模块。

2）SPSS

迄今 SPSS 软件已有 30 余年的成长历史。全球约有 25 万家产品用户，它们分布于通讯、医疗、银行、证券、保险、制造、商业、市场研究、科研教育等多个领域和行业，是世界上应用最广泛的专业统计软件。

SPSS 最突出的特点就是操作界面极为友好，输出结果美观漂亮（从国外的角度看），它使用 Windows 的窗口方式展示各种管理和分析数据方法的功能，使用对话框展示出各种功能选择项，只要掌握一定的 Windows 操作技能，粗懂统计分析原理，就可以使用该软件为特定的科研工作服务。在众多用户对国际常用统计软件 SAS、BMDP、GLIM、GENSTAT、EPILOG、MiniTab 的总体印象分的统计中，其诸项功能均获得最高分。SPSS 采用类似 Excel 表格的方式输入与管理数据，数据接口较为通用，能方便地从其他数据库中读入数据，其统计过程包括了常用的、较为成熟的运算过程，完全可以满足非统计专业人士的工作需要。对于熟悉老版本编程运行方式的用户，SPSS 还特别设计了语法生成窗口，用户只需在菜单中选好各个选项，然后按"粘贴"按钮就可以自动生成标准的 SPSS 程序。极大地方便了中、高级用户[15]。

3）Stata

Stata 统计软件是目前世界上最著名的统计软件之一，国外将 Stata 与 SAS、SPSS 一起成为三大权威软件。Stata 同时具有数据管理软件、统计分析软件、绘图软件、矩阵计算软件和程序语言的特点，几乎可以完成全部复杂的统计分析工作。具有以下几个特点：①软件小巧；②绘图美观；③统计分析能力极强；④数据接口差；⑤不提供对话框界面，命令行为方式操作。

3. 分析软件的对比分析与选择

1）几种软件的优势对比分析

对比分析四种数学软件，Mathematica 的符号功能是最强的，且其运行构架最优，符号运算效力与解析能力最好，是最好的物理学科研工具。如果要求计算精度、符号运算和编程，选用 Mathematica 和 Maple。

Matlab 是最好的数值运算求解工具，功能极其强大，通用性高，带有众多使用工具的运算操作平台，现已成为国际上公认的最优化的科技应用软件，适用于各种工程领域专业性、功能性比较强的涉及复杂工程函数的数值计算。如果要进行矩阵、图形或其他的数据处理，应选用 Matlab；如果仅要求一般的计算，可以选用 MathCAD。

对比分析三种统计软件，被誉为国际上标准软件系统的 SAS 有如下不足之处，操作上仍以编程为主，人机对话界面不友好，需要系统学习、花费一定的精力才能掌握。

相比之下，SPSS 的优越性更突出，结果清晰、直观、使用方便，可以直接读取 Excel 数据，国际学术交流中，用 SPSS 软件完成的数据分析和统计分析，可以不必说明算法，足见 SPSS 软件是世界上应用最广泛的专业统计软件，其包括常用的、较为成熟的统计运算过程，完全可以满足工程技术专业人士的工作需要。

Stata 的突出特点是只占用很少的磁盘空间，输出结果简洁，所选方法先进，内容较齐全，统计分析功能既包含传统的分析方法也收集了近 20 年新发展起来的分析方法，制作的图形十分精美，可直接被图形处理软件或文字处理软件，如 Word 等直接调用。

2) 分析工作软件选择的依据

(1) 根据任务需要进行选择。

工作中遇到的第一个问题就是数据的处理与计算，对大量数据进行计算、绘图、统计分析、逐步回归等，选用 SPSS 软件最合适。

数学问题的理论求解，对某个数学公式进行微分、积分运算、多项式方程求解运算、矩阵运算等，选用 Matlab 软件比较合适。

在结构方程模型分析方法的选用方面，没有比 Stata 软件更方便、快捷的选择。

(2) 根据软件特点进行筛选。

对软件进行筛选主要考虑软件操作方面的难易程度和软件的适用面是否广泛，分析报告结果是否通俗易懂、简单明了，软件所选分析方法是否先进，运算过程是否快捷。总之，应当选用功能完备、计算速度快、操作简单、界面友好、兼容性好的分析工具。

综上，笔者在本次数学分析中主要选择了 SPSS 软件，利用该软件中相关性分析、回归分析、因子分析等相应功能，解决了最佳区间预测和参数影响大小排序等问题。还选用了 Stata 软件中结构方程模型分析、回归分析等相应功能，对渗吸效率影响参数的系数进行估算和验证。运用 Matlab 软件的计算功能，求解多项式方程和进行矩阵运算，求得渗吸效率的最佳取值区间。

4.6.5　回归分析

1. 界面张力与渗吸效率关系分析

1) 岩心实验数据分析

原始数据初步整理 (329 组数据) (表 4.13 和图 4.17)。

表 4.13　界面张力与静态渗吸效率实验结果

序号	$\gamma/(mN/m)$	$R_{im}/\%$	序号	$\gamma/(mN/m)$	$R_{im}/\%$
1	0.0769	14.95	47	0.0152	74.5
2	0.0504	26.31	48	0.0191	55.34
3	1.7096	31.47	49	0.0452	53.32
4	0.0065	51.78	50	0.0712	26.99
5	0.0763	30.61	51	0.0341	45.37
6	0.1147	59.06	52	0.113	43.39
7	0.3355	33.09	53	0.0523	49.66
8	1.0171	36.08	54	0.0691	47.46
9	1.1044	25.94	55	0.877	0.091
10	0.4689	42.11	56	0.0111	34.45
11	0.5769	20.24	57	0.0239	34.59
12	1.0407	17.87	58	0.0284	39.21
13	0.3192	50.31	59	0.0039	43.09
14	0.6356	23.27	60	0.0117	62.07
15	0.2554	29.73	61	0.746	0.43
16	0.3834	32.05	62	0.841	39.58
17	0.0993	52.73	63	0.584	0.44
18	0.6467	27.35	64	0.839	34.38
19	0.4634	28.28	65	0.321	0.17
20	0.3483	30.27	66	0.185	18.12
21	0.5743	24.19	67	0.0562	2.6
22	0.2171	39.59	68	0.394	4.56
23	0.3865	26.31	69	0.809	19.09
24	0.7831	40.88	70	0.0641	18.96
25	0.5989	36.66	71	1.08	2.27
26	0.9944	2	72	0.156	5.33
27	0.0547	7.9	73	0.391	13.98
28	1.0518	23.07	74	0.406	25.55
29	0.8679	32.57	75	0.408	21.25
30	1.0337	42.63	76	0.499	43.57
31	0.4267	39.86	77	0.314	44.51
32	0.382	29.57	78	0.544	49.65
33	2.0859	32.63	79	0.0314	56.32
34	2.252	38.9	80	0.0522	60.32
35	0.2392	48.41	81	0.064	57.13
36	0.0163	70.22	82	0.0724	57.85
37	0.3459	40.06	83	0.051	60.61
38	0.3659	48.82	84	0.0447	59.29
39	0.5405	35.73	85	0.0644	54.58
40	0.6785	27.75	86	0.0714	49.6
41	1.0488	51.82	87	0.0098	42.72
42	0.6428	54.4	88	0.064	12.49
43	2.236	47.43	89	0.0048	73.91
44	0.9585	20.71	90	0.0793	53.71
45	6.3655	46.18	91	0.0057	78.46
46	0.9944	2	92	0.0321	61.72

序号	$\gamma/(\text{mN/m})$	$R_{\text{im}}/\%$	序号	$\gamma/(\text{mN/m})$	$R_{\text{im}}/\%$
93	0.0547	7.9	139	0.0244	68.74
94	0.0769	14.95	140	0.103	35.66
95	1.0407	17.87	141	0.114	1.84
96	0.5769	20.24	142	0.0518	5.37
97	0.9585	20.71	143	0.0069	49.91
98	1.0518	23.07	144	0.0886	42.04
99	0.6356	23.27	145	0.0321	68.64
100	0.5743	24.19	146	0.0098	42.59
101	1.1044	25.94	147	0.0057	77.16
102	0.0504	26.31	148	0.0048	66.62
103	0.3865	26.31	149	0.0049	5.71
104	0.6467	27.35	150	0.0793	40.8
105	0.6785	27.75	151	0.0111	30.52
106	0.4634	28.28	152	0.006	24.45
107	0.382	29.57	153	0.0022	89.56
108	0.2554	29.73	154	0.001	93.52
109	0.3483	30.27	155	4.76	2.95
110	0.0763	30.61	156	8.87	0
111	1.7096	31.47	157	7.24	0.02
112	0.3834	32.05	158	5.21	0.57
113	0.8679	32.57	159	0.0152	74.5
114	2.0859	32.63	160	0.0048	52.38
115	0.3355	33.09	161	0.006	63.76
116	0.5405	35.73	162	0.7239	52.76
117	1.0171	36.08	163	1.125	62.87
118	0.5989	36.66	164	0.1633	49.06
119	2.252	38.9	165	0.0029	87.02
120	0.2171	39.59	166	0.0081	79.47
121	0.4267	39.86	167	0.006	82.14
122	0.3459	40.06	168	0.0359	74.58
123	0.7831	40.88	169	0.0151	75.57
124	0.4689	42.11	170	0.0111	95.64
125	1.0337	42.63	171	0.0101	84.75
126	6.3655	46.18	172	0.0029	87.02
127	2.236	47.43	173	5.39	36.07
128	0.2392	48.41	174	4.06	32.07
129	0.3659	48.82	175	1.69	82.38
130	0.3192	50.31	176	0.359	69.48
131	0.0065	51.78	177	0.117	0
132	1.0488	51.82	178	1.95	54.65
133	0.0993	52.73	179	1.63	59.12
134	0.6428	54.4	180	1.18	56.03
135	0.1147	59.06	181	0.0038	82.37
136	0.0163	70.22	182	0.535	43.81
137	0.0142	8.23	183	0.449	43.88
138	6.0533	0	184	0.389	29.85

续表

序号	$\gamma/(\text{mN/m})$	$R_{\text{im}}/\%$	序号	$\gamma/(\text{mN/m})$	$R_{\text{im}}/\%$
185	6.8589	0	231	0.454	31.43
186	5.32	16.27	232	0.557	44.57
187	8.0293	8.04	233	0.612	47.35
188	10.0459	0	234	0.0411	44.93
189	0.4738	13.92	235	0.0288	57.77
190	0.0407	28.76	236	0.0044	54.69
191	1.955	0	237	0.0721	54.62
192	0.0046	27.84	238	0.0615	55.86
193	5.3543	16.06	239	0.0892	43.09
194	0.3948	3.96	240	0.5223	41.23
195	0.0294	11.88	241	0.0642	44.4
196	0.7715	12.23	242	0.0142	48.21
197	2.7849	13.91	243	0.0926	57.11
198	1.022	0	244	0.0387	45.22
199	0.5534	1.99	245	0.0334	55.59
200	0.7619	19.81	246	0.0059	53.07
201	0.2167	12.39	247	0.0924	49.72
202	0.5011	6.05	248	0.0782	53.78
203	2.6241	10.26	249	1.3056	19.95
204	2.2062	18.37	250	0.1641	15.51
205	3.2524	0	251	0.3549	11.93
206	1.7387	1.99	252	0.7577	12.46
207	0.7142	15.65	253	0.5513	24.42
208	0.5231	16.06	254	2.6489	2.02
209	0.5889	10.2	255	0.2838	12.36
210	0.4441	12.17	256	0.7831	19.92
211	0.0845	8.02	257	0.9433	15.64
212	1.4233	16.32	258	0.6061	9.58
213	3.5446	20.34	259	0.3645	12.18
214	0.4274	22.19	260	1.1332	16.12
215	1.8425	27.32	261	1.3679	21.41
216	0.2839	8.77	262	2.272	16.62
217	1.1984	15.9	263	0.7889	19.63
218	0.5168	12.34	264	0.0169	39.6
219	0.3906	8.27	265	0.1954	0
220	2.3236	14.2	266	1.4921	0
221	0.7276	12	267	0.1942	3.97
222	5.5461	18	268	0.0321	12.04
223	0.8389	8.29	269	0.5504	8.26
224	4.1017	0	270	0.159	11.96
225	12.3219	0	271	0.0119	0
226	2.5234	0	272	0.2765	0
227	0.5986	1	273	0.1827	2.03
228	6.5729	0	274	0.4115	16.12
229	3.2213	24.2	275	0.3551	12.02
230	7.4849	16.07	276	0.0813	16.17

续表

序号	$\gamma/(mN/m)$	$R_{im}/\%$	序号	$\gamma/(mN/m)$	$R_{im}/\%$
277	1.1182	23.83	304	0.6409	12.13
278	5.0221	11.9	305	1.4194	0
279	0.0417	0	306	0.0312	16.51
280	3.5057	18.97	307	1.8279	20.6
281	0.0865	36.86	308	6.2609	0
282	0.0431	30.11	309	0.0819	3.14
283	2.1963	0	310	0.4113	16.26
284	0.0043	36.79	311	0.0506	39.44
285	0.0642	39.54	312	0.8487	27.24
286	0.9325	17.63	313	0.159	20.17
287	1.9843	24.28	314	0.3776	32.45
288	0.8375	25.71	315	0.0093	50.68
289	0.5248	31.66	316	0.0549	33.82
290	0.7327	34.92	317	0.0549	40.88
291	0.2942	31.99	318	0.0083	33.05
292	0.4104	19.54	319	0.0623	23.58
293	0.2528	10.94	320	0.0362	28.61
294	1.1301	17.18	321	0.2582	5.95
295	0.0628	31.81	322	0.3011	8.29
296	0.6139	1.98	323	0.0087	47.13
297	0.2972	15.95	324	0.0664	32.82
298	0.0675	17.01	325	0.0335	46.75
299	0.3307	3.11	326	0.009	28.41
300	0.1954	4.03	327	0.2528	21.56
301	0.2739	9.88	328	0.2765	15.54
302	0.4775	23.6	329	0.0152	43.95
303	0.4407	23.94			

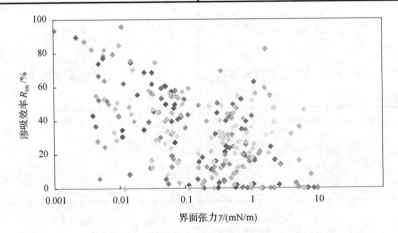

图 4.17　岩心实验中界面张力实验数据散点图

(1) 界面张力最佳区间的预估。

划分区间统计计算：将界面张力的取值区间划分为五个小区间，分别统计每个区间内渗吸效率取不同值的比例数，计算结果如表 4.14 所示。

表 4.14 界面张力与渗吸效率结果分区

渗吸效率/%	界面张力区间/(mN/m)				
	[0.001, 0.01)	[0.01, 0.1)	[0.1, 1)	[1, 5)	≥5
≥50	10.30	5.80	0.80	2.89	0.00
40~50	1.40	4.40	1.80	1.40	2.00
30~40	5.70	3.20	4.30	2.50	0.00
≤30	4.10	6.70	12.90	13.00	17.60

界面张力区间用柱状图说明如图 4.18 所示。不同界面张力数值级别和区间里对应的渗吸效率高、中、低所占比例不同。通过统计和图示分析可以对渗吸剂溶液的界面张力值做初步估计。从图 4.18 可简单估计，界面张力最佳区间为 $(0, 10^{-2})$。

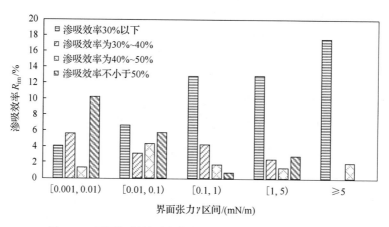

图 4.18 不同级别界面张力值与不同渗吸效率区间柱状图

(2) 分区间进行曲线拟合分析界面张力的最佳区间。

分区间进行界面张力 X 与渗吸效率 Y 的曲线拟合。选取界面张力为 $(0, 10^{-2})$ 时，渗吸效率高于 20% 的点作为研究对象。变量 Y 为渗吸效率，自变量 X 为界面张力的数值扩大 10000 倍。分别用二次函数、三次函数、指数函数进行数据拟合，结果如表 4.15 所示。从 R^2 值和 F 值看，三条曲线拟合度都很好（图 4.19）。

表 4.15 模型汇总和参数估计值

参数	模型汇总					参数估计值			
	R^2	F	df1	df2	Sig.	常数	b_1	b_2	b_3
二次	0.952	288.689	2	29	0.000	29.098	0.169	0.001	
三次	0.958	211.500	3	28	0.000	21.190	0.631	−0.006	$2.833×10^{-5}$
指数	0.959	697.072	1	30	0.000	28.456	0.007		

注：①预测变量为常量、X；②因变量为渗吸效率 Y。

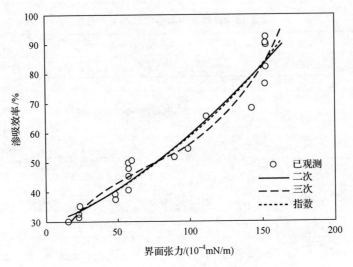

图 4.19　数据的三种拟合结果

选取拟合函数：

$$Y = 21.19 + 0.631X - 0.006X^2 + 0.00002833X^3 \tag{4.13}$$

分析函数 $Y = 21.19 + 0.631X - 0.006X^2$ 的最大值和最小值，可得

$$Y = -0.006(X - 52.67)^2 + 38$$

当 $X = 52.67$ 时，$Y = 21.19 + 0.631X - 0.006X^2$ 有最大值 38。

令 $Y = 30$，$30 = 21.19 + 0.631X - 0.006X^2$，得

$$0.006X^2 - 0.631X + 8.81 = 0$$

$$\Delta = b^2 - 4ac = 0.631^2 - 4 \times 0.006 \times 8.81 = 0.187$$

计算可得方程式的二根分别为

$$X_{1,2} = \frac{0.631 \pm \sqrt{0.187}}{2 \times 0.006} = \frac{0.631 \pm 0.432}{0.012}$$

即

$$X_1 = \frac{0.631 + 0.432}{0.012} = 88.67, \qquad X_2 = \frac{0.631 - 0.432}{0.012} = 16.58$$

X 取值的最佳区间为 $(17, 89)$，渗吸效率 $Y > 30\%$。所以界面张力取值的最佳区间为 $(2 \times 10^{-3}, 9 \times 10^{-3})$。

选取指数函数拟合数据：

$$Y = 28.456 e^{0.007X} \tag{4.14}$$

令 $Y = 30$，得 $X = 7.5$。令 $Y = 80$，得 $X = 148$。说明 X 取值为 $(7.5, 148)$，渗吸效率 Y 为

30% ~ 80%，所以界面张力取值的最佳区间为 $(7.5 \times 10^{-4}, 1.5 \times 10^{-2})$。

（3）二元响应方法分析界面张力的最佳区间。

将渗吸效率不大于 30% 的称为高渗吸效率。规定 $Y = 1$，渗吸效率不小于 30%；$Y = 0$，渗吸效率小于 30%。将 377 组数划分成 13 个区间，统计每个区间内的总点数 N_1，高渗吸效率点个数 n_1，进行计算，结果如表 4.16 所示，相关曲线见图 4.20。

表 4.16　界面张力的数据处理

序号	γ/(mN/m)	N_1	n_1	P_1	$1-P_1$	$P_1/(1-P_1)$	$\ln\gamma$	$\ln[P_1/(1-P_1)]$
1	0.004	13	11	0.846	0.154	5.494	−5.521	1.704
2	0.007	16	14	0.875	0.125	7.000	−4.962	1.946
3	0.014	17	15	0.882	0.118	7.500	−4.268	2.015
4	0.034	22	15	0.682	0.318	2.143	−3.381	0.762
5	0.052	14	7	0.500	0.500	1.000	−2.957	0.000
6	0.079	34	24	0.706	0.294	2.400	−2.538	0.875
7	0.210	37	12	0.324	0.676	0.480	−1.561	−0.734
8	0.360	37	23	0.622	0.378	1.643	−1.022	0.496
9	0.445	22	9	0.409	0.591	0.692	−0.810	−0.368
10	0.592	45	15	0.333	0.667	0.500	−0.524	−0.693
11	0.834	33	10	0.303	0.697	0.435	−0.182	−0.833
12	1.306	40	14	0.350	0.650	0.538	0.267	−0.619
13	4.577	47	15	0.319	0.681	0.469	1.521	−0.758

注：界面张力 γ 用 X 表示；区间内总点数用 N_1 表示；区间内渗吸效率用高于 30% 的点的个数 n_1 表示；区间内渗吸效率用高于 30% 的点的比例数用 P_1 表示。

岩心实验中界面张力与高渗吸效率比例数的关系如图 4.20 所示。

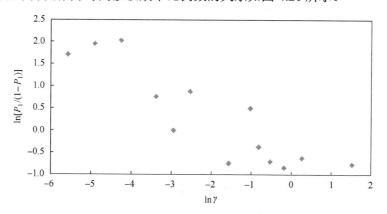

图 4.20　岩心实验 $\ln\gamma$ 与 $\ln[P_1/(1-P_1)]$ 关系散点图

回归分析预测界面张力的最佳区间：自变量 $\ln\gamma$ 计算用 $\ln X$ 表示，因变量 $\ln[(P_1/(1-P_1)]$ 计算 L_P 表示，用曲线 $L_P = \ln\left(\dfrac{P}{1-P}\right) = a + b\ln X$ 拟合数据，结果如表 4.17 ~ 表 4.19 所示。

表 4.17　拟合曲线的 R 参数

模型	R	R^2	调整 R 方	标准估计的误差
1	0.890	0.792	0.773	0.5160

注：①预测变量为常量，$\ln X$；②因变量为 L_P。

表 4.18　拟合曲线的 Sig.值

模型		平方和	df	均方	F	Sig.
	回归	11.114	1	11.114	41.729	0.000
1	残差	2.930	11	0.266		
	总计	14.044	12			

表 4.19　拟合曲线的系数分析

模型		非标准化系数		标准系数(试用版)	T	Sig.
		B	标准误差			
1	常量	−0.604	0.199		−3.032	0.011
	$\ln X$	−0.450	0.070	-0.890	−6.460	0.000

模型检验用 T 检验法：

$$\alpha = 0.01, \qquad t_{\frac{\alpha}{2}(n-2)} = t_{0.005(11)} = 3.1058$$

$$\alpha = 0.05, \qquad t_{\frac{\alpha}{2}(n-2)} = t_{0.025(11)} = 2.2010$$

常数项：$|T| = 3.032 > 2.2010$，常数项在 $\alpha = 0.05$ 显著水平下效果显著。
系数项：$|T| = 6.460 > 3.1058$，系数项在 $\alpha = 0.01$ 显著水平下效果显著。
模型检验用 F 检验法：

$$\alpha = 0.01, \qquad F(1, n-2) = F(1, 11) = 9.65$$

$F = 41.729 > 9.65$，回归方程在 $\alpha = 0.01$ 水平下效果显著。

模型检验用相关系数检验法：前面已经给出了各个统计量的构造式和算法，当 $R > r_{\alpha(n-2)}$ 时，效果显著：

$$r_{\alpha(n-2)} = r_{0.01(11)} = 0.68$$

式中，n 为实验分区数。

$R = 0.89 > 0.68$，回归方程在 $\alpha = 0.01$ 显著水平下效果显著。说明模型可以解释 80% 的点的变化情况。

用已经通过检验的模型预测最佳区间，可用的模型：

$$L_P = \ln\left(\frac{P}{1-P}\right) = -0.604 - 0.45\ln X, \qquad X \in (0, 4.6) \tag{4.15}$$

化简整理得

$$P = \frac{e^{0.604+0.45\ln X}}{1 + e^{0.604+0.45\ln X}} \tag{4.16}$$

令 $P=0.9$，则有 $0.604+0.45\ln X = -\ln 9 = -2.197$，可知 $\ln X = -6.22$，$X = e^{-6.22} = 0.001989$。说明在区间 $(0, 0.002)$ 内有超过 90% 的点属于高渗吸效率。

令 $P=0.55$，则有 $0.604+0.45\ln X = -0.2$，可得 $\ln X = -1.79$，$X = e^{-1.79} = 0.17$，说明在区间 $(0.001989, 0.17)$ 内，即 $(0.002, 0.17)$ 区间内有超过 70% 的点属于高渗吸效率。故岩心实验中界面张力的最佳区间为 $(2\times10^{-3}, 2\times10^{-1})$。

2) 二元响应方法分析油砂实验中界面张力的最佳区间

整理 294 组油砂实验数据（100～160 目）如表 4.20 所示。

表 4.20　整理的 294 组油砂实验结果

序号	$\gamma/(\mathrm{mN/m})$	N_1	n_1	P_1	$1-P_1$	$1+P_1+0.5/(1-P_1)$	$\ln\gamma$	$\ln[1+P_1+0.5/(1-P_1)]$
1	0.007	14	12	0.857	0.143	5.354	−5.021	1.678
2	0.057	53	36	0.679	0.321	3.237	−2.865	1.175
3	0.155	12	2	0.167	0.833	1.767	−1.864	0.569
4	0.256	18	8	0.444	0.556	2.343	−1.363	0.852
5	0.353	22	11	0.500	0.500	2.500	−1.041	0.916
6	0.843	17	5	0.294	0.706	2.002	−0.171	0.694
7	0.550	23	7	0.304	0.696	2.022	−0.598	0.705
8	1.380	34	10	0.294	0.706	2.002	0.322	0.694
9	2.429	16	7	0.438	0.563	2.326	0.887	0.844
10	3.336	5	1	0.200	0.800	1.825	1.205	0.602
11	5.442	9	0	0.000	1.000	1.500	1.694	0.405
12	6.350	6	2	0.333	0.667	2.083	1.848	0.734
13	9.110	4	0	0.000	1.000	1.500	2.209	0.405

不同渗吸剂体系的界面张力与渗吸效率两者的对数关系散点图如图 4.21 所示。

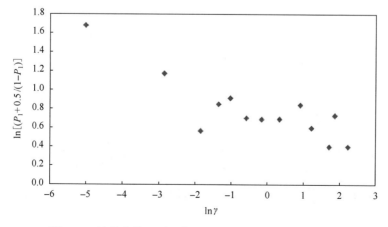

图 4.21　油砂实验 $\ln\gamma$ 与 $\ln[1+P_1+0.5/(1-P_1)]$ 关系散点图

用曲线 $L_P = \ln\left(\dfrac{P}{1-P}\right) = a + b\ln X$ 拟合数据，结果如表 4.21～表 4.23 所示。

表 4.21　拟合曲线的 R 值

模型	R	R^2	调整 R^2	标准估计的误差
1	0.724	0.524	0.471	0.7083

注：①预测变量为常量、ln$X$；②因变量为 L_P。

表 4.22　拟合曲线的 Sig.值

模型		平方和	df	均方	F	Sig.
	回归	4.975	1	4.975	9.916	0.012
1	残差	4.515	9	0.502		
	总计	9.490	10			

表 4.23　拟合曲线的系数值

模型		非标准化系数		标准系数(试用版)	T	Sig.
		B	标准误差			
1	常量	−0.662	0.231		−2.862	0.019
	ln$X$	−0.356	0.113	−0.724	−3.149	0.012

用以下三种方法进行模型检验。

T 检验法：

$$\alpha = 0.05, \qquad t_{\frac{\alpha}{2}(n-2)} = t_{0.025(9)} = 2.2622$$

常数项：$|T| = 2.862 > 2.2622$，常数项在 $\alpha = 0.05$ 显著水平下效果显著。

系数项：$|T| = 3.194 > 2.2622$，系数项在 $\alpha = 0.05$ 显著水平下效果显著。

F 检验法：

$$\alpha = 0.025, \qquad F(1, n-2) = F(1,9) = 7.21$$

$F = 9.916 > 7.21$，回归方程在 $\alpha = 0.025$ 显著水平下效果显著。

相关系数检验：

$$r_{\alpha(n-2)} = r_{0.02(9)} = 0.6851$$

$R = 0.724 > 0.6851$，回归方程在 $\alpha = 0.02$ 显著水平下效果显著，说明模型可以解释 52% 以上点的变异情况。

用已经通过检验的模型预测最佳区间，可用的模型为

$$L_P = \ln\left(\frac{P}{1-P}\right) = -0.662 - 0.356\ln X, \qquad X \in (0,10) \qquad (4.17)$$

令 $P=0.55$，则有 $-0.662-0.356\ln X=0.2$，$\ln X=-2.46$，$X=\mathrm{e}^{-2.46}=0.085$。

令 $P=0.9$，则有 $-0.662-0.356\ln X=\ln 9=2.197$，$X\in(0,10)$。$\ln X=-8.03$，$X=\mathrm{e}^{-8.03}=0.00033$。

油砂界面张力的取值最佳区间为 $(3\times10^{-4},8.5\times10^{-2})$。

3) 两个模型对比分析

岩心实验：

$$L_{\mathrm{P}}=\ln\left(\frac{P}{1-P}\right)=-0.64-0.451\ln X, \qquad X\in(0,4,6) \tag{4.18}$$

细油砂实验：

$$L_{\mathrm{P}}=\ln\left(\frac{P}{1-P}\right)=-0.662-0.356\ln X, \qquad X\in(0,10) \tag{4.19}$$

式 (4.18) 和式 (4.19) 两个模型的常数项、系数具有相同的符号，细油砂的公式中 $\ln X$ 的系数在绝对值上小于岩心，说明岩心数据中界面张力的影响力比在细油砂中大。细油砂中界面张力的最佳取值区间为 $(3\times10^{-4},8.5\times10^{-2})$，而岩心中界面张力的最佳取值区间为 $(2\times10^{-3},2\times10^{-1})$，说明细油砂中界面张力要求取值更低。

综上可知，界面张力的最佳取值区间为 $(3\times10^{-4},2\times10^{-1})$。

2. 乳化稳定性与渗吸效率关系分析

1) 岩心实验数据分析

(1) 乳化稳定性最佳区间的初步估计。

渗吸剂的乳化稳定性与岩心实验中渗吸效率关系的实验结果如表 4.24 所示。表中 S_{te} 为乳化稳定性，%；R_{im} 为渗吸效率，%。

表 4.24　乳化稳定性与渗吸效率实验结果

序号	S_{te}/%	R_{im}/%	序号	S_{te}/%	R_{im}/%
1	1.57	59.57	13	0	0.091
2	5.48	26.96	14	2.67	34.45
3	1.18	1.84	15	2.89	34.59
4	29.14	5.37	16	11.36	39.21
5	0.1	49.91	17	4.82	43.09
6	7.58	37.74	18	5.09	62.07
7	13.18	44.51	19	0.15	49.91
8	4.87	49.65	20	7.58	37.74
9	0.4	74.5	21	13.18	44.51
10	12.54	55.34	22	4.87	49.65
11	0.22	53.32	23	0.24	45.37
12	23.56	26.99	24	1.35	43.39

续表

序号	S_{te}/%	R_{im}/%	序号	S_{te}/%	R_{im}/%
25	2.76	49.66	47	7.62	39.86
26	4.99	29.57	48	6.43	48.75
27	11.49	30.4	49	5.24	68.32
28	4.67	34.87	50	42.36	2.12
29	4.76	31.55	51	45.58	0.57
30	4.4	33.28	52	52.04	0.43
31	4.57	40.32	53	55.88	1.21
32	6.25	36.98	54	60.34	1.65
33	9.74	25.06	55	65.82	2.04
34	3.99	43.1	56	73.45	0.36
35	3.64	47.46	57	78.54	0.02
36	16.42	10.23	58	85.38	5.04
37	18.92	8.27	59	90.25	0.06
38	22.36	2.06	60	7.06	49.38
39	24.87	0.35	61	1.11	58.03
40	25.78	6.38	62	2.2	59.37
41	28.43	2.59	63	2.07	57.77
42	34.28	0.25	64	3.6	59.6
43	31.76	0	65	1.19	59.21
44	11.54	8.46	66	1.84	58.31
45	13.52	12.04	67	0.56	58.93
46	14.98	0.26			

渗吸剂的乳化稳定性与岩心渗吸效率关系的散点图如图 4.22 所示。

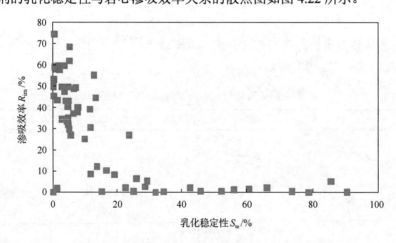

图 4.22　乳化稳定性与岩心渗吸效率关系实验结果

将乳化稳定性的取值区间划分为四个小区间,分别计算每个区间内渗吸效率取不同值的比例数,计算结果如表 4.25 所示。

表 4.25　乳化稳定性与渗吸效率结果分区

乳化稳定性区间/%	渗吸效率 R_{im} /%			
	$R_{im} \geqslant 50$	$30 \leqslant R_{im} < 50$	$20 \leqslant R_{im} < 30$	$R_{im} < 20$
$0 \leqslant X < 1$	4.4776	4.4776	0	1.4925
$1 \leqslant X < 4$	10.4478	8.9552	0	1.4925
$4 \leqslant X < 10$	2.9851	19.403	4.4776	0
$X \geqslant 10$	1.4925	5.9701	1.4925	32.8358

注：乳化稳定性 S_{te} 用 X 表示。

乳化稳定性与渗吸效率比例数的关系如图 4.23 所示，可对渗吸剂乳化稳定性值区间进行初步估计。

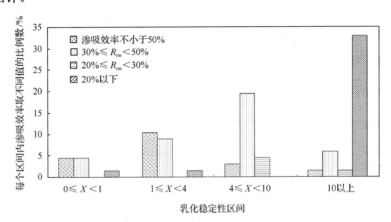

图 4.23　岩心实验中乳化稳定性与渗吸效率的比例柱状图(67 组实验)

乳化稳定性预估的最佳区间为 $(0.1,10)$。

(2)二元响应预测乳化稳定性的最佳区间。

乳化稳定性与渗吸效率标准化数据处理结果如表 4.26 所示。

表 4.26　乳化与渗吸效率实验数据处理

序号	S_{te}/%	N_1	n_1	P_1	$1-P_1$	$P_1/(1-P_1)$	$\ln S_{te}$	$\ln[P_1/(1-P_1)]$
1	0.239	7	6	0.857	0.143	6.000	−1.433	1.792
2	1.373	6	5	0.833	0.167	5.000	0.317	1.609
3	2.978	8	8	0.9999	0.0001	9999.000	1.091	9.210
4	4.744	8	8	0.9999	0.0001	9999.000	1.557	9.210
5	6.481	9	8	0.889	0.111	8.000	1.869	2.079
6	12.069	8	5	0.625	0.375	1.667	2.491	0.511
7	22.720	9	0	0.000	1.000	0.000	3.123	−9.210
8	41.200	6	0	0.000	1.000	0.000	3.718	−9.210
9	75.630	6	0	0.000	1.000	0.000	4.326	−9.210

注：区间内总点数用 N_1 表示；区间内渗吸效率用高于 30%的点的个数用 n_1 表示；区间内渗吸效率用高于 30%的点的比例数用 P_1 表示。

渗吸剂的乳化稳定性的对数值与渗吸效率高于 30%点的比例数之间的关系如图 4.24 所示。

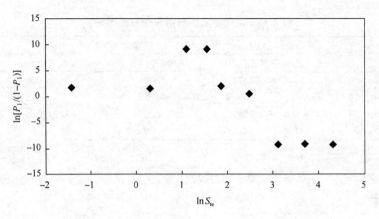

图 4.24　岩心实验 $\ln S_{te}$ 与 $\ln[P_1/(1-P_1)]$ 关系散点图

①回归分析。

因变量 $\ln[P_1/(1-P_1)]$ 计算用 L_P 表示；自变量 $\ln S_{te}$ 用 $\ln X$ 表示。用曲线 $L_P = \ln\left(\dfrac{P}{1-P}\right)$ $= a + b_1 \ln X + b_2 \ln^2 X + b_3 \ln^3 X$ 拟合数据，结果如表 4.27 和图 4.25 所示。

表 4.27　模型汇总和参数估计值

方程	模型汇总					参数估计值			
	R^2	F	df1	df2	Sig.	常数	b_1	b_2	b_3
三次	0.767	5.501	3	5	0.048	7.590	0.835	−2.337	0.263

注：①预测变量为常量、$\ln X$；②因变量为 L_P。

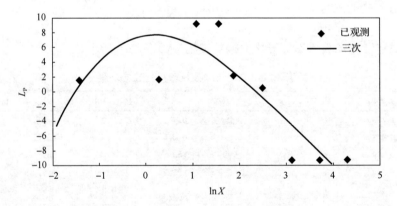

图 4.25　岩心实验 $\ln X$ 与 L_P 拟合关系图

②回归模型检验。

计算了 0.01 水平下的 F 值，结果如下：

$$\alpha = 0.10, \qquad F(1,7) = 3.59$$

$F = 5.501 > 3.59$，回归方程在 $\alpha = 0.10$ 显著水平效果显著。$r_{\alpha(n-2)} = r_{0.01(7)} = 0.7977$,

$R = \sqrt{0.767} = 0.876 > 0.7977$，回归方程在 $\alpha = 0.01$ 显著水平效果显著，说明模型可以解释点的变异比例是 77%。

③最佳区间预测。

用已经通过检验的模型预测最佳区间：

$$L_{\mathrm{P}} = \ln\left(\frac{P}{1-P}\right) = 7.59 + 0.835\ln X - 2.337\ln^2 X + 0.263\ln^3 X, \quad X \in (1, 80) \quad (4.20)$$

$$L_{\mathrm{P}}' = \frac{0.835}{X} - \frac{4.67\ln X}{X} + \frac{0.789\ln^2 X}{X} = 0$$

则有

$$L_{\mathrm{P}}' = \frac{0.835 - 4.67\ln X + 0.789\ln^2 X}{X} = 0$$

$$L_{\mathrm{P}}' = 0.835 - 4.67\ln X + 0.789\ln^2 X = 0, \quad X \in (1, 80)$$

解方程式可得

$$(\ln X)_{1,2} = \frac{4.67 \pm \sqrt{19.17}}{2 \times 0.789} = \frac{4.67 \pm 4.378}{1.578}$$

即

$$(\ln X)_1 = 5.7, \quad (\ln X)_2 = 0.185$$

$$L_{\mathrm{P}}'' = \frac{-5.5 + 6.248\ln X - 0.789\ln^2 X}{X^2} \quad (4.21)$$

当 $\ln X = 5.7$，$L_{\mathrm{P}}'' = \dfrac{-5.5 + 6.248 \times 5.7 - 0.789 \times 5.7^2}{X^2} = \dfrac{5.378}{X^2} > 0$，$L_{\mathrm{P}} = 7.59 + 0.835\ln X - 2.337\ln^2 X + 0.263\ln^3 X$ 有极小值；当 $\ln X = 0.185$，可推出 $X = \mathrm{e}^{0.185} = 1.2$ 时，$L_{\mathrm{P}}'' = \dfrac{-5.5 + 6.248 \times 0.185 - 0.789 \times 0.185^2}{X^2} = \dfrac{-4.3714}{X^2} < 0$，$L_{\mathrm{P}} = 7.59 + 0.835\ln X - 2.337\ln^2 X + 0.263\ln^3 X$ 有极大值，说明当 $X = 1.2$ 时，取得高渗吸效率点的比例最大。

令 $P = 0.7$ 时，$\ln\left(\dfrac{P}{1-P}\right) = \ln 2.33 = 0.85$，有

$$7.59 + 0.825\ln X - 2.337\ln^2 X + 0.263\ln^3 X = 0.85$$

$$0.263\ln^3 X - 2.337\ln^2 X + 0.825\ln X + 6.74 = 0$$

解得

$$\ln X = -1.415$$

$$X = e^{-1.415} = 0.24$$

解得

$$\ln X = 2.18$$

$$X = e^{2.18} = 8.85$$

　　说明当 X 取值在 $(0.24,9)$ 时，得到高渗吸效率点的比例超过 70%。岩心乳化稳定性的最佳区间为 $(0.24,9)$，当 $X = 1.2$ 时最好。

　　(3) 细油砂实验数据分析。

　　乳化稳定性与油砂实验中渗吸效率值的标准化处理结果如表 4.28 所示。

表 4.28　乳化稳定性与 138 组油砂渗吸数据处理

序号	S_{te}/%	N_1	n_1	P_1	$1-P_1$	$P_1/(1-P_1)$	$\ln[P_1/(1-P_1)]$	$\ln S_{te}$	$\ln[P_1/(1-P_1)]$
1	0.045	17	9	0.529	0.471	1.125	0.118	-3.101	0.118
2	0.269	10	8	0.800	0.200	4.000	1.386	-1.313	1.386
3	0.762	6	3	0.500	0.500	1.000	0.000	-0.272	0.000
4	1.260	7	6	0.857	0.143	6.000	1.792	0.231	1.792
5	1.733	6	5	0.833	0.167	5.000	1.609	0.550	1.609
6	2.787	12	11	0.917	0.083	11.000	2.398	1.025	2.398
7	3.591	7	6	0.857	0.143	6.000	1.792	1.278	1.792
8	4.714	7	5	0.714	0.286	2.500	0.916	1.551	0.916
9	5.406	5	4	0.800	0.200	4.000	1.386	1.688	1.386
10	6.416	5	3	0.600	0.400	1.500	0.405	1.859	0.405
11	7.967	6	5	0.833	0.167	5.000	1.609	2.075	1.609
12	11.884	7	4	0.571	0.429	1.333	0.288	2.475	0.288
13	14.391	7	5	0.714	0.286	2.500	0.916	2.667	0.916
14	19.013	4	1	0.250	0.750	0.333	-1.098	2.945	-1.099
15	24.100	6	1	0.167	0.833	0.200	-1.609	3.182	-1.609
16	29.548	4	2	0.500	0.500	1.000	0.000	3.386	0.000
17	36.410	6	2	0.333	0.667	0.500	-0.693	3.595	-0.693
18	54.778	6	1	0.167	0.833	0.200	-1.609	4.003	-1.609
19	79.087	10	3	0.300	0.700	0.429	-0.847	4.371	-0.847

　　细油砂实验中渗吸效率与渗吸剂乳化稳定性值经过标准化处理后散点图如图 4.26 所示。

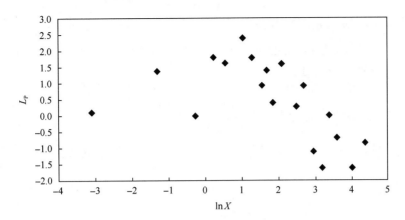

图 4.26　油砂实验 $\ln X$ 与 L_P 关系散点图

①回归分析。

用曲线 $L_P = \ln\left(\dfrac{P}{1-P}\right) = a + b_1 \ln X + b_2^2 X$ 拟合数据，结果如表 4.29 所示。

表 4.29　模型汇总和参数估计值

方程	模型汇总					参数估计值		
	R^2	F	df1	df2	Sig.	常数	b_1	b_2
二次	0.633	13.826	2	16	0.000	1.535	−0.021	−0.166

注：①预测变量为常量、$\ln X$ ；②因变量为 L_P 。

标准化数据经过三种拟合的结果如图 4.27 所示。

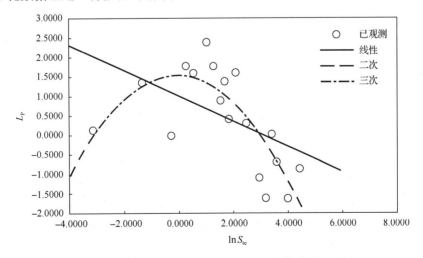

图 4.27　岩心实验 $\ln X$ 与 L_P 三种拟合曲线

②回归模型检验。

在 0.005 水平下的 F 值计算：

$$\alpha = 0.005 , \quad F(1,17) = 10.38$$

$F = 13.826 > 10.38$，回归方程在 $\alpha = 0.005$ 显著水平效果显著；$r_{\alpha(n-2)} = r_{0.001(17)} = 0.6932$，$R = \sqrt{0.633} = 0.796 > 0.6932$，回归方程在 $\alpha = 0.001$ 显著水平效果显著，说明模型可以解释点的变化比例是 63% 以上。

③区间预测。

用已经通过检验的模型预测最佳区间：

$$L_{\mathrm{P}} = \ln\left(\frac{P}{1-P}\right) = 1.535 - 0.021\ln X - 0.166\ln^2 X, \quad X \in (1,80) \quad (4.22)$$

令 $P = 0.7$ 时，$\ln\left(\dfrac{P}{1-P}\right) = \ln 2.3 = 0.85$，有

$$L_{\mathrm{P}} = 1.535 - 0.021\ln X - 0.166\ln^2 X = 0.85 \quad (4.23)$$

即

$$0.166\ln^2 X + 0.021\ln X - 0.685 = 0$$

解方程式可得

$$(\ln X)_{1,2} = \frac{0.021 \pm \sqrt{0.021^2 + 4 \times 0.166 \times 0.685}}{2 \times 0.166} = \frac{0.021 \pm \sqrt{0.455}}{0.332}$$

由 $(\ln X)_1 = 2$ 可推出 $X = \mathrm{e}^2 = 8$，由 $(\ln X)_2 = -1.95$ 可推出 $X = \mathrm{e}^{-1.95} = 0.14$。说明当 X 取值在 $(0.14, 8)$ 时，得到高渗吸效率点的比例超过 70%。细油砂乳化稳定性的最佳区间为 $(0.14, 8)$。

2) 两个模型对比分析

通过以上回归分析和模型检验，建立两种模型方程。

岩心实验模型：

$$L_{\mathrm{P}} = \ln\left(\frac{P}{1-P}\right) = 7.59 + 0.835\ln X - 2.337\ln^2 X + 0.263\ln^3 X, \quad X \in (1,80) \quad (4.24)$$

细油砂实验模型：

$$L_{\mathrm{P}} = \ln\left(\frac{P}{1-P}\right) = 1.535 - 0.021\ln X - 0.166\ln^2 X, \quad X \in (1,80) \quad (4.25)$$

两个模型[式(4.24)和式(4.25)]的常数项具有相同的符号，细油砂公式的数值在绝对值上小于岩心，说明岩心数据中乳化稳定性的影响力比细油砂大。

岩心实验中乳化稳定性的最佳区间为 $(0.24, 9)$；细油砂实验中乳化稳定性的最佳区间为 $(0.14, 8)$。综上可知，乳化稳定性的最佳区间为 $(0.14, 9)$，最佳取值点为 $X=1.2$。

3. 黏度比值与渗吸效率关系分析

1) 岩心原始数据的整理与初步预测

原油黏度与渗吸剂溶液黏度之比即为黏度比，黏度比与岩心渗吸效率关系的原始数据如表 4.30 所示。

表 4.30　黏度与渗吸效率实验结果

序号	黏度比值(μ_o/μ_w)	R_{im}/%	序号	黏度比值(μ_o/μ_w)	R_{im}/%
1	8.53	0.9	39	12.8	20.86
2	1.83	9.08	40	12.8	22.56
3	2.74	22.08	41	12.8	23.72
4	2.84	36.32	42	12.8	25.4
5	2.95	34.99	43	12.8	26.91
6	3.07	27.4	44	12.8	27.1
7	3.07	33.78	45	12.8	31.89
8	3.84	13.94	46	12.8	32.22
9	3.84	41.79	47	12.8	35.22
10	4.04	13.88	48	12.8	39.39
11	4.04	28.63	49	12.8	40.61
12	4.04	35	50	12.8	41.71
13	4.04	47.82	51	12.8	42.73
14	4.52	22.32	52	12.8	42.77
15	4.8	13.67	53	12.8	44.83
16	4.8	27.67	54	12.8	45.53
17	5.12	4.54	55	12.8	57.35
18	5.12	23.43	56	15.36	6.89
19	5.12	31.52	57	15.36	9.2
20	5.49	22.71	58	15.36	9.29
21	6.4	4.51	59	15.36	10.25
22	6.4	42.2	60	15.36	11.84
23	6.98	5.82	61	15.36	12.97
24	6.98	6.86	62	15.36	15.26
25	6.98	15.89	63	15.36	16.17
26	6.98	32.97	64	15.36	21.77
27	7.68	5.6	65	15.36	25.76
28	7.68	6.83	66	15.36	27.28
29	7.68	9.19	67	15.36	31.08
30	7.68	15.89	68	15.36	47.32
31	7.68	21.87	69	19.2	1.38
32	7.68	40.53	70	19.2	8.88
33	7.68	42.14	71	19.2	9.16
34	7.68	45.33	72	19.2	13.57
35	8.53	7.91	73	19.2	14.62
36	8.53	9.09	74	19.2	18.54
37	8.53	9.31	75	19.2	20.98
38	8.53	23.26	76	19.2	21.92

序号	黏度比值(μ_o/μ_w)	R_{im}/%	序号	黏度比值(μ_o/μ_w)	R_{im}/%
77	8.53	34.09	122	19.2	51.15
78	8.53	38.94	123	25.6	2.28
79	8.53	46.57	124	25.6	3.23
80	9.6	6.56	125	25.6	9.44
81	9.6	8.76	126	25.6	9.46
82	9.6	13.05	127	25.6	9.6
83	9.6	15.75	128	25.6	11.52
84	9.6	22.56	129	25.6	13.42
85	10.97	5.85	130	25.6	13.75
86	10.97	6.79	131	10.97	22.49
87	10.97	8.89	132	10.97	32.28
88	10.97	9.52	133	76.8	51.16
89	10.97	10.04	134	76.8	58.03
90	10.97	11.88	135	76.8	59.37
91	10.97	16.17	136	25.6	48.45
92	10.97	17.14	137	25.6	49.73
93	10.97	21.11	138	25.6	49.94
94	10.97	22.38	139	25.6	54.12
95	38.4	18.98	140	25.6	56.11
96	38.4	25.76	141	38.4	9.1
97	38.4	26.42	142	38.4	12.47
98	38.4	27.35	143	38.4	12.88
99	38.4	27.8	144	38.4	16.79
100	38.4	34.78	145	10.97	45.13
101	38.4	36.68	146	12.8	3.32
102	38.4	36.83	147	12.8	6.98
103	38.4	41.03	148	12.8	9.17
104	38.4	42.83	149	12.8	10.78
105	38.4	48.79	150	12.8	13.57
106	38.4	49.44	151	12.8	13.58
107	38.4	50.68	152	12.8	16.24
108	38.4	51.87	153	76.8	36.54
109	76.8	9.09	154	76.8	36.68
110	76.8	29.48	155	76.8	41.06
111	76.8	34.07	156	76.8	41.08
112	76.8	34.13	157	76.8	43.28
113	76.8	35.61	158	76.8	45.85
114	76.8	36.47	159	76.8	48.13
115	19.2	23.17	160	12.8	18.3
116	19.2	23.26	161	25.6	16.69
117	19.2	26.63	162	25.6	18.25
118	19.2	39.04	163	25.6	31.91
119	19.2	42.03	164	25.6	33.03
120	19.2	48.06	165	25.6	47.07
121	19.2	49	166	10.97	33.8

岩心实验用油水黏度比与渗吸效率关系散点图如图 4.28 所示。

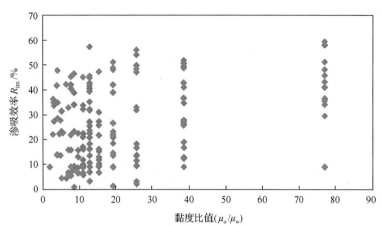

图 4.28　岩心实验用剂黏度比值与渗吸效率散点图

（1）分区间统计计算。

将黏度比值的取值区间划分为四个小区间，分别计算每个区间内渗吸效率取不同值的比例数，计算结果如表 4.31 和图 4.29 所示。

表 4.31　黏度比与渗吸效率值分区

黏度比值分布	渗吸效率$(Y = R_{im})$/%			
	$Y > 50$	$30 \leqslant Y < 50$	$20 \leqslant Y < 30$	$Y < 20$
$1 \leqslant X < 4$	0.3236	1.9417	2.589	5.8252
$4 \leqslant X < 5$	1.9717	0.6472	2.589	2.2653
$5 \leqslant X < 7$	4.5307	3.5598	1.2945	2.589
$X > 7$	16.8284	23.3009	9.0614	20.7119

注：黏度比值 μ_o/μ_w 用 X 表示。

通过柱状图可以粗略地判断出高渗吸效率值对应的最佳黏度比的区间，结果如图 4.29 所示。

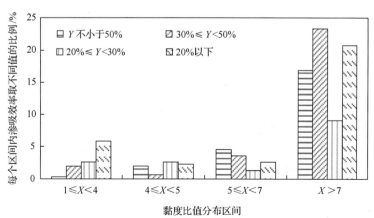

图 4.29　不同区间的黏度比值与渗吸效率关系柱状图

由图 4.29 中看出，当油水黏度比值大于 5 时，渗吸效率高于 30%的占比高。因此，预估黏度比值的最佳区间为＞ 5。

(2)分区间曲线拟合分析比值的最佳区间。

用 $Y = aX^2 + bX + c$ 进行黏度比值 X 与渗吸效率 Y 的数据拟合。拟合曲线 $Y = 0.114X^2 - 3.4031X + 47.449$ 通过检验。从拟合曲线分析看 $Y = 0.114(X^2 - 29.85X) + 47.449 = 0.114(X-15)^2 + 21.8$。

当 $X = 15$ 时，渗吸效率取最小值 22%，计算得到渗吸效率 Y 的平均值为 26%。

令 $Y = 26$，解得 $X_1 = 9$ 和 $X_2 = 21$，黏度比值 X 取值在区间 (9,21) 以外，渗吸效率超过 26%。

令 $Y = 40$，解得 $X_1 = 2$ 和 $X_2 = 28$，黏度比值 X 取值在区间 (2,28) 以外，渗吸效率超过 40%。黏度比值 X 的取值区间为 $(2,9) \cup (21,28)$ 时，渗吸效率的取值为 26%~40%。

(3)二元响应法分析比值的最佳区间。

黏度比与渗吸效率的数据标准化处理结果见表 4.32。

表 4.32　黏度比与渗吸效率数据处理

序号	黏度比值(X)	N_1	n_1	P_1	$1-P_1$	$P_1/(1-P_1)$	$\ln(\mu_o/\mu_w)$	$\ln[P_1/(1-P_1)]$
1	1.470	9	1	0.111	0.889	0.125	0.383	−2.079
2	2.520	12	3	0.250	0.750	0.333	0.923	−1.099
3	3.440	11	3	0.273	0.727	0.375	1.235	−0.981
4	4.480	23	8	0.348	0.652	0.533	1.500	−0.629
5	5.420	16	11	0.688	0.313	2.200	1.690	0.788
6	6.440	20	14	0.700	0.300	2.333	1.863	0.847
7	7.620	11	5	0.455	0.545	0.833	2.031	−0.182
8	8.590	11	5	0.455	0.545	0.833	2.150	−0.182
9	9.610	16	5	0.313	0.688	0.455	2.263	−0.788
10	10.960	25	11	0.440	0.560	0.786	2.394	−0.241
11	12.580	41	27	0.659	0.341	1.929	2.532	0.657
12	13.410	13	13	0.999	0.001	999.000	2.596	6.907
13	15.430	16	5	0.313	0.688	0.455	2.736	−0.788
14	19.560	21	10	0.476	0.524	0.909	2.973	−0.095
15	25.810	27	17	0.630	0.370	1.700	3.251	0.531
16	38.030	19	10	0.526	0.474	1.111	3.638	0.105
17	76.800	16	14	0.875	0.125	7.000	4.341	1.946

注：区间内总点数用 N_1 表示；区间内渗吸效率高于 30%的点的个数用 n_1 表示；区间内渗吸效率高于 30%的点的比例数用 P_1 表示。

岩心实验油水黏度比与渗吸效率标准化处理后关系的散点图如图 4.30 所示。由于第 12 号点 $X = 13.410$ 时，渗吸效率高点的比例数高达 100%，预分析好点的比例数与黏度比值的关系，该点显然不具有代表性，回归分析时将其去掉。

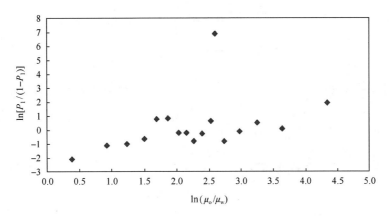

图 4.30　岩心实验中 $\ln(\mu_{\mathrm{o}}/\mu_{\mathrm{w}})$ 与 $\ln[P_1/(1-P_1)]$ 关系

油水黏度比与渗吸效率标准化处理后关系的回归分析结果如表 4.33 和图 4.31 所示。因变量 $\ln[P_1/(1-P_1)]$ 计算用 L_{P} 表示；自变量 $\ln(\mu_{\mathrm{o}}/\mu_{\mathrm{w}})$ 用 $\ln X$ 表示。用曲线 $L_{\mathrm{P}}=\ln\left(\dfrac{P}{1-P}\right)=a+b_1\ln X+b_2\ln^2 X+b_3\ln^3 X$ 拟合数据，结果如下。

表 4.33　模型汇总和参数估计值

方程	模型汇总					参数估计值			
	R^2	F	df1	df2	Sig.	常数	b_1	b_2	b_3
三次	0.698	9.235	3	12	0.002	−3.852	4.876	−2.064	0.287

注：①预测变量为常量、$\ln X$；②因变量为 L_{P}。

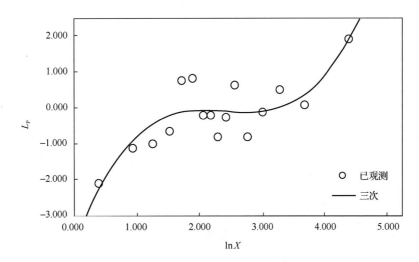

图 4.31　黏度比数据拟合结果

利用模型检验方法，在 0.01 水平计算出 F 值：

$$\alpha=0.01,\quad F(1,15)=8.68$$

$F = 9.237 > F(1,15) = 8.68$，回归方程在 $\alpha = 0.01$ 时水平效果显著：

$$r_{\alpha(n-2)} = r_{0.01(13)} = 0.641$$

$R = \sqrt{0.698} = 0.84 > 0.641$，回归方程在 $\alpha = 0.01$ 水平效果显著说明模型可以解释点的变化比例是 70%。

用已经通过检验的模型预测最佳区间：

$$L_P = \ln\left(\frac{P}{1-P}\right) = -3.852 + 4.876\ln X - 2.064\ln^2 X + 0.287\ln^3 X, \quad X \in (1,80) \quad (4.26)$$

$$\begin{aligned} L_P' &= 4.876(\ln X)' - 2.064 \times 2\ln X(\ln X)' + 0.287 \times 3\ln^2 X(\ln X)' \\ &= \frac{4.876}{X} - \frac{4.128\ln X}{X} + \frac{0.861\ln^2 X}{X} = 0 \end{aligned} \quad (4.27)$$

可得

$$0.861\ln^2 X - 4.128\ln X + 4.876 = 0$$

所以有

$$\Delta = b^2 - 4ac = 4.128^2 - 4 \times 0.861 \times 4.876 = 0.247$$

方程式的两个解为

$$(\ln X)_{1,2} = \frac{4.128 \pm \sqrt{0.247}}{2 \times 0.861} = \frac{4.128 \pm 0.497}{1.722}$$

即

$$\ln X_1 = 2.686, \qquad \ln X_2 = 2.1$$

$$L_P'' = \frac{\left(-0.861\ln^2 X + 5.85\ln X - 9\right)}{X^2} \quad (4.28)$$

当 $\ln X = 2.686$ 时，$L_P'' = \dfrac{\left(-0.861 \cdot 2.686^2 + 5.85 \cdot 2.686 - 9\right)}{X^2}$，此处函数有极小值，极小值为 $L_{P\min} = 0.28$，有 57% 的点属于高渗透率点。

当 $\ln X = 2.1$ 时，$L_P'' = \dfrac{(-0.861 \cdot 2.1^2 + 5.85 \cdot 2.1 - 9)}{X^2} = \dfrac{-0.512}{X^2} < 0$，此处函数有极大值，$X = 8$ 附近最好。

当 $\ln X = 1.8$ 时，$-3.852 + 4.876 \times 1.8 - 2.064 \times 1.8^2 + 0.287 \times 1.8^3 \approx 0.2$，可推出 $X = e^{1.8} = 6$。说明当 $X > 6$ 时，有超过 55% 的点属于高渗吸效率。故黏度比值的最佳区间为

$X > 6$。

2) 细油砂实验数据分析

表 4.34 中列出内原油渗吸剂体系黏度比与油砂渗吸效率关系实验的原始数据，关系散点图如图 4.32 所示。

表 4.34　渗吸剂体系黏度比值与油砂渗吸效率实验结果

序号	黏度比值 (μ_o/μ_w)	R_{im} /%	序号	黏度比值 (μ_o/μ_w)	R_{im} /%
1	8.73	59.57	35	15.72	43.39
2	9.83	26.96	36	15.72	49.66
3	9.83	1.84	37	15.72	47.46
4	11.23	5.37	38	7.86	59.57
5	13.1	49.91	39	8.73	26.96
6	13.1	37.74	40	9.25	1.84
7	12.09	59.61	41	9.83	5.37
8	26.2	79.47	42	12.09	49.91
9	14.29	82.14	43	13.1	37.74
10	10.48	75.57	44	13.1	44.51
11	9.83	95.64	45	12.09	49.65
12	13.1	84.75	46	11.23	82.4
13	13.1	87.02	47	26.2	74.2
14	11.23	74.5	48	11.23	56.8
15	26.2	55.34	49	2.54	30.5
16	11.23	53.32	50	19.65	79.47
17	14.8	45.37	51	26.2	82.14
18	12.33	43.39	52	14.29	74.58
19	12.33	49.66	53	10.48	75.57
20	9.25	47.46	54	9.83	95.64
21	10.57	62.7	55	13.1	84.75
22	12.33	61.81	56	13.1	87.02
23	12.33	65.37	57	8.73	59.57
24	5.69	78.81	58	9.83	26.96
25	10.57	55.12	59	9.83	1.84
26	12.33	57.92	60	11.23	5.37
27	12.33	62.02	61	13.1	49.91
28	5.69	69.79	62	13.1	37.74
29	1.54	12.12	63	12.09	59.61
30	2.24	6.76	64	31.44	45.37
31	0.98	0.39	65	26.2	43.39
32	1.05	0.08	66	26.2	49.66
33	2.54	26.99	67	19.65	47.46
34	19.65	45.37	68	22.46	62.7

序号	黏度比值(μ_o/μ_w)	R_{im}/%	序号	黏度比值(μ_o/μ_w)	R_{im}/%
69	26.2	61.81	109	12.09	78.81
70	26.2	65.37	110	22.46	55.12
71	6.17	44.51	111	26.2	57.92
72	5.69	49.65	112	26.2	62.02
73	5.29	82.4	113	12.09	69.79
74	12.33	74.2	114	3.28	12.12
75	5.29	56.8	115	4.76	6.76
76	1.19	30.5	116	2.08	0.39
77	9.25	79.47	117	2.23	0.08
78	12.33	82.14	118	3.49	8.46
79	6.73	74.58	119	6.89	23.58
80	4.93	75.57	120	6.44	10.32
81	4.63	95.64	121	3.42	4.58
82	6.17	84.75	122	6.14	23.87
83	6.17	37.74	123	3.82	14.32
84	1.64	8.46	124	2.86	17.32
85	3.25	23.58	125	4.76	23.78
86	3.03	10.32	126	4.37	26.34
87	1.61	4.58	127	7.68	45.33
88	2.89	23.87	128	8.53	46.57
89	1.8	14.32	129	8.53	0.9
90	1.35	17.32	130	10.97	8.89
91	2.24	23.78	131	9.6	6.56
92	2.06	26.34	132	10.97	6.79
93	4.11	26.96	133	8.53	7.91
94	4.35	1.84	134	10.97	5.85
95	4.63	5.37	135	6.98	5.82
96	5.69	49.91	136	7.68	5.6
97	3.7	59.57	137	7.68	6.83
98	7.4	47.46	138	6.98	6.86
99	9.6	15.75	139	10.97	9.52
100	12.8	16.24	140	12.8	13.57
101	12.8	20.86	141	10.97	17.14
102	10.97	21.11	142	12.8	22.56
103	5.49	22.71	143	12.8	26.91
104	8.53	38.94	144	19.2	14.62
105	10.97	45.13	145	15.36	16.17
106	25.6	47.07	146	10.97	16.17
107	19.2	51.15	147	19.2	20.98
108	25.6	13.42	148	25.6	18.25

续表

序号	黏度比值(μ_o/μ_w)	R_{im}/%	序号	黏度比值(μ_o/μ_w)	R_{im}/%
149	38.4	16.79	189	12.8	32.22
150	19.2	23.26	190	10.97	33.8
151	15.36	15.26	191	12.8	35.22
152	12.8	18.3	192	25.6	49.73
153	12.8	23.72	193	10.97	32.28
154	10.97	22.49	194	9.6	22.56
155	15.36	12.97	195	6.98	32.97
156	12.8	42.73	196	19.2	42.03
157	12.8	45.53	197	4.04	47.82
158	12.8	42.77	198	12.8	44.83
159	19.2	48.06	199	19.2	39.04
160	25.6	2.28	200	25.6	56.11
161	4.11	59.57	201	12.8	40.61
162	4.63	26.96	202	5.12	23.43
163	4.63	1.84	203	15.36	47.32
164	5.29	5.37	204	12.8	57.35
165	6.17	49.91	205	1.83	9.08
166	6.17	37.74	206	38.4	18.98
167	5.69	59.61	207	25.6	16.69
168	12.33	79.47	208	25.6	13.75
169	6.73	82.14	209	19.2	13.57
170	4.93	75.57	210	19.2	18.54
171	4.63	95.64	211	6.98	15.89
172	6.17	84.75	212	6.4	4.51
173	6.17	87.02	213	3.84	13.94
174	5.29	74.5	214	4.04	13.88
175	12.33	55.34	215	5.12	4.54
176	5.29	53.32	216	15.36	21.77
177	1.19	26.99	217	12.8	25.4
178	9.25	45.37	218	12.8	10.78
179	7.4	43.39	219	10.97	11.88
180	7.4	49.66	220	8.53	9.31
181	25.6	49.94	221	76.8	29.48
182	38.4	50.68	222	38.4	27.8
183	6.17	87.02	223	4.63	26.96
184	4.11	59.57	224	4.63	1.84
185	19.2	21.92	225	5.29	5.37
186	12.8	27.1	226	6.17	49.91
187	15.36	31.08	227	6.17	37.74
188	12.8	31.89	228	5.69	59.61

序号	黏度比值(μ_o/μ_w)	R_{im}/%	序号	黏度比值(μ_o/μ_w)	R_{im}/%
229	10.97	22.38	270	38.4	42.83
230	7.68	9.19	271	38.4	48.79
231	7.68	15.89	272	25.6	54.12
232	76.8	58.03	273	38.4	51.87
233	76.8	59.37	274	3.84	41.79
234	25.6	9.46	275	4.04	35
235	19.2	9.16	276	4.8	27.67
236	15.36	11.84	277	4.52	22.32
237	15.36	10.25	278	4.8	13.67
238	38.4	12.47	279	12.8	3.32
239	38.4	25.76	280	25.6	9.44
240	38.4	12.88	281	15.36	9.2
241	25.6	9.6	282	19.2	1.38
242	19.2	8.88	283	25.6	3.23
243	12.8	9.17	284	12.8	6.98
244	15.36	6.89	285	38.4	9.1
245	15.36	9.29	286	76.8	35.61
246	12.8	13.58	287	76.8	36.54
247	25.6	31.91	288	76.8	34.07
248	19.2	23.17	289	38.4	36.83
249	19.2	26.63	290	38.4	41.03
250	12.8	39.39	291	2.74	22.08
251	12.8	41.71	292	3.07	27.4
252	38.4	26.42	293	3.07	33.78
253	38.4	27.35	294	2.84	36.32
254	15.36	25.76	295	2.95	34.99
255	15.36	27.28	296	19.2	49
256	25.6	11.52	297	76.8	45.85
257	10.97	10.04	298	76.8	34.13
258	9.6	8.76	299	76.8	48.13
259	8.53	9.09	300	76.8	51.16
260	9.6	13.05	301	76.8	36.47
261	8.53	34.09	302	76.8	36.68
262	7.68	40.53	303	38.4	49.44
263	6.4	42.2	304	76.8	43.28
264	76.8	9.09	305	76.8	41.08
265	38.4	34.78	306	5.12	31.52
266	38.4	36.68	307	8.53	23.26
267	25.6	33.03	308	7.68	21.87
268	25.6	48.45	309	4.04	28.63
269	76.8	41.06			

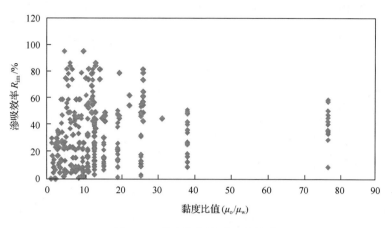

图 4.32　黏度比与渗吸效率关系

油水黏度比与渗吸效率数据的标准化处理结果如表 4.35 所示。

表 4.35　油水黏度比的数据处理

序号	黏度比值 (μ_o/μ_w)	N_1	n_1	P_1	$1-P_1$	$P_1/(1-P_1)$	$\ln(\mu_o/\mu_w)$	$\ln[P_1/(1-P_1)]$
1	0.979	10	1	0.100	0.900	0.111	−0.021	−2.197
2	1.051	12	3	0.250	0.750	0.333	0.050	−1.099
3	1.194	11	3	0.273	0.727	0.375	0.177	−0.981
4	1.194	20	5	0.250	0.750	0.333	0.177	−1.099
5	1.345	14	10	0.714	0.286	2.500	0.296	0.916
6	1.542	23	13	0.565	0.435	1.300	0.433	0.262
7	1.609	11	6	0.545	0.455	1.200	0.476	0.182
8	1.644	10	4	0.400	0.600	0.667	0.497	−0.405
9	1.796	15	4	0.267	0.733	0.364	0.586	−1.012
10	1.829	18	7	0.389	0.611	0.636	0.604	−0.452
11	2.056	5	4	0.800	0.200	4.000	0.721	1.386
12	2.233	25	11	0.440	0.560	0.786	0.803	−0.241
13	2.242	16	6	0.375	0.625	0.600	0.807	−0.511
14	2.535	17	8	0.471	0.529	0.889	0.930	−0.118
15	2.535	18	10	0.556	0.444	1.250	0.930	0.223
16	2.844	20	11	0.550	0.450	1.222	1.045	0.201

黏度比与油砂实验中高渗吸效率的标准化数据关系散点图如图 4.33 所示。

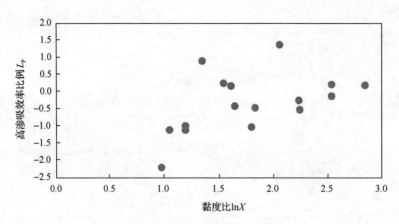

图 4.33　黏度比与高渗吸效率关系散点图

用曲线 $L_P = \ln\left(\dfrac{P}{1-P}\right) = a + b_1 \ln X + b_2 \ln^2 X + b_3 \ln^3 X$ 拟合数据，结果如表 4.36 所示，拟合曲线见图 4.34。

表 4.36　模型汇总和参数估计值

方程	模型汇总					参数估计值			
	R^2	F	df1	df2	Sig.	常数	b_1	b_2	b_3
三次	0.757	9.356	3	9	0.004	−1.744	14.519	−31.606	19.054

注：①预测变量为常量、$\ln X$；②因变量为 L_P。

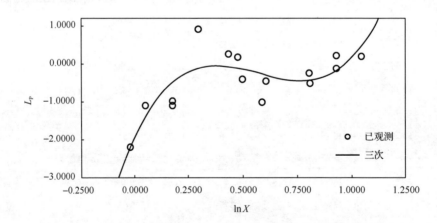

图 4.34　黏度值拟合曲线

模型检验：

$$\alpha = 0.01, \quad F(1,12) = 9.33$$

$F = 9.356 > F(1,12) = 9.33$，回归方程在 $\alpha = 0.01$ 水平效果显著。

$$r_{\alpha(n-2)} = r_{0.01(10)} = 0.708$$

$R=\sqrt{0.757}=0.87 > 0.708$，回归方程在 $\alpha = 0.01$ 水平效果显著。

用已经通过检验的模型预测最佳区间：

$$L_{\mathrm{P}}=\ln\left(\frac{P}{1-P}\right)=-1.744+14.519\ln X-31.6\ln^2 X+19\ln^3 X \tag{4.29}$$

$$L_{\mathrm{P}}=\frac{14.52-63.2\ln X+57\ln^2 X}{X}=0 \tag{4.30}$$

可得

$$\Delta = b^2-4ac=63.2^2-4\times 57\times 14.52=683.68$$

$$(\ln X)_{1,2}=\frac{63.2\pm\sqrt{683.68}}{2\times 57}=\frac{63.2\pm 26.15}{114}$$

即

$$\ln X_1=\frac{63.2+26.15}{114}=0.78，\qquad \ln X_2=\frac{63.2-26}{114}=0.325$$

$$L_{\mathrm{P}}''=\frac{-77.2+177.2\ln X-57\ln^2 X}{X^2} \tag{4.31}$$

当 $\ln X_1 = 0.78$ 时，$L_{\mathrm{P}}=\dfrac{-77.2+177.2\times 0.78-57\times 0.78^2}{X^2}=\dfrac{26.35}{X^2}>0$，说明 $L_{\mathrm{P}}=\ln\left(\dfrac{P}{1-P}\right)=-1.744+14.519\ln X-31.6\ln^2 X+19\ln^3 X$ 有极小值，$L_{\mathrm{Pmin}}=\ln\left(\dfrac{P}{1-P}\right)=-1.744+14.519\times 0.78-31.6\times 0.78^2+19\times 0.78^3=-0.628$（舍）。

当 $\ln X_2 = 0.325$ 时，$L_{\mathrm{P}}''=\dfrac{-77.2+177.2\times 0.33-57\times 0.33^2}{X^2}=\dfrac{-20.77}{X^2}<0$，说明 $L_{\mathrm{P}}=\ln\left(\dfrac{P}{1-P}\right)=-1.744+14.519\ln X-31.6\ln^2 X+19\ln^3 X$ 有极大值 0.29，所以 $X_2=\mathrm{e}^{0.33}=1.4$，取得高渗吸效率点的比例 57%。

令 $P=0.5$，$0=-1.744+14.519\ln X-31.6\ln^2 X+19\ln^3 X$，可得

$$\ln X_1=0.22,\ X=\mathrm{e}^{0.22}=1.2$$

$$\ln X_2=0.5,\ X=\mathrm{e}^{0.5}=1.6$$

$$\ln X_3=0.98,\ X=\mathrm{e}^{0.98}=2.7$$

故黏度比值的取值区间为 $(1.2,1.6)\cup(2.7,80)$，取得高渗吸效率点的比例高于 50%。

令 $P=0.7$，$0.85=-1.744+14.519\ln X-31.6\ln^2 X+19\ln^3 X$ 的解为

$$\ln X = 1.065$$

$$X = e^{1.065} = 2.9$$

故黏度比值的最佳区间为 $X > 3$，取得高渗吸效率点的比例高于 70%。

3) 两个模型对比分析

基于岩心渗吸实验和油砂渗吸实验分别产生两个模型方程，如式(4.32)和式(4.33)所示。

岩心实验：

$$L_P = \ln\left(\frac{P}{1-P}\right) = -3.852 + 4.876\ln X - 2.064\ln^2 X + 0.287\ln^3 X \tag{4.32}$$

细油砂实验：

$$L_P = \ln\left(\frac{P}{1-P}\right) = -1.744 + 14.519\ln X - 31.6\ln^2 X + 19\ln^3 X \tag{4.33}$$

两个模型[式(4.32)和式(4.33)]的常数项具有相同的符号，细油砂方程中 $\ln X$ 项的系数在绝对值上大于岩心方程中 $\ln X$ 项的系数，说明细油砂数据中黏度比值的影响力更大些。

岩心实验中黏度比值的最佳区间为 $X > 6$，细油砂实验中黏度比值的最佳区间为 $X > 3$，则：黏度比值的最佳区间为 $X > 3$，$X = 8$ 时最好。

4. 渗透力比值与渗吸效率关系分析

本次研究以渗吸剂与水的渗透力比值为参数，分析其与渗吸效率的关系。

1) 岩心实验数据分析

渗吸剂与模拟地层水的渗透力比及渗吸效率实验结果经过标准化处理后的数据如表4.37所示。

表 4.37   渗透力比与日渗吸效率数据

序号	$F_{p剂}/F_{p水}$	日渗吸效率 R_{im}/(%/d)	$\ln(F_{p剂}/F_{p水})$	$\ln R_{im}$
1	0.54	0.05	−0.616	−2.996
2	0.84	0.50	−0.174	−0.693
3	1.93	0.05	0.658	−2.996
4	2.33	3.03	0.846	1.109
5	3.50	1.18	1.253	0.166
6	3.65	3.60	1.295	1.281
7	3.65	3.60	1.295	1.281
8	3.83	0.05	1.343	−2.996
9	5.00	0.84	1.609	−0.174
10	5.64	2.55	1.730	0.936
11	5.64	2.55	1.730	0.936

序号	$F_{p剂}/F_{p水}$	日渗吸效率 R_{im}/(%/d)	$\ln(F_{p剂}/F_{p水})$	$\ln R_{im}$
12	6.21	1.14	1.826	0.131
13	7.17	0.53	1.970	−0.635
14	7.46	2.31	2.010	0.837
15	7.90	3.55	2.067	1.267
16	8.01	2.86	2.081	1.051
17	8.07	2.36	2.088	0.859
18	9.44	0.21	2.245	−1.561
19	10.69	1.32	2.369	0.278
20	11.11	2.56	2.408	0.94
21	17.76	1.93	2.877	0.658
QX 模拟地层水	1.00	0.05	0.000	−2.996
1	2.30	3.13	0.833	1.141
2	3.57	3.75	1.273	1.322
3	2.73	3.75	1.004	1.322
4	4.04	3.82	1.396	1.340
5	4.07	3.55	1.404	1.267
6	43.35	2.82	3.769	1.037
7	24.74	3.06	3.208	1.118
8	1.98	0.68	52.840	3.970
9	1.09	0.09	47.970	3.870
10	2.43	0.89	58.320	4.070
11	2.17	0.78	34.090	3.530
12	3.95	1.37	61.990	4.130
13	1.09	0.09	62.550	4.140
14	1.84	0.61	58.430	4.070
15	2.51	0.92	45.820	3.820
16	4.56	1.52	46.330	3.840
17	8.36	2.12	42.42	3.75
18	3.49	1.25	48.51	3.88
19	1.59	0.46	47.06	3.85
20	3.85	1.35	38.76	3.66
21	0.52	−0.66	18.81	2.93
22	0.90	−0.11	36.89	3.61
23	2.39	0.87	48.13	3.87
24	8.89	2.19	41.25	3.72
25	4.29	1.46	40.60	3.70
26	11.15	2.41	25.86	3.25
27	4.42	1.49	36.30	3.59
28	8.30	2.12	38.59	3.65
29	1.00	0.00	14.51	2.67
30	43.35	3.77	52.84	3.97

渗吸剂的渗透力值与模拟地层水的渗透力值之比简称为"剂水渗透力比",这个比值与岩心实验中渗吸效率之间关系的散点图,如图 4.35 所示。

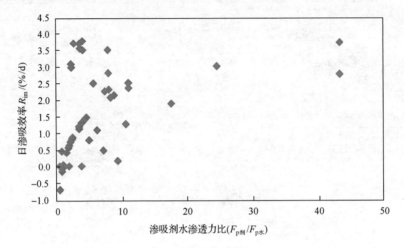

图 4.35　剂水渗透力比与渗吸效率关系散点图

剂水渗透力比与日渗吸效率标准化数据间关系散点图,如图 4.36 所示。

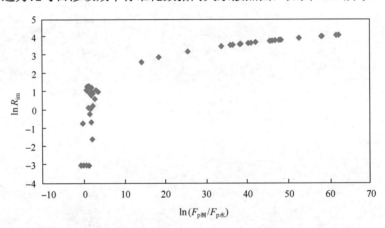

图 4.36　岩心实验 $\ln(F_{p剂}/F_{p水})$ 与 $\ln R_{im}$ 关系散点图

(1)回归分析。

因变量为 $\ln R_{im}$ 计算用 $\ln Y$ 表示;自变量 $\ln(F_{p剂}/F_{p水})$ 计算用 $\ln X$ 表示。用曲线 $\ln Y = a + b_1 \ln X + b_2 \ln^2 X$ 拟合数据,结果如表 4.38 和图 4.37 所示。

表 4.38　模型汇总和参数估计值

方程	模型汇总					参数估计值		
	R^2	F	df1	df2	Sig.	常数	b_1	b_2
二次	0.747	72.345	2	49	0.000	−0.077	0.166	−0.002

注:①预测变量常量、$\ln X$;②因变量为 $\ln Y$。

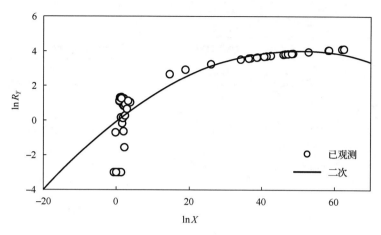

图 4.37　渗透力拟合曲线

(2) 回归模型检验。

$$\alpha = 0.001, \quad F(1,40) = 12.61$$

$F = 72.45 > 12.61$，回归方程在 $\alpha = 0.001$ 时水平显著。

$$r_{\alpha(n-2)} = r_{0.01(50)} = 0.478$$

$R = \sqrt{0.747} = 0.8642 > 0.478$，回归方程在 $\alpha = 0.01$ 水平效果显著，说明点的变化情况有 75%比例可以用模型解释。

(3) 预测最佳区间。

通过回归分析和模型检验，可以利用下面方程确定出最佳值域：

$$\ln Y = -0.077 + 0.166\ln X - 0.002\ln^2 X$$

即

$$\ln Y = -0.002(\ln X - 41.5)^2 + 3.37$$

当 $\ln X = 41.5$ 时，$\ln Y = -0.002(\ln X - 41.5)^2 + 3.37$ 有最大值。令 $Y = 1$，$\ln X = 41.5 - 41 = 0.5$ 可推出 $X = \mathrm{e}^{0.5} = 1.65$。

当岩心实验中渗透力比值应大于 1.65 时，日渗吸效率高于 1。

2) 细油砂实验数据分析

渗透力比与油砂实验中渗吸效率的相关数据标准化处理结果如表 4.39 所示。

表 4.39　渗透力比与渗吸效率数据处理

序号	$F_{p剂}/F_{p水}$	油砂渗吸效率 R_{im}/%	$\ln(F_{p剂}/F_{p水})$	$\ln R_{im}$
1	1.980	52.840	0.680	3.970
2	1.090	47.970	0.090	3.870
3	2.430	58.320	0.890	4.070
4	2.170	34.090	0.780	3.530

续表

序号	$F_{p剂}/F_{p水}$	油砂渗吸效率 R_{im}/%	$\ln(F_{p剂}/F_{p水})$	$\ln R_{im}$
5	3.950	61.990	1.370	4.130
6	1.090	62.550	0.090	4.140
7	1.840	58.430	0.610	4.070
8	2.510	45.820	0.920	3.820
9	4.560	46.330	1.520	3.840
10	8.360	42.420	2.120	3.750
11	3.490	48.510	1.250	3.880
12	1.590	47.060	0.460	3.850
13	3.850	38.760	1.350	3.660
14	0.520	18.810	−0.660	2.930
15	0.900	36.890	−0.110	3.610
16	2.390	48.130	0.870	3.870
17	8.890	41.250	2.190	3.720
18	4.290	40.600	1.460	3.700
19	11.150	25.860	2.410	3.250
20	4.420	36.300	1.490	3.590
21	8.300	38.590	2.120	3.650
22	1.000	14.510	0.000	2.670
23	43.350	52.840	3.770	3.970
24	8.010	47.970	2.080	3.870
25	5.640	58.320	1.730	4.070
26	11.110	34.090	2.410	3.530
27	24.740	61.990	3.210	4.130
28	4.070	62.550	1.400	4.140
29	2.300	58.430	0.830	4.070
30	3.570	45.820	1.270	3.820
31	2.730	46.330	1.000	3.840
32	4.040	42.420	1.400	3.750
33	3.650	48.510	1.290	3.880
34	7.900	47.060	2.070	3.850
35	2.330	38.760	0.850	3.660
36	3.285	41.060	1.189	3.715
37	3.426	42.830	1.232	3.757
38	3.903	48.790	1.362	3.888
39	4.330	54.120	1.465	3.991
40	4.150	51.870	1.423	3.949
41	25.150	41.060	3.225	3.715
42	12.440	42.830	2.521	3.757

续表

序号	$F_{p剂}/F_{p水}$	油砂渗吸效率 R_{im}/%	$\ln(F_{p剂}/F_{p水})$	$\ln R_{im}$
43	23.750	48.790	3.168	3.888
44	7.960	54.120	2.074	3.991
45	8.480	51.870	2.138	3.949
46	7.890	57.770	2.066	4.056
47	5.650	59.600	1.732	4.088
48	7.140	59.210	1.966	4.081
49	3.620	58.310	1.286	4.066
50	4.710	58.930	1.550	4.076
51	4.622	57.770	1.531	4.056
52	4.768	59.600	1.562	4.088
53	4.737	59.210	1.555	4.081
54	4.665	58.310	1.540	4.066
55	4.714	58.930	1.551	4.076

渗透力比与渗吸效率标准化数据间散点图，如图 4.38 所示。

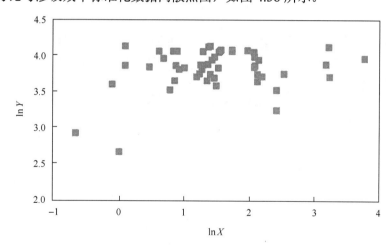

图 4.38　油砂实验 $\ln X$ 与 $\ln Y$ 关系散点图

（1）回归分析。

用曲线 $\ln Y = a + b_1 \ln X + b_2 \ln^2 X + b_3 \ln^3 X$ 拟合数据，结果如表 4.40 和图 4.39 所示。

表 4.40　模型汇总和参数估计值

方程	模型汇总					参数估计值			
	R^2	F	df1	df2	Sig.	常数	b_1	b_2	b_3
二次	0.145	2.718	2	32	0.081	3.569	0.295	−0.069	
三次	0.357	5.729	3	31	0.003	3.588	0.703	−0.496	0.092

注：①预测变量为常量、$\ln X$；②因变量为 $\ln Y$。

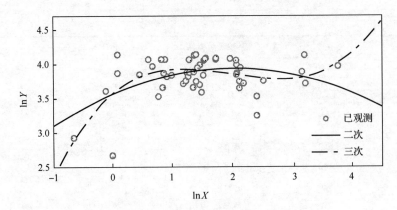

图 4.39　渗透力三种拟合曲线

(2) 回归模型检验。

$$\alpha = 0.025, \qquad F(1,60) = 5.29$$

$F = 5.729 > 5.29$，回归方程在 $\alpha = 0.025$ 显著水平显著。

$$r_{\alpha(n-2)} = r_{0.01(60)} = 0.325$$

$R = \sqrt{0.375} = 0.60 > 0.325$，回归方程在 $\alpha = 0.01$ 水平效果显著，模型可以用来解释 37%以上点的变化情况。

(3) 区间预测。

通过回归分析和模型检验，可以利用下面方程预测最佳值域，以下为计算方程：

$$L = \ln Y = 3.588 + 0.703 \ln X - 0.496 \ln^2 X - 0.092 \ln^3 X, \qquad X \in (1,30) \qquad (4.34)$$

求导得

$$L' = \frac{0.703 - 0.992 \ln X - 0.276 \ln^2 X}{X} = 0, \qquad X \in (1,30) \qquad (4.35)$$

解得

$$\ln X_1 = 0.964, \qquad \ln X_2 = 2.63$$

二次求导可得

$$L'' = \frac{-0.992 + 0.552 \ln X}{X^2} \qquad (4.36)$$

当 $\ln X = 0.964$ 时，$L'' = \dfrac{-0.992 + 0.552 \times 0.964}{X^2} = \dfrac{-0.4698}{X^2} < 0$，$X \in (1,30)$，说明当 $\ln X = 0.964$，即 $X = e^{0.964} = 2.662$ 时，函数有极大值。

当 $\ln X = 2.63$ 时，$L'' = \dfrac{-0.992 + 0.552 \times 2.63}{X^2} = \dfrac{0.459}{X^2}$，说明当 $\ln X = 2.63$，即 $X = \mathrm{e}^{2.63} = 14$ 时，函数有极小值 3.77，此时渗吸效率为 43%，也属于好区间内。

当 $\ln X = 0.3$ 时，即 $X = \mathrm{e}^{0.3} = 1.35$，渗吸效率为 30% 也属于好区间内。所以，细油砂中渗透力比值应大于 1.35，渗吸效率高于 30%。

用二次方程分析渗透力比值的取值区间：

$$\ln Y = 3.57 + 0.295 \ln X - 0.069 \ln^2 X$$

即

$$\ln Y = 3.886 - 0.069 (\ln X - 2.14)^2$$

当 $\ln X = 2.14$，即 $X = \mathrm{e}^{2.14} = 8$，渗吸效率取值最高。

令 $Y = 30$ 时，$3.4 = 3.886 - 0.069 (\ln X - 2.14)^2$ 的解为

$$\ln X = 0.58 \ , \quad 即 \ X = \mathrm{e}^{0.58} = 1.76$$

$$\ln X = 3.7 \ , \quad 即 \ X = \mathrm{e}^{3.7} = 40$$

细油砂中渗透力比值(1.76,40)，渗吸效率高于 30%。

3）两个模型对比分析

通过以上回归分析和区间预测可以得到岩心与油砂两种渗吸实验的两个模型。

岩心实验：

$$\ln Y = -0.077 + 0.166 \ln X - 0.002 \ln^2 X \tag{4.37}$$

细油砂实验：

$$\ln Y = 3.588 + 0.703 \ln X - 0.496 \ln^2 X - 0.092 \ln^3 X \tag{4.38}$$

细油砂公式 [式(4.38)] 的数值在绝对值上明显大于岩心 [式(4.37)]，说明细油砂数据中渗透力比值对渗吸效率的影响更大。岩心实验中渗透力比值的最佳区间为大于 1.65。细油砂实验中渗透力比值的最佳区间为大于 1.35，可以取其并集。

综上可得出结论：渗透力比值的最佳区间是大于 1.35，最佳取值点是 $X = 8$。

5. 方程模型建立与综合分析

综合分析两个参数对渗吸效率的影响如下。

1）对比黏度比值和界面张力对渗吸效率的影响

渗吸剂体系的黏度比值、界面张力与渗吸效率的实验数据汇总如表 4.41 所示。表中数据对应的实验温度下原油黏度分别为 5.62mPa·s 和 5.33mPa·s。

表 4.41 黏度、界面张力与渗吸效率数据

序号	黏度/(mPa·s)	界面张力/(mN/m)	黏度比值	R_{im}/%
1	1.250	0.068	4.496	2.250
2	24.000	1.180	0.234	7.280
3	0.500	0.116	15.360	7.950
4	0.500	0.400	15.360	15.100
5	0.400	1.780	19.200	15.150
6	1.000	1.900	7.680	18.900
7	0.500	0.367	15.360	19.360
8	0.800	0.647	7.025	20.700
9	0.600	0.249	12.800	21.910
10	0.850	0.523	6.612	21.960
11	0.600	0.589	12.800	22.620
12	0.700	0.925	10.971	22.790
13	0.500	3.170	15.360	22.910
14	0.500	1.700	15.360	23.670
15	0.300	1.730	25.600	24.060
16	0.450	0.687	12.489	24.080
17	0.200	0.320	38.400	24.080
18	0.200	1.320	38.400	24.290
19	0.400	4.020	19.200	24.770
20	3.700	14.380	2.076	26.210
21	0.500	0.261	15.360	27.440
22	0.400	0.030	19.200	27.570
23	0.700	0.822	10.971	28.060
24	0.600	2.120	12.800	28.160
25	0.700	0.886	10.971	28.300
26	0.800	1.320	9.600	28.400
27	1.700	12.500	4.518	29.340
28	0.400	1.030	19.200	29.710
29	0.700	0.001	8.029	29.980
30	0.400	0.001	13.325	29.980
31	0.450	1.691	12.489	30.010
32	0.400	0.546	19.200	30.840
33	0.100	0.870	76.800	33.600
34	0.700	0.008	8.029	34.940
35	0.450	0.008	11.844	34.940
36	1.050	0.052	5.352	35.170
37	0.700	0.004	8.029	35.410
38	0.400	0.004	13.325	35.410
39	1.200	0.400	6.400	35.980
40	0.600	0.016	12.800	36.830

序号	黏度/(mPa·s)	界面张力/(mN/m)	黏度比值	R_{im}/%
41	0.500	0.566	15.360	37.860
42	2.300	0.000	2.443	38.810
43	0.700	0.005	8.029	39.750
44	0.450	0.005	11.844	39.750
45	0.900	0.120	8.533	40.890
46	0.600	0.381	12.800	41.460
47	3.450	0.011	1.629	41.940
48	4.850	0.007	1.159	42.440
49	0.300	0.632	25.600	42.440
50	0.900	0.403	8.533	42.830
51	1.600	9.800	4.800	42.890
52	0.400	0.063	19.200	42.900
53	0.400	0.052	19.200	44.650
54	0.400	0.303	19.200	44.710
55	0.300	14.060	25.600	44.890
56	9.100	0.750	0.618	46.560
57	12.400	0.176	0.453	46.630
58	0.300	0.120	25.600	46.880
59	0.300	0.080	25.600	47.070
60	0.400	10.730	19.200	48.260
61	0.300	11.750	25.600	49.080
62	0.400	1.330	13.325	49.230
63	0.400	1.330	14.050	49.230
64	0.400	0.953	13.325	50.390
65	0.400	0.953	14.050	50.390
66	0.300	1.409	17.767	50.400
67	0.300	1.409	18.733	50.400
68	14.200	0.022	0.396	52.750
69	0.350	0.888	15.229	53.030
70	0.350	0.888	16.057	53.030
71	1.550	0.022	3.626	53.100
72	0.500	3.144	10.660	53.750
73	4.900	0.085	1.147	54.390
74	0.500	2.153	10.660	54.530
75	0.450	2.567	11.844	54.600
76	38.000	0.015	0.148	56.320
77	1.550	0.052	3.626	57.700
78	1.250	0.029	4.496	58.080
79	1.350	0.028	4.163	59.630
80	10.100	0.038	0.556	59.690
81	0.450	2.743	11.844	60.890

序号	黏度/(mPa·s)	界面张力/(mN/m)	黏度比值	R_{im}/%
82	0.300	0.782	17.767	61.810
83	1.300	0.019	4.323	61.880
84	0.350	2.029	15.229	62.700
85	0.350	2.029	16.057	62.700
86	0.800	0.002	7.025	65.000
87	0.300	2.492	17.767	65.370
88	0.300	2.492	18.733	65.370
89	0.350	0.021	16.057	67.750
90	0.400	0.085	14.050	69.680
91	0.750	0.021	7.493	71.090
92	0.850	0.045	6.612	71.200
93	0.500	0.723	10.660	71.740
94	0.450	0.723	12.489	71.740
95	0.800	0.018	7.025	72.460
96	0.450	0.699	11.844	73.550
97	0.450	0.699	12.489	73.550
98	0.400	0.005	14.050	74.050
99	0.550	0.036	9.691	74.580
100	0.550	0.036	10.218	74.580
101	0.800	0.002	6.663	74.930
102	0.750	0.015	7.107	75.570
103	0.750	0.015	7.493	75.570
104	0.550	0.012	10.218	76.930
105	1.250	0.032	4.496	77.100
106	0.350	0.021	15.229	77.680
107	0.650	0.024	8.200	78.810
108	0.650	0.024	8.646	78.810
109	0.400	0.008	13.325	79.470
110	0.400	0.008	14.050	79.470
111	0.500	0.015	11.240	79.730
112	0.300	0.027	18.733	80.870
113	0.300	0.006	17.767	82.140
114	0.300	0.006	18.733	82.140
115	0.400	0.005	13.325	83.980
116	0.700	0.010	7.614	84.750
117	0.450	0.010	12.489	84.750
118	0.550	0.012	9.691	86.860
119	0.700	0.011	7.614	95.640
120	0.450	0.011	12.489	95.640

(1)相关性分析。

黏度比值、界面张力与渗吸效率的相关性分析如表 4.42 所示。结果表明：①渗吸效率与渗吸剂体系的黏度比值、界面张力的相关程度为极弱负相关；②渗吸剂的黏度比值与界面张力之间的相关程度极弱。

表 4.42　相关性分析

参数		黏度比值	界面张力	渗吸效率
黏度比值	Pearson 相关性	1	0.092	−0.185
	显著性(双侧)		0.317	0.043
	N	120	120	120
界面张力	Pearson 相关性	0.092	1	−0.132
	显著性(双侧)	0.317		0.150
	N	120	120	120
渗吸效率	Pearson 相关性	−0.185*	−0.132	1
	显著性(双侧)	0.043	0.150	
	N	120	120	120

注：* 在 0.05 水平(双侧)上显著相关；N 为实验组数，余同。

从相关性分析结果可知，渗吸效率与黏度比值和界面张力之间的线性相关性极弱，下面分析哪一个因素影响大。

(2)回归分析。

界面张力用 X_3 表示，黏度比值用 X_4 表示。由于黏度比值和界面张力的数据单位不一致，数值上相差很大，首先进行标准化数据处理，然后用曲线方程 $Y = \beta_1 X_3 + \beta_2 X_4 + \beta_3 X_3^2 + \beta_4 X_4^2 + \beta_5 X_3 X_4$ 去拟合实验数据，多元回归分析结果如表 4.43 和表 4.44 所示。

表 4.43　方差结果

模型		平方和	df	均方	F	Sig.
1	回归	10.348	5	2.070	2.170	0.062
	残差	110.652	116	0.954		
	总计	121.000	121			

表 4.44　曲线拟合的 sig.值

模型		非标准化系数		标准系数(试用版)	T	Sig.
		B	标准误差			
1	常量	-5.269×10^{-16}	0.088		0.000	1.000
	Zscore(X_3 界面张力)	−0.958	0.354	−0.958	−2.703	0.008
	Zscore(X_4 黏度比值)	0.054	0.201	0.054	0.270	0.788
	Zscore(X_3^2)	0.696	0.338	0.696	2.061	0.042
	Zscore(X_4^2)	−0.172	0.187	−0.172	−0.915	0.362
	Zscore($X_3 X_4$)	0.152	0.158	0.152	0.961	0.399

注：因变量为 Zscore(Y)。

分析结果说明：$|F| = 2.17 > 1.90[F(5,120)=1.90]$，方程在 $\alpha = 0.10$ 水平下显著。系数表中界面张力的系数非常显著，黏度比值 (X_4) 的系数 (Sig. = 0.788) 不显著，可认为是零，将它拿掉再次进行回归分析，结果如表 4.45～表 4.47 所示。

表 4.45　再次回归结果

模型		平方和	df	均方	F	Sig.
	回归	10.279	4	2.570	2.715	0.033
1	残差	110.721	117	0.946		
	总计	121.000	121			

表 4.46　再次回归的方差

模型		平方和	df	均方	F	Sig.
	回归	9.082	3	3.027	3.192	0.026
1	残差	111.918	118	0.948		
	总计	121.000	121			

分析结果说明：去掉黏度比值，估计的因子变为 4 个时，方程的显著性水平有提高；再去掉黏度比值与界面张力的乘积项，估计的因子变为 3 个时，$|F| = 3.192 > 2.68$ $[F(3,120) = 2.68]$，方程在 $\alpha = 0.05$ 水平下显著，方程的显著性明显提高。

表 4.47　再次回归系数

模型		非标准化系数		标准系数 (试用版)	T	Sig.
		B	标准误差			
	常量	-5.152×10^{-16}	0.088		0.000	1.000
1	Zscore(X_3界面张力)	-0.801	0.326	-0.801	-2.460	0.015
	Zscore(X_3^2)	0.657	0.325	0.657	2.019	0.046
	Zscore(X_4^2)	-0.096	0.089	-0.096	-1.078	0.283

如果再去掉黏度比值的平方项，界面张力挤掉黏度比值，这与实际问题不符，因此，用下面方程说明问题：

$$Y = -0.801X_3 + 0.657X_3 - 0.096X_4^2 \tag{4.39}$$

说明界面张力值比黏度比值对渗吸效率的影响大。

2) 对比黏度比值和乳化稳定性对渗吸效率的影响

渗吸剂体系的黏度比值、乳化稳定性与渗吸效率的实验数据汇总如表 4.48 所示。

表 4.48　黏度比值和乳化稳定性与渗吸效率数据

序号	黏度 μ/(mPa·s)	乳化稳定性 S_{te}/%	黏度比值	油砂渗吸效率 R_{im}/%
1	0.70	2.610	10.971	43.550
2	0.60	6.130	12.800	63.800
3	0.50	9.410	15.360	75.520
4	0.40	1.130	19.200	57.770
5	0.20	3.140	38.400	59.600
6	0.50	1.190	15.360	59.210
7	0.60	1.390	12.800	58.310
8	0.50	0.560	15.360	58.930
9	1.55	2.970	3.626	57.700
10	0.70	2.610	10.971	43.550
11	0.60	6.130	12.800	63.800
12	0.50	9.410	15.360	75.520
13	0.40	1.130	19.200	57.770
14	0.20	3.140	38.400	59.600
15	0.50	1.190	15.360	59.210
16	0.60	1.390	12.800	58.310
17	0.50	0.560	15.360	58.930

乳化稳定性用 X_2 表示，渗吸剂体系的黏度比值用 X_4 表示，渗吸效率用 Y 表示。选择乳化稳定性(X_2)、黏度比值(X_4)作为自变量，渗吸效率(Y)作为因变量，先将数据标准化处理另存为 Zscore(X_2)、Zscore(X_4)、Zscore(Y)，再选择逐步回归法，结果如表 4.49~表 4.51 所示。

表 4.49　模型误差

模型	R	R^2	调整 R^2	标准估计的误差
1	0.688	0.473	0.438	0.7494

注：①预测变量为常量、Zscore(X_2)、Zscore(X_4)；②因变量为 Zscore(Y)。

已排除的变量 B，逐步回归的结果模型为 $Y=0.688X_2$，说明乳化稳定性比黏度比值对渗吸效率的影响大，此模型可以解释渗吸效率 50%的变化情况。

表 4.50　拟合曲线的 Sig.值

模型		非标准化系数		标准系数(试用版)	T	Sig.
		B	标准误差			
1	常量	-1.065×10^{-16}	0.182		0.000	1.000
	Zscore(X_2)	0.688	0.187	0.688	3.673	0.002

注：B 表示非标准化系数。

表 4.51　模型的偏相关

模型		Beta 函数	T	Sig.	偏相关	共线统计量容差
1	Zscore(X_4)	0.145	0.764	0.458	0.200	0.998

3) 对比乳化稳定性和界面张力对渗吸效率的影响

渗吸剂体系的乳化稳定性、界面张力与渗吸效率的实验数据汇总如表 4.52 所示。

表 4.52　乳化稳定性、界面张力与渗吸效率数据

序号	乳化稳定性/%	界面张力/(mN/m)	油砂渗吸效率/%
1	12.650	0.321	0.170
2	25.180	0.746	0.430
3	11.230	0.584	0.440
4	0.050	0.005	1.840
5	0.040	0.068	2.250
6	70.000	1.080	2.270
7	22.000	0.056	2.600
8	0.500	0.068	3.040
9	7.290	0.394	4.560
10	1.430	0.994	4.880
11	65.000	0.156	5.330
12	19.890	1.601	12.690
13	0.790	0.391	13.980
14	19.850	0.185	18.120
15	60.000	0.064	18.960
16	0.050	0.006	19.000
17	50.000	0.809	19.090
18	6.070	1.130	19.430
19	0.400	0.408	21.250
20	0.030	0.074	21.520
21	4.490	11.161	23.620
22	1.600	3.940	24.550
23	0.880	0.155	24.780
24	6.690	0.561	25.060
25	0.050	0.406	25.550
26	2.890	0.022	26.240
27	23.550	0.071	26.990
28	0.380	0.477	27.140

续表

序号	乳化稳定性/%	界面张力/(mN/m)	油砂渗吸效率/%
29	3.740	0.185	28.860
30	4.990	1.180	29.570
31	5.800	0.425	30.020
32	11.490	1.200	30.400
33	0.050	0.011	30.640
34	4.760	0.939	31.550
35	87.690	0.609	32.550
36	4.400	0.853	33.280
37	17.390	0.839	34.380
38	4.670	1.050	34.870
39	1.860	0.052	35.170
40	3.850	0.534	36.980
41	30.000	0.841	39.580
42	2.940	1.150	40.320
43	0.250	0.079	40.650
44	89.740	6.560	42.900
45	2.600	0.106	43.100
46	0.050	0.113	43.390
47	0.050	0.499	43.570
48	0.050	0.034	45.370
49	2.790	4.139	46.440
50	0.050	0.069	47.460
51	8.240	0.025	47.640
52	1.790	0.163	49.060
53	3.810	0.666	49.380
54	0.050	0.052	49.660
55	14.710	0.582	50.540
56	1.200	0.724	52.760
57	5.420	0.724	52.760
58	0.050	0.045	53.320
59	12.540	0.019	55.340
60	0.970	4.960	55.430
61	2.970	0.052	57.700
62	3.660	0.029	58.080
63	50.410	0.028	59.630
64	3.300	0.643	59.850

序号	乳化稳定性/%	界面张力/(mN/m)	油砂渗吸效率/%
65	6.760	0.019	61.880
66	1.790	1.125	62.870
67	1.790	1.125	62.870
68	0.870	1.570	63.570
69	7.660	6.890	72.090
70	0.050	0.015	74.500
71	22.860	0.032	77.100
72	12.380	0.026	86.860
73	28.410	0.003	87.020

乳化稳定性、界面张力与渗吸效率的相关性分析结果如表 4.53～表 4.56 所示。

表 4.53　乳化稳定性、界面张力与渗吸效率相关性分析

相关性		乳化稳定性	界面张力	渗吸效率
乳化稳定性	Pearson 相关性	1	−0.144	−0.102
	显著性(双侧)		0.225	0.390
	N	73	73	73
界面张力/(mN/m)	Pearson 相关性	−0.144	1	0.051
	显著性(双侧)	0.225		0.667
	N	73	73	73
渗吸效率	Pearson 相关性	−0.102	0.051	1
	显著性(双侧)	0.390	0.667	
	N	73	73	73

选择乳化稳定性 X_2、界面张力 X_3 作为自变量,渗吸效率 Y 作为因变量,先将数据标准化处理并另存为 $\mathrm{Zscore}(X_2)$、$\mathrm{Zscore}(X_3)$、$\mathrm{Zscore}(Y)$,再选择逐步回归法,结果非常不理想,回归方程没有通过 F 检验。

又引入两个自变量:X_2^2 和 X_3^2,数据标准化处理后另存为 $\mathrm{Zscore}(X_2)$、$\mathrm{Zscore}(X_3)$、$\mathrm{Zscore}\,X_2^2$、$\mathrm{Zscore}\,X_3^2$、$\mathrm{Zscore}(Y)$,再选择逐步回归,结果如下。

表 4.54　三个模型的误差对比

模型	R	R^2	调整 R^2	标准估计的误差
1	0.483	0.233	0.135	0.9303
2	0.483	0.233	0.161	0.9158
3	0.453	0.205	0.157	0.9182

表 4.55　模型的方差分析

模型		平方和	df	均方	F	Sig.
1	回归	8.170	4	2.042	2.360	0.075
	残差	26.830	31	0.865		
	总计	73.000	73			
2	回归	8.158	3	2.719	3.242	0.035
	残差	26.842	32	0.839		
	总计	73.000	73			
3	回归	7.178	2	3.589	4.257	0.023
	残差	27.822	33	0.843		
	总计	73.000	73			

表 4.56　模型的系数

模型		非标准化系数 B	标准误差	标准系数(试用版)	T	Sig.
1	常量	-7.300×10^{-16}	0.155		0.000	1.000
	Zscore(X_2)	−0.066	0.582	−0.066	−0.114	0.910
	Zscore(X_3)	0.978	0.521	0.978	1.877	0.070
	Zscore X_2^2	−0.104	0.582	−0.104	−0.179	0.859
	Zscore X_3^2	−1.244	0.509	−1.244	−2.446	0.020
2	常量	-7.295×10^{-16}	0.153		0.000	1.000
	Zscore(X_3)	0.952	0.462	0.952	2.063	0.047
	Zscore $X_{2\cdot}^2$	−0.168	0.155	−0.168	−1.081	0.288
	Zscore X_3^2	−1.222	0.461	−1.222	−2.650	0.012
3	常量	-7.245×10^{-16}	0.153		0.000	1.000
	Zscore(X_3)	0.978	0.462	0.978	2.117	0.042
	Zscore X_3^2	−1.233	0.462	−1.233	−2.669	0.012

$F=4.257>3.01[F(4,60)=3.01]$，模型在 $\alpha=0.025$ 显著。回归结果模型为

$$Y=0.978X_3-1.233X_3^2 \tag{4.40}$$

模型 3 说明界面张力比乳化稳定性对渗吸效率的影响大，此模型可以解释渗吸效率 20%的变异情况，如果要提高渗吸效率变异情况的解释比例，应加入交叉乘积项 X_2X_3 和其他因子，再次进行逐步回归处理。

4)结论

通过三个影响因素间的两两对比分析，得出的结论为对渗吸效率影响的大小排序为界面张力、乳化稳定性、黏度比值。综合分析三个参数对渗吸效率影响的权重如下。

(1)岩心数据分析。

乳化稳定性、界面张力和黏度比值三因素与岩心日渗吸效率关系的原始数据如表 4.57 所示。

表 4.57　三因素与岩心渗吸效率数据

序号	乳化稳定性/%	界面张力/(mN/m)	黏度比值($\mu_{油}/\mu_{剂}$)	日渗吸效率/(%/d)
1	0.070	0.023	4.630	0.314
2	13.540	0.005	4.630	0.400
3	0.540	0.015	5.290	2.829
4	0.070	0.023	4.630	0.624
5	19.340	2.810	0.340	0.860
6	13.540	0.005	4.630	0.619
7	0.070	0.023	4.630	0.786
8	23.560	0.071	1.550	0.000
9	3.560	0.006	5.290	1.039
10	3.560	0.006	4.930	0.213
11	4.920	0.019	12.330	0.000
12	0.540	0.015	5.290	0.948
13	0.070	0.023	4.630	0.208
14	13.540	0.005	4.630	0.203
15	3.560	0.006	4.930	1.295
16	0.680	0.045	5.290	0.585
17	23.560	0.071	1.550	0.057
18	13.540	0.005	4.630	1.775
19	3.560	0.006	4.930	0.688
20	13.540	0.005	4.630	0.477
21	3.560	0.006	4.930	9.145
22	100.000	2.150	0.080	0.643
23	0.250	0.061	4.930	0.350
24	0.070	0.023	4.630	0.855
25	0.020	0.005	3.490	0.935
26	3.560	0.006	6.990	12.850
27	23.560	0.010	2.200	0.650
28	2.680	0.096	7.490	0.904
29	2.680	0.096	7.490	1.119
30	0.050	0.023	6.550	0.552
31	0.000	0.877	5.290	4.370
32	10.240	0.122	5.690	0.795
33	0.540	0.015	5.290	5.003
34	0.540	0.015	5.290	3.255
35	0.540	0.015	5.290	38.355
36	2.670	0.002	9.250	0.979
37	8.750	0.002	8.220	9.370
38	8.750	0.002	8.220	0.197
39	10.240	0.122	5.690	0.350
40	2.670	0.002	9.250	0.979
41	8.750	0.002	8.220	0.200
42	0.540	0.015	5.290	4.495

续表

序号	乳化稳定性/%	界面张力/(mN/m)	黏度比值($\mu_{油}/\mu_{剂}$)	日渗吸效率/(%/d)
43	8.750	0.002	8.220	45.315
44	0.000	0.877	5.290	0.091
45	4.920	0.019	12.330	1.333
46	0.000	0.877	5.290	4.370
47	10.240	0.122	5.690	0.795
48	0.540	0.015	5.290	5.003
49	0.540	0.015	5.290	46.220
50	10.240	0.122	5.690	0.350
51	0.540	0.015	5.290	3.255
52	0.540	0.015	5.290	38.355
53	2.670	0.002	9.250	0.979
54	8.750	0.002	8.220	0.200
55	0.540	0.015	5.290	4.495
56	8.750	0.002	8.220	45.315
57	0.000	0.877	5.290	0.091
58	8.750	0.002	8.220	9.370
59	8.750	0.002	8.220	0.197
60	4.920	0.019	12.330	1.333

①相关性分析。

乳化稳定性、界面张力和黏度比值三因素与岩心渗吸效率关系的相关性分析结果如表 4.58 所示。

表 4.58　三因素相关性分析

参数	相关性	乳化稳定性	界面张力	黏度比值	渗吸效率
乳化稳定性	Pearson 相关性	1	0.529**	-0.394**	-0.097
	显著性(双侧)		0.000	0.002	0.463
	N	60	60	60	60
界面张力	Pearson 相关性	0.529**	1	-0.428**	-0.110
	显著性(双侧)	0.000		0.001	0.403
	N	60	60	60	60
黏度比值	Pearson 相关性	-0.394**	-0.428**	1	0.105
	显著性(双侧)	0.002	0.001		0.424
	N	60	60	60	60
渗吸效率	Pearson 相关性	-0.097	-0.110	0.105	1
	显著性(双侧)	0.463	0.403	0.424	
	N	60	60	60	60

注：**表示在 $\alpha = 0.01$ 水平(双侧)上显著相关。

黏度比值、乳化稳定性、界面张力与渗吸效率的相关性极弱，但乳化稳定性与黏度比值的相关性为低度，乳化稳定性与界面张力的相关性为中度，界面张力与黏度比值的相关性为低度接近中度，且都是在 $\alpha = 0.01$ 水平(双侧)上显著相关。说明三个影响因素之间的相关性均强于自身与渗吸效率的相关性，导致一部分对渗吸效率的影响通过第三方实现，属于间接影响，因此会影响它们对渗吸效率变异情况的解释力。

②逐步回归分析。

曲线拟合后模型中的方差、方差分析与模型系数等结果如表 4.59～表 4.61 所示。用曲线 $Y = \beta_1 X_2 + \beta_2 X_3 + \beta_3 X_4$（$X_2$ 为乳化稳定性，X_3 为界面张力，X_4 为渗吸剂体系的黏度比值，Y 为渗吸效率）拟合数据的结果如表 4.59～表 4.61 所示。

表 4.59　模型汇总

模型	R	R^2	调整 R^2	标准估计的误差
1	0.131	0.017	−0.035	11.9319

注：①预测变量为常量、Zscore(X_2)、Zscore(X_3)、Zscore(X_4)；②因变量为 Zscore(Y)。

表 4.60　模型的方差分析

模型		平方和	df	均方	F	Sig.
1	回归	139.926	3	46.642	0.328	0.805
	残差	7972.708	56	142.370		
	总计	8112.634	59			

表 4.61　模型的系数

模型		非标准化系数		标准系数(试用版)	T	Sig.
		B	标准误差			
1	常量	4.001	4.910		0.815	0.419
	Zscore(X_2)	−0.033	0.136	−0.039	−0.242	0.810
	Zscore(X_3)	−1.498	3.905	−0.062	−0.384	0.703
	Zscore(X_4)	0.301	0.716	0.063	0.421	0.675

方程 $Y = -0.039X_2 - 0.062X_3 + 0.063X_4$ 没有通过 F 检验，模型只能解释渗吸效率变化原因的不足 2%，该模型不可用。

选择以下两个方程式：

$$Y = \beta_1 X_2 + \beta_2 X_3 + \beta_3 X_4 + \partial_1 X_2^2 + \partial_2 X_3^2 + \partial_3 X_4^2$$

$\ln Y = \beta_1 \ln X_2 + \beta_2 \ln X_3 + \beta_3 \ln X_4$ 进行数据拟合，模型的拟合效果也不理想，R 的最高值是 0.36，说明模型只能解释 13% 的渗吸效率变异情况，回归方程没有通过 F 检验。出现这种情况的原因主要有三方面：一是选择的模型不合适；二是可能还有重要的变量没有引进模型；三是几个影响因素之间的相互作用显著，使它们对渗吸效率的影响不直接。

又选用下面方程进行数据拟合：

$$Y = \beta_1 X_2 + \beta_2 X_3 + \beta_3 X_4 + \partial_1 X_2^2 + \partial_2 X_3^2 + \partial_3 X_4^2 + \partial_4 X_2 X_3 + \partial_5 X_2 X_4 + \partial_6 X_3 X_4$$

结果如表 4.62 和表 4.63 所示。

表 4.62　模型汇总

模型	R	R^2	调整 R^2	标准估计的误差
1	0.851	0.724	0.548	0.8394

注：①预测变量为常量，X_2、X_3、X_4、X_2^2、X_3^2、X_4^2、X_2X_3、X_2X_4、X_3X_4；②因变量为 Y。

由表 4.62 可知，$R^2 = 0.724$，说明模型是可以解释渗吸效率变异情况的 70% 以上，模型与数据的拟合效果较好。

表 4.63　模型系数

模型		非标准化系数		标准系数(试用版)	T	Sig.
		B	标准误差			
1	常量	−44.977	27.622		−1.628	0.111
	X_2	1.754	1.027	1.490	1.708	0.095
	X_3	−178.950	79.796	−2.377	−2.243	0.030
	X_4	24.754	7.964	2.831	3.108	0.003
	X_2^2	−0.012	0.009	−0.933	−1.305	0.199
	X_4^4	−1.613	0.557	−3.204	−2.897	0.006
	X_3X_4	28.021	13.930	2.136	2.011	0.051

表 4.63 中还有 X_2^2 和 X_2 的系数没有通过检验，根据实际情况，只能再去掉 X_2^2 项，在模型中保留 X_2。

$$Y = -44.98 + 1.75X_2 - 178.95X_3 + 24.75X_4 - 1.613X_4^2 + 28.02X_3X_4 \qquad (4.41)$$

$$Y = -44.98 + 1.49X_2 - 2.377X_3 + 2.831X_4 - 3.2X_4^2 + 2.136X_3X_4 \qquad (4.42)$$

从标准系数看，对渗吸效率贡献最大的是 X_4^2 项 (−3.2) 和 X_4 项 (2.831)，说明 X_4 对 X_4^2 项的贡献率有负影响，减弱了 X_4^2 项的影响力。其次是 X_3 项 (−2.377)、X_3X_4 项 (2.136)，说明 X_4 对 X_3 的贡献率有正影响，增强了 X_3 项的影响力，X_3 对 X_4 的贡献有正影响，再其次是 X_2 项 (1.49)。

综合分析几个因素对渗吸效率的影响，作用大小排序为：界面张力 (X_3) ＞乳化稳定性 (X_2) ＞黏度比值 (X_4)。

③因子分析法比较三个参数对渗吸效率的影响。

因子分析是数理统计中一种研究各指标之间相互关系的多因素分析方法。首先将测试获得的一批数据利用软件计算出各指标两两间的相关系数矩阵，再通过矩阵变换，算出特征值 λ_i 和特征向量 $\boldsymbol{u}_{ij}$。根据 λ_i 的大小，可以从中选出几个主成分，用这几个主成分就能反映原有指标的绝大部分信息，可计算出初始因子矩阵，由于初始因子矩阵中的因子载荷 a_{ij} 是第 i 个指标和第 j 个主成分的相关系数，因而可以根据各指标的因子载荷的大小确定各个指标的相对重要程度，从而计算出各指标的"权重"。

数据标准化处理，用 SPSS 进行分析、降维、因子分析等，结果如表 4.64～表 4.66 所示。

表 4.64　公因子方差

公因子方差	初始	提取
Zscore(X_2)	1.000	0.658
Zscore(X_3)	1.000	0.687
Zscore(X_4)	1.000	0.558

注：提取方法为主成分分析法。

表 4.65　解释的总方差

成分	初始特征值			提取平方和载入		
	不同成分特征值合计	方差/%	累积/%	不同成分特征值合计	方差/%	累积%
1	1.903	63.429	63.429	1.903	63.429	63.429
2	0.629	20.959	84.388			
3	0.468	15.612	100.000			

表 4.66　成分矩阵

成分矩阵	成分
主成分	1
Zscore(X_2)	0.811
Zscore(X_3)	0.829
Zscore(X_4)	−0.747

提取主成分：

$$f_1 = 0.811X_2 + 0.829X_3 - 0.747X_4 \tag{4.43}$$

利用这个主成分(f_1)与渗吸效率 Y 的对数值进行回归，结果如表 4.67 所示。

表 4.67　模型系数

模型		非标准化系数		标准系数(试用版)	T	Sig.
		B	标准误差			
1	(常量)	0.069	0.260		0.266	0.791
	f_1	−0.250	0.138	−0.23	−1.809	0.076

注：①自变量为主成分 f_1；②因变量为 $\ln Y$。

F 检验：$F = 3.272 > 2.84[F(1,40) = 2.84]$，回归方程 $\ln Y = 0.07 - 0.25f_1$ 在 $\alpha = 0.10$ 水平下显著。

标准化形式为

$$\ln Y = -0.23f_1$$

标准化方程还原回变量：

$$\ln Y = -0.233\left(0.811X_2 + 0.829X_3 - 0.747X_4\right) = -0.189X_2 - 0.193X_3 + 0.174X_4 \qquad (4.44)$$

计算贡献率得：乳化稳定性 $\omega_1 = 0.189/0.556 = 0.3399$；界面张力 $\omega_2 = 0.193/0.556 = 0.3471$；黏度比值 $\omega_3 = 0.174/0.556 = 0.3129$。

排名结果为界面张力(35%)、乳化稳定性(34%)、黏度比值(31%)。从排序结果可见，岩心实验中三个参数对渗吸效率影响的差距不大。

(2)油砂实验数据分析。

渗吸剂的乳化稳定性、界面张力及油水黏度比等实验值与油砂渗吸效率的对应值如表 4.68 所示。

表 4.68　三因素与油砂渗吸效率数据

序号	乳化稳定性/%	界面张力/(mN/m)	黏度比值	油砂渗吸效率/%
1	12.650	0.321	21.320	0.170
2	25.180	0.746	9.691	0.430
3	11.230	0.584	9.691	0.440
4	0.050	0.005	9.691	1.840
5	0.040	0.068	4.496	2.250
6	70.000	1.080	11.844	2.270
7	22.000	0.056	17.767	2.600
8	0.500	0.068	4.496	3.040
9	7.290	0.394	15.229	4.560
10	1.430	0.994	5.916	4.880
11	65.000	0.156	10.660	5.330
12	19.890	1.601	7.493	12.690
13	0.790	0.391	21.320	13.980
14	19.850	0.185	21.320	18.120
15	60.000	0.064	11.844	18.960
16	0.050	0.006	6.271	19.000
17	50.000	0.809	11.844	19.090
18	6.070	1.130	7.493	19.430
19	0.400	0.408	17.767	21.250
20	0.030	0.074	5.620	21.520
21	4.490	11.161	16.057	23.620
22	1.600	3.940	5.352	24.550
23	0.880	0.155	5.352	24.780
24	6.690	0.561	5.120	25.060
25	0.050	0.406	17.767	25.550
26	2.890	0.022	8.029	26.240
27	23.550	0.071	1.719	26.990
28	0.380	0.477	6.612	27.140
29	3.740	0.185	7.493	28.860
30	4.990	1.180	10.971	29.570

序号	乳化稳定性/%	界面张力/(mN/m)	黏度比值	油砂渗吸效率/%
31	5.800	0.425	5.916	30.020
32	11.490	1.200	6.400	30.400
33	0.050	0.011	8.883	30.640
34	4.760	0.939	6.400	31.550
35	87.690	0.609	7.493	32.550
36	4.400	0.853	7.680	33.280
37	17.390	0.839	6.271	34.380
38	4.670	1.050	6.400	34.870
39	1.860	0.052	5.352	35.170
40	3.850	0.534	5.120	36.980
41	30.000	0.841	5.611	39.580
42	2.940	1.150	7.680	40.320
43	0.250	0.079	8.200	40.650
44	89.740	6.560	4.163	42.900
45	2.600	0.106	3.840	43.100
46	0.050	0.113	17.767	43.390
47	0.050	0.499	17.767	43.570
48	0.050	0.034	21.320	45.370
49	2.790	4.139	2.391	46.440
50	0.050	0.069	13.325	47.460
51	8.240	0.025	5.916	47.640
52	1.790	0.163	9.367	49.060
53	3.810	0.666	2.477	49.380
54	0.050	0.052	17.767	49.660
55	14.710	0.582	1.091	50.540
56	1.200	0.724	17.767	52.760
57	5.420	0.724	28.100	52.760
58	0.050	0.045	7.614	53.320
59	12.540	0.019	17.767	55.340
60	0.970	4.960	8.029	55.430
61	2.970	0.052	3.626	57.700
62	3.660	0.029	4.496	58.080
63	50.410	0.028	4.163	59.630
64	3.300	0.643	8.029	59.850
65	6.760	0.019	4.323	61.880
66	1.790	1.125	35.533	62.870
67	1.790	1.125	37.467	62.870
68	0.870	1.570	11.240	63.570
69	7.660	6.890	5.916	72.090
70	0.050	0.015	7.614	74.500
71	22.860	0.032	4.496	77.100
72	12.380	0.026	10.218	86.860
73	28.410	0.003	8.883	87.020

①相关性分析。

乳化稳定性、界面张力和黏度比三个因素与油砂渗吸效率的相关性分析结果如表 4.69 所示。

表 4.69　三因素与渗吸效率相关性分析

相关性		乳化稳定性 X_2	界面张力 X_3	黏度比值 X_4	X_2X_3	X_2X_4	X_3X_4
乳化稳定性 X_2	Pearson 相关性	1.000	0.106	−0.107	0.556**	0.880**	−0.022
	显著性(双侧)		0.371	0.368	0.000	0.000	0.857
	N	73	73	73	73	73	73
界面张力 X_3	Pearson 相关性	0.106	1.000	−0.026	0.463**	0.001	0.844**
	显著性(双侧)	0.371		0.828	0.000	0.993	0.000
	N	73	73	73	73	73	73
黏度比值 X_4	Pearson 相关性	−0.107	−0.026	1.000	−0.107	0.130	0.276*
	显著性(双侧)	0.368	0.828		0.368	0.274	0.018
	N	73	73	73	73	73	73
X_2X_3	Pearson 相关性	0.556**	0.463**	−0.107	1.000	0.279*	0.185
	显著性(双侧)	0.000	0.000	0.368		0.017	0.116
	N	73	73	73	73	73	73
X_2X_4	Pearson 相关性	0.880**	0.001	0.130	0.279*	1.000	−0.009
	显著性(双侧)	0.000	0.993	0.274	0.017		0.943
	N	73	73	73	73	73	73
X_3X_4	Pearson 相关性	−0.022	0.844**	0.276*	0.185	−0.009	1.000
	显著性(双侧)	0.857	0.000	0.018	0.116	0.943	
	N	73	73	73	73	73	73

注：**表示在 0.01 水平(双侧)上显著相关。

六个因子间乳化稳定性与 X_2X_4 的相关系数为 0.88，界面张力与 X_3X_4 的相关系数为 0.844，均属于高度正相关，说明乳化稳定性 X_2 对交叉项 X_2X_4 有较大影响，界面张力 X_3 对交叉项 X_3X_4 也有较大影响，乳化稳定性和界面张力对渗吸效率有间接影响。

②回归分析。

乳化稳定性、界面张力、黏度比与渗吸效率的相关性方程如式(4.45)所示，方程拟合结果见表 4.70～表 4.72。

$$Y = \alpha_1 X_2 + \alpha_2 X_3 + \alpha_3 X_4 + \beta_1 X_2^2 + \beta_2 X_3^2 + \beta_3 X_4^2 + \lambda_1 X_2 X_3 + \lambda_2 X_2 X_4 + \lambda_3 X_4 X_3 \quad (4.45)$$

式中，X_2 为乳化稳定性，%；X_3 为界面张力，mN/m；X_4 为油水黏度比值。

表 4.70　模型的方差

模型		平方和	df	均方	F	Sig.
	回归	20.814	9	2.313	2.773	0.008[a]
1	残差	57.546	69	0.834		
	总计	78.36	78			

表 4.71　模型的系数

模型	非标准化系数		标准系数(试用版)	T	Sig.
	B	标准误差			
	常量	−0.012	0.103		−0.115	0.909
	Zscore(X_2 乳化稳定性)	1.904	0.502	1.909	3.794	0.000
	Zscore(X_3 界面张力)	0.123	0.322	0.122	0.380	0.705
	Zscore(X_4 黏度比)	0.094	0.445	0.094	0.212	0.833
	Zscore(X_2^2)	−0.758	0.359	−0.760	−2.111	0.038
1	Zscore(X_3^2)	0.734	0.517	0.736	1.418	0.161
	Zscore(X_4^2)	0.578	0.467	0.579	1.237	0.220
	Zscore($X_2 X_3$)	−0.346	0.212	−0.347	−1.636	0.106
	Zscore($X_2 X_4$)	−1.189	0.339	−1.192	−3.511	0.001
	Zscore($X_3 X_4$)	−0.843	0.466	−0.845	−1.810	0.075

注：自变量为 Zscore；因变量为油砂渗吸效率(Y)。

F 检验：$|F| = 2.773 > 2.56[F(9,60) = 2.56]$，模型在 $\alpha = 0.01$ 水平显著通过了检验。

乳化稳定性的系数和与乳化稳定性有关的因子都显著，通过了检验，说明乳化稳定性对渗吸效率的影响显著，界面张力和黏度比值的系数没有通过；去掉式(4.45)中 X_4，再分析，结果如表 4.72 所示。去掉式(4.45)中 X_3，再分析，结果如表 4.73 所示。

表 4.72　模型二次分析系数

模型	非标准化系数		标准系数(试用版)	T	Sig.
	B	标准误差			
	常量	−0.011	0.102		−0.112	0.911
	Zscore(X_2 乳化稳定性)	1.859	0.451	1.864	4.118	0.000
	Zscore(X_3 界面张力)	0.104	0.309	0.104	0.338	0.736
	Zscore(X_2^2)	−0.749	0.354	−0.751	−2.115	0.038
1	Zscore(X_3^2)	0.760	0.498	0.763	1.526	0.131
	Zscore(X_4^2)	0.667	0.208	0.668	3.212	0.002
	Zscore($X_2 X_3$)	−0.341	0.209	−0.342	−1.633	0.107
	Zscore($X_2 X_4$)	−1.151	0.284	−1.153	−4.049	0.000
	Zscore($X_3 X_4$)	−0.852	0.460	−0.855	−1.852	0.068

表 4.73　模型三次分析系数

模型		非标准化系数		标准系数(试用版)	T	Sig.
		B	标准误差			
1	常量	-3.015×10^{-16}	0.101		0.000	1.000
	Zscore(乳化稳定性 X_2)	1.831	0.448	1.831	4.091	0.000
	Zscore(X_2^2)	-0.733	0.352	-0.733	-2.084	0.041
	Zscore(X_3^2)	0.830	0.449	0.830	1.848	0.069
	Zscore(X_4^2)	0.655	0.206	0.655	3.182	0.002
	Zscore(X_2X_3)	-0.321	0.198	-0.321	-1.621	0.109
	Zscore(X_2X_4)	-1.152	0.283	-1.152	-4.076	0.000
	Zscore(X_3X_4)	-0.835	0.454	-0.835	-1.840	0.070

再去掉 X_2X_3 项，各项系数基本通过检验。标准化系数方程为

$$Y=1.831X_2-0.733X_2^2+0.830X_3^2+0.655X_4^2-1.152X_2X_4-0.835X_3X_4 \quad (4.46)$$

从回归方程的系数看，X_2、X_2^2 和 X_2X_4 对渗吸效率影响最大，含 X_2 的有三项：$1.834X_2$、$1.152X_2X_4$、$0.733X_2^2$，要想更好地发挥 X_2 的作用，X_2 和 X_4 的取值小些好，数量关系 X_2 是 X_4 的 1.6 倍较为合适。其次是 X_3、X_4，且 X_4 对 X_3 和 X_2 的贡献率都有负影响，降低了 X_3 和 X_2 的影响力。综上所述，油砂中对渗吸效率影响的大小为：乳化稳定性 (X_2) 与界面张力 (X_3) 难分高下，黏度比值 (X_4) 影响最小。

③因子分析法比较三因素对渗吸效率的贡献。

数据标准化处理，用 SPSS 分析、降维、因子分析，结果如表 4.74～表 4.76 所示。

表 4.74　模型的公因子方差

公因子方差	初始	提取
Zscore(X_2)	1.000	0.602
Zscore(X_3)	1.000	0.675
Zscore(X_4)	1.000	0.273
Zscore(Y)	1.000	0.704

注：提取方法为主成分分析。

表 4.75　解释的总方差

成分	初始特征值			提取平方和载入		
	不同成分特征值合计	方差/%	累积/%	不同成分特征值合计	方差/%	累积/%
1	1.197	29.917	29.917	1.197	29.917	29.917
2	1.057	26.436	56.353	1.057	26.436	56.353
3	0.957	23.934	80.288			
4	0.788	19.712	100.000			

表 4.76   成分矩阵

主成分	成分	
	1	2
Zscore(X_2)	0.776	−0.003
Zscore(X_3)	0.353	0.742
Zscore(X_4)	−0.507	−0.127
Zscore(Y)	−0.462	0.701

在确定指标权重中，通过主成分分析法得到的各项指标的公因子方差，其值大小表示该项指标对总体变异的贡献，可以通过计算各个公因子方差占公因子方差总和的百分数，确定其重要性。用公因子方差计算结果如下：乳化稳定性 $\omega_1 = 0.602/1.55 = 0.388$（39%），界面张力 $\omega_2 = 0.675/1.55 = 0.435$（44%），黏度比值 $\omega_3 = 0.273/1.55 = 0.176$（18%）。

通过主成分分析法计算贡献率如下：乳化稳定性 $\omega_1 = 0.776 \times 0.299 - 0.003 \times 0.264 = 0.232$；界面张力 $\omega_2 = 0.353 \times 0.299 + 0.742 \times 0.264 = 0.301$；黏度比值 $\omega_3 = 0.507 \times 0.299 + 0.127 \times 0.264 = 0.184$。

归一化处理后的贡献率为界面张力 41.98%、乳化稳定性 32.36%、黏度比值 25.66%。

对比分析两种方法的计算结果，三个因素对渗吸效率影响排名没有变化，但数值上有变化，界面张力的数值变化不大，乳化稳定性的数值变小了，黏度比值的数值变大了，由于乳化稳定性与黏度比值相关性较强，提取两个主成分时，它们的信息有重叠，再分解贡献时有偏差。

(3) 岩心与油砂对比分析。

三个因素在岩心和油砂实验中对渗吸效率的影响，总体看结果具有一致性。岩心实验中界面张力对渗吸效率的影响最大(35%)，乳化稳定性对渗吸效率的影响排名第二(34%)，黏度比值对渗吸效率的影响最小(31%)，总体来看，三者贡献率相差不大。

油砂实验中界面张力对渗吸效率的影响最大(42%)，乳化稳定性对渗吸效率的影响排第二(32%)，黏度比值对渗吸效率的影响最小(26%)。

三参数影响大小排序是一致的，油砂实验中界面张力对渗吸效率的影响增强了，黏度比值对渗吸效率的影响减弱了。

6. 综合分析四个参数对渗吸效率影响

渗吸剂与模拟地层水的渗透力比、乳化稳定性、界面张力、原油与渗吸剂水溶液的黏度比四个参数与日渗吸效率实验结果见表 4.77。

表 4.77　四个因素与渗吸效率实验数据

序号	$F_{p剂}/F_{p水}$	乳化稳定性/%	剂的界面张力/(mN/m)	黏度比值/$(\mu_{油}/\mu_{剂})$	日渗吸效率/(%/d)
1	0.540	46.290	0.839	3.630	0.000
2	1.930	53.140	0.584	4.140	0.000
3	3.830	10.460	0.628	4.140	0.000
4	1.000	0.000	8.712	6.550	0.000
5	9.440	0.050	0.076	14.500	0.210
6	7.170	4.650	0.027	14.500	0.530
7	5.000	4.050	0.055	29.000	0.840
8	10.690	0.140	0.002	29.000	1.320
9	17.760	0.580	0.009	29.000	1.930
10	7.460	3.560	0.014	4.830	2.310
11	8.070	3.530	0.149	29.000	2.360
12	5.640	5.160	0.084	4.140	2.550
13	43.350	1.850	0.097	9.830	2.820
14	8.010	6.070	0.123	4.830	2.860
15	2.330	2.780	0.075	29.000	3.030
16	24.740	12.380	0.164	19.650	3.060
17	2.300	12.890	4.412	7.860	3.130
18	4.070	9.490	4.265	4.620	3.550
19	7.900	3.450	0.066	29.000	3.550
20	3.650	0.050	0.072	29.000	3.600
21	2.730	12.220	0.377	1.640	3.750
22	3.570	14.160	3.065	7.150	3.750
23	4.040	9.320	0.518	4.910	3.820
24	5.800	8.360	0.089	11.110	2.560
25	4.140	26.060	0.355	0.840	0.500
26	4.830	0.050	0.488	3.500	1.180
27	29.000	3.770	0.289	6.210	1.140
28	58.000	0.000	0.980		0.000

1) 回归分析

将上述的四项、四项的平方项、四项的两两交叉乘积项全部引入回归方程,结果如表 4.78 和表 4.79 所示。

表 4.78　模型汇总

模型	R	R^2	调整 R^2	标准估计的误差
1	0.833	0.693	0.172	0.9097

表 4.79　模型 Sig.值

模型		平方和	df	均方	F	Sig.
	回归	18.723	17	1.101	1.331	0.329
1	残差	8.277	10	0.828		
	总计	27.000	27			

由于表 4.79 可知，Sig.项等于 0.329，说明方程没有通过检验，由 F 值看出方程中各项系数也没有通过检验，再分 7 次逐步去掉对渗吸效率影响不显著的项，得到结果如表 4.80～表 4.82 所示。

表 4.80　去掉不显著项模型

模型	R	R^2	调整 R^2	标准估计的误差
1	0.851	0.724	0.548	0.8394

表 4.81　模型方差

模型		平方和	df	均方	F	Sig.
	回归	20.327	7	2.904	4.121	0.018
1	残差	7.751	11	0.705		
	总计	28.078	18			

$|F| = 4.121 > 3.85 [F(7,27) = 3.85]$，模型在 $\alpha = 0.005$ 水平显著通过了检验，模型可以解释渗吸效率变异情况的 72%，下面再分析方程中各项的系数，分析结果如表 4.82 所示。

表 4.82　模型系数

模型	非标准化系数		标准系数(试用版)	T	Sig.
	B	标准误差			
常量	1.464	0.405		3.614	0.004
Zscore(X_3_r)	49.003	16.172	9.447	3.030	0.011
Zscore($X_2\_S_{te}$)	−0.761	0.214	−9.264	−3.551	0.005
Zscore(X_3^2)	−55.680	16.776	−8.361	−3.319	0.007
Zscore(X_4^2)	1.743	1.371	0.331	1.271	0.230
Zscore($X_2 X_3$)	0.799	0.242	7.024	3.304	0.007
Zscore($X_2 X_1$)	0.005	0.001	1.959	3.160	0.009
Zscore($X_1 X_3$)	−0.270	0.092	−2.572	−2.938	0.013

（模型列最左侧标注 1）

从表 4.82 中最后一列 Sig.值可见，只有一项 X_4^2 项系数值偏高(0.230)没有通过 T 检验，可是根据实际情况该项不能去掉。除此之外的各项系数均通过检验。该方程的各项系数在 $\alpha = 0.05$ 水平显著且通过了检验。

选用以下模型进行估计：

$$Y = 49X_3 - 0.761X_2 - 55.68X_3^2 + 1.74X_4^2 + 0.80X_2X_3 + 0.005X_1X_2 - 0.27X_1X_3 \quad (4.47)$$

对上面方程中各项的系数进行标准化处理后得到如下方程:

$$Y = 9.447X_3 - 9.264X_2 - 8.361X_3^2 + 0.331X_4^2 + 7.024X_2X_3 + 1.959X_1X_2 - 2.575X_1X_3 \quad (4.48)$$

从标准化系数的大小看, X_3、X_2、X_3^2、X_2X_3 四项系数的绝对值均超过 7, 说明界面张力(X_3)和乳化稳定性(X_2)的作用明显, 且两者的交互作用(X_2X_3)对渗吸效率提高有明显作用, 而 X_1、X_4 的作用难分高下, 两者相比 X_1 的作用大一些。

方程中含有剂水渗透力比值 X_1 的有两项($0.005X_1X_2$ 和 $-0.27X_1X_3$), 乳化稳定性取值大一些, 界面张力的取值小一些, 能够更好地发挥剂水渗透力比值的作用, 乳化稳定性与界面张力的比值超过 54 更好。

说明岩心实验中对渗吸效率影响的大小排序为界面张力(X_3)、乳化稳定性(X_2)、剂水渗透力比值(X_1)、黏度比值(X_4)。

2)变异系数法计算权重

变异系数是衡量观测数值变异程度的统计量。定义为标准差与平均数的比值, 记作 $C\cdot V$。变异系数可以消除单位或平均数不同对两个或多个变量变异程度比较造成的影响。变异系数的计算公式为

$$C\cdot V = \frac{S}{\overline{X}} \times 100\%$$

式中, S 为标准差; $\overline{X}$ 为平均数。

变异系数的描述统计量如表 4.83 所示。从表 4.83 中可以看出: $S_1 = 13.3334$, $\overline{X}_1 = 10.2496$。渗吸剂和水渗透力比值的 $C\cdot V_1 = 13.33/10.25 = 1.3$。同理, 计算乳化稳定性的 $C\cdot V_2 = 12.94/9.09 = 1.42$, 界面张力的 $C\cdot V_3 = 1.93/0.95 = 2.03$, 黏度比值的 $C\cdot V_4 = 10.67/12.65 = 0.84$。

归一化处理后排序为界面张力(36.31%)、乳化稳定性(25.40%)、剂水渗透力比值(23.26%)、黏度比值(15.03%)。

表 4.83　变异系数的描述统计量

参数	N	极小值	极大值	均值	标准差 S_1
渗透力比值	28	0.5400	58.0000	10.2496	13.3334
乳化稳定性/%	28	0.0000	53.1400	9.0896	12.9416
界面张力/(mN/m)	28	0.0020	8.7120	0.9505	1.9343
黏度比值	27	0.8400	29.0000	12.6511	10.6681
渗吸效率/%	28	0.0000	3.8200	1.9411	1.4045
有效数据	27				

7. 结构方程模型综合分析

结构方程分析也称为结构方程建模，是基于变量的协方差矩阵来分析变量之间关系的一种统计方法，所以也称为协方差结构分析。

结构方程模型最为显著的特点：①评价多维的和相互关联的关系；②能够发现这些关系中没有察觉到的概念关系，而且能够在评价的过程中解释测量误差；③SEM 能够反映模型中要素之间的相互影响；④结构方程模型技术能够更为充分地体现蕴含的要素信息和影响作用。

1) 结构方程模型的结构

结构方程模型可分为测量方程和结构方程两部分。测量方程是描述潜变量与指标之间关系，结构方程是描述潜变量之间的关系。

(1) 测量方程。

测量方程的通常表达式为

$$X = \Lambda_x \xi + \delta \tag{4.50}$$

$$Y = \Lambda_y \eta + \varepsilon \tag{4.51}$$

式中，X 为外源指标组成的向量；Y 为内生指标组成的向量；Λ_x 为外源指标与外源潜变量之间的关系，是外源指标在外源潜变量上的因子负荷矩阵；Λ_y 为内生指标与内生潜变量之间的关系，是内生指标在内生潜变量上的因子负荷矩阵；δ 为外源指标 X 的误差项；ε 为内生指标 Y 的误差项；η 为内生潜变量；ξ 为外源潜变量。

(2) 结构方程。

结构方程模型是一门基于统计分析技术的研究方法，可用于处理复杂多变量数据的探究与分析。最重要的是它可以同时处理潜变量估计，以及复杂自变量/因变量预测模型的参数估计。

结构方程的常用表达式为

$$\eta = B\eta + \Gamma\xi + \zeta \tag{4.52}$$

式中，η 为内生潜变量(自变量)；ξ 为外源潜变量(因变量)；B 为内生潜变量间的关系；Γ 为外源潜变量对内生潜变量的影响；ζ 为结构方程的残差项，反映 η 在方程中没能被解释的部分。

潜变量间的关系，即结构模型，通常是研究的兴趣重点，所以整个分析也称作结构方程模型。

(3) 分析使用的方法。

最大似然法(maximum likelihood, ML)也称为最大概似估计，也叫极大似然估计，是一种具有理论性的点估计法，此方法的基本思想是：当从模型总体随机抽取 n 组样本观测值后，最合理的参数估计量应该使从模型中抽取该 n 组样本观测值的概率最大，而不是像最小二乘估计法旨在得到使模型能最好地拟合样本数据的参数估计量。

2) 结构方程模型的优势

(1) 同时处理多个变量：回归分析在计算对某一个因变量的影响时，忽略了其他因变量的存在及其影响。

(2) 容许自变量和因变量含测量误差：回归分析只允许因变量有误差，不允许自变量有测量误差。

(3) 同时估计因子结构和因子关系：因子分析的步骤是先算因子负荷，进而得到因子得分，再计算因子得分的相关系数，得到潜变量的相关系数。

(4) 容许更大弹性的测量模型：传统上一个指标只能从属于一个因子，但 SEM 一个指标可以从属于多个因子。

(5) 估计整个模型的拟合程度：传统路径分析只估计每一路径的强弱。

3) 结构方程模型中包含的统计方法

结构方程分析包含测量模型(因子与指标的关系)和结构模型(因子之间的关系)两部分。如果各因子可以直接测量(因子本身就是指标)，则结构方程分析就是回归分析。如果只考虑因子之间的相关，不考虑因子之间的因果关系，则结构方程分析就是因子分析。此时若要检验数据是否符合某个预先设定的经验模型，结构方程分析便成为验证性因子分析，也可以用结构方程分析进行一般性的探索性因子分析。

结构方程分析还可以作一般的 T 检验、方差分析、回归分析和探索性因子分析，可以比较不同组别间的各因子关系差异、各组因子均值的差异，适用于交互作用模型、增长模型、多层数据结合的模型等，处理的问题种类更复杂，分析结果可能更恰当。

4) 路径分析

路径分析包括三部分：路径图、依路径图写出协方差或相关系数与模型参数(如路径系数)的方程、效应分解。利用路径分析，可以分析自变量对因变量作用的方向、大小及解释的能力，也可以用于预测。

5) 结构方程分析软件包

Stata 是一套提供其使用者数据分析、数据管理及绘制专业图表的完整及整合性统计软件。它提供许多功能，包含线性混合模型、均衡重复反复及多项式普罗比模式。该部分结构方程分析使用 Stata 下属的结构方程软件程序包对数据进行分析。

(1) 验证性因子分析。

在结构方程分析中，如果只是因子间的相关，而不是因子间的因果效应，这类分析统称为验证性因子分析(CFA)。

(2) 验证性因子分析(CFA)的程序步骤。

主要有数据输入、模型建构、结果输出三部分：①预先确定模型的因子个数；②预先确定变量与因子从属关系；③变量只在所从属的因子上才有负荷，没有从属因子的负荷等于零。

(3) 结果分析。

用结构方程模型分析四个因素对渗吸效率的影响。

　　渗吸剂与模拟地层水渗透力比值用 X_1 表示；乳化稳定性用 X_2 表示；界面张力用 X_3 表示；黏度比值用 X_4 表示，渗吸效率用 Y 表示。

　　数据说明：岩心四个参数 28 组实验数据、岩心三个参数 60 组实验数据、油砂三个参数 73 组实验数据，共计 161 组实验数据。

　　模型假设：考虑交叉项，三组数据一起分析，忽略后两组数据中缺少 X_1 部分，假设每组数据为一组不同的控制条件在模型中进行控制。gen $X_5 = X_1 X_2$，gen $X_6 = X_1 X_3$，gen $X_7 = X_1 X_4$，gen $X_8 = X_2 X_3$，gen $X_9 = X_2 X_4$，gen $X_{10} = X_3 X_4$，$X_5 \sim X_{10}$ 为各交叉系数。

　　运行程序如下，结果如表 4.84 所示。

```
Structural equation model      Number of obs=153
Estimation method=mlmv
Log likelihood = -4781.8756
------------------------------------------------------------------------
------
     |       OIM
Standardized | Coef. Std. Err.  z  P>|z|  [95% Conf. Interval]
------------------------------------------------------------------------
-----
```

表 4.84　运行程序结果-1

Standardized	Coef.	Std.	Err.	z	$P>\lvert z\rvert$	[95% Conf. Interval]
X_1	−0.1094	0.9027	−0.1200	0.9040	−1.8787	1.6599
X_2	−0.1909	0.4565	−0.4200	0.6760	−1.0857	0.7038
X_3	0.4612	1.2295	0.3800	0.7080	−1.9486	2.8710
X_4	0.1512	0.2182	0.6900	0.4880	−0.2765	0.5789
X_5	1.1029	0.9011	1.2200	0.2210	−0.6633	2.8691
X_6	−0.5498	1.8580	−0.3000	0.7670	−4.1913	3.0918
X_7	−0.1595	0.5169	−0.3100	0.7580	−1.1727	0.8536
X_8	0.7099	1.2826	0.5500	0.5800	−1.8039	3.2236
X_9	−0.4168	0.4092	−1.0200	0.3080	−1.2189	0.3853
X_{10}	−0.7576	1.8184	−0.4200	0.6770	−4.3217	2.8065
_cons	0.0206	0.3098	0.0700	0.9470	−0.5865	0.6277
mean (X_1)	−0.0967	1.2031	−0.0800	0.9360	−2.4548	2.2613
mean (X_2)	0.6036	0.0879	6.8700	0.0000	0.4313	0.7759
mean (X_3)	0.4414	0.0849	5.2000	0.0000	0.2750	0.6079
mean (X_4)	1.1609	0.1078	10.7700	0.0000	0.9497	1.3722
mean (X_5)	0.9411	0.1291	7.2900	0.0000	0.6881	1.1941
mean (X_6)	0.1203	0.4511	0.2700	0.7900	−0.7638	1.0045
mean (X_7)	0.3857	2.5050	0.1500	0.8780	−4.5240	5.2955
mean (X_8)	0.2049	0.0819	2.5000	0.0120	0.0444	0.3653

续表

Standardized	Coef.	Std.	Err.	z	$P>|z|$	[95% Conf. Interval]
mean (X_9)	0.5455	0.0870	6.2700	0.0000	0.3751	0.7160
mean (X_{10})	0.3324	0.0834	3.9900	0.0000	0.1689	0.4959
var $(e.y)$	0.0251	0.0345	0.0017	0.3695		
var (X_1)	1.0000					
var (X_2)	1.0000					
var (X_3)	1.0000					
var (X_4)	1.0000					
var (X_5)	1.0000					
var (X_6)	1.0000					
var (X_7)	1.0000					
var (X_8)	1.0000					
var (X_9)	1.0000					
var (X_{10})	1.0000					
cov (X_1,X_2)	−0.0814	0.2119	−0.3800	0.7010	−0.4967	0.3338
cov (X_1,X_3)	−0.3919	0.3646	−1.0700	0.2820	−1.1065	0.3227
cov (X_1,X_4)	−0.2952	0.1080	−2.7300	0.0060	−0.5068	−0.0836
cov (X_1,X_5)	−0.3891	0.7513	−0.5200	0.6050	−1.8616	1.0834
cov (X_1,X_6)	0.4339	0.3412	1.2700	0.2030	−0.2348	1.1027
cov (X_1,X_7)	0.4606	1.6320	0.2800	0.7780	−2.7381	3.6593
cov (X_1,X_8)	−0.1679	0.4047	−0.4100	0.6780	−0.9612	0.6253
cov (X_1,X_9)	0.0051	0.2110	0.0200	0.9810	−0.4085	0.4187
cov (X_1,X_{10})	−0.6098	0.4706	−1.3000	0.1950	−1.5322	0.3126
cov (X_2,X_3)	0.1226	0.0797	1.5400	0.1240	−0.0335	0.2788
cov (X_2,X_4)	−0.1551	0.0792	−1.9600	0.0500	−0.3103	0.0000
cov (X_2,X_5)	0.1887	0.1826	1.0300	0.3020	−0.1693	0.5466
cov (X_2,X_6)	0.3315	0.0872	3.8000	0.0000	0.1607	0.5023
cov (X_2,X_7)	−0.1641	0.3118	−0.5300	0.5990	−0.7753	0.4470
cov (X_2,X_8)	0.5850	0.0532	10.9900	0.0000	0.4807	0.6893
cov (X_2,X_9)	0.7488	0.0355	21.0700	0.0000	0.6791	0.8184
cov (X_2,X_{10})	−0.0121	0.0809	−0.1500	0.8810	−0.1706	0.1465
cov (X_3,X_4)	−0.0310	0.0809	−0.3800	0.7010	−0.1896	0.1276
cov (X_3,X_5)	−0.0878	0.1654	−0.5300	0.5960	−0.4119	0.2364
cov (X_3,X_6)	0.0298	0.1063	0.2800	0.7790	−0.1785	0.2381
cov (X_3,X_7)	−0.2719	0.2337	−1.1600	0.2450	−0.7300	0.1862
cov (X_3,X_8)	0.4348	0.0657	6.6200	0.0000	0.3061	0.5636
cov (X_3,X_9)	0.0229	0.0809	0.2800	0.7770	−0.1356	0.1814

Standardized	Coef.	Std.	Err.	z	$P>\|z\|$	[95% Conf. Interval]	
cov(X_3,X_{10})	0.7963	0.0301	26.4400	0.0000	0.7372	0.8553	
cov(X_4,X_5)	0.1775	0.0951	1.8700	0.0620	−0.0089	0.3638	
cov(X_4,X_6)	−0.4105	0.0960	−4.2800	0.0000	−0.5986	−0.2224	
cov(X_4,X_7)	0.4125	0.8368	0.4900	0.6220	−1.2276	2.0526	
cov(X_4,X_8)	−0.0985	0.0802	−1.2300	0.2190	−0.2557	0.0587	
cov(X_4,X_9)	0.1599	0.0799	2.0000	0.0450	0.0033	0.3166	
cov(X_4,X_{10})	0.3047	0.0749	4.0700	0.0000	0.1580	0.4515	
cov(X_5,X_6)	−0.2126	0.4454	−0.4800	0.6330	−1.0855	0.6604	
cov(X_5,X_7)	0.1655	2.1779	0.0800	0.9390	−4.1031	4.4341	
cov(X_5,X_8)	−0.2352	0.2083	−1.1300	0.2590	−0.6435	0.1730	
cov(X_5,X_9)	0.4959	0.3191	1.5500	0.1200	−0.1295	1.1214	
cov(X_5,X_{10})	0.0544	0.1560	0.3500	0.7270	−0.2514	0.3601	
cov(X_6,X_7)	−0.3174	0.8835	−0.3600	0.7190	−2.0491	1.4142	
cov(X_6,X_8)	0.6097	0.0901	6.7700	0.0000	0.4332	0.7863	
cov(X_6,X_9)	0.1182	0.1075	1.1000	0.2710	−0.0925	0.3289	
cov(X_6,X_{10})	−0.5089	0.0919	−5.5400	0.0000	−0.6891	−0.3287	
cov(X_7,X_8)	−0.4241	0.5928	−0.7200	0.4740	−1.5859	0.7377	
cov(X_7,X_9)	0.2489	0.4323	0.5800	0.5650	−0.5984	1.0962	
cov(X_7,X_{10})	−0.0205	0.5880	−0.0300	0.9720	−1.1729	1.1319	
cov(X_8,X_9)	0.2583	0.0755	3.4200	0.0010	0.1103	0.4062	
cov(X_8,X_{10})	0.1824	0.0783	2.3300	0.0200	0.0290	0.3359	
cov(X_9,X_{10})	0.0502	0.0817	0.6100	0.5390	−0.1099	0.2104	

注：LR test of model vs. saturated: chi2(0) =0.00，Prob>chi2 =0。

　　检验结果显示，数据不拒绝模型。但是，X_1、X_2、X_3、X_4 的系数点估计都没有通过显著性检验。但有 X_1X_4、X_2X_4、X_2X_6、X_2X_9、X_2X_8、X_3X_8、X_4X_6、X_9X_4、$X_{10}X_4$、X_8X_{10}、X_8X_9、X_9X_{10} 的共 12 个交叉项的协方差估计在 $\alpha=0.05$ 通过了显著性水平检验。

　　分析四个影响因子系数的区间估计，区间估计的可信度是 95%，因此有理由相信 4 个系数落在各自的置信区间内，而点估计的系数值就是置信区间的中点位置，比较系数的大小估计他们对渗吸效率影响的大小，排序如下：①X_3 界面张力(0.4612)(50.54%)(第一个数据是分析数据，后一个数据为所占百分比，下同)；②X_2 乳化稳定性(0.1909)(20.91%)；③X_4 黏度比值(0.1511)(16.56%)；④X_1 渗透力比值(0.1094)(11.99%)。说明 X_1 渗透力比值的平均值没有通过显著性检验，对它的估计可能有偏差，这与它的数据少(只有 28 组数据)有关。

　　①用结构方程模型分析三个因素对渗吸效率的影响。

　　如图 4.40 所示，假设在不同环境(三组数据)对 X_1、X_2、X_3、X_4 有直接影响，而这种直接影响会间接作用到交叉项里，并且假设 Y 在测量上具有误差。程序运行如下，标准化后的结果如表 4.85 所示。

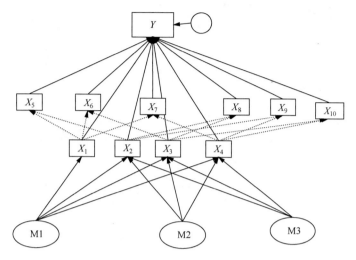

图 4.40　结构方程模型

```
sem, standardized
Structural equation model          Number of obs = 153
Estimation method=mlmv
Log likelihood= -4712.5645
----------------------------------------------------------------
----
    |         OIM
Standardized | Coef. Std. Err.   z  P>|z|  [95% Conf. Interval]
-------------+--------------------------------------------------
----
Structural | y <-   |
```

表 4.85　运行程序结果-2

Standardized	Coef.	Std.	Err.	z	P>|z|	[95% Conf. Interval]
X_2	−0.2218	0.3583	−0.6200	0.5360	−0.9240	0.4805
X_3	0.5721	0.8803	0.6500	0.5160	−1.1534	2.2975
X_4	0.1744	0.1405	1.2400	0.2150	−0.1010	0.4497
X_5	1.1635	0.7723	1.5100	0.1320	−0.3501	2.6771
X_6	−0.7280	1.1411	−0.6400	0.5240	−2.9645	1.5085
X_7	−0.2094	0.3509	−0.6000	0.5510	−0.8971	0.4783
X_8	0.8328	0.8178	1.0200	0.3090	−0.7700	2.4356
X_9	−0.4222	0.4168	−1.0100	0.3110	−1.2391	0.3948
X_{10}	−0.9137	1.3723	−0.6700	0.5060	−3.6034	1.7760

Standardized	Coef.	Std.	Err.	z	$P>\lvert z\rvert$	[95% Conf. Interval]
_cons	−0.0156	0.1851	−0.0800	0.9330	−0.3784	0.3472
mean (X_2)	0.6036	0.0879	6.8700	0.0000	0.4313	0.7759
mean (X_3)	0.4414	0.0849	5.2000	0.0000	0.2750	0.6079
mean (X_4)	1.1610	0.1078	10.7700	0.0000	0.9498	1.3722
mean (X_5)	0.9417	0.1288	7.3100	0.0000	0.6893	1.1940
mean (X_6)	0.1207	0.4527	0.2700	0.7900	−0.7665	1.0080
mean (X_7)	0.3741	2.5857	0.1400	0.8850	−4.6937	5.4420
mean (X_8)	0.2049	0.0819	2.5000	0.0120	0.0444	0.3653
mean (X_9)	0.5454	0.0870	6.2700	0.0000	0.3750	0.7158
mean (X_{10})	0.3325	0.0834	3.9900	0.0000	0.1690	0.4960
var (e.y)	0.0256	0.0355	0.0017	0.3875		
var (X_2)	1.0000					
var (X_3)	1.0000					
var (X_4)	1.0000					
var (X_5)	1.0000					
var (X_6)	1.0000					
var (X_7)	1.0000					
var (X_8)	1.0000					
var (X_9)	1.0000					
var (X_{10})	1.0000					
cov (X_2, X_3)	0.1226	0.0797	1.5400	0.1240	−0.0335	0.2788
cov (X_2, X_4)	−0.1551	0.0792	−1.9600	0.0500	−0.3103	0.0000
cov (X_2, X_5)	0.1882	0.1827	1.0300	0.3030	−0.1699	0.5464
cov (X_2, X_6)	0.3308	0.0873	3.7900	0.0000	0.1597	0.5018
cov (X_2, X_7)	−0.1611	0.3390	−0.4800	0.6350	−0.8256	0.5033
cov (X_2, X_8)	0.5850	0.0532	10.9900	0.0000	0.4807	0.6893
cov (X_2, X_9)	0.7487	0.0355	21.0700	0.0000	0.6791	0.8184
cov (X_2, X_{10})	−0.0121	0.0809	−0.1500	0.8810	−0.1707	0.1464
cov (X_3, X_4)	−0.0310	0.0809	−0.3800	0.7020	−0.1896	0.1276
cov (X_3, X_5)	−0.0878	0.1656	−0.5300	0.5960	−0.4124	0.2369
cov (X_3, X_6)	0.0294	0.1068	0.2800	0.7830	−0.1799	0.2387
cov (X_3, X_7)	−0.2923	0.3287	−0.8900	0.3740	−0.9366	0.3519
cov (X_3, X_8)	0.4348	0.0657	6.6200	0.0000	0.3061	0.5636
cov (X_3, X_9)	0.0229	0.0809	0.2800	0.7770	−0.1356	0.1814
cov (X_3, X_{10})	0.7964	0.0301	26.4400	0.0000	0.7373	0.8554

续表

Standardized	Coef.	Std.	Err.	z	$P>|z|$	[95% Conf. Interval]
$\mathrm{cov}(X_4, X_5)$	0.1771	0.0952	1.8600	0.0630	−0.0095	0.3637
$\mathrm{cov}(X_4, X_6)$	−0.4105	0.0963	−4.2600	0.0000	−0.5993	−0.2218
$\mathrm{cov}(X_4, X_7)$	0.3870	0.9249	0.4200	0.6760	−1.4259	2.1998
$\mathrm{cov}(X_4, X_8)$	−0.0985	0.0802	−1.2300	0.2190	−0.2557	0.0586
$\mathrm{cov}(X_4, X_9)$	0.1601	0.0799	2.0000	0.0450	0.0034	0.3168
$\mathrm{cov}(X_4, X_{10})$	0.3046	0.0749	4.0700	0.0000	0.1578	0.4515
$\mathrm{cov}(X_5, X_6)$	−0.2114	0.4479	−0.4700	0.6370	−1.0893	0.6664
$\mathrm{cov}(X_5, X_7)$	0.1445	2.2404	0.0600	0.9490	−4.2467	4.5357
$\mathrm{cov}(X_5, X_8)$	−0.2347	0.2084	−1.1300	0.2600	−0.6432	0.1739
$\mathrm{cov}(X_5, X_9)$	0.4945	0.3191	1.5500	0.1210	−0.1309	1.1199
$\mathrm{cov}(X_5, X_{10})$	0.0538	0.1565	0.3400	0.7310	−0.2530	0.3605
$\mathrm{cov}(X_6, X_7)$	−0.2680	1.0781	−0.2500	0.8040	−2.3811	1.8451
$\mathrm{cov}(X_6, X_8)$	0.6094	0.0905	6.7400	0.0000	0.4322	0.7867
$\mathrm{cov}(X_6, X_9)$	0.1166	0.1078	1.0800	0.2790	−0.0947	0.3278
$\mathrm{cov}(X_6, X_{10})$	−0.5093	0.0926	−5.5000	0.0000	−0.6908	−0.3278
$\mathrm{cov}(X_7, X_8)$	−0.4160	0.6311	−0.6600	0.5100	−1.6531	0.8210
$\mathrm{cov}(X_7, X_9)$	0.2405	0.4462	0.5400	0.5900	−0.6341	1.1151
$\mathrm{cov}(X_7, X_{10})$	−0.0695	0.8112	−0.0900	0.9320	−1.6595	1.5204
$\mathrm{cov}(X_8, X_9)$	0.2583	0.0755	3.4200	0.0010	0.1103	0.4062
$\mathrm{cov}(X_8, X_{10})$	0.1825	0.0783	2.3300	0.0200	0.0290	0.3359
$\mathrm{cov}(X_9, X_{10})$	0.0503	0.0817	0.6200	0.5380	−0.1098	0.2105

利用路径分析法分析三个参数对渗吸效率的影响，重点分析 X_3，结果直接效应为 0.5721，间接效应包括如下四项：第一，X_3 通过 X_8 对渗吸效率的影响(通过显著性检验)，结果为 0.3621；第二，X_3 通过 X_{10} 对渗吸效率的影响(通过显著性检验)，结果为−0.7275；第三，X_3 通过 $X_8\backslash X_{10}$ 对渗吸效率的影响(通过显著性检验)，结果为−0.015；第四，X_3 通过 $X_{10}\backslash X_8$ 对渗吸效率的影响(通过显著性检验)，结果为 0.121。

对影响 X_3 的因素及影响度进行汇总，总效应计算如下：

总效应 = 直接效应 + 间接效应 = 0.5721 + 0.3621 − 0.7275 − 0.015 + 0.121 = 0.32

计算结果 X_3 界面张力的总效应为 0.32(42%)，同理计算 X_2 乳化稳定性的总效应为 0.26(34%)，同理 X_4 黏度比值的总效应为 0.19(25%)。结果与前面油砂实验中三因素因子分析结果具有一致性。

②回归分析。

用曲线 $Y = b_0 + b_1 e^{-1.18X_1} + b_2 e^{0.79X_2} + b_3 X_3^{-0.23} + b_4 e^{0.918X_4}$ 拟合 28 组数据，程序运行程序如下，结果如表 4.86 所示。

```
reg y b1 b2 b3 b4
```

表 4.86　运行程序结果-3

Source	SS	df	MS	Number of obs = 27 $F(4,22) = 2.51$ R-squared =0.3133 Adj R-squared =0.1884 Root MSE=1.2412		
Model	15.4615	4	3.8654			
Residual	33.8914	22	1.5405			
Total	49.3530	26	1.8982			
Standardized	Coef.	Std.	Err.	z	$P>\lvert z \rvert$	[95% Conf. Interval]
b_1	−5.38	2.25	−2.39	2.60×10^{-2}	-1.00×10	-7.17×10^{-1}
b_2	-1.10×10^{-18}	7.51×10^{-9}	−1.47	1.56×10^{-1}	-2.66×10^{-18}	4.54×10^{-19}
b_3	-6.59×10^{-1}	3.98×10^{-1}	−2.66	1.10×10^{-2}	−1.48	1.66×10^{-1}
b_4	2.13×10^{-12}	1.79×10^{-12}	1.19	2.46×10^{-1}	-1.58×10^{-12}	5.84×10^{-12}
_cons	3.18	6.59×10^{-1}	4.83	0.00	1.81	4.55

说明模型有 95%的可信度。乳化稳定性和黏度比值的系数没有通过显著性检验，根据实际情况也不能认定它们的系数为零，将其保留在方程。

模型：

$$Y = 3.18 - 5.38 \mathrm{e}^{-1.18X_1} - 1.1 \mathrm{e}^{0.79X_2 - 18} - 0.66 X_3^{-0.23} + 2.13 \mathrm{e}^{0.918X_4 - 12} \qquad (4.53)$$

模型验证：将 X_1、X_2、X_3、X_4 的实验值代入式 (4.53)，得到 yhat2，计算估计值与实验值的差值，再计算误差的平均值，计算结果见表 4.87。计算结果表明拟合效果较好，数据不拒绝模型。

表 4.87　四因素误差分析

序号	Y(实验值)	X_1	X_2	X_3	X_4	yhat2(估计值)	误差
1	0.00	0.54	46.29	0.839	3.63	−0.3587	−0.3587
2	0.00	1.93	53.14	0.584	4.14	0.0016	0.0016
3	0.00	3.83	10.46	0.628	4.14	2.3877	2.3877
4	0.00	1.00	0.00	8.712	6.55	1.1263	1.1263
5	0.21	9.44	0.05	0.076	14.50	1.9879	1.7779
6	0.53	7.17	4.65	0.027	14.50	1.6667	1.1367
7	0.84	5.00	4.05	0.055	29.00	2.6582	1.8182
8	1.32	10.69	0.14	0.002	29.00	1.2060	−0.1139
9	1.93	17.76	0.58	0.009	29.00	2.0103	0.0803
10	2.31	7.46	3.56	0.014	4.83	1.4206	−0.8894
11	2.36	8.07	3.53	0.149	29.00	2.9354	0.5755
12	2.55	5.64	5.16	0.084	4.14	2.0082	−0.5418
13	2.82	43.35	1.85	0.097	9.83	2.0531	−0.7669

续表

序号	Y(实验值)	X_1	X_2	X_3	X_4	yhat2(估计值)	误差
14	2.86	8.01	6.07	0.123	4.83	2.1125	−0.7475
15	3.03	2.33	2.78	0.075	29.00	2.4173	−0.6127
16	3.06	24.74	12.38	0.164	19.65	2.1813	−0.8786
17	3.13	2.30	12.89	4.412	7.86	2.3547	−0.7752
18	3.55	4.07	9.49	4.265	4.62	2.6634	−0.8866
19	3.55	7.90	3.45	0.066	29.00	2.7252	−0.8248
20	3.60	3.65	0.05	0.072	29.00	2.6775	−0.9224
21	3.75	2.73	12.22	0.377	1.64	2.1405	−1.6095
22	3.75	3.57	14.16	3.065	7.15	2.5906	−1.1593
23	3.82	4.04	9.32	0.518	4.91	2.3674	−1.4526
24	2.56	5.80	8.36	0.089	11.11	2.0248	−0.5352
25	0.50	4.14	26.06	0.355	0.84	2.3029	1.8029
26	1.18	4.83	0.05	0.488	3.50	2.3846	1.2046
27	1.14	29.00	3.77	0.289	6.21	2.3031	1.1631
均值	2.0129					2.0129	-1.8×10^{-9}

用曲线 $Y = b_0 + b_2 \mathrm{e}^{0.79X_2} + b_3 X_3^{-0.23} + b_4 \mathrm{e}^{0.918X_4}$ 拟合 124 组数据，程序运行如下，结果如表 4.88 所示。

```
reg y b2 b3 b4 if x1=.
```

表 4.88　运行程序结果-4

Source	SS	df	MS			
Model	6517.56915	3	2172.52305			
Residual	71720.467	120	597.6706			
Total	78238.0362	123	636.0816			

Prob $>$ F=0.0149
R-squared=0.0833
Adj R-squared= 0.0604
Root MSE=24.447

Standardized	Coef.	Std.	Err.	z	$P>|z|$	[95% Conf. Interval]
b_2	-1.44×10^{-33}	1.21×10^{-33}	−2.29	2.40×10^{-2}	-3.84×10^{-33}	9.61×10^{-34}
b_3	−4.42	2.34	−1.89	6.10×10^{-2}	−9.05	2.04×10^{-1}
b_4	4.40×10^{-14}	2.01×10^{-14}	2.18	3.10×10^{-2}	4.12×10^{-15}	8.39×10^{-14}
_cons	3.37×10	5.14	6.54	0.00	2.35×10	4.38×10

模型有 98.5%的可信度。各项系数也基本通过了 T 检验。模型为

$$Y = 33.66 - 1.44 \mathrm{e}^{0.79X_2 - 33} - 4.42 X_3^{-0.23} + 4.4 \mathrm{e}^{0.918X_4 - 14} \tag{4.54}$$

③模型。

三参数与渗吸效率之间关系的方程式为

$$Y = 33.66 - 1.44e^{0.79X_2 - 33} - 4.42X_3^{-0.23} + 4.4e^{0.918X_4 - 14} \qquad (4.55)$$

四参数与渗吸效率之间关系的方程式为

$$Y = 3.18 - 5.38e^{-1.18X_1} - 1.1e^{0.79X_2 - 18} - 0.66X_3^{-0.23} + 2.13e^{0.918X_4 - 12} \qquad (4.56)$$

参 考 文 献

[1] 谢殿卿. 试论世界石油市场与中国石油安全战略[D]. 长春: 吉林大学硕士学位论文, 2007.

[2] 赵先良. 当前我国油气资源形势分析[J]. 环球市场信息导报, 2014 (1): 72-74.

[3] 杨丽丽. 我国油气资源供需分析与对策研究[J]. 中国矿业, 2007 (3): 10-13.

[4] 朱友益, 张翼, 樊剑, 等. 二元驱用表面活性剂技术规范(Q/SY1583-2013)[S]. 北京: 石油工业出版社, 2013.

[5] 张翼, 朱友益, 武劼, 等. 原油乳化稳定性评价仪: 201210265482.4[P]. 2014-7-4.

[6] 张翼, 韩大匡, 马德胜, 等. 一种自吸仪: 201120075849.7[P]. 2011-11-09.

[7] 张翼, 马德胜, 吴康云, 等. 一种实验用油砂制备装置: 201420343137.2[P]. 2014-11-26.

[8] 张翼, 马德胜, 刘化龙, 等. 一种渗吸剂渗吸采油效果的定量评价方法: 201310451182.X[P]. 2016-2-10.

[9] 江敏. 长庆低渗透油藏渗吸采油体系研究[D]. 北京: 中国地质大学(北京)博士学位论文, 2016.

[10] Zhang Y, Liu H L, Zhu Y Y, et al. A Comprehensive quantitative evaluation method of emulsifying properties[C]//2014 International Conference on Experimental and Applied Mechanics (EAM 2014), Miami, 2014.

[11] Zhang Y, Wang D H, Lin Q X, et al. Improvement on determination method for emulsifying ability of emulsifier used in oil field[J]. Chemical Industry and Engineering Progress, 2012, 31(8): 1852-1856.

[12] Zhang Y, Sun Y, Li J G, et al. The weight analysis of the correlation between imbibing agent properties and imbibition efficiency[C]. International Conference on Gas, Oil and Petroleum Engineering (GOPE-2016), Las Vegas, 2016.

[13] Zhang Y, Li J G, Zhang W L, et al. Effects of Imbibing agents on oil displacement efficiency by imbibitions[C]//2016 International Conference on Applied Mechanics, Mechanical and Materials Engineering, Xiamen, 2016.

[14] 张翼, 蔡红岩, 范家屹, 等. 渗吸剂性能的评价装置及方法: ZL201510092985.X[P]. 2017.

[15] 张翼, 蔡红岩, 范家屹, 等. 渗吸剂性能的评价装置: ZL201520120972.4[P]. 2015-8-5.

[16] 张翼, 蔡红岩, 韩大匡, 等. 一种低渗透油藏渗吸剂的筛选方法: ZL201510446093.5[P]. 2016-11-16.

[17] 张翼, 蔡红岩, 陈健, 等. 渗吸剂渗透速度测试仪: ZL201620336455.5[P]. 2017-1-4.

[18] 高惠璇. 应用多元统计分析[M]. 北京: 北京大学出版社, 2011.

[19] 汪冬华. 多元统计分析与SPSS应用[M]. 上海: 华东理工大学出版社, 2010.

第5章 渗吸实验仪器

随着人们对渗吸采油技术及应用条件的关注，有关渗吸规律的研究、渗吸过程的影响因素研究、渗吸剂的评价与相关属性测试等方面的室内实验便随之展开，但若没有相应的方法和实验仪器，这些研究便成为"无米之炊"。以往室内研究多集中在数值模拟和渗流规律的推导，物理模拟实验缺少关于渗吸剂作用过程的研究及实验仪器，实验方式单一，多采用常规驱替的装置，国内外学者只是对岩心的渗吸效率的重量法测试装置不断进行了改进，关于渗吸剂的各种属性的评价和单因素测试还缺少相应的方法和配套仪器。为此，在近年来的探索性研究中建立了相关实验方法并研制了配套仪器。以下均为笔者自行设计发明的实验仪器，同时对每种仪器的研制背景、结构特征、使用方法等加以详细介绍。

5.1 静态渗吸仪

5.1.1 研制背景

静态渗吸仪用于自发渗吸脱油实验研究，又叫自吸仪。其工作原理是在自吸仪内装入一定质量的油砂或饱和了原油的岩心，再加入渗吸用脱油剂(或叫渗吸剂)溶液，一定时间后，被脱出的油珠上浮，通过自吸仪上半部的刻度管可以读出油层的体积值(利用已经测得的实验用原油密度计算出其质量值)，根据原始的饱和油的质量含量，可计算出渗吸效率，该实验通过渗吸效率可评价渗吸剂溶液的性质。

在实验中对岩心进行脱油时，通常将岩心进行支撑，防止其晃动，并避免其与仪器内壁接触而影响脱油效果。为了此目的，彭昱强[1]中公开了一种自吸仪[图 5.1(a)]，包括测量部和岩心室，并在测量部和岩心室之间设有颈部，在岩心室的内侧壁上设有与岩心室玻璃壁面垂直并与壁面成为一体的多个支脚。在该结构中，通过将岩心放置在多个支脚之间以解决了岩心的支撑问题，通过注入渗吸剂溶液，能实现对岩心自发渗吸排油的功能，然而在实际使用中发现，该结构存在以下不足之处。

(1)由于其颈部的接口为内接，当脱出的油液以小油珠形式上浮时，内接的接口处或瓶口的相接间隙处易存在少量油，导致读数有误差。

(2)瓶内壁直接设支点，加工成本高，工艺非常复杂，且不便于清洗。

(3)该自吸仪仅适用于岩心脱油，不能用于油砂脱油。

鉴于上述技术存在的缺陷，中国石油勘探开发研究院采收率所张翼等[2]研制出一种自吸仪，详述如下。

5.1.2 结构与特征

自吸仪是玻璃材质的，又叫常压静态渗吸仪，是完成体积计量油砂渗吸或岩心静态渗吸的必备仪器，可以实现常压下对地层温度的模拟，采用相应粒径的油砂可对不同渗透率储层岩石的孔隙大小进行模拟。油砂渗吸实验周期短，可达到快速测试及化学渗吸剂的初步筛选目的。岩心常压渗吸实验可以模拟储层中的自发渗吸过程，采用玻璃材质、价格低、配件可分拆、操作清洗方便，实时观察、实时计量，用于研究规律和评价渗吸剂效果都十分方便。自吸仪[2]产品如图 5.1 所示。

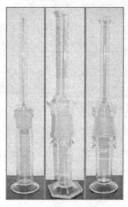 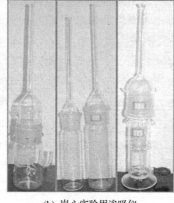 

(a) 油砂实验用渗吸仪　　　　　(b) 岩心实验用渗吸仪　　　　　(c) 岩心支架

图 5.1　静态渗吸仪及配件（文后附彩图）

油砂或岩心静态渗吸用体积法实验仪，早期的也是中国石油勘探开发研究院采收率研究所研制的[图 5.1(a)左侧第一个小图及图 5.1(b)中的左侧第一个小图]，其内设岩心支架且为内磨口，内磨口会导致上浮的油珠滞留在接口处，该时期的岩心渗吸仪的瓶体结构较复杂（内设多个支点[图 5.1(b)左侧第一个小图]、存在不便清洗等问题，改进后形成了第二代产品的样式[图 5.1(a)中的中间和最右侧小图、图 5.1(b)中的右侧小图]，具有使用方便、精度较高、析出油均可顺利上浮到刻度管处，且具有误差小、便于清洗等优势。

用于油砂和岩心实验的自吸仪，具有以下结构特征。

(1)包括一个带外磨口的刻度管，刻度管的一端设有与下部盛样管的外磨口相匹配的喇叭状内磨口。

(2)盛样管内配有岩心支架，岩心支架放置在盛样管内底部。

(3)岩心支架为鼎式支架，其中鼎的底部开有通孔，通孔的直径小于相匹配的岩心直径。

(4)盛样管下部距底座 1.5~2.0cm 处设有一排液支管，便于排出和更换渗吸实验用液体样品。该支管也可不设，根据具体实验需要而定。

5.1.3　自吸仪操作与计量

1. 操作规程

1)岩心的静态渗吸实验

第一步，旋开渗吸仪的上下部衔接磨口，将饱和油并老化了一定时间的岩心迅速放入渗吸仪下部盛样管内的玻璃支架上；第二步，盖上上部刻度管部分并旋紧；第三步，从上部注液口注入渗吸剂溶液至刻度线以上；第四，将渗吸仪放入调好温度的恒温箱中；第五，在地层温度下保温至渗吸平衡为止。每天记录渗吸出油量并计算渗吸效率，记录在专用记录表中。

2）油砂的静态渗吸实验

第一步，旋开渗吸仪的上部，称量一定量饱和油并老化了一定时间的油砂迅速放入渗吸仪下部盛样管内；第二步，盖上上部刻度管部分并旋紧；第三步，从上部注液口注入渗吸剂溶液至刻度线以上；第四步，将渗吸仪放入调好温度的恒温箱中；第五步，在地层温度下保温至渗吸平衡为止。每 1～2h（刚开始实验时可缩短记录时间间隔，如 20min 记录一次，1h 后可间隔 2h 记录一次）记录渗吸出油量并计算渗吸效率，记录在专用记录表中，一般渗吸总时间为 24h。

2. 计量与计算

1）计量

读数时注意读到小数点后两位，仪器精度为 0.01mL，如 0.98mL、1.24mL。

2）计算

根据第 3 章式（3.2）和式（3.3）计算渗吸采收率值，油砂实验需要事先测定地层温度下脱水原油或其他实验用油的密度值（用于配制油砂的原油）。

5.2　耐压渗吸仪

5.2.1　研制背景

本章 5.1 节中介绍的静态渗吸仪，是一种用于常压下测试油砂或岩心的渗吸效率实验仪器，而耐压渗吸仪是可以实现在一定环境压力下的渗吸过程模拟实验用装置，不同于常规的岩心物理模拟实验用装置，可以模拟地层压力、温度，岩心可选用相同岩性和相似孔隙结构的人造或天然岩心，原油和水均可选自目标油藏，因此，具有极好的模拟性。渗吸过程是利用毛细管力作用或变化后的作用将水溶液或渗吸剂水溶液吸入排驱油的过程。这种仪器是基于体积法计量渗吸效率方法研制的，也是第一台真正用于模拟动态渗吸过程的仪器[3]。

5.2.2　结构特征

耐压渗吸仪具有可视化和定量化，可实现模拟和环境扰动的功能，弥补了缺少压力脉冲渗吸实验仪器的不足。理论上，为分析研究渗吸规律、影响因素和动态渗吸过程提供了一种仪器；应用上，为工业渗吸剂筛选和强制渗吸组合技术的探索提供了实验手段和基础研究支持。

耐压可视渗吸仪（图 5.2）包括测量室和岩心室，测量室为一改性石英材质的柱形结构，其轴向设有贯通的通孔，通孔上端密封连接有压力表和回压阀；岩心室为一不锈钢材质制成的筒形结构，筒形结构由底座和中空的本体构成，底座密封连接于本体的底部，底座上设有与本体的中空部连通的进液口，本体上部形成一缩口，围绕该缩口且位于本体的顶部一体成型有一连接支撑板，所述测量室密封连接于连接支撑板的上表面，其柱形结构的通孔底端对正连通于缩口，连接支撑板外侧固定连接一支座。该渗吸仪的测量室和岩心室均采用耐压材料并密封地连接在一起，形成一个紧固的密封体系，从进液口处注液使其内部成为高压体系，由此能够在高压下进行渗吸效率的检测实验。

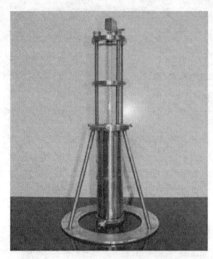

图 5.2　耐压可视渗吸仪（Ⅰ型）

　　测量室上侧设有一不锈钢上固定板，该上固定板的下表面设有第一沉槽（镶嵌在上下部中间的连接板里面的结构），该测量室的顶端嵌设于该第一沉槽内；上固定板相对于测量室的通孔设有一透孔，压力表和回压阀密封连接于该透孔，连接支撑板的上表面设有第二沉槽，该测量室的底端嵌设于该第二沉槽内；上固定板与连接支撑板由周向均匀分布的多个螺杆紧固连接。

　　测量室顶面与第一沉槽底面之间设有密封圈，所述测量室（上部可视部分）底面与第二沉槽底面之间设有密封圈。所述岩心室（下部盛装岩心的钢制耐用桶）的底座与本体为螺纹连接，底座与本体之间设有密封圈。支座包括一固定圈和围绕固定圈周向设置的三个支腿，三个支腿的底端连接于一直径大于固定圈的支撑环，支座由不锈钢制成，测量室的外壁上轴向设有刻度标记，岩心室内设有一岩心支架。进液口位于底座的侧边。

5.2.3　操作规程

1. 实验准备

　　用于保温的恒温箱应事先预热到实验温度（一般为地层温度），渗吸仪使用前零部件需要清洗、烘干，特别是岩心室和刻度管部分应仔细清洗、吹干。准备好实验用岩心，饱和水、油并老化一定时间。

2. 操作规程

(1)将渗吸仪底座的盖旋开，放入支撑架和岩心。

(2)注入渗吸剂溶液或模拟地层水等实验用液体。

(3)旋紧底座盖，旋开上部排空阀排掉空气，加满液体旋紧排空阀。

(4)将渗吸仪放入恒温箱保温至温度恒定。

(5)与外部压力调节器连接好，将压力调为设定的压力。

(6)每天记录渗吸析出的油量并计算渗吸效率。

(7)实验完毕后，先泄压后再拆除连接线，清洗、烘干仪器待用。

5.3　洗油效率测试装置

洗油装置主要包括装置柱体部分和测试用的附件洗油效率测试刻度瓶两部分组成。

5.3.1　洗油效率测试刻度瓶

1. 技术背景

在没有洗油效率测试专用仪器时，只能用渗吸实验刻度瓶代替，但由于渗吸瓶下面的空间小，不能实现实时搅拌，只能放入振荡器中震荡，化学剂或水与油砂作用时间有限且不均匀，而第一代洗油刻度瓶是一体结构，下面有了搅拌空间但上部口小，装砂过程相当困难，因此研制了第二代磨口分体式产品[4]。

针对第一代[图 5.3(a)]试制的单瓶存在着进砂口小、刻度管高度和精度都达不到要求的缺点，进行了多处改进，形成了第二代产品[图 5.3(b)]。

2. 结构特征

洗油效率测试用刻度瓶，包括上下设置的刻度管和盛样瓶，刻度管的管壁上设有刻度，刻度管的下端与盛样瓶的瓶口通过磨口密封连接。

刻度瓶的连接盖为筒形，连接盖的上端设有用于卡住刻度管下端的环形顶壁，连接盖的内侧壁与盛样瓶的瓶口固定连接。刻度管的下端设有向下扩张的开口，刻度管的直径等于环形顶壁的内径。连接盖的内侧壁设有内螺纹，盛样瓶的瓶口外设有外螺纹，连接

(a) 第一代　　　(b) 第二代

图 5.3　第一代和第二代洗油瓶
(文后附彩图)

盖的内侧壁与盛样瓶的瓶口通过螺纹固定连接。刻度管的下端与盛样瓶的瓶口之间设有密封垫片。刻度管的上端设有向上扩张的开口段，开口段的内径为 1.2～1.4cm，刻度管的内径为 0.7～0.8cm，刻度管的上端设有密封盖。

盛样瓶为锥形瓶，盛样瓶的容积为 80～150mL，盛样瓶的壁厚为 2～3mm。刻度管为透明管，盛样瓶为透明的锥形瓶。

3. 功能与特点

洗油效率测试用刻度瓶是与洗油效率测试装置配套的仪器，具有以下功能特点：①具有盛样、搅拌、观察测试一体化功能；②是洗油测试实验专用仪器，使测试过程连续完成；③玻璃材质，观察、测试和清洗均方便；④方便实现批量和标准化生产、加工，精度可设定。

5.3.2 洗油效率测试装置

1. 技术背景

化学复合驱技术在我国大规模应用最早，目前，无碱二元复合驱技术正在快速发展，配套的企业标准"二元驱用表面活性剂技术规范"[5]也于 2013 年 6 月在中国石油天然气集团公司系统发布实施，而标准中涉及的洗油效率的测试却缺少配套的一体化实验装置。

洗油效率通常指的是化学剂对油砂或岩心孔隙内表面上附着原油的剥离和清洗能力。近几年，化学复合驱技术领域的研究都是采用常温搅拌或在水浴/气浴装置中先振荡，之后再放置到恒温箱中保温的方式测试洗油效率，由于搅拌、振荡、保温等步骤都是由各自独立的仪器或装置完成，因此，现有的洗油效率测试过程只能分步进行，致使整体过程烦琐、步骤多。此外，由于单独的磁力搅拌装置或振荡装置不能提供恒温功能，而恒温箱又不能提供搅拌振荡功能，因此，整个过程不能模拟地层条件下的恒温和持续混匀状态，导致测试结果误差较大。为此，笔者发明了"一种洗油效率测试装置"[6]。

2. 仪器结构

洗油效率测试装置(图 5.4)，包括洗油瓶、保温单元、磁力搅拌单元和观测窗，其中，保温单元包括保温箱体、电热板、风扇、温度传感器、温度控制芯片；磁力搅拌单元包括磁力搅拌台、电磁转换器件、磁力搅拌子、电磁控制芯片；观测窗设置于所述保温箱体上，提供用户观测刻度管内洗出油油量的窗口。该仪器将保温、磁力搅拌和观测测试功能集成到一起，实现了在一套装置内完成洗油效率测试的全过程，将原来分步、采用多步完成的实验过程一步、连续完成，测试过程操作方便、测试效率高，并且可真实模拟地层条件下的恒温和持续混匀状态，测试结果误差小。

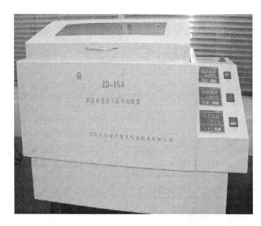
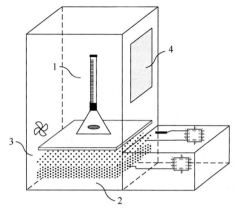

图 5.4　洗油效率测试仪器的实体与构造图
1. 洗油瓶；2. 装置外壁；3. 电路与磁场系统；4. 观察窗

在没有这台洗油装置之前，使用的是油砂静态渗吸实验仪代替洗油刻度瓶，用气浴振荡器进行震荡，然后将震荡 2h 的洗油瓶转入到恒温箱中保温，观察洗出油的量以计量洗油结果。这样的实验分两步进行，而且不能够保证洗油过程一直在保温过程中持续搅拌，也不能保证油砂与洗油剂的充分接触，为此，研制了该洗油装置，实现了保温和搅拌同时、持续进行；同时也研制了配套的洗油用刻度瓶（如 5.3.1 节所述），可以实现在瓶中的磁力搅拌。装置中可同时进行十几组实验，用于评价和对比分析非常方便且适用。

3. 操作规程

1) 实验准备

将仪器的温度旋钮调节到实验温度升至预计值，称量好油砂（使用油砂制备装置制备）放入洗油瓶中，并注入洗油用试剂的水溶液和磁力搅拌子，可同时进行 12 组实验，同一种剂可以做 2～3 组，结果取平均值。

2) 测试步骤

第一步，将盛有油砂和洗油剂的洗油瓶放入洗油装置的各磁力中心点上，瓶底中心对准磁力中心点；第二步，将速度调节旋钮打到预期的位置，关闭保温箱盖；第三步，定时记录洗出油量，计算洗油效率，一般实验时间需要 3～5h 即可达到洗油效率平衡值。如有平行实验，计算平均值作为最终评定结果。

4. 仪器特征

该新洗油效率测试装置具有以下特征：①克服了洗油效率分步测试的缺点；②该装置可将搅拌、保温、计量融于一体，同时进行多组实验；③使用统一装置、统一规格的刻度瓶，操作方便、误差小。

5.4　乳化稳定性评价仪

5.4.1　乳化稳定性评价仪研制

1. 技术背景

在三元复合驱技术现场应用后，发现采出液原油乳化程度高，有的甚至用电脱的办法都无法将油水分开，同时也看到驱油剂乳化能力强的驱油效率和采收率也高。工程技术人员就设想是否可以通过改善驱油剂的乳化性能来提高驱油效率呢？但当时没有评价驱油剂乳化性能的定量方法，只有一种半定量的目测方法。通过在常温下搅拌或手摇的办法来制备乳液，这样操作误差大、缺少对地层条件的模拟，没有定量的测试方法也不方便研究驱油规律、更不便于评价大量的剂和体系，为此，所张翼等结合"二元驱油规律的研究"[7-9]开始探索建立一种用于评价油田化学剂乳化性能的综合方法。在建立方法中由于缺少相关配套仪器，因此，开发设计了"乳化稳定性评价仪"。

截至目前，已经开发了逐步升级的乳化稳定性评价仪有 5 代产品：第一代是单管不可视仪器[11]；第二代是单管可视仪器；第三代是 4 管可视仪器，前三代产品可控制乳化速度、保温和观察，能够实现乳液的制备过程，但分水率的测试需要转移到保温箱中进行，两个功能需要分步进行且完全需要手工操作；第四代产品是将乳液制备和静态分水率测定集成到一台机器中，也实现了计算机控制和观察，但不能自动进出样，出样仍然是手工操作，乳化管仍然采用水浴控温、管线复杂，时有管线腐蚀老化崩裂热水喷出的情况发生，而且没有实现自动清洗功能，机器采用的电机噪声大、机体重、操作不方便。因此，设计开发第五代产品，克服了以上不足，并且，在实现全自动和多功能的前提下也兼顾了外形设计和美观化，整机实现了设计目标、体积缩小、操作方便、自动化程度高、电脑控制和手工选项均可的目标(图 5.5、图 5.6)[10]。

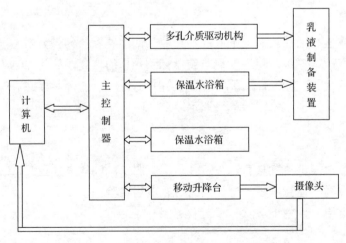

图 5.5　乳化稳定性评价仪工作原理图

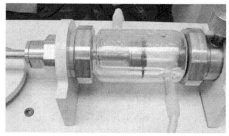
(a) 乳化稳定性评价仪(RHY-Ⅱ型)

(b) 乳化稳定性评价仪(RHY-Ⅲ型)

(c) 半自动乳化稳定性评价仪(RHY-Ⅳ型)

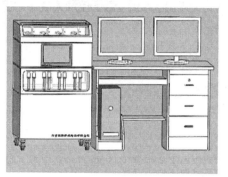
(d) 全自动乳化稳定性评价仪(RHY-Ⅴ型)

图 5.6　逐步升级的几代乳化稳定性评价仪产品(文后附彩图)

原有乳化稳定性评价实验，基本是靠个人的判断来确定，主观因素非常突出，而且基本是手工操作，因此人为因素带来的误差相当大，不同人操作或是相同的人不同批次的实验操作，结果都有很大的差别。

实用新型专利"一种油水乳化实验装置"[11]公开了一种用于原油乳化稳定性评价用实验装置，但仅是一种油水乳液制备用设备，不包括性能检测内容，不能完成自动进样、定量取样、保温和性能测定任务，对后期的稳定性检测，评价需要手工操作，而且对于油水分离的界面均靠人眼来判断，因此评价过程费时、费力，并且客观性差。

2. 结构与特征

乳化稳定性评价仪包括多介质驱动机构、乳化腔恒温系统、观察与测试系统、摄像和记录系统等部分。

(1)多介质驱动机构：可整体拆装，匀速调节，乳化管模块化，便于清洗更换，可通过触摸屏控制乳化时间和速度，每组管在开始端安装了光电定位探测器可实现误差跟踪和预警。

(2)乳化腔恒温系统：采用双路水泵双循环，各管路温度在5～150℃可调，误差小于5℃，为了便于检修和容错，此系统为独立体系。

(3)乳液静置恒温观察：设有专用恒温箱和试管架、三层玻璃隔温观察窗，摄像头随时将图像传给图像处理计算机。

(4)可变焦摄像及行走机构：摄像头有水平和垂直行走伺服机构，系统中采用两套步进电机经皮带驱动丝杠，完成摄像头的水平和垂直行走动作，摄像头采用变焦镜头，可随时调焦以获取清晰图像。

(5)计算机可控制摄像头行走和变焦镜头的移动,通过 RS232 口发送控制信号到主控制器,再由主控制器转换为相应的控制信号控制摄像头及行走机构,摄像头采集图像信号通过 USB 接口传送给计算机,计算机来显示、存储和管理这些数据。

(6)单片机管理的主控器与友好的人机交互界面——彩色触摸屏。

3. 功能

乳化稳定性评价仪可以使油水在多孔膜的剪切下生成乳液。每一代或每一型号产品的问世,标志着仪器的逐步成熟、便捷和实用,以及功能的加强,为新方法的建立提供了保障。

利用该仪器可模拟测试油藏温度和多孔介质剪切下的乳液生成过程,同时可借助计算机和监控系统实现对乳液生成过程的温度、乳化稳定性评价仪中活塞的剪切速度进行的控制。生成后乳液转移到该仪器中设定的若干组特制刻度管中,对其分水情况进行实时观察和记录或定时拍照记录,通过测试分水率计算出乳化稳定性指标,该仪器是驱油剂和其他油田助剂乳化性能评价的必备仪器。

5.4.2 技术指标与操作规程

1. 仪器工作指标

(1)工作环境温度为 10~50℃。

(2)乳化仓及油水分离温度为 10~150℃;工作压力为常压;乳化液检测方式为定量自动测量的方式;乳化仓体积为 20~100mL 可控,体积可控制精度 0.1mL;工作环境湿度小于 80%(无冷凝);油水分离监测精度为 ±0.05mL;电源为 100~220V,50~60Hz;整套装置有完善的过载保护(电、压、温度)和断(漏)电保护系统。

2. 操作规程

1)实验准备

(1)将仪器的温度和乳化速度档调节到预计值。

(2)保温箱温度调节并预热至预计值。

(3)乳化用原油放入恒温箱预热到方便注样状态为止。

(4)配制好一定浓度实验用剂的水溶液。

(5)将原油和实验用剂的水溶液按照计划质量比注入有编号的小烧杯中,转移至恒温箱中预热至可流动状态。

2)测试步骤

第一步,将盛有油剂混合液的几个样品分别注入乳化腔中;第二步,开启乳化腔控制开关,开启定时开关开启;第三步,乳化时间到达时关闭乳化开关;第四步,打开进样阀向盛样管中注入定量乳化液;第五步,打开电脑屏幕,定时观察和记录乳化液分水情况,计算分水率和乳化稳定性数值(计算方法参见第 3 章内容),取两组计算平均值作为测试一个样品的最终结果；第六步，停止实验，清洗仪器。

5.5　毛细管实验装置

渗吸剂是一种用于渗吸采油的化学剂，其包含许多种类。目前，渗吸剂及其体系中的具体哪一项指标更能影响渗吸采油效果尚未形成统一的认识。因此，学者们仍然在不断深入地研究和探索影响渗吸效果的因素和规律，一般考核的指标有润湿性反转能力、接触角变化、油砂渗吸效率和岩心渗吸效率等。在筛选和评价渗吸剂时通常会进行岩心实验，但是由于岩心实验从基础数据测试、饱和油，到老化和渗吸实验整个周期下来需要历时 2～3 个月甚至更长时间，所以从花费的时间上考虑，岩心实验不适合用于评价和筛选渗吸剂，于是，人们在探索研究影响渗吸效果的主控因素的同时，不断地完善相关指标和参数的评价方法，其中，渗吸剂在毛细管中的举升实验可以用于定量描述渗吸剂在不同润湿性的毛细管中排驱原油能力。在此背景下，中国石油勘探开发研究院设计研制了评价渗吸剂性能的毛细管实验装置。

5.5.1　结构与功能

1. 结构与特征

毛细管实验装置如图 5.7 所示，其主要特征如下。

(1)渗吸剂性能的评价装置包括底座、镜面组件与标尺、小试管、试管支架、照明系统和恒温装置等。

(2)固定板为两层，包括至少一个贯通所述固定板的贯穿孔，两层固定板上的圆孔上下竖直对应。固定板由玻璃、耐温有机玻璃或耐腐蚀金属制成。

(3)试管为10mL 刻度试管，最好是平底试管其内径为 0.8～1.0cm，刻度精度为 0.1mL。

(4)标尺为两条，分别设置在面组件的左右两侧，镜面组件的上端设置有用于提高亮度的照明设备。

(5)底座由耐腐蚀金属材料制成，底座下方设置有支撑件和用于为照明设备供电的电池盒。

(6)毛细管有毫米、微米及纳米级别的毛细管，长度可根据测量和操作的方便性选择，毫米级的毛细管通常选择加工成 10cm 长，微米级内径的可选择 20cm 及以上，测量和观察可能更方便。

(7)恒温装置用于使试管和毛细管维持在一设定温度，该温度为渗吸剂在需要渗吸采油油藏的地层温度。

(8)若渗吸剂的举升高度值越低于水的升举高度，则判定渗吸剂的升举能力越差，该渗吸剂的渗吸效果越差；若渗吸剂的举升高度值越高于水的升举高度，则渗吸剂的毛细管举升系数数值越大，该渗吸剂的渗吸效果越好。

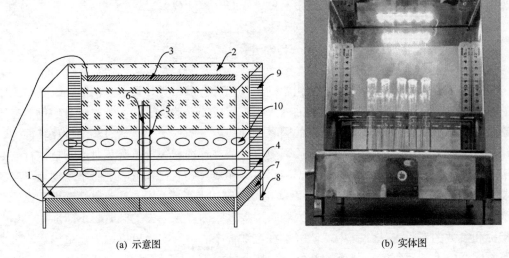

(a) 示意图　　　　　　　　　　　　　　　(b) 实体图

图 5.7　毛细管实验装置示意与实体图

1.底座；2.镜面组件；3.灯管；4.固定板；5.试管；6.毛细管；7.电池盒；8.支撑件；9.标尺；10.贯穿孔

2. 功能

渗吸剂性能的评价装置[12]可以大大提高实验和测试的效率，可以有效地减少实验误差和提高测试数据的可靠性。在渗吸剂举升能力的评价方法中，测试得出的渗吸剂的举升值具有一定模拟性，可以根据渗吸剂的举升值对渗吸剂的渗吸采油能力进行评价，判断渗吸剂是否适合该类油藏。

5.5.2　操作规程

(1)将实验用毛细管内表面根据需要处理成预期的状态(水湿、油湿、中性)。

(2)将具有一定润湿性的毛细管饱和原油或实验用油并在地层温度下老化一定时间。

(3)将配制好的渗吸剂 3～5mL 注入小试管中，取上述毛细管 2～3 只插入盛有渗吸剂或实验用其他液体的小试管中，保持垂直状态，用锡纸密封好试管口。

(4)将插入毛细管的小试管插入仪器上的试管支架的口中，将试验仪放入恒温箱中，实验温度下保温，每天记录毛细管中渗吸剂液体的上升高度。

(5)计算毛细管举升系数。

5.6　油砂制备装置

在研究表面活性剂的洗油、脱油、渗吸等性能时，需要制备模拟油砂。模拟油砂是将某区块原油和石英砂或其他混合配制的砂按一定比例混匀后，在油藏温度下保温一定时间，使油与砂充分混匀并均匀分散在砂体中附着牢固为止，以便更好地模拟油藏条件。

在没有特定仪器之前，油砂配制是手工操作。是将称量好的油与砂放入塑料烧杯中，手工搅拌均匀后倒入塑料或玻璃瓶中再置于保温箱中静置保温。无论是手工搅拌还是机械搅拌或静置保温过程，都会由于油或砂的比重不同，导致油与砂部分分离和聚集的现象发生，使得配制的模拟油砂在实验中实际含油量与真实量产生误差，进而影响实验结果的准确性。

为了解决上述实验用油砂容易出现部分分离和聚集技术问题。笔者研制了一种实验用油砂制备装置[13]。该油砂制备装置能够将混匀与保温同时进行，使油砂保温过程中也可以处于动态混匀状态，实现制备后的油砂中油真正均匀地附着在砂子表面，并经过长时间动态老化后使油较好地附着在砂粒表面。

5.6.1　结构特征

实验用油砂制备装置(图 5.8)包括盛装油砂的油砂罐、用于恒温液体的容纳箱或恒温箱、控制电机等部分。

1. 油砂罐

油砂罐是用于盛装油砂的构件，其罐体为标准的圆柱形，其材料采用导热性能较好的不锈钢或玻璃材质。油砂罐的一端或两端设有同心轴，同心轴的轴线与油砂罐的轴线重合，同心轴与油砂罐固定连接，油砂罐能够以同心轴的轴线为轴转动，即油砂罐转动轴线与同心轴的轴线重合。

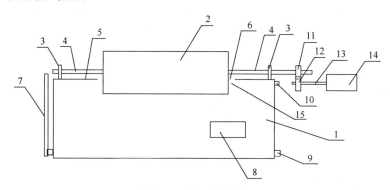

图 5.8　装置结构简图

1.容纳箱；2.油砂罐；3.支架；4.同心轴；5.上盖；6.开口；7.液位显示器；8.温度显示面板；9.出液口；
10.进液口；11.从动齿轮；12.主动齿轮；13.电机轴；14.电机；15.进样口盖

油砂罐的一端或两端设有进样口，还设有用于密封该进样口的进样口盖，进样口盖与同心轴通过螺纹固定连接，进样口盖可从进样口处卸下。需要打开进样口时，需要进样口盖和与该进样口盖连接的同心轴一同取下，通过进样口向油砂罐内装入样品后，再将该进样口盖密封住该进样口。即在(油砂制备)使用时，当油和砂装入油砂罐的罐体后，将进样口盖盖上，将同心轴支撑于支架上，当电机转动时，电机轴转动，通过啮合，带动同心轴转动，从而使油砂罐转动。

使用时将需要量的油和砂装入该油砂罐内，油砂罐的整个罐体旋转起来，使罐体内的油和砂随着转动，从而使其混合均匀；同时油砂罐坐浴于容纳箱的液体或恒温箱中，该液体的热量直接传递给油砂罐的罐体再传导给油砂，使混合与保温两个过程同时进行，整个油砂罐一直处于旋转和整体均匀受热状态，这样就实现了油砂罐内油砂的恒定混匀和在恒温下的油与砂的附着过程，最终使油均匀附着、沉积在砂子颗粒表面。

2. 容纳箱

容纳箱主要用于盛装液体(水浴或油浴用)，为油砂罐提供保温热源。容纳箱的上部设有开口，当容纳箱内盛有恒温用液体时，油砂罐浸入液体中的体积小于油砂罐总体积的一半。油砂罐的一部分能够通过开口进入容纳箱内并被容纳箱内的所述液体加热。容纳箱的上部设有上盖，开口设置在上盖内。容纳箱的箱体上设有液位显示器和温度显示面板，其中液位显示器设置在容纳箱的箱体侧边，是一个与容纳箱内液体连通的玻璃管，可以及时得到液体量的多少和温度情况，以便及时补加液体和升温或降温。其中降温主要为自然冷却的方式。容纳箱内的液体既是被加热液体，又是油砂的热源，可根据提供温度高低的需要选择水或油。

容纳箱设有能够使容纳箱内的液体保持在设定温度的自动加热装置。即容纳箱为可控温的装置，采用市场上现有的电子控制装置，可以设置预设一个温度，当液体加热至该温度时，自动断电，当自动散热至温度低于该设定温度时，再自动加热容纳箱中的液体。

进液时可以通过容纳箱的开口或打开上盖倒入液体，补液时可以通过上部设置的进液口，在保温装置不用时，容纳箱内部的液体可以通过开口或打开上盖排出，也可通过下方的出液口排出。

3. 电机

油砂制备装置还包括电机，能够驱动同心轴和油砂罐同时转动。该电机采用啮合齿轮使同心轴转动的方式，其中一根同心轴上固定有从动齿轮，从动齿轮通过啮合方式与主动齿轮相连，主动齿轮固定于可调速电机的电机轴上。

开动电机后，首先主动齿轮转动从而带动从动齿轮转动，然后，同心轴转动进而又带动了油砂罐的转动。电机的转速是可调的，电机输出的转速通过齿轮的啮合传动至同心轴，再传动至油砂罐，使油砂罐的转速可调。油砂罐在刚开始加入油和砂时，转速可以调节得快些，等混合均匀后再设定一个合适转速即可。

5.6.2　实体设计的改进

该油砂制备装置在实际设计加工时又做了一些调整，如保温部分改成了恒温箱，将油砂桶置于恒温箱中，温度适应范围更宽，可达到 300℃，完全能够满足高温油藏的温度要求，结构更加灵活，油砂桶转动方式由一种变为两种，不局限于绕轴线转动，能够使砂油混合更加充分，配制出的油砂效果更好(图 5.9)。这个装置目前已经加工成型，在中国石油勘探开发研究院采收率研究所已经使用。

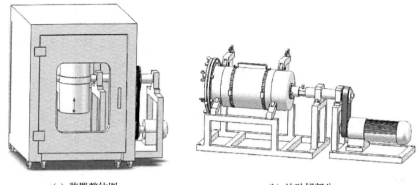

(a) 装置整体图　　　　　　　　　　　　　(b) 油砂桶部分

图 5.9　第一代油砂制备装置实体图

参 考 文 献

[1] 彭昱强. 一种自吸仪: ZL200820109215.7[P]. 2009-5-6.

[2] 张翼, 韩大匡, 马德胜, 等. 一种自吸仪: ZL201120075849.7[P]. 2011-11-9.

[3] 张翼, 樊剑, 朱友益, 等. 渗吸仪: ZL201110252824.4[P]. 2014-7-23.

[4] 张翼, 蔡红岩, 范家屹, 等. 洗油效率测试用刻度瓶: ZL201420333886.7[P]. 2014-11-26.

[5] 朱友益, 张翼, 樊剑, 等. 二元驱用表面活性剂技术规范(Q/SY1583-2013) [S]. 北京: 石油工业出版社, 2013.

[6] 张翼, 蔡红岩, 李建国, 等. 一种洗油效率测试装置: ZL201420369085.6[P]. 2014- 11-26.

[7] Zhang Y, Liu H L, Zhu Y Y, et al. A comprehensive quantitative evaluation method of emulsifying properties[C]// 2014 International Conference on Experimental and Applied Mechanics (EAM 2014), Miami, 2014.

[8] Zhang Y, Wang D H, Lin Q X, et al. Improvement on determination method for emulsifying ability of emulsifier used in oil field[J]. Chemical Industry and Engineering Progress, 2012, 31(8):1852-1856.

[9] Liu H L, Zhang Y, Li Y Q, et al. Influence on emulsification in binary flooding of oil displacement effect[J]. Journal of Dispersion Science and Technology, 2016, 37 (1):89-96.

[10] 张翼, 朱友益, 武劼, 等. 全自动原油乳化稳定性评价仪: ZL201210265482.4[P]. 2014-7-4.

[11] 袁红, 朱友益, 武劼, 等. 一种油水乳化实验装置: ZL201020122999.4[P]. 2010-11-3.

[12] 张翼, 蔡红岩, 范家屹, 等. 渗吸剂性能的评价装置: ZL201520120972.4 [P]. 2015-8-5.

[13] 张翼, 马德胜, 吴康云, 等. 一种实验用油砂制备装置: ZL201420343137.2[P].2014-11-26.

第6章 渗吸剂研制与筛选

目前，尚未有专门用于渗吸采油的化学剂的报道[1]。室内研究和实际工业试验所用的化学剂都是已有的商业表面活性剂或化学复合驱中使用过的驱油剂，所以，大多室内的实验也多采用商业表面活性剂或驱油用化学剂来进行组合优化。由于各油田、各区块油藏的渗透率、孔隙度及岩性、油水性质等都各不相同，因此，很难找到具有广泛适应性的渗吸剂。那么，如何在室内的优化和评价中确定具有针对性的渗吸剂呢？首先考虑了渗吸剂本身的属性，包括界面张力与润湿角的测量、黏度和乳化稳定性指标、渗透力指标等；其次，考虑重要属性在实际油藏孔隙中的制约性，综合考虑各因素后重点考虑油砂渗吸效率和岩心渗吸效率值的大小，但在进行属性测试和渗吸效率测试前都要对油藏的性质、地质和开发历史及现状进行分析，取得相关资料，对岩石、油和水性质进行检测分析以用于后续的实验和测试。

6.1 实验材料

6.1.1 原油和水

原油、地层水与注入水是储层中的主要流体，为了模拟油藏和储层条件往往需要取得相关区块的原油和地层水样，对原油进行脱水脱气处理后进行组分分析。对岩石和水进行矿物组成和离子组成分析，以确定原油的族组成和水的总矿化度。

1. 原油的性质分析

通过原油的组分分析可以初步了解原油四大组成的分布和含量，了解原油的总体构成。再通过全烃的谱图分析可以确定每一类组成中各种具体物质的详细含量，通常采用的方法是色谱法。

仪器分析通常执行的标准为岩石中氯仿沥青的测定(SY/T5118—2005)[2]和岩石中可溶有机物及原油族组分分析(SY/T5119—2008)[3]，采用棒式色谱分析仪(MK-6S)，测试温度为18℃、湿度为10%。全组分分析执行行业标准为SY/T5779—2008(石油和沉积有机质烃类气相色谱分析方法)石油和沉积有机质烃类气相色谱分析方法[4]，使用仪器常用的有HP-7890GC，测试条件为：色谱柱为弹性石英毛细管柱HP-1(长30m，内径0.25mm)，氢火焰离子化检测器(320℃)，汽化温度为310℃，柱温为80～310℃，升温速度为6℃/min，氢气流速为40mL/min，空气流速为400mL/min，分流比为1：1，氮气为载气。

表6.1是对H油田J-11区块原油的组分分析结果，表6.2是原油物性分析结果。该油区的地层温度为54℃，地层温度下的原油密度为0.8084g/cm³。从表6.1中结果可知，原油饱和烃含量最高，芳烃含量中等，属于低黏度原油。通过对长庆某区块原油的全组分分析发现，烃类分子的碳数主要集中在 C_{20} 以下，有少量 C_{20}～C_{30}，C_{30} 以上几乎没有，

说明该类原油属于石蜡基轻质原油，另外，如果用原油或模拟油做实验，则需要测定其在室温和地层温度下原油的黏度和密度，以备下面的油砂及岩心实验用。

表 6.1　J-11 脱水原油的组分分析

样品	饱和烃/%	芳烃/%	非烃/%	沥青质/%	总量/%
J11-A	64.52	19.39	12.15	3.94	100

表 6.2　J-11 断块原油物性表

地层原油物性					脱气原油性质			
原始地层温度/℃	目前温度/℃		饱和压力/MPa	黏度/(mPa·s)	密度/(g/cm³)	黏度 50℃/(mPa·s)	凝固点/℃	含蜡量/%
	水井	油井						
54	45	50	12.55	2.47	0.782	12.4	29	9.83

除了了解原油的组成以外，通常还需要测试原油的黏度随温度的变化值和密度随温度的变化值及变化曲线（表 6.3，图 6.1、图 6.2），特别取得实验温度下对应的黏度和密度值可以用于相应的计算。

表 6.3　H6 原油黏度、密度随着温度变化

温度/℃	动力黏度/(mPa·s)	运动黏度/(mm²/s)	密度/(g/cm³)
90	3.7471	4.6500	0.8058
80	4.5199	5.5623	0.8126
70	5.5862	6.8190	0.8192
60	7.0695	8.5606	0.8258
50	10.717	12.865	0.8330
40	25.186	29.968	0.8404
35	51.351	60.810	0.8445
30	209.89	246.93	0.8500

注：实验用油为 H6 脱水原油，实验室温度为 23℃。

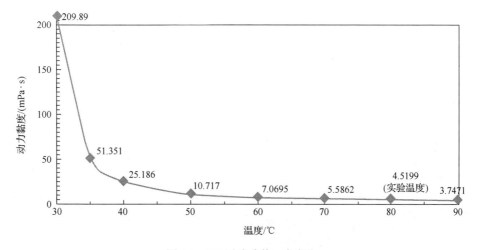

图 6.1　H6 原油随着温度变化

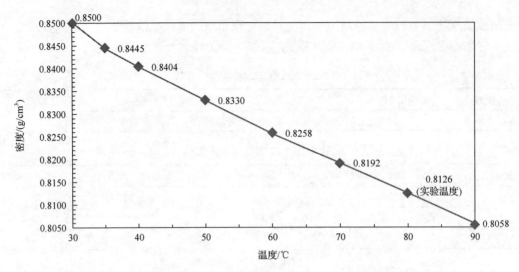

图 6.2　H6 原油密度随着温度变化

该区块地层温度为 120℃以上，考虑室内实验的安全性和可操作性，选择实验温度为 80℃，对应该温度下的原油黏度为 4.5199mPa·s，密度为 0.8126g/cm³（图 6.1 和图 6.2 标注"实验温度"的数值）。

2. 水的性质分析

水质分析也是渗吸实验的基本工作之一，主要了解水质的矿物组成、含量及水质类型等信息。采用的方法主要有容量分析和仪器分析法。例如，H 油田提供的 J-11 断块不同批次水质分析结果见表 6.4。中国石油勘探开发研究院采收率研究所对该油田送来的水样品分析结果见表 6.5。

表 6.4　J-11 断块水质分析表

		J-11 断块注入水	J-11 断块清水	J-11 断块注入水	J-11 断块注入水
阳离子含量 /(mg/L)	$Na^+ + K^+$	3753.17	188.58	3758.58	3915.41
	Mg^{2+}	46.31	4.87	73.12	26.70
	Ca^{2+}	52.26	24.12	76.38	52.05
阴离子含量 /(mg/L)	Cl^-	4765.19	138.62	4539.93	5127.91
	SO_4^{2-}	57.81	96.35	491.38	9.96
	HCO_3^-	2077.61	237.44	2136.97	1736.29
pH		8.0	7.0	7.0	
总矿化度/(mg/L)		10752.35	689.99	11076.35	10954.33
水型		$NaHCO_3$	$NaHCO_3$	$NaHCO_3$	$NaHCO_3$
送样日期		2010 年	2010 年	2011 年	2013 年

从表 6.5 中可知，地层水属于碳酸氢钠型水质，Ca^{2+} 和 Mg^{2+} 离子含量较高，含有 Fe^{3+}，总矿化度较高，实验采用表 6.5 的结果。

表 6.5 J-11 断块水质分析

离子	离子含量/(mg/L)	TDS/(mg/L)
Na^+	3900.75	
K^+	32.22	
Ca^{2+}	536.2	
Mg^{2+}	22.04	
Fe^{3+}	0.25	
Cl^-	4737.50	9837
SO_4^{2-}	117.50	
CO_3^{2-}	未检出	
HCO_3^-	1922.90	

注：估算矿化度为 10786.81mg/L；TDS 指总溶解固体，指水中全部溶质的总量，包括无机物和有机物两者的含量，由于一般可以不考虑天然水中所含的有机物及分子状的无机物，所以常把含盐量称为总溶解固体，用 TDS 可表示总矿化度。

2015 年 12 月对吉林 H6 区块水质进行了分析，结果如表 6.6 所示。

表 6.6 H6 水样分析结果

样品	水样名称	离子含量/(mg/L)	总含量/(mg/L)	样品	水样名称	离子含量/(mg/L)	总含量/(mg/L)
H6（回注水）	Na^+	5312.22	14415.988	H6（地层水）	Na^+	7796.07	20877.50
	K^+	86.76			K^+	126.82	
	Ca^{2+}	58.24			Ca^{2+}	92.61	
	Mg^{2+}	9.29			Mg^{2+}	12.82	
	Fe^{3+}	0.048			Fe^{3+}	0.32	
	Ba^{2+}	0.47			Ba^{2+}	0.13	
	Cl^-	5459.16			Cl^-	8777.95	
	SO_4^{2-}	1097.25			SO_4^{2-}	2645.50	
	CO_3^{2-}	未检出			CO_3^{2-}	未检出	
	HCO_3^-	2392.55			HCO_3^-	1425.28	

地层水矿化度为 20877.5mg/L，含有微量的 Fe^{3+} 和 Ba^{2+}，水型为碳酸氢钠型。实验前，根据每个目标区块水样的测试结果，按照离子平衡和质量平衡原则配制模拟地层水。

3. 矿物分析

从某油田的目标区块取得了岩样，采用行业标准方法对其矿物组成和孔隙特征进行化学和扫描电镜分析[5, 6]。

1) 储层矿物特征

储层岩性以粉砂岩为主，粒径一般为 0.03～0.25mm，颗粒分选中等，磨圆度次棱角状。砂岩的矿物成分主要由石英、长石、岩屑组成，石英含量为 30%～42%、长石含量为 32%～45%、岩屑含量为 20%～34%。胶结物以灰质和泥质为主，胶结类型以孔隙式和孔隙-再生式为主。

2) 储层微观特征

储层孔隙类型以粒间孔、溶蚀孔和微孔最发育(图 6.3)。黏土矿物以伊利石为主，高岭石、绿泥石次之，并含少量伊蒙混层。伊利石呈发丝状、片状充填在孔隙内，绿泥石呈薄膜式贴附于岩石颗粒表面，石英次生加大和长石淋滤现象普遍。

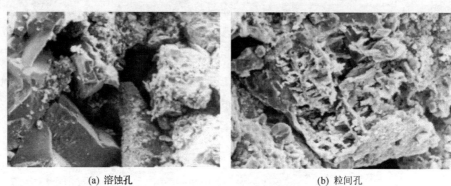

(a) 溶蚀孔　　　　　　　　　　　　　　　(b) 粒间孔

图 6.3　H6 储层岩石孔隙特征

通过对储层岩心的微区观察，可以了解岩石孔隙类型、发育程度、矿物组成及填充情况等，为渗吸剂选择和优化提供基本参考。

6.1.2　油砂与岩心

1. 油砂配制

1) 原油与模拟油

实验用油可以为原油或用原油和中性油配制成的模拟油。鉴于目前驱油用表面活性剂筛选及复合驱配方体系研究多直接使用脱气原油，驱油效率评价实验直接使用脱气原油，可更真实、更直接地反映出所建立的复合驱配方体系的驱油效率。若脱气原油黏度小于 40mPa·s，建议直接使用原油。

使用脱气原油存在的主要问题是：黏度通常为地下原油黏度的 2～3 倍。水驱试验研究表明，由于受黏性指进效应的影响，使用高黏度脱气原油水驱采收率会略低于模拟油。因此，对于脱气原油黏度较高的样品，在不影响复合驱体系配方油水界面张力(IFT)性质的前提下，为模拟地下原油黏度，也可使用与地下原油黏度相近的模拟油。实验室配制模拟油时，通常根据地下原油黏度数据，采用在脱气原油中加入一定的中性煤油的方法进行配制。

2) 砂子选取

采用天然油砂或天然岩心经过清洗、烘干、研磨、筛分后待用，或根据储层渗透率选择对应的石英砂(粒径粗选和筛分、处理)，砂岩油藏常采用石英砂代替，特殊岩性油藏可以根据矿物组成配置模拟砂子。

3) 油砂的配制

实验室主要考虑砂子的附着性和游离原油量的控制两个主要因素，通常选用砂油质量比为 7：1 的比例进行油砂的配制。这个比例基本可以满足以上两个配制目标的要求，油与砂经过老化 7 天后(如果时间允许，最好老化 1 个月以上)，基本表现出较好的结合力和稳定性，游离油的量也较少。用于渗吸或洗油实验基本可以区分开不同剂的作用差别及剂与水作用的不同。

2. 岩心的处理

1) 岩心准备

取自储层的岩样预处理(洗油、洗盐、烘干、常规物性分析等)过程至少需一个月；原油老化需 2～4 周，准备实验(水相渗透率测定、建立束缚水饱和度等)需一周，驱油效率测定需 3～10 天。若使用露头天然岩心，需对其润湿性进行检测，而后根据目的油藏的实际润湿性条件，采用原油老化或润湿处理剂处理的方法进行润湿性恢复，岩样准备时间约 2～4 周。批量岩样进行实验时，实验时间将会缩短，但总体来说，岩心实验时间都很长。

2) 样品

用于表面活性剂复合驱油体系驱油效率评价试验的样品为圆柱形岩样，用于渗吸实验的岩心也多选用圆柱形样品。直径为 2.54cm(1in) 或 3.81cm(1.5in)。长度为不小于直径的 1.5 倍，即直径 2.54cm 时长度应大于 3.80cm，直径 3.81cm 时长度应大于 5.7cm。为减少计量的误差，储层天然岩心应尽管选用长度为 10cm 左右的岩样，露头天然岩心应尽量选用长度为 15～30cm 的岩样。岩样端面与柱面均应平整，且端面应垂直于柱面，不能有裂缝、缺角等结构缺陷。

清洗：对于取自储层的非新鲜岩样，在已知油藏润湿性为水湿时用酒精-苯清洗，已知油藏润湿性为油湿时用四氯化碳或高标号(120 号)溶剂汽油清洗，不知道油藏润湿性时需先用溶剂清洗为亲水后用油藏原油恢复其润湿性。

原油老化：需要恢复岩样的润湿性时，应用取自同一地层的原油进行老化，操作方法按 SY/T5153—2007[7] 的规定执行。

6.1.3　化学剂的准备

室内实验在选择作为渗吸剂的化学剂时一般有两个思路：一是自行设计合成，从分子设计到室内合成再到工业放大和生产一般需要经历 6～8 年时间，但得到的产品具有性能好、有针对性、适应性好等特点；二是结合储层特征、市场供应和经济性等方面的要求，对现有的工业用油田助剂和商业洗涤剂、阻垢剂、防腐剂等商品进行优化设计和室内评价形成性能和功能满意的渗吸剂体系。目前基本未见自行设计合成的产品报道，商业活性剂种类和产量逐年增多，每一种活性剂的特征和功能生产商都有标注，如巴斯夫的部分活性剂产品见表 6.7。

表 6.7　巴斯夫部分产品目录

商品名	化学名称	性能特点	推荐应用	包装规格
Lutensol XP30/40/70/80/90	C_{10} 古伯特醇 +3EO/4EO/7EO/8EO/9EO	优秀的润湿和乳化能力，在硬表面具有良好的清洗能力；适合取代 APEO（烷基酚聚氧乙烯醚类物质）；容易生物降解，无毒；与水混合不易形成凝胶体系，易于使用。对矿物油去除能力强	家庭、工业及公共设施洗涤剂中	190kg/bbl、200kg/bbl
Lutensol TO5/TO7/TO20	C13 羰基合成醇 +5EO/7EO/20EO	优秀的润湿和乳化能力，在硬表面具有良好的清洗能力；适合取代 APEO；易生物降解，对环境无任何污染；非离子表面活性剂，对硬水不敏感	家庭、工业、纺织及公共设施洗涤剂中	190kg/bbl、200kg/bbl
Plurafac LF 221	脂肪醇烷氧基化合物	高润湿能力，极低的起泡性，耐强酸	家用和商用餐具洗涤的洗涤剂和漂洗助剂，用于机器洗瓶的洗涤剂及酿酒和乳品业的清洗；用于金属工业、日化和石油工业的清洗剂和脱脂剂中	200kg/bbl
Plurafac LF 431	烷基封端的脂肪醇烷氧基化合物	很好的润湿、分散及泡沫抑制性能，低泡，封端产品，对碱性条件具有更好的耐受性	高压喷射清洗配方，用于金属喷淋清洗剂和洗车洗涤剂等。洗碟机用洗涤剂和漂洗助剂	110kg/bbl
Pluronic PE 6100	嵌段共聚物，其中央为聚丙二醇基团，两旁是两个聚乙二醇基团	能被应用以改进润湿性、分散性或乳化性能。它们能用来减少泡沫或完全消除；不起泡沫，至多是非常低泡沫	在餐具洗涤和洗瓶剂配方中用作抑泡剂	210kg/bbl
Pluronic PE 6200	嵌段共聚物，其中央为聚丙二醇基团，两旁是两个聚乙二醇基团	有效的低泡沫润湿剂	主要用于机械清洗过程	210kg/bbl
Pluronic RPE 1740	嵌段共聚物，其中中央聚乙二醇基团，两旁是两个聚丙二醇基团	基本无泡或者有很少的泡沫，耐酸性没有限度。这些产品在一定程度上也耐碱	在金属加工液中作为润滑剂	200kg/bbl
Emulan TXO	脂肪醇烷氧基化合物	极好的动态性能（非常适用于短时的清洗过程）；优异的硬表面脱脂能力	金属清洗剂、CIP 清洗剂、全能清洗剂、高压清洗剂、洗碗机的快干剂	200kg/bbl
Emulan TXI	脂肪醇烷氧基化合物	TXO 的消泡性能比 TXI 优异；TXI 的润湿性比 TXO 优异	金属清洗剂、CIP 清洗剂、全能清洗剂、高压清洗剂、洗碗机的快干剂	200kg/bbl
Sokalan CP5	丙烯酸/马来酸共聚物钠盐	很好的抗再沉积、分散去污性能	很好分散剂和助洗剂。洗衣房代磷助剂	240kg/bbl
Sokalan CP5 Powder	丙烯酸/马来酸共聚物钠盐	很好的抗再沉积、分散去污性能	很好分散剂和助洗剂。洗衣房代磷助剂	25kg/袋
PA25CL	丙烯酸均聚物钠盐	很好的抗再沉积、分散作用	很好分散剂和助洗剂	250kg/bbl
Trilon A 92	NTA 三钠盐	很好的螯合能力及去污能力	螯合剂	25kg/袋
Trilon B Powder	EDTA-4 钠	很好的螯合能力	螯合剂	25kg/袋

注：1bbl=0.159m³。

1. 接触角实验

物理模拟实验前通常要进行所使用水样的分析，以便于试剂溶液与溶剂水作用的对比，也可以用于消除水的影响。实验方法参见第 2 章 2.1 节的相关内容，接触角实验也先对三种水进行了测试。

用三种水(H6 模拟地层水、自来水和蒸馏水)对 4 根岩心进行了 12 组接触角实验，每根岩心每个样品测 3 个点以上取平均值。模拟地层水对原油的接触角结果如表 6.8 所示。

表 6.8　岩心表面模拟地层水对原油的接触角

岩心号	接触角/(°)	润湿性	岩心含油饱和度 S_o/%
A15	100~102	中性-弱油湿	61.21
A5-8	105~107	弱油湿	46.96
A5-14	116	弱油湿	70.75
A5-13	117~120	弱油湿	68.74

通过接触角测试可以初步判断干岩心、饱和油岩心及处理过各种矿片的润湿性及润湿性变化情况。表 6.8 中饱和原油后的岩心，含油饱和度在 46%以上的 4 根岩心表面的润湿性都呈现为中性及弱油湿状态。三种水作用在饱和油岩心表面都没有使接触角显著改变，说明水对岩心表面的润湿反转作用很弱，几乎为零。

使用视频接触角仪可以测定石英矿片表面、岩心及矿物岩片表面的固、水、油界面的接触角，并且可以定时拍照和保存(图 6.4)，测量出左右角然后计算平均接触角大小。

(a) 模拟水的接触角　　　(b) 蒸馏水的接触角　　　(c) 自来水的接触角

图 6.4　三种水对饱和原油后岩心的接触角

2. 表面张力和黏度

1)表面张力的测定方法

表面张力是表面活性剂水溶液的一种基本性质。表面张力是指由自由表面能引起的沿液面表面作用在单位长度的力，在数值上同单位表面上的自由表面能相等。表面张力是反映表面活性剂表面活性大小的一个重要物化性能指标。

溶液的表面对测定条件非常敏感，即使微小的变动也容易影响表面张力的测定。为了测得可靠的表面张力，测定前必须注意以下几点：首先，必须在液面不振动的干净环境中操作，例如，水面易与尘埃、油气接触而污染，瞬间约可变化 10mN/m；其次，要正确控制温度，测定体系尽可能密闭，这样因蒸发引起的液面浓缩和温度不稳可被抑制到最小范围。水的表面张力 (γ_{H_2O}) 与温度 (t) 有如下关系：

$$\gamma_{H_2O} = 75.680 - 0.138t - 0.356 \times 10^{-3}t^2 + 0.47 \times 10^{-6}t^3$$

所以希望温度变化控制在 ±0.1℃以内。再者，应该注意水的精制纯化，除去所含的痕量表面活性杂质等，以达到表面研究所必要的试剂纯度。此外，表面活性剂溶液的表面张力达到平衡的时间可从数分钟到数小时，因此必须根据实验的目的选择合适的方法。最好在一段时间内多次测量，以得到表面张力对时间的曲线，由曲线的平坦位置，确定表面达到平衡的时间。

测定表面张力的方法很多，有平板、U 形环或圆环拉起液膜法、毛细管法、最大气泡压力法、滴体积法、悬滴法等。我国国标中早期则规定了圆环拉起膜法及滴体积法测定表面张力，在此介绍圆环拉起液膜法。

（1）原理方法。

将圆环放在一只测量杯中待测的表面活性剂溶液中，当拉起环时，有一作用力垂直作用于圆环上，测量垂直作用于圆环，使圆环从此表面脱离所需要的最大力。

方法参照 QB/T 1323—1991[8]，用圆环拉起液膜测定含一种或几种表面活性剂的水溶液或有机溶液表面张力。可测定表面活性剂和洗涤剂溶液的表面张力，也适用于纯溶液或溶液的表面张力。

（2）仪器及试剂。

表面张力计：由水平平台、测力计和仪表组成。装置应防震避风。整个仪器要用天平罩保护起来，有利于减小温度变化和尘埃污染。

铂铱环：铂铱丝直径为 0.3mm。环的周长通常为 40～60mm，用一铂铱环固定在悬杆上（图 6.5）。

测量杯：玻璃制品，内径至少 8cm。对于纯液体的测定，理想的测量杯是矩形平行六面体小皿，边长至少 8cm，这种形状有利于用洁净的玻璃棒或聚四氟乙烯板刮净液体表面（图 6.6）。

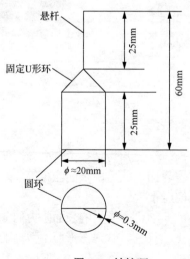

图 6.5　铂铱环

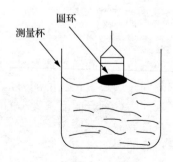

图 6.6　用圆环测定

试剂：蒸馏水为二级水，注意防止污染。

（3）检验步骤。

取一定量的表面活性剂样品，配成试样溶液，溶液的温度要保持一定，温度变化应在 0.5℃之内。配制表面活性剂溶液时应注意：①配制测定溶液用作溶剂的水应是重蒸馏水，20℃时水的表面张力至少 71mN/m。软木塞和橡皮塞绝不能用于制备蒸馏水的蒸馏装置接口中，或用来塞盛水的容器；②溶液的温度应精确保持在±0.5℃之内（在临界温度点，如在克拉夫温度，环氧乙烷缩合物的混浊温度等附近进行的测定，常由于误差大而失败，最好在高于克拉夫温度或低于环氧乙烷缩合物的混浊温度下进行）；③因溶液表面张力随时间而变化，表面活性剂的性质、纯度、浓度和吸附倾向，在这些变化中都起着特殊的作用，很难建议一个标准时效周期，所以需要在一段时间内进行几次测量，做出表面张力对时间的函数曲线，求出其水平部分的位置，即可得到溶液达到平衡状态的时效，能将表面张力值作为时间的函数记录下来的自动化仪器非常适合于这种测量；④溶液表面对于大气尘埃或附近溶剂的蒸气污染非常敏感，所以不要在进行测定的房间里处理挥发性物质；⑤建议用移液管从大量液体的中心吸取待测液体的试验份，因为表面可能易受不溶性粒子或尘埃的污染。

清洗仪器：如果污垢（如聚硅酮）不能被硫酸铬酸液、磷酸或过硫酸钾硫酸溶液除去，则可用甲苯、四氯乙烯或氢氧化钾甲醇溶液预洗测量杯。如果不存在这种污垢，或者这种污垢已被清洗，则用热的硫酸铬酸洗液洗涤测量杯，然后用浓磷酸（83%～92%）洗涤，最后用重蒸馏水冲洗至中性。测量前，用待测液冲洗几次。要避免触摸测量元件和测量杯内表面。

校正仪器：可用以下两种方法进行校正。

第一种方法是用一系列已知质量的游码，放在圆环上，调节测力计使其平衡，记录下刻度盘读数。绘游码质量/刻度盘读数曲线图，该曲线在测力计测量范围内为直线，求出直线的斜率。该法操作时间较长，但是非常精确。仪器读出值表面张力 γ 按式（6.1）计算，单位为 mN/m。

$$\gamma = \frac{mg}{c} \qquad (6.1)$$

式中，m 为游码的质量，g；c 为圆环的周长，$c = 2\pi r$，其中 r 为圆环半径，m；g 为重力加速度，m/s^2。

第二种方法是用已知准确表面张力的纯物质。调好张力，如需要，按测量步骤进行操作，直至观察到读数与校正液体的已知值相符，这种方法速度较快。水在不同温度下的表面张力见表 6.9，一些纯有机液体的表面张力值列于表 6.10。

测量：在平台上放一水准仪，调节仪器底板上的调节螺丝，直至平台成水平。将盛有待测液的测量杯放在平台上，并处于圆环的下方。升起平台用液体表面作镜子，观察几乎与液体表面接触的圆环的像。检查圆环的周边是否水平。升高平台使圆环刚一接触液面即被拉入液体。继续升高平台至测力计再一次处于平衡。因圆环浸入液体时，扰乱了表面层的排列，需要等几分钟后再测定。缓慢降低平台直至测力计稍微失去平衡。然后，调节施加于测力计的力以及平台的位置，随着环的周边处于液体自由表面上，测力计恢复平衡。用微调螺杆降低平台，同时调节施加于测力计的力，使测力计始终保持平衡，直至连接圆环和液体表面的"膜"破碎，仔细注意施加在"膜"碎裂瞬间时的力。

表 6.9　与空气接触的水的表面张力

温度/℃	表面张力/(mN/m)	温度/℃	表面张力/(mN/m)	温度/℃	表面张力/(mN/m)	温度/℃	表面张力/(mN/m)
−10	77.10	15	73.48	24	72.12	50	67.90
−5	76.40	16	73.34	25	71.96	60	66.17
0	75.62	17	73.20	26	71.82	70	64.41
5	74.90	18	73.50	27	71.64	80	62.60
10	74.20	19	72.89	28	71.47	90	60.74
11	74.07	20	72.75	29	71.31	100	58.84
12	73.92	21	72.60	30	71.15		
13	73.78	22	72.44	35	70.36		
14	73.64	23	72.28	40	69.55		

表 6.10　纯有机液体与空气的表面张力(20℃)

液体	表面张力/(mN/m)	密度/(g/m³)	沸点/℃
甘油	63.4	1.260	290
二碘甲烷	50.76	3.325	180
喹啉	45.0	1.095	237
苯甲醛	40.04	1.050	179
溴代苯	36.5	1.499	155
乙酰乙酸乙酯	32.51	1.025	180
邻二甲苯	30.10	0.880	144
正辛醇	27.53	0.825	195
正丁醇	24.6	0.810	117
异丙醇	21.7	0.785	82.3

结果计算：试液的表面张力 γ 按式(6.2)计算，单位为 mN/m。

$$\gamma = fF / (4\pi r) \tag{6.2}$$

式中，F 为当连接圆环与液体表面的"膜"破裂瞬间，或"膜"较低的弯月面脱离的瞬间施加于张力计的力，$F = k \times g \times$ 刻度盘读数，mN；r 为圆环的半径，m；k 为校正曲线斜率，即 g/刻度，其中 g 为重力加速度，m/s²；f 为校正因子，因在"膜"破裂前的瞬间，或"膜"的弯月面底部脱离前的瞬间，圆环的内部和外部弯月面之间不是完全对称的(图6.5)，应考虑作用在圆环上表面张力的方向，f 值取决于圆环的半径，铂铱丝的粗细，待测液体的密度，以及"膜"破裂前的瞬间或"膜"在自由表面上升高的液体的体积。

2) 界面张力的测试

界面张力是表征表面活性剂溶液界面活性的重要指标。测试方法可参照(GB11985—

1989)[9]表面活性剂界面张力的测定滴体积法，该标准适用于测定表面活性剂在水或有机溶剂中的两种溶液间的界面张力。

低超低界面张力测试常用仪器是全自动旋转滴界面张力仪，该仪器有多种型号和品牌。TX500 品牌旋转滴超低界面张力仪是基于美国科诺专业技术的经典型界面化学分析仪器，区别于通常情况下的界面张力测试，旋转滴可以实现对低或超低界面张力的分析，而通常的方法如白金板法、白金环法无法实现这样的测值。如全自动旋转滴界面张力仪 TX500^{TM} Spinning Drop Interface Tensiometer，型号/Model 500D/E/F/G/H。

（1）测试原理。

恒温恒压条件下增加单位界面面积时体系自由能的增量，称之为界面张力，该体系起源于界面两侧的分子对界面上分子的吸引力不同。通常把 $10^{-2} \sim 10^{-1}$mN/m 的界面张力称为低界面张力，而达到 10^{-3}mN/m 以下的界面张力称为超低界面张力。为测定超低界面张力，需人为改变原来重力与界面张力之间的平衡以使平衡时液滴的形状便于测定，这可以通过使体系旋转，增加离心力场的作用来实现，即旋转滴超低界面张力的测试原理。

（2）应用范围。

油田三次采油工艺中界面化学分析测试，乳液、聚合物界面张力测试，医药、农药、喷雾、油漆和涂料界面张力测试，化妆品、食品工业的界面张力分析，表面活性剂、肥皂和洗涤剂、临界胶束浓度(critical micelle concentration，CMC)测试。

通常的界面张力值(大于 1mN/m)测试时，可采用 A201/A101 型全自动表面/界面张力仪，测值精度更高。

500 系列旋转滴界面张力仪经过几代升级，已经从原显微镜观测技术全面升级至 500D/500E/500F/500G/500H 系列视频分析系统，可以满足便携、更高精度、更复杂的测试需求。

3) 黏度测试

一定温度下几乎所有水溶液都有对应的黏度值，这个指标也是溶液的基本属性之一。此处指的是渗吸剂黏度值大小不仅与渗吸效率相关，同时也受到储层孔喉的限制，在筛选时应予以考虑。

流体的黏度随温度的不同而显著变化，但通常随压力的不同发生的变化较小，随着温度的上升，液体的黏度下降，气体的黏度上升，不同流体的黏度差别很大，表征液体的黏度有三种：动力黏度、运动黏度和条件黏度。

（1）动力黏度。

ηt 是二液体层相距 1cm，其面积各为 1cm^2 相对移动速度为 1cm/s 时所产生的阻力，单位为 g/(cm·s)，1g/(cm·s)=1P，一般工业上动力黏度单位用 P(或 cP)来表示(N·s/m^2 即 Pa·s，习惯用单位 cP，1cP=10^{-3}Pa·s)。

（2）运动黏度。

在温度 t℃时，运动黏度用符号 γ 表示，液体的动力黏度与同温同压下密度的比值称为运动黏度。运动黏度广泛用于测定喷气燃料油、柴油、润滑油等液体石油产品深色石油产品、使用后的润滑油、原油等的黏度，运动黏度的测定采用逆流法。

（3）条件黏度。

指采用不同的特定黏度计所测得的以条件单位表示的黏度，各国通常用的条件黏度有以下三种。①恩氏黏度又叫恩格勒（Engler）黏度。是 200mL 试样流过恩氏黏度计所需的时间，在规定温度（如 50℃、80℃、100℃）下与蒸馏水在 20℃流出相同体积所需要的时间（s）之比，恩氏黏度用符号 Et 表示，恩氏黏度的单位为条件度。②赛氏黏度，即赛波特（Sagbolt）黏度。是一定量的试样，在规定温度（如 100°F、210°F 或 122°F 等）下从赛氏黏度计流出 200mL 所需的秒数。赛氏黏度又分为赛氏通用黏度和赛氏重油黏度［或赛氏弗罗（Furol）黏度］两种。③雷氏黏度，即雷德乌德（Redwood）黏度。是一定量的试样，在规定温度下，从雷氏年黏度计流出 50mL 所需的秒数。雷氏黏度又分为雷氏 1 号（用 Rt 表示）和雷氏 2 号（用 RAt 表示）两种。

上述三种条件黏度测定法，在欧美各国常用，我国除采用恩氏黏度计测定深色润滑油及残渣油外，其余两种黏度计很少使用。三种条件黏度表示方法和单位各不相同，但它们之间的关系可通过图表进行换算。同时恩氏黏度与运动黏度也可换算，这样就方便灵活得多了。黏度的测定有许多方法，如转桶法、落球法、阻尼振动法、杯式黏度计法、毛细管法等。对于黏度较小的流体，如水、乙醇、四氯化碳等，常用毛细管黏度计测量；而对黏度较大流体，如蓖麻油、变压器油、机油、甘油等透明（或半透明）液体，常用落球法测定；对于黏度为 0.1～100Pa·s 的液体，也可用转筒法进行测定[8]。

3. 渗透力实验

具体方法参见第 3 章相关内容。

6.2　渗吸剂性能评价

6.2.1　不同类型渗吸剂的定量分析

由于精细化工行业的迅速发展，作为"工业味精"的表面活性剂，已广泛进入日化、轻工、纺织、建筑、石化、金属加工等生产领域，成为各产业部门提高产品质量，降低生产成本不可缺少的重要原料和助剂。当前世界各国都非常重视表面活性剂的开发、研制和应用，我国已将表面活性剂工业列为国家重点发展的行业。现已有一千多种表面活性剂产品[11,12]，主要以阴离子、非离子、阳离子表面活性剂为主。运用范围非常广泛，并将随着我国工业化水平的提高，表面活性剂的品种和产量将会有大幅的增加，但由于表面活性剂组成复杂，而且一般常用多种表面活性剂的复配产品，因而给鉴定技术带来了许多新的课题和任务。目前，国内外表面活性剂种类的判断常用沉淀法、络合法及电解法等，但不能确定其结构。对由多种表面活性剂复配的复杂体系，通过核磁共振谱图进行定性和定量的文献很少。毛培坤[11]带领的课题小组多年来一直从事产品剖析工作，遇到了大量关于表面活性剂的鉴定问题。探索通过核磁共振结合其他的一些分离手段，解决多种表面活性剂的定性和定量的问题。为产品中表面活性剂的鉴定提供一种相对简便、准确的方法，为表面活性剂产品的分析检测、企业的产品开发和研制提供更好的服务。

　　四大类基本的表面活性剂的分析方法主要包括容量分析和仪器分析两大类。容量分析主要是两相滴定法，仪器分析主要有气相色谱、液相色谱、光度法及核磁共振技术等方法。

　　表面活性剂分子由于含有两亲性基团，它不仅有洗涤去污作用，而且具有润湿、乳化、增溶、起泡、柔软、抗静电、杀菌等多种性能，是日常生活和工业生产不可缺少的产品。

　　表面活性剂的品种繁多，性质差异明显，除与烃基的大小、形状有关外，主要与亲水基的不同有关。因而表面活性剂按亲水基可分为两大类：离子型和非离子型表面活性剂型表面活性剂。而离子型表面活性剂又分为阴离子型、阳离子型和两性离子型表面活性剂。另外，还有含氟、硅、硼等特种表面活性剂，一般按其亲油基分类。每类特种表面活性又可进一步分为阳离子、阴离子、非离子型表面活性剂及两性离子表面活性剂。

　　表面活性剂是一类具有特殊性质的专用化学品，其分析除对照产品各级质量标准的测定项目外，尚需要作性能分析、理化性能分析等。从分析方法讲，随着表面活性剂合成工业和应用的发展，其分析方法也不断充实，日趋完善。经典的化学分析法已相当成熟，进入标准化和规范化阶段。本章介绍表面活性剂的性能、类型及定量分析方法[11-15]。

1. 阴离子型渗吸剂

1) 两相滴定法

　　两相滴定法可参照 GB/T 5173—1995[16]，适用于分析烷基苯磺酸盐、烷基磺酸盐、烷基硫酸盐、烷基羟基硫酸盐、烷基酚硫酸盐、脂肪醇甲氧基及乙氧基硫酸盐和二烷基琥珀酸酯磺酸盐，以及每个分子含一个亲水基的其他阴离子活性物的固体或液体产品。不适用于有阳离子表面活性剂存在的产品。

　　两相滴定方法原理是在水和三氯甲烷的两相介质中，酸性混合指示剂存在情况下，用阳离子表面活性剂氯化苄苏鎓滴定，测定阴离子活性物的含量。

　　阴离子活性物和阳离子染料生成盐，此盐溶解于三氯甲烷中，使三氯甲烷层呈粉红色。滴定过程中水溶液中所有阴离子活性物与氯化苄苏鎓反应完，氯化苄苏鎓取代阴离子活性物-阳离子染料盐内的阳离子染料(溴化底米鎓)，因溴化底米鎓转入水层，三氯甲烷层红色褪去，稍过量的氯化苄苏鎓与阴离子染料(酸性蓝-1)生成盐，溶解于三氯甲烷层中，使其呈蓝色。

　　该方法使用仪器有：具塞玻璃量筒(100mL)、滴定管(25mL 和 50mL)、容量瓶(250mL、500mL 和 1000mL)、移液管(25mL)。

　　该方法使用试剂有：三氯甲烷、硫酸溶液($\rho=245g/L$)、硫酸标准溶液(c 0.5mol/L)、氢氧化钠标准溶液(0.5mol/L)、月桂基硫酸钠标准溶液(0.004mol/L)。

所用月桂基硫酸钠用气液色谱法测定,其中小于 C_{12} 的组分应小于 1.0%,使用前如需干燥,温度应不超过 60℃。检验月桂基硫酸钠的纯度并同时配制标准溶液。

(1)月桂基硫酸钠纯度的测定。

称取 2.5g±0.2g 月桂基硫酸钠(试剂级),称准至 1mg,放入具有磨砂颈的 250mL 圆底玻璃烧瓶中,准确加入 25mL,且 $c = 0.5$mol/L 硫酸标准溶液,装上水冷凝管,将烧瓶置于沸水浴上加热 60min。在最初的 5~10min 溶液会变稠并易于强烈发泡,对此可将烧瓶撤离热源和旋摇烧瓶中内容物的办法予以控制。再经 10min,溶液会变清,停止发泡,再移至电热板上加热回流 90min。移去热源,冷却烧瓶,先用 30mL 体积百分数 95%的乙醇接着用水小心冲洗冷凝管。加入数滴酚酞溶液,用 $c = 0.5$mol/L 氢氧化钠标准溶液滴定。

用氢氧化钠标准溶液滴定 25mL 硫酸标准溶液,进行空白试验。

月桂基硫酸钠的纯度 P 计算如下:

$$P = (V_1 - V_0)c_1 / m_1 \tag{6.3}$$

式中,P 为月桂基硫酸钠的纯度,mmol/g;V_0 为空白试验耗用氢氧化钠溶液的体积,mL;V_1 为试样耗用氢氧化钠溶液的体积,mL;c_1 为氢氧化钠溶液的浓度,mol/L;m_1 为月桂基硫酸钠的质量,g。

配制 0.004mol/L 的月桂基硫酸钠标准溶液。称取 1.14~1.16g 月桂基硫酸钠,称准至 1mg,并溶解于 200mL 水中,移入 1000mL 容量瓶内,用水稀释至(容量瓶)刻度。溶液的浓度 $c(C_{12}H_{25}SO_4Na)$ 计算如下:

$$c(C_{12}H_{25}SO_4Na) = m_2 P / 100 \tag{6.4}$$

式中,m_2 为月桂基硫酸钠的质量,g;P 为月桂基硫酸钠的纯度,mmol/g。

(2)0.004mol/L 的氯化苄苏鎓标准溶液。

氯化苄苏鎓化学名为苄基二甲基-2[2-4(1,1,3,3-四甲丁基)苯氧-乙氧基]-乙基氯化铵单水合物,分子式为 $C_{27}H_{42}ClNO_2$。另外,如果没有此试剂时,可以用其他阳离子试剂,如十六烷基三甲基溴化铵或十二烷基二甲基苄基氯化铵,但仲裁时只用氯化苄苏鎓。

称取 1.75~1.85g 氯化苄苏鎓(称准至 1mg),溶于水并定量转移至 1000mL 容量瓶内,用水稀释至(容量瓶)刻度。

用移液管移取 25.0mL 月桂基硫酸钠标准溶液至具塞量筒中,加 10mL 水、15mL 三氯甲烷、10mL 酸性混合指示剂溶液。

用氯化苄苏鎓溶液滴定。开始时每次加入约 2mL 滴定溶液后,塞上塞子,充分振摇,静置分层,下层呈粉红色。继续滴定并振摇,当接近滴定终点时,由于振荡而形成的乳状液较易破乳。然后逐滴滴定,充分振摇。当三氯甲烷层的粉红色完全退去,变成淡灰蓝色时,即达到终点。

氯化苄苏鎓溶液的浓度 $c(C_{27}H_{42}ClNO_2)$ 计算如下：

$$c(C_{27}H_{42}ClNO_2) = c(C_{12}H_{25}SO_4Na) \times 25 / V_2 \tag{6.5}$$

式中，$c(C_{12}H_{25}SO_4Na)$ 为月桂基硫酸钠标准溶液的浓度，mol/L；V_2 为滴定时耗用氯化苄苏鎓溶液的体积，mL。

(3) 混合指示剂。

混合指示剂由阴离子染料(酸性蓝-1)和阳离子染料(溴化底米鎓或溴化乙啶鎓)配制。

贮存液的配制：称取 0.5g±0.005g 溴化底米鎓或溴化乙啶鎓于一个 50mL 烧杯内，再称 0.25g±0.005g 酸性蓝-1 于另一个 50mL 烧杯中，均称准至 1mg；向每一烧杯中加 20~30mL 体积分数为 10%的热乙醇，搅拌使其溶解。将两种溶液转移至同一个 250mL 容量瓶内，用 10%乙醇冲洗烧杯，洗液并入容量瓶，再稀释至刻度。

酸性混合指示剂溶液配制：吸取 20mL 贮存液于 500mL 容量瓶中，加 200mL 水，再加入体积 20mL，密度 $\rho = 245g/L$ 的硫酸，用水稀释至(容量瓶)刻度并混合，避光贮存。

表 6.11 是按相对分子量为 360 计算的取样量，可做参考。

表 6.11　按相对分子量 360 计算的取样量

样品中活性物含量/%	取样量/g
15	10.0
50	5.0
45	3.2
60	2.4
80	1.8
100	1.4

(4) 检验步骤。

称取含有 3~5mmol 阴离子活性物的实验室样品，称准至 1mg，放入 150mL 烧杯内。将试验份溶于水，加入数滴酚酞乙醇溶液(ρ=10g/L)，并按需要用氢氧化钠溶液或硫酸溶液中和到呈淡粉红色。定量转移至 1000mL 的容量瓶中，用水稀释到刻度，混匀。

用移液管移取 25mL 试样溶液至具塞量筒中，加 10mL 水，15mL 三氯甲烷和 10mL 酸性混合指示剂溶液，按氯化苄苏鎓溶液滴定步骤滴定至终点。

(5) 结果表示。

阴离子活性物的质量分数 w 计算如下：

$$w = 4V_3 c_3 M_B / m_3 \tag{6.6}$$

阴离子活性物含量 m_B 计算如下：

$$m_B = 4V_3 c_3 / m_3 \tag{6.7}$$

式(6.6)和式(6.7)中，m_B 为试样质量，g；M_B 为阴离子活性物的平均摩尔质量，g/mol；c_3 为氯化苄苏鎓溶液的浓度，mol/L；V_3 为滴定时所耗用的氯化苄苏鎓溶液体积，mL。

对同一样品，由同一分析者用同一仪器，两次相继测定结果之差应不超过平均值的1.5%；对同一样品，在两个不同的实验室中，所得结果之差不超过平均值的3%。

2) 亚甲基蓝分光光度法

(1) 方法原理：用三氯甲烷萃取阴离子表面活性剂与亚甲基蓝所形成的复合物，然后用分光光度法定量阴离子表面活性剂。

(2) 仪器设备：分光光度计，波长为 360～800nm，具有 30mm 比色池。

(3) 试剂配制。

①阴离子表面活性剂标准溶液：称取相当于 1g 阴离子表面活性剂(100%)的参照物(准称至 1mg)，用水溶解并转移至 1L 容量瓶中，然后稀释至(容量瓶)刻度，混匀，该溶液为 $\rho = 1g/L$ 的表面活性剂溶液。移取此溶液 10.0mL，用水稀释至 1L，该溶液阴离子表面活性剂浓度为 0.01g/L。

②亚甲基蓝溶液：称取 0.1g 亚甲基蓝，用水溶解并稀释至 100mL，移取 30mL 溶液于 1L 容量瓶中，加入 6.8mL 浓硫酸及 50g 磷酸二氢钠水合物($NaH_2PO_4 \cdot H_2O$)，溶解后用水稀释至 1L。

③三氯甲烷。

④磷酸二氢钠洗涤液：将 6.8mL 浓硫酸及 50g 磷酸二氢钠溶于水中，稀释至 1L。

(4) 检验步骤。

取一系列含有 0～150μg 阴离子表面活性剂的标准溶液作为试验溶液，于 250mL 分液漏斗中加水至总量 100mL，然后按下面步骤②进行萃取和测定吸光度，绘制阴离子表面活性剂含量(mg/L)与吸光度的标准曲线。

准确移取适量体积的试样溶液于 250mL 分液漏斗中，加水至总量 100mL(应含阴离子表面活性剂 10～100μg)，然后用 $c = 0.1mol/L$ 的硫酸溶液或 $c = 0.1mol/L$ 的氢氧化钠溶液调节 pH 至 7。加入 25mL 亚甲基蓝溶液，摇匀后加入 20mL 三氯甲烷，振荡 30s，静置分层，若水层中蓝色褪尽，则应再加入 10mL 亚甲基蓝溶液，再振荡，静置分层。

将三氯甲烷层放入另一容量为 250mL 的分液漏斗中(注意勿将界面絮状物随同三氯甲烷层带出)，重复萃取三次。合并三氯甲烷萃取液于一分液漏斗中，加入 50mL 磷酸二氢钠洗涤液振荡 30s，静置分层，将三氯甲烷层通过洁净的脱脂棉过滤至 100mL 容量瓶中，再加入 10mL 三氯甲烷于分液漏斗中，振荡 30s，静置分层，将三氯甲烷层经脱脂棉过滤至容量瓶中，再以少许三氯甲烷淋洗脱脂棉，然后用三氯甲烷稀释到刻度，混匀，同时做空白试验。用 30mm 比色池，以空白试验的三氯甲烷萃取液作参比，用分光光度计于波长650nm测定试样三氯甲烷萃取液的吸光度。将测得试样吸光度与标准曲线比较，得到相应表面活性剂的量，单位为 mg/L。

2. 阳离子型渗吸剂

用两相滴定法分析阳离子型渗吸剂参照 GB/T 5174—2004[17]。该法适用于分析长链季铵化合物、月桂胺盐和咪唑啉盐等阳离子活性物。适用于水溶性的固体活性物或活性物水溶液。若其含量以质量百分含量表示，则阳离子活性物的分子量必须已知，或预先测定。

(1)方法原理：与 GB/T 5173—1995[16]直接两相滴定法测定阴离子活性物一致。用试样溶液滴定一定量的月桂基硫酸钠标准溶液。

(2)仪器设备：具塞玻璃量筒(100mL)、滴定管(25mL 或 50mL)、容量瓶(1000mL)、移液管(10mL)。

(3)试剂：三氯甲烷、硫酸溶液(5mol/L)、月桂基硫酸钠标准溶液(0.004mol/L)、酸性混合指示剂溶液。

(4)检验步骤

称取约 5g 试样(称准到 1mg)。溶于 100mL 水中，移入 1000mL 容量瓶，用水稀释至(容量瓶)刻度，混匀。

用移液管吸取 10mL 月桂基硫酸钠标准溶液至具塞量筒中，加 10mL 水、15mL 三氯甲烷和酸性混合指示剂溶液。在滴定管中注满试样溶液。用试样溶液滴定月桂基硫酸钠溶液，每次加入试样溶液后，塞住塞子，充分振摇，静置分层，下层应呈粉红色。当接近滴定终点时，振摇而形成的乳状液较易破乳，然后逐滴滴定，充分振摇，当三氯甲烷层的粉红色完全退去，变成淡灰蓝色时，即达终点。记录滴定所耗用的试样溶液毫升数。

耗用的试样溶液体积至少 10mL，若少于 10mL，则应调整相应的试样量后重新试验。

(5)结果的表示

阳离子活性物的质量分数 w 计算如下：

$$w = 1000Mc / (Vm) \tag{6.8}$$

式中，M 为阳离子活性物的摩尔质量，g/mol；c 为月桂基硫酸钠溶液的摩尔浓度，mol/L；m 为试样的质量，g；V 为滴定耗用试样溶液的体积，mL。

对同一样品，由同一分析者用同一仪器，两次相继测定结果之差应不超过平均值的 1.5%；对同一样品，在两个不同的实验室中，所得结果之差不超过平均值的 3%。

3. 非离子型渗吸剂

1)硫氰酸钴分光光度法

硫氰酸钴分光光度法适用于聚乙氧基化烷基酚、聚乙氧基化脂肪醇、聚乙氧基化脂肪酸酯、山梨糖醇脂肪酸酯含量的测定。

(1)方法原理。非离子表面活性剂与硫氰酸钴所形成的络合物用苯萃取，然后用分光光度法定量非离子表面活性剂。

(2)仪器设备：紫外分光光度计(具有 10mm 石英比色池，波长 322nm)、离心机(转速 1000~4000r/min)。

(3)试剂及配制。

①硫氰酸钴铵溶液：将 620g 硫氰酸铵(NH_4CNS)和 280g 硝酸钴 $[Co(NO_3)_2 \cdot 6H_2O]$ 溶于少许水中，再稀释至 1L，然后用 30mL 苯萃取两次后备用。

②非离子表面活性剂标准溶液：称取相当于 1g 非离子表面活性剂(100%)(正月桂基

聚氧乙烯醚)(乙氧基数 EO = 7),称准至 1mg,用水溶解,转移至 1L 容量瓶中,稀释至(容量瓶)刻度,该溶液中非离子表面活性剂浓度为 1g/L。移取 10.0mL 上述溶液于 1L 容量瓶中,用水稀释到(容量瓶)刻度、混匀,所得稀释液非离子表面活性剂浓度为 0.01g/L。

③苯、氯化钠。

(4)检验步骤。

①绘制标准曲线。

取一系列含有 0~4000μg 非离子表面活性剂的标准溶液作为试验溶液于 250mL 分液漏斗中。加水至总量 100mL,然后按下列步骤②规定程序进行萃取和测定吸光度,绘制非离子表面活性剂含量(mg/L)与吸光度标准曲线。

②测定试样中非离子表面活性剂含量。

准确移取适量体积的试样溶液于 250mL 分液漏斗中,加水至总量 100mL(应含非离子表面活性剂 0~3000μg),再加入 15mL 硫氰酸钴铵溶液和 35.5g 氯化钠,充分振荡 1min,然后准确加入 25mL 苯,再振荡 1min,静置 15min,弃掉水层,将苯放入试管,离心脱水 10min(转速为 2000r/min),然后移入 10mm 石英比色池中,用空白试验的苯萃取液做参比,用紫外分光光度计于波长 322nm 测定试样苯萃取液的吸光度。将测得的试样吸光度与标准曲线比较,得到相应非离子表面活性剂的量,以 mg/L 表示。

2)泡沫体积法

泡沫体积法参照标准 GB/T 15818—2006[18]适用于脂肪酰二乙醇胺类非离子表面活性剂含量的测定。

(1)方法原理:该方法是将试样溶液,在一定条件下振荡,根据生成的泡沫体积定量非离子表面活性剂。

(2)仪器设备:具塞量筒 100mL,分度值 1mL。

(3)试剂:基础培养基溶液(参照标准 GB/T 15818—2006[18])。

(4)操作步骤。

①绘制标准曲线。

用培养基溶液将待测月桂酰二乙醇胺非离子表面活性剂配制成浓度为 1mg/L、3mg/L、5mg/L、7mg/L、10mg/L 的标准溶液,然后各取 50mL 按下列程序测定泡沫体积,同时做空白试验。标准溶液的泡沫体积减去空白试验的泡沫体积,得到净泡沫体积,绘制浓度(mg/L)与净泡沫体积的标准曲线。

②测定非离子表面活性剂含量。

将 50mL 试样溶液放入 100mL 具塞量筒中,用力上下振摇 50 次(每秒约 2 次),静置 30s 后,观测净泡沫体积,重复上述操作,取两次测定结果的平均值。

将测得的净泡沫体积查标准曲线,得相应月桂酰二乙醇胺表面活性剂样品溶液的浓度(mg/L)。

4. 两性表面活性剂

两性表面活性剂的定量分析有磷钨酸法、铁氰化钾法、高氯酸铁法、碘化铋络盐螯合滴定法、电位滴定法等。

1) 磷钨酸法

(1) 方法原理。

在酸性条件下甜菜碱类两性活性剂和苯并红紫 4B(又叫直接红 2，分子式为 $C_{34}H_{26}N_6Na_2O_6S_2$，分子量为 724.72)络合成盐。这种络盐溶在过量的两性表面活性剂中，即使酸性，在苯并红紫 4B 的变色范围也不呈酸性色。两性表面活性剂在等电点以下的 pH 溶液中呈阳离子性，所以同样能与磷钨酸定量反应，并生成络盐沉淀，而使色素不显酸性色。

用磷钨酸滴定含苯并红紫 4B 的两性活性剂盐酸酸性溶液时，首先和未与色素结合的两性活性剂络合成盐，继而两性表面活性剂——苯并红紫 4B 的络合物被磷钨酸分解，在酸性溶液中游离出色素，等电点时呈酸性色。

(2) 仪器设备。

移液管(10mL)、容量瓶(500mL、1000mL)、滴定管(25mL)。

(3) 试剂。

盐酸溶液，浓度分别为 0.1mol/L 和 1mol/L 的溶液；硝基苯；苯并红紫 4B 指示剂，0.1g 苯并红紫 4B 溶于 100mL 水中。磷钨酸标准溶液，其浓度为 0.02mol/L。

(4) 检验步骤。

用移液管吸取 10mL 含 0.2%～2%有效成分的两性活性剂溶液，加 3 滴指示剂，用 0.1mol/L 盐酸调 pH 为 2～3。加 5～6 滴硝基苯作滴定助剂，摇匀，用磷钨酸标准溶液滴定至浅蓝色为终点，由此滴定值求出两性活性剂的浓度。

对未知分子量的样品，重新移取 10mL 同一试样，加 1mL 浓度 $c=1$mol/L 盐酸及 0.5g 氯化钠，待氯化钠溶解后，加入滴定量 1.5 倍的磷钨酸标准溶液，使生成络盐沉淀。用干燥称重的 G_4 漏斗过滤，用 50mL 水洗净容器和沉淀后，于 60℃真空干燥至恒重，称得最终沉淀量。

(5) 结果计算。

两性离子活性剂的质量分数 w 及未知两性离子摩尔质量 M_B' 计算如下：

$$w = VcM_B / m \tag{6.9}$$

$$M_B' = \left(m_p - 959.3Vc\right)/(Vc) \tag{6.10}$$

式中：V 为滴定用的磷钨酸溶液量，mL；c 为磷钨酸溶液浓度，mmol/L；m_P 为络盐沉淀质量，mg；M_B 为两性表面活性剂相对分子质量，无量纲；m 为 10mL 样品溶液中样品质量，mg；959.3 为磷钨酸的摩尔质量，g/mol。

2) 比色法

(1) 方法原理。

如果存在甜菜碱氧肟酸盐，则可以与铁离子试剂反应生成红色铁络合物，即可用于定性鉴定，也可用于定量分析。

(2)试剂及配制。

铁离子试剂：溶解含 0.4g 铁的氯化铁于 5mL 浓盐酸中，加入 5mL 质量分数为 70% 高氯酸，在通风柜里蒸发至干。用水稀释残渣至 100mL。将 10mL 此液与 1mL 质量分数为 70%高氯酸溶液混合，用乙醇稀释至 100mL。

乙醇：体积分数为 95 %。

(3)检验步骤。

①绘制标准曲线。

用纯氧肟酸盐在 250mL 水中制备含 0.30g 氧肟酸基团(—CONHON)的溶液作贮备液。分别吸取 1mL、2mL、3mL、4mL、5mL 贮备液于 5 只 250mL 容量瓶中，分别用水稀释至 5mL。再分别加入 5mL 铁离子试剂，用乙醇稀释至刻度。以铁离子试剂作参比，用 1cm 比色池，在 520nm 处测定吸光度。绘制氧肟酸基团毫克数-吸光度曲线。

②测定。

制备含 0.1g 氧肟酸基团的试样水溶液。吸取 5mL 此液于 250mL 容量瓶中，加入 5mL 铁离子试剂，用乙醇定容。以铁离子试剂作参比，用 1cm 比色池，在 520nm 处测定吸光度。根据标准曲线计算测定结果。

5. 其他方法

潘文龙等[15]对活性剂的核磁分析进行了研究并取得重要进展，下面即是该团队的研究成果[13]。该项目选取了常见的 3 种阴离子、2 种阳离子、2 种非离子表面活性剂，对这 7 种表面活性剂进行了 ^{1}HNMR 和 ^{13}CNMR 谱峰归属研究；研究了阴离子和非离子及阳离子和非离子表面活性剂加入同一数量级进行两元体系的复配，根据 ^{1}HNMR 定量及相对误差测定，对含常量的表面活性剂复配物，其相对误差小于 5%。探索氧化铝、硅胶、离子交换树脂及溶剂氯仿/水分配对表面活性剂复配物的分离效果。初步建立分离多组分表面活性剂复配物的方法。列举了 3 个实例分析，由 2 种、3 种、4 种表面活性剂复配而成的产品，包含阴离子、非离子、阳离子和两性 4 种不同类型表面活性剂，对它们进行定性和定量。达到运用核磁共振仪解决多元表面活性剂复配产品的定性和定量目的。

1)试剂选择

(1)选择常见的 3 种阴离子表面活性剂十二烷基苯磺酸钠、十二烷基硫酸钠、硬脂酸钠各一种和非离子表面活性剂壬基酚聚氧乙烯醚(EO-9)、脂肪醇聚氧乙烯醚(EO-9)。首先通过核磁共振测各种表面活性剂的 ^{1}HNMR 和 ^{13}CNMR 谱，找出各种表面活性剂 ^{1}HNMR 特征峰。其次对上述含不同基团，不同类型的阴离子表面活性剂和非离子表面活性剂加入同一数量级样品进行两元体系复配。用硅胶、氧化铝和离子交换树脂等对复配物进行分离提纯，测出分离提纯后表面活性剂的 ^{1}HNMR 进行定性，以确定分离效果。同时通过核磁共振测出复配物的 ^{1}HNMR，根据表面活性剂各自的氢谱特征峰进行定量。

(2)选择常见的两种阳离子表面活性剂十六烷基三甲基溴化铵和氯化十六烷基吡啶与两种常见的非离子表面活性剂壬基酚聚氧乙烯醚(EO-9)、脂肪醇聚氧乙烯醚(EO-9)各一种，做与 2.1 节相同的实验。

(3)选择 3 种厂家送检的含多种表面活性剂成分的产品，主要通过核磁共振，同时结合其他分离手段分离提纯表面活性剂，以确定其表面活性剂的结构和含量。

2) 仪器与材料

(1) 仪器设备：AVANCE-300 超导核磁共振仪 (瑞士，Bruker 公司)、电子天平 (sartonus，$d = 0.1$mg)。

(2) 实验材料及试剂：300～400 目硅胶，烟台市芝罘黄务硅胶开发试验厂；D201 大孔强碱性苯乙烯系阴离子交换树脂，杭州争光树脂有限公司；D001 大孔强酸性苯乙烯系阳离子交换树脂，杭州争光树脂有限公司；层析用 100～200 目中性氧化铝，广州市医药公司化玻批进口分装；壬基酚聚氧乙烯醚 (EO-9)，Unioncarbide；脂肪醇聚氧乙烯醚 (EO-9)，狮子 (日)；十二烷基苯磺酸钠，汕头光华试剂厂，特定试剂；十二烷基硫酸钠，广州化学试剂厂，化学纯；硬脂酸钠，广州化学试剂厂，化学纯；氯化十六烷基吡啶，上海腾飞化工厂，化学纯；十六烷基三甲基溴化铵，上海试剂公司，分析纯。

3) 分析结果

(1) 获得七种常见的表面活性剂的 ^{1}HNMR 和 ^{13}CNMR 谱峰及特征峰。

A1：壬基酚聚氧乙烯醚 (EO-9)。

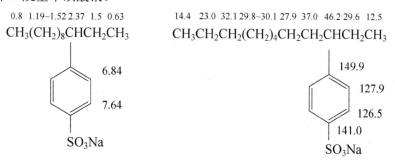

$$7.13\quad 6.8$$
$$0.5\sim1.7$$
$$C_9H_{19}\text{——}\bigcirc\text{——}OCH_2CH_2(OCH_2CH_2)_8OH$$
$$4.08\quad 3.81\quad 3.63$$

$$127.2$$
$$127.8\quad 114.0$$
$$8.9\sim52$$
$$C_9H_{19}\text{——}\bigcirc\text{——}OCH_2CH_2(OCH_2CH_2)_7OCH_2CH_2OH$$
$$156.5 \quad 67.4\ 70.0 \quad 70.4\sim71.0 \quad 72.9\ 61.8$$

^{1}HNMR 特征峰 (ppm)：6.8 (d — 双峰)，7.13 (多重峰)，4.08 (t — 三重峰)，3.81 (t)。

A2：脂肪醇聚氧乙烯醚 (EO-9)。

$$0.85\quad 1.22\quad 3.41\qquad 3.6$$
$$CH_3(CH_2)_{10}CH_2O(CH_2CH_2O)_9H$$

$$14.6\ 23.2\ 32.4\ 29.8\sim30.1\ 26.5\ 30.1\ 72.1\qquad 70.5\sim71.0\qquad 73.3\ 62.1$$
$$CH_3CH_2CH_2(CH_2)_6CH_2CH_2CH_2O(CH_2CH_2O)_8CH_2CH_2OH$$

^{1}HNMR 特征峰 (ppm)：3.41 (t)，3.6 (多重峰)。

B1：十二烷基苯磺酸钠。

$$0.8\ 1.19\sim1.52\ 2.37\ 1.5\ 0.63$$
$$CH_3(CH_2)_8CHCH_2CH_3$$

$$14.4\quad 23.0\ 32.1\ 29.8\sim30.1\ 27.9\ 37.0\ 46.2\ 29.6\ 12.5$$
$$CH_3CH_2CH_2(CH_2)_4CH_2CH_2CHCH_2CH_3$$

(苯环左) 6.84 / 7.64 / SO$_3$Na

(苯环右) 149.9 / 127.9 / 126.5 / 141.0 / SO$_3$Na

^{1}HNMR 特征峰(ppm)：6.84(d)，7.64(d)，2.37(多重峰)。

B2：十二烷基硫酸钠。

$$\underset{0.77}{CH_3}\underset{1.21}{(CH_2)_9}\underset{1.58}{CH_2}\underset{3.93}{CH_2}—OSO_3Na$$

$$\underset{14.0}{CH_3}\underset{22.9}{CH_2}\underset{32.3}{CH_2}\underset{29.7\sim30.4}{(CH_2)_6}\underset{25.8}{CH_2}\underset{29.3}{CH_2}\underset{69.5}{CH_2}OSO_3Na$$

^{1}HNMR 特征峰(ppm)：3.93(t)。

B3：月桂酸钠。

$$\underset{1.22}{CH_3}\underset{1.65}{(CH_2)_{14}}\underset{1.89}{CH_2}\underset{2.50}{CH_2}COONa$$

$$\underset{14.4}{CH_3}\underset{23.2}{CH_2}\underset{32.7}{CH_2}\underset{30.1\sim30.8}{(CH_2)_{12}}\underset{26.9}{CH_2}\underset{38.2}{CH_2}\underset{183.1}{COONa}$$

^{1}HNMR 特征峰(ppm)：2.50(d)。

C1：十六烷基三甲基溴化铵。

$$\begin{array}{c}\underset{3.71}{CH_3}\\ |\\ \underset{0.88}{CH_3}\underset{1.18\sim1.35}{(CH_2)_{13}}\underset{1.76}{CH_2}\underset{3.71}{CH_2}—\overset{+}{N}—\underset{3.40}{CH_3}Br^-\\ |\\ CH_3\end{array}$$

$$\begin{array}{c}CH_3 \quad 53.5\\ |\\ \underset{14.2}{CH_3}\underset{22.7}{CH_2}\underset{31.9}{CH_2}\underset{29.3\sim29.7}{(CH_2)_{10}}\underset{26.3}{CH_2}\underset{23.3}{CH_2}\underset{66.8}{CH_2}—\overset{+}{N}—CH_3Br^-\\ |\\ CH_3\end{array}$$

^{1}HNMR 特征峰(ppm)：3.71(多重峰)，3.40(s — 单峰)。

C2：氯化十六烷基吡啶。

$$\begin{array}{c}\overset{8.46}{\diagup}\overset{8.11}{}\\ \\ \underset{N^+}{}\quad 9.43\end{array} \qquad \begin{array}{c}\overset{145.6}{\diagup}\overset{145.6}{}\\ \\ \underset{N^+}{}\quad 129.0\end{array}$$

$$\underset{4.88}{CH_2}\underset{1.94}{CH_2}\underset{1.22\sim1.19}{(CH_2)_{13}}\underset{0.78}{CH_3}Cl^- \qquad \underset{62.4}{CH_2}\underset{26.5}{CH_2}\underset{29.5\sim30.1}{(CH_2)_{11}}\underset{32.3}{CH_2}\underset{23.1}{CH_2}\underset{14.5}{CH_3}Cl^-$$

^{1}HNMR 特征峰(ppm)：9.43(d)，8.46(t)，8.11(t)，4.88(t)。

(2) ^{1}HNMR 对表面活性剂复配物的定量结果。

用电子天平 ($d = 0.1$mg) 称取同一数量级 (10～30mg) 的阳离子表面活性剂和非离子表面活性剂 (或阴离子表面活性剂和非离子表面活性剂)，进行两元体系复配，用氘化试剂溶解，测 ^{1}HNMR 谱，根据 ^{1}HNMR 两种表面活性剂没有重叠部分的谱峰。按 "相对重量=积分面积/氢数×分子量" 公式计算得到相对重量，从而得到用 ^{1}HNMR 测得的百分含量，再与加入样品的百分含量比较，得到用 ^{1}HNMR 测定表面活性剂的误差。各种数据参数如表 6.12 所示。

表 6.12　实验用原料参数

复配物	溶剂	化合物	分子量/(g/mol)	化学位移/ppm	积分面积/mm²	氢数	相对重量	测得百分含量/%	加入量/mg	百分含量/%	误差/%
A_1C_1	CDCl$_3$	A_1	616	7.13	1	2	308	46.9	18.2	48.3	1.4
		C_1	362	3.4	8.685	9	349	53.1	19.5	51.7	
A_1C_2	CDCl$_3$	A_1	616	7.13	0.514	2	158	48.3	18.9	48.2	0.1
		C_2	337.5	9.32	1	2	169	51.7	20.3	51.8	
A_2C_1	CACl$_3$	A_2	582	1.69	0.2534	2	74	49.7	20	49.1	0.8
		C_1	362	1.5	0.4123	2	75	50.3	20.7	50.9	
A_2C_2	CACl$_3$	A_2	582	3.38	1.497	2	436	56.5	25.5	52.9	3.6
		C_2	337.5	9.35	1.993	2	336	43.5	22.7	47.1	
A_1B_1	D$_2$O	A_1	616	6.69	1.122	2	346	66.5	21.6	62.8	3.7
		B_1	348	7.65	1	2	174	33.5	12.8	37.2	
A_1B_2	D$_2$O	A_1	616	7.13	1	2	308	48.5	11.7	49.8	1.3
		B_2	272	3.88	2.402	2	327	51.5	11.8	50.2	
A_1B_3	D$_2$O	A_1	616	7.34	1	2	308	58.6	16.3	54.2	4.4
		B_3	306	2.35	1.426	2	218	41.4	13.8	45.8	
A_2B_1	D$_2$O	A_2	582	3.4	9.185	36	149	46	10.8	45.5	0.5
		B_1	348	7.64	1	2	174	54	12.9	54.5	
A_2B_2	D$_2$O	A_2	582	3.58	13.453	36	217	61.5	15.4	58.8	2.7
		B_2	272	3.9	1	2	136	38.5	10.8	41.2	
A_2B_3	D$_2$O	A_2	582	3.9	16.851	36	272	50.7	13.6	51.3	0.5
		B_3	306	2.5	1.729	2	265	49.3	12.9	48.7	

注: ppm 为百万分之一。

(3) 氧化铝柱分离效果。

取阴离子表面活性剂和非离子表面活性剂 (或阳离子表面活性剂和非离子表面活性剂) 各约 0.25g 进行两元体系复配，氯仿溶解加样，过氧化铝柱，依次用石油醚和乙酸乙酯混合液 (体积比为 4:1)、乙酸乙酯、甲醇各 50mL 洗脱，接洗脱液每杯约 20mL，通过 ^{1}HNMR 鉴定，其分离效果如表 6.13 所示。

表 6.13　氧化铝柱分离效果

序号	A_1B_1	A_1B_2	A_1B_3	A_2B_1	A_2B_2	A_2B_3	A_1C_1	A_1C_2	A_2C_1	A_2C_2
No.4	√	√	√	√	√	√	√	√	√	√
No.6	√	√	√	√	√	√	×	×	×	×

注: No.4 表示第 4 杯，√表示完全分开，×表示未分开，下同。

(4)硅胶柱分离效果。

取阴离子表面活性剂和非离子表面活性剂(或阳离子表面活性剂和非离子表面活性剂)各约 0.25g,进行两元体系复配,氯仿溶解加样,过硅胶柱,依次用石油醚和乙酸乙酯混合液(体积比为 4∶1);乙酸乙酯和甲醇混合液(体积比为 4∶1);乙酸乙酯、甲醇各 50mL 洗脱,接洗脱液每杯约 20mL,通过 ^{1}HNMR 鉴定,其分离效果如表 6.14 所示。

表 6.14　硅胶柱分离效果

序号	A_1B_1	A_1B_2	A_1B_3	A_2B_1	A_2B_2	A_2B_3	A_1C_1	A_1C_2	A_2C_1	A_2C_2
No.4			√			√				
No.5		√		√	√	×				
No.6	√									
No.7								√	√	
No.8	√	×	×		√	×	√			√
No.9								√	√	
No.10	×	×	×	×	×	×	×	×	×	×

(5)离子交换柱分离效果。

称取阴离子表面活性剂和非离子表面活性剂各约 0.25g,过 D201 大孔强碱性苯乙烯系阴离子交换树脂。D201 树脂先用 1mol/L 盐酸 10mL 冲洗,再用蒸馏水洗至中性。然后用乙醇和蒸馏水各 50mL 冲洗。加样,依次用 50mL 水,80mL 乙醇洗脱(或直接用 80mL 乙醇洗脱),通过 ^{1}HNMR 鉴定,其分离效果如表 6.15 所示。

表 6.15　离子交换柱分离效果

名称	A_1B_1	A_1B_2	A_1B_3	A_2B_1	A_2B_2	A_2B_3
水	√		√			√
乙醇	√	√	×	√	√	×

称取阳离子表面活性剂和非离子表面活性剂各约 0.25g,过 D001 大孔强酸性苯乙烯系阳离子交换树脂。D001 树脂先用水和乙醇各 50mL 冲洗干净。加样,依次用 50mL 水、80mL 乙醇洗脱通过 ^{1}HNMR 鉴定,其分离效果如表 6.16 所示。

表 6.16　离子交换树脂分离效果

名称	A_1C_1	A_1C_2	A_2C_1	A_2C_2
水	×	√	×	×
乙醇	√	√	√	√

(6)氯仿和水分配的分离效果。

称取阴离子表面活性剂和非离子表面活性剂(或阳离子表面活性剂和非离子表面活性剂)各约 0.1g,加 10mL 水溶解,每次 30mL 氯仿分配三次,通过 ^{1}HNMR 鉴定,其分离效果如表 6.17 所示。

表 6.17 氯仿和水分配的分离效果

名称	A_1B_1	A_1B_2	A_1B_3	A_2B_1	A_2B_2	A_2B_3	A_1C_1	A_1C_2	A_2C_1	A_2C_2
水	√	×	√	√	×	×	×	√	×	×
氯仿	×	×	×	×	√	×	√	×	×	×

4) 实例分析

(1) 企业送检的一种清洗剂液体，pH 约为 7。烤干氯仿不溶物 NMR 鉴定为 EDTA 和乙酸钠。氯仿溶解物固含量为 4%，硝酸银鉴定含氯离子，其 ^{1}HNMR 如图 6.7 所示。

通过柱层析得到两种表面活性剂，^{1}HNMR 鉴定是壬基酚聚氧乙烯醚(EO-10)和十二烷基二甲基苄基氯化铵，其 ^{1}HNMR 谱峰归属如下。

A：十二烷基二甲基苄基氯化铵。

^{1}HNMR 特征峰(ppm)：7.6(2H，2 指氢个数，余同)，7.2(3H)，5.0(2H)，3.4(2H)，3.2(6H)，1.8(2H)，1.0~1.2(18H)，0.9(3H)。

B：壬基酚聚氧乙烯醚(EO-10)。

^{1}HNMR 特征峰(ppm)：7.1(2H)，6.8(2H)，4.1(2H)，3.8(2H)，3.5~3.7(18H)，0.5~1.7(19H)。

由图 6.7 可知，根据两种表面活性剂未重叠的特征峰，可计算其在产品中的含量如表 6.18 所示。

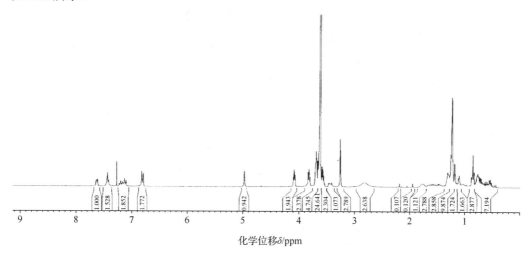

图 6.7 某企业送检样的核磁共振谱

表 6.18 核磁结果计算的两种成分含量

参数	分子量/(g/mol)	化学位移/ppm	积分面积/mm²	氢数	相对重量	相对百分含量/%	固含量/%	样品中所占百分含量/%
A	339.5	7.6	1	2	170	22.5	4	0.9
B	660	6.8	1.772	2	585	77.5		3.1

该样品表面活性剂含量(重量比)：壬基酚聚氧乙烯醚(EO-10)3.1%；十二烷基二甲

基苄基氯化铵 0.9%。

(2)企业送检的一种纺织用渗透剂液体原样烤干，氯仿可溶解，固含量(渗透剂在规定条件下烘干后剩余部分占总的质量百分数)为 47.5%，其 ^{1}HNMR 如图 6.8 所示。

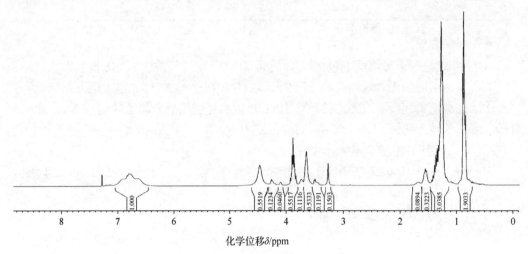

化学位移δ/ppm

图 6.8　纺织业渗透剂的核磁共振谱

通过柱层析得到三种表面活性剂，^{1}HNMR、^{13}CNMR、DEPT 及 IR 鉴定是：2-乙基己基硫酸铵、十二烷基甜菜碱、壬基酚聚氧乙烯醚(EO-8)硫酸酯铵。

其 ^{1}HNMR、^{13}CNMR 谱解归属如下。

A：2-乙基己基硫酸铵。

^{1}HNMR 特征峰(ppm)：3.9(2H)，1.6(1H)，1.2～1.5(8H)，0.8(6H)，6.7(三重峰为铵盐)。

^{13}CNMR 特征峰(ppm)：71.7(—CH$_2$—)，39.3(—CH—)，30.2(—CH$_2$—)，29.3(—CH$_2$—)，23.4(—CH$_2$—)，23.3(—CH$_2$—)，14.4(—CH$_3$)，11.0(—CH$_3$)。

B：十二烷基甜菜碱。

^{1}HNMR 特征峰(ppm)：3.9(2H)，3.5(2H)，3.2(6H)，1.6(2H)，1.1～1.3(20H)，0.9(3H)

^{13}CNMR 特征峰(ppm)：167.8(C)，64.7(—CH$_2$—)，64.4(—CH$_2$—)，51.6(—CH$_3$)，32.3(—CH$_2$—)，30.1(—CH$_2$—)，29.8(—CH$_2$—)，26.9(—CH$_2$—)，23.2(—CH$_2$—)，23.1(—CH$_2$—)，14.5(—CH$_3$)

C：壬基酚聚氧乙烯醚(EO-8)硫酸酯铵。

^{1}HNMR 特征峰(ppm)：7.15(2H)，6.8(2H)，4.2(2H)，4.1(2H)，3.85(2H)，3.6～3.8(30H)，0.5～1.7(19H)，6.7(三重峰为铵盐)。

^{13}CNMR 特征峰与壬基酚聚氧乙烯醚比较：没有聚氧乙烯醚端基 O—CH$_2$CH$_2$OH 的 72.9ppm 峰、61.8ppm 峰，而有端基硫酸酯化的 66.7ppm 峰，其他部分相同。

IR 谱图确认含硫酸酯盐。

由图 6.8 可知，根据三种表面活性剂未重叠的特征峰，可计算其在产品中的含量如表 6.19 所示。

表 6.19　3 种成分的含量

成分	分子量	化学位移	积分面积	氢数	相对重量	相对百分含量/%	固含量/%	样品中所占百分含量/%
A	227	3.9	0.5517	2	62.6	73.8		35.1
B	271	3.2	0.1503	6	6.8	8.0	47.5	3.8
C	669	4.1	0.046	2	15.4	18.2		8.6

该样品表面活性剂含量(重量比):2-乙基己基硫酸铵 35.1%,十二烷基甜菜碱 3.8%,壬基酚聚氧乙烯醚(EO-8)硫酸酯铵 8.6%。

(3)企业送检一种除蜡剂,液体为碱性,蒸剩固体含量为 66%,蒸剩物的 ^{1}HNMR 如图 6.9 所示。

通过柱层析及其他一些分离手段,分离得到 5 种物质,其中含 4 种表面活性剂和一种有机胺。^{1}HNMR、^{13}CNMR 及 DEPT 鉴定是:油酸、十二烷基苯磺酸钠、壬基酚聚氧乙烯(EO-10)醚、月桂酸二乙醇酰胺(1∶2 型)、单乙醇胺。其 NMR 谱峰归属如下。

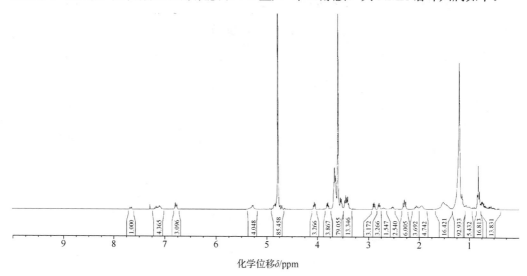

图 6.9　除蜡剂的核磁共振谱

A:油酸(含少量亚油酸和饱和脂肪酸)。

^{1}HNMR 特征峰(ppm):5.4(2H),2.4(2H),2.0(4H),1.7(2H),1.2~1.4(20H),0.9(3H)。

B:十二烷基苯磺酸钠。

NMR 谱峰归属与 4.1 节所做的标准样品一致。

C:壬基酚聚氧乙烯(EO-10)醚。

NMR 谱峰归属与 4.1 节所做的标准样品峰形和化学位移一致(EO-10)。

D:月桂酸二乙醇酰胺(1∶2 型)。

^{1}HNMR(ppm):3.74(4H),3.4(4H),2.3(2H),1.5(2H),1.1~1.3(16H),0.9(3H)。

有少量烯键的是不饱和月桂酸二乙醇酰胺:

^{13}CNMR 特征峰(ppm):61.2(—CH$_2$—),60.8(—CH$_2$—),52.4(—CH$_2$—),50.7(—CH$_2$—),

$33.8(-CH_2-)$，$32.2(-CH_2-)$，$30.0\sim29.4(-CH_2-)$，$25.6(-CH_2-)$，$22.9(-CH_2-)$，$14.4(-CH_3-)$

E：单乙醇胺。

^1HNMR 特征峰(ppm)：3.5(2H)，2.6(2H)。

$^{13}CNMR$ 特征峰(ppm)：$60.5(-CH_2-)$，$50.1(-CH_2-)$，因单乙醇胺蒸馏时部分蒸出，因而计算总含量是不能用蒸剩物计算，还要加上蒸出的单乙醇胺约为 5%，其总含量约为 7%。

由图 6.9 可知，根据四种表面活性剂和一种有机胺未重叠的特征峰，可计算其在产品中的含量如表 6.20 所示。所以该除蜡剂的组成如下（重量比）：油酸 11.5%，十二烷基苯磺酸钠 3.8%，壬基酚聚氧乙烯(EO-10)醚 22.6%，月桂酸二乙醇酰胺(1：2 型)26.0%，单乙醇胺 7%，其他为水。

6. 结果

(1) 用核磁共振氢谱对含常量的表面活性剂复配物定量，相对误差少于 5%。

表 6.20　除蜡剂中 5 种成分含量

参数	分子量/(g/mol)	化学位移/ppm	积分面积/mm²	氢数	相对重量	相对百分含量/%	固含量/%	样品中所占百分含量/%
A	282	2.1	3.692	2	521	17.4		11.5
B	348	7.7	1.0	2	174	5.8		3.8
C	660	6.8	3.096	2	1022	34.2	66	22.6
D	392	2.2	6.005	2	1177	39.4		26.0
E	61	2.9	3.172	2	97	3.2		2.1

(2) 对阴离子和非离子表面活性剂的复配物，过氧化铝柱，阴离子表面活性剂无论用低极性的石油醚：乙酸乙酯=4：1，还是用高极性的甲醇作溶剂，都不能洗脱，因而可完全分离纯化非离子表面活性剂，分离效果好。对阳离子和非离子表面活性剂的复配物，过氧化铝柱，用乙酸乙酯洗脱，可分离得到非离子表面活性剂，分离效果好。加大溶剂极性，用甲醇洗脱，得到混合物，分离效果差。

(3) 用硅胶柱分离表面活性剂时，主要注意对洗脱溶剂的选择，溶剂选择正确，分离效果好。对阴离子和非离子表面活性剂的复配体系，极性小于乙酸乙酯的溶剂具有好的分离效果，对阳离子和非离子表面活性剂的复配体系，极性小于乙酸乙酯和甲醇混合液（体积比为 4：1）的溶剂洗脱具有好的分离效果。

(4) 离子交换柱对表面活性剂的复配体系具有好的分离效果。

(5) 溶剂氯仿和水分配对表面活性剂的复配物分离效果差。

(6) 对多组分组成的表面活性剂复配产品，利用核磁共振，只要知道每种表面活性剂 ^1HNMR 和 $^{13}CNMR$ 的特征峰，就可进行定性。只要知道每种表面活性剂 ^1HNMR 的分离的特征峰，就可进行定量。但目前关于表面活性剂的 ^1HNMR、$^{13}CNMR$ 谱库中的谱图不多，且新种类的表面活性剂每年都在不断增加，因而对市场上常见表面活性剂样品的收

集和 ^{1}HNMR 和 ^{13}CNMR 的标准谱图的制作非常重要。只有大量积累这些资料，才能用核磁共振对未知物样品中所含表面活性剂进行快速、准确的定性和定量。

表面活性剂性能的测试方法还有很多，常用的方法见表 6.21。

表 6.21 表面活性剂的其他测试方法的国家标准

国家标准号	标准名称
GB/T 5560—2003	非离子表面活性剂聚乙二醇含量和非离子活性物(加成物)含量的测定 Weilbull 法
GB/T 5561—2012	表面活性剂用旋转式黏度计测定黏度和流动性质的方法
GB/T 6365—2006	表面活性剂游离碱度或游离酸度的测定滴定法
GB/T 6366—2012	表面活性剂无机硫酸盐含量的测定滴定法
GB/T 6367—2012	表面活性剂已知钙硬度水的制备
GB/T 6368—2008	表面活性剂水溶液 pH 的测定电位法
GB/T 6369—2008	表面活性剂乳化力的测定比色法
GB/T 6370—2012	表面活性剂阴离子表面活性剂水中溶解度的测定
GB/T 6371—2008	表面活性剂纺织助剂洗涤力的测定
GB/T 6372—2006	表面活性剂和洗涤剂样品分样法
GB/T 6373—2007	表面活性剂表观密度的测定
GB/T 7378—2012	表面活性剂碱度的测定滴定法
GB/T 7381—2010	表面活性剂在硬水中稳定性的测定方法
GB/T 7383—2007	非离子表面活性剂羟值的测定
GB/T 7385—2012	非离子型表面活性剂聚乙氧基化衍生物中氧乙烯基含量的测定碘量法
GB/T 7462—1994	表面活性剂发泡力的测定改进 Ross-Miles 法
GB/T 7463—2008	表面活性剂钙皂分散力的测定酸量滴定法(改进 Schoenfeldt 法)
GB/T 9104—2008	工业硬脂酸试验方法
GB/T 9290—2008	表面活性剂工业乙氧基化脂肪胺分析方法
GB/T 5551—2010	表面活性剂分散剂中钙、镁离子总含量的测定方法
GB/T 5555—2003	表面活性剂耐酸性测试法
GB/T 5556—2003	表面活性剂耐碱性测试法
GB/T 5558—1999	表面活性剂丝光浴用润湿剂的评价

6.2.2 吸附损耗

1. 静态吸附量

1)测试条件

吸附剂为 60～100 目的目标区块未洗油油砂或配制模拟油砂，固液质量比为 1：9，吸附时间为 24h[1,19]。

2)测试步骤

用区块模拟地层水配制系列表面活性剂溶液，按固液比 1：9 将油砂及表面活性剂体系加入具塞锥形瓶中，振摇混匀后盖好瓶塞，并用胶布进一步将瓶口密封好。将带塞锥形瓶置于 45℃±0.50℃（大庆油层温度）的恒温振荡水浴槽中保持 24h，振荡频率 90r/min。取出锥形瓶，将其中的溶液振摇均匀后倒入离心管中，在 6000r/min 的转速下离心分离 10min。取出离心管中上层清液，混匀后测定清液中表面活性剂的浓度，该浓度就是吸附达到平衡时的平衡浓度。按式(6.11)计算即可得静态吸附量，平行绝对误差小于 10%。

2. 动态滞留量

1) 不含油条件的滞留量

取处理过的岩心，饱和地层水，注入驱油剂，收集流出物，测定流出物中表面活性剂含量。待流出物中表面活性剂含量与注入体系含量相同时，再注入 0.5PV 驱油剂，按式(6.12)计算滞留量，平行绝对误差小于 10%。

2) 含油条件下的滞留量

含油条件下的滞留量测定与驱油过程同时进行。在驱油剂注入后收集岩心流出物，测定油、水两相中的表面活性剂含量，按式(6.13)计算，平行绝对误差小于 10%。

3. 数据表现形式

静态吸附量计算如下：

$$A_s = 9(C_0 - C_e) \tag{6.11}$$

式中，A_s 为静态吸附量，mg/g；C_0 为表面活性剂剂的初始浓度，mg/mL；C_e 为表面活性剂剂的平衡浓度，mg/mL。

动态滞留量计算如下：

$$A_d = \frac{V_s C_s - m_w}{m_i} \tag{6.12}$$

$$A_d' = \frac{V_s C_s - m_w - m_o}{m_i} \tag{6.13}$$

式中，A_d 为不含油条件下滞留量，mg/g；A_d' 为含油条件下滞留量，mg/g；V_s 为注入的驱油剂总体积，mL；C_s 为驱油剂内表面活性剂含量，mg/mL；m_w 为产出液中表面活性剂总量，mg；m_o 为流出物中水相表面活性剂总量，mg；m_i 为岩心质量，g。

6.2.3　表面活性剂的 HLB 值

亲水亲油平衡值(hydrophile lipophile balance，HLB)是指表面活性剂亲水基和亲油基之间在大小和力量上平衡程度的量。阳、阴离子表面活性剂的 HLB 为 1～40，非离子表面活性剂的 HLB 为 1～20。HLB 决定表面活性剂的表面活性和用途，表面活性剂在水中的溶解性与 HLB 有极大的关系(表 6.22)。亲油性表面活性剂的 HLB 较低，亲水性表面活性剂的 HLB 较高，亲油亲水转折点的 HLB 为 10，所以凡 HLB 小于 10 的表面活性剂主要是亲油性的，大于 10 的为亲水性的。

目前测定 HLB 的方法主要有计算法和实验法。实验法有浊点法、铺展法、水数法、气相色谱法和核磁共振法等，但每一种方法都有局限性，必须在一定条件下才适用，而且需进行繁琐的试验，费时很长。所以，一般情况下通过计算直接求出 HLB，在此主要介绍计算法。自 1949 年 Griffin[20]首先提出将 HLB 数字化以来，已经发展了以下几种计算方法[21]。

表 6.22　HLB 与水溶性关系

HLB	水溶性
0~3	不分散
3~6	稍分散
6~8	在强烈搅拌下呈乳状液
8~10	稳定乳状液
10~13	半透明或透明分散
13~20	透明溶液

1）阿特拉散法

对于以聚氧乙烯—$(CH_2—CH_2—O)_n$—，或多元醇作为亲水基的非离子表面活性剂可用该法计算。

甘油单脂肪酸酯和多元醇脂肪酸酯的 HLB 计算如下：

$$HLB = 20(1 - S/A) \tag{6.14}$$

式中，S 为酯的皂化值；A 为脂肪酸的酸值。其数值为 0~20。例如，甘油单脂肪酸酯的 $S=161$、$A=198$，其表面活性剂的 HLB 为 3.8。

多元醇脂肪酸酯氧化乙烯加聚物的 HLB 计算如下：

$$HLB = (w_E + w_P)/5 \tag{6.15}$$

式中，w_E 为氧化乙烯基的质量分数；w_P 为多元醇基的质量分数。例如，聚氧乙烯失水山梨醇羊毛脂肪酸酯 $w_E = 65.1$、$w_P = 6.7$，其 HLB 为 14。

对于以聚氧乙烯—$(CH_2—CH_2—O)_n$—作为亲水基的脂肪酸酯和脂肪醇醚，式(6.15)中 $w_P=0$。例如，聚氧乙烯硬脂酸酯 $E = 70$ 的 HLB 为 14。

由式(6.15)求出的非离子表面活性剂的 HLB 为 0~20，亲油基质量分数高的，其数值接近于 0；亲水基质量分数高的，其数值接近于 20。

上述计算法存在下列缺点：①不能用于所有非离子表面活性剂；②没有考虑各种亲水基，亲油基的个性。

2）川上法

1953 年，川上按照电解溶液的 pH 的处理方法，将亲油基和亲水基的摩尔质量分别用 M_o 和 M_w 表示(整个摩尔质量 $= M_o + M_w$)，当 M_w/M_o 为 1、4、1/4 时，表面活性剂的

HLB 分别为 7、14、0。其计算式如下[22]：

$$HLB = 7 + 11.7 \lg \frac{M_w}{W_o} \tag{6.16}$$

此外，临界胶束浓度(CMC)与 HLB 的关系如下：

$$HLB = 7 + 4.02 \lg \frac{1}{CMC} \tag{6.17}$$

以上计算结果与阿特拉斯法一样，都是近似值。

3) 戴维斯法

戴维斯根据乳化现象中粒子的聚合速度的热力学进行计算，用式(6.18)计算表面活性剂的 HLB。

$$HLB = 7 + \sum(亲水基的基数) - \sum(亲油基的基数) \tag{6.18}$$

表 6.23 中列出了有代表性的亲水基和亲油基基数值。

表 6.23　戴维斯法 HLB 计算法的基数

亲水基	亲水基数	亲油基	亲油基数
—OSO₃Na	38.7		
—COOK	21.1		
—COONa	19.1	$\begin{array}{l} —CH_2— \\ —CH_3 \\ —CH— \\ —CH— \end{array}\Big\}$	−0.475
—N(叔胺)	9.4		
酯(失败山梨醇环)	6.8	— CF₂	−0.870
酯(游离)	2.4	苯环	−1.662
—COOH	2.1	$\begin{array}{l} —(CH—CH_2—O)— \\ \ \ \ \ CH_3 \end{array}$	
—OH(游离)	1.9		
—O—	1.3		
—OH(失水山梨醇环)	0.5		−0.15
—(CH₂—CH₂—O)—	0.33		

用戴维斯法不仅可计算非离子表面活性剂的 HLB，而且可以计算所有表面活性剂的 HLB。

4) 混合表面活性剂

表面活性剂的 HLB 具有加和性，在使用两种以上表面活性剂的场合，混合表面活性剂的 HLB 计算如下：

$$HLB_{AB} = \frac{HLB_A W_A + HLB_B W_B}{W_A + W_B} \tag{6.19}$$

式中，HLB_A、HLB_B 分别为表面活性剂 A 和 B 的 HLB；W_A、W_B 分别为表面活性剂 A 和 B 的质量；HLB_{AB} 为混合表面活性剂的 HLB。

6.2.4　表面活性剂临界胶束浓度的测定

表面活性剂的水溶液，其浓度达到一定界限时，溶液的物理化学性能(如渗透压、电导、界面张力、密度、去污力等)即发生急剧变化，该浓度界限称为表面活性剂的临界胶团浓度(CMC)。

CMC 的测定方法很多，它们都是利用表面活性剂溶液的性质在 CMC 时发生突变的这一特性。如表面张力法、电导法、折光指数法、染料增溶法、光散射法等。通常，采用表面张力法、电导法进行测定。

1. 表面张力法测定临界胶束浓度(CMC)

测定方法参照标准 GB11276—2007[23]，规定了一种用圆环测定表面张力的方法，来测定在蒸馏水或其他水溶液体系中阴离子和非离子表面活性剂的临界胶束浓度。

1)方法原理

表面活性剂稀溶液随浓度增高，表面张力急剧降低，当达到 CMC 后，再增加浓度，表面张力不再改变或改变很小。测定一系列不同浓度的阴离子和非离子表面活性剂溶液的表面张力，其浓度包括临界胶束浓度。绘制以表面张力作纵坐标，溶液浓度的对数作横坐标的曲线，这曲线上的突变点即为临界胶束浓度。

2)仪器和试剂

该方法用到的仪器和试剂有表面张力仪、温度计、低型烧杯、容量瓶、表面皿、移液管、测定杯、水浴锅、无水乙醇。

3)检验步骤

试验溶液的配制按 QB/T 1323—1991[8]检验步骤中有关规定进行。配制 10 份不同浓度的溶液，包括预期的临界胶束浓度。每一份溶液称量 50g，如浓度低于 200mg/L，用含有 200mg/L 的储液稀释。对于较高浓度的试样，以溶解部分实验室样品配制。

清洗仪器、仪器的校正及表面张力的测定按 QB/T 1323—1991[8]，表面张力测定方法相同。

CMC 的测定按 QB/T 1323—1991 检验步骤中有关规定进行。

(1)CMC 范围的近似测定。

将水浴温度调整至所选择的测定温度。对于阴离子表面活性剂，若克拉夫(Krafft)温度低于或等于 15℃，则在 20℃±1℃测定。若不是这种情况，则选择测定温度至少高于克拉夫(Krafft)温度 5℃。对于非离子表面活性剂在 20℃±1℃测定。

盛有试样溶液的每只烧杯各用一块表面皿盖上，将烧杯置于控温的水浴中，静置 3h 以上进行测定。

(2)CMC 的测定。

按上述测得的结果，重新配制包括 CMC 在内的 6 份很接近的不同浓度新鲜溶液。

配制溶液不用搅拌器搅拌，用手旋动烧杯使其搅动，并小心不使其产生泡沫。在水浴中静置 3h 以上，并在测定温度到达后进行。

如果同一浓度 3 次连续测定结果未呈现出任何渐进的有规则的变化，那么测定前的静置时间是足够的。每次变化浓度时，用无水乙醇冲洗圆环，然后用蒸馏水冲洗，才能进行测定。

取表面张力值作纵坐标，以 g/L 为单位的浓度对数作横坐标，绘制曲线。每个浓度测定值为 3 次连续测定的平均值，测定总共有 16 个值出现在曲线上。然后用这条曲线求出 CMC。最好对一个预先测定过 CMC 的溶液进行测定，以证实结果。

阴离子或非离子表面活性剂的 CMC，以 g/L 表示。按上述方法绘制曲线，并将它与图 6.10～图 6.12 任一个图进行比较。

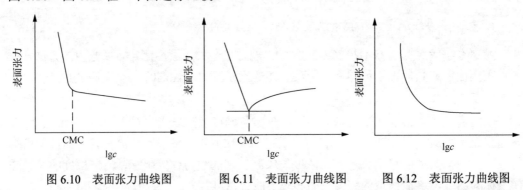

图 6.10　表面张力曲线图　　　图 6.11　表面张力曲线图　　　图 6.12　表面张力曲线图

图 6.10 中的 CMC 相当于曲线上斜率发生突变之点。图 6.11 中的 CMC 范围相当于曲线上表面张力比在较高浓度时溶液稍低之点。根据定义，横坐标上最小值即为 CMC 范围。图 6.12 中的曲线上不能确定 CMC 的范围。由于处理的错误或涉及某种特殊现象导致无用的结果，推荐重新测定。若重新测定后，仍得不到最小值的曲线，说明该样品不能测得 CMC 的范围。相同的样品在两个不同的实验室中所得结果之差应不大于所得平均值的 10%。

2. 电导法测定表面活性剂的 CMC

1) 方法原理

利用表面活性剂(以油酸钠为试样)稀溶液，随着溶液浓度的增加而引起溶液电导率变化以及突然增大的性质，做出浓度-电导率曲线，曲线中的突变点即为 CMC。

2) 仪器和试剂

DDS-11A 型电导率仪、容量瓶、移液管、超级恒水浴，油酸钠。

3) 检验步骤

(1) 待测溶液的配制。

配制 0.1mol/L 油酸钠溶液，吸取该溶液 0.2mL、0.5mL、0.8mL、1.0mL、2.0mL、3.0mL、4.0mL、6.0mL，分别加入 100mL 容量瓶中，用蒸馏水稀释至刻度。溶液的浓度分别为 2×10^{-4}mol/L、5×10^{-4}mol/L、8×10^{-4}mol/L、1×10^{-3}mol/L、2×10^{-3}mol/L、

3×10^{-3}mol/L、4×10^{-3}mol/L、6×10^{-3}mol/L。

(2)测定。

在恒温 25℃的条件下，用电导率仪测定各种浓度溶液的电导率，读数 3 次，取平均值。每次测定时，先用水洗铂黑电极及电导池 3 次，再用少量待测溶液洗电极及电导池 3 次，再进行测定。

(3)检验结果。

以电导率作纵坐标，以浓度为横坐标，绘制曲线，然后利用该曲线求出 CMC。

3. 反离子活度测量法

该方法参照标准 GB11276—1989[22]，规定了用多晶膜离子选择性电极、参比电极组成的电池测量表面活性剂在蒸馏水或其他水体系的反离子活度，从而求得其临界胶团浓度的方法。该方法适用于溶解于水和具有克拉夫(Krafft)温度低于 60℃的经提纯或未提纯的阳离子表面活性剂(氢氯化物和氢溴化物)。

1)方法原理

以多晶膜离子选择电极、参比电极组成的电池测定一系列浓度包括预期临界胶束浓度的阳离子表面活性剂溶液的电位值，根据电极电势与离子活度关系式——能斯特方程，得知响应的氯离子或溴离子活度，绘出电位值与浓度对数函数的图，临界胶束浓度相当曲线上的转折点。

2)仪器设备

(1)多晶膜氯离子选择电极：对氯化物敏感(硫化银+氯化银)。

(2)多晶膜溴离子选择电极：对溴化物敏感(硫化银+溴化银)。

(3)参比电极：具有饱和硫酸钾溶液盐桥的汞——硫酸亚汞电极或双盐桥甘汞电极，后者用饱和硝酸钾溶液充满外盐桥。

(4)电位计：量程扩大的高输入阻抗毫伏计，灵敏度 2mV(电位–500～500mV)。

(5)恒温控制水浴：能控制被测溶液温度差异在 0.5℃范围。

(6)电磁搅拌器。

(7)具夹套双层玻璃烧杯：盖上具有适合插入两个电极和温度计的开口(图 6.13)。

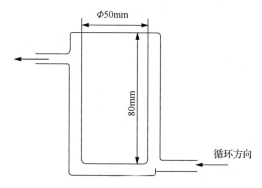

图 6.13　具夹套双层玻璃烧杯

3) 试剂

该方法用到试剂有：氯化钾、溴化钾、硝酸钾、氯化钾标准溶液($10^{-4}\sim10^{-2}$mol/L)、溴化钾标准溶液($10^{-4}\sim10^{-2}$mol/L)。

4) 检验步骤

(1) 试液的配制。

称取一定数量试样，准确至 0.0001g，溶解于热水，并将其在容量瓶中配制成比预期临界胶束浓度约大 10 倍的溶液 500mL，设此溶液浓度为 c，然后用逐级稀释法配制浓度为 $c/2$、$c/4$、$c/8$、$c/16$、$c/32$、$c/64$ 和 $c/128$ 的溶液各 200mL。在测量前将上述一系列试样溶液放置于恒温水浴中，保持测定温度至少 1h，但不得多于 3h。

(2) 测量温度。

为减少热滞后和电滞后的影响，注意使电极、清洗水、标准溶液和试液的温度差异不大于 0.5℃，测量温度在任何时候应尽可能为 20℃。

(3) 电位计的校准。

按照制造厂的说明书操作，用标准氯化钾或溴化钾溶液校准装有多晶膜离子选择电极和参比电极的电位计。在开始测定前要有充分的时间来获得良好的电稳定性；注意参比电极的内液与大气压平衡，使其通过盐桥不受抑制；校正电位计零点，在正常测定情况下不再改变。

(4) 多晶膜离子选择电极的校准。

将卤化物标准溶液由稀至浓($10^{-4}\sim10^{-2}$mol/L)分别依次加入夹层玻璃烧杯中，然后在每份卤化物标准溶液中加入适量的离子强度调节剂，用电磁搅拌器搅拌，同时浸没电极，插入温度计，温度应控制为 20℃±0.5℃，继续搅拌直至读数恒定(在 1mV 差异之内)，取最后读数前停止搅拌，绘制以电位值(mV)为纵坐标和卤离子浓度(mol/L)的对数函数为横坐标校准曲线图，验证卤离子浓度为测量电位严格线性函数，该直线的斜率即为电极的实际斜率，离子选择电极对一价离子理论斜率为 59.16mV，实际斜率达到理论斜率的 70%以上可以看成电极处于它的线性范围内。

(5) 标准卤化物溶液校准曲线的绘制。

除不加离子强度调节剂外，其他操作皆同上述第(4)条，绘制以电位值为纵坐标和卤离子浓度的对数函数为横坐标的校正曲线图。

(6) 临界胶束浓度的测定。

按照上述第(4)条相同的方式进行，仅溶液浓度为 $c/2$、$c/4$、$c/8$、$c/16$、$c/32$、$c/64$、$c/128$ 的阳离子表面活性剂溶液，从稀至浓依次测定。

(7) 绘制曲线图。

绘制一个以电位值(mV)为纵坐标和以阳离子表面活性剂溶液浓度(g/L 或 mol/L)的对数为横坐标的曲线图，该图近似地相当于两条直线。

5) 结果计算

上述第(7)条曲线图中两直线交点相对应的横坐标之数值，即为被测阳离子表面活性剂的临界胶束浓度。相同试样在两个不同实验室所得结果之差，应不大于求得的平均值的 5%。

6.3　室内筛选与优化

渗吸剂主要由表面活性剂构成，可以利用表面活性剂的亲油亲水两亲性质改善油水和岩石孔隙间的关系、改变和调整岩石孔隙表面的润湿性，进而改善原油的流动性，因此，活性剂是构成渗吸剂体系的主体。同时，兼顾渗吸剂分子半径、流动和扩散、渗透力等因素，需要添加储层保护剂和高矿化水的阻垢剂等[24-28]。

6.3.1　优化实验

1. 实验准备

长庆 B-3 区模拟地层水在地层温度下渗吸效果如何？为了便于比较各种渗吸剂的相对作用效果，首先测定模拟地层水的渗吸效率如表 6-24 所示，同一种模拟地层水对不同粒径的油砂作用效果明显不同，粗粒径的油砂晶间孔隙相对大，渗透性强，作用速度快，因此，洗油和渗吸效果好，相反，细粒径油砂晶间孔隙小、渗透性差，因此，作用速度和效果差，说明对于渗透率不同的储层进行室内物理模拟实验时，应对使用的油砂用砂的粒径进行优化和筛分。表 6.24 中最后一行选用的细油砂更具有模拟性。

表 6.25 中列出了笔者所研制的 TC-1 及 CPS-1 对长庆中等和细油砂的洗油和渗吸效果(先用振荡器震荡 2h，然后在恒温箱中保温 5h 的结果)。这两种剂对长庆细油砂均有良好的洗油和渗吸效果，但用量较高。

表 6.24　模拟地层水对两种油砂的渗吸效果

剂类	油砂	油砂/g	24h 出油/mL	洗油渗吸采收率/%	平均洗油渗吸效率/%
长庆模拟地层水	长庆 B-3 油砂 (80~100 目)	15.49	0.92	38.96	30.74
		15.74	0.54	22.51	
长庆模拟地层水	长庆 B-3 油砂 (100~160 目)	15.43	0.25	10.62	9.93
		15.61	0.22	9.24	

表 6.25　长庆工业用剂对长庆油砂的洗油效果

剂类	剂质量浓度/%	油砂	油砂/g	24h 出油/mL	渗吸率/%	平均渗吸率/%	洗油渗吸效率增值/%
TC-ZH	0.1	长庆 B-3 油砂 (80~100 目)	15.43	0.84	35.71	31.27	0.97
			15.53	0.62	26.83		
TC-ZH	0.2		15.03	1.18	51.50	54.27	23.53
			14.49	1.26	57.04		
TC-ZH	0.3		15.65	0.96	40.24	43.07	12.33
			15.72	1.10	45.90		
TC-ZH	0.2	长庆 B-3 油砂 (100~160 目)	15.94	1.52	62.55	57.80	27.06
			14.48	1.20	53.05		
CPS-1	0.2		14.13	1.42	65.92	63.99	33.25
			14.80	1.40	62.05		

2. 主剂初选

实验采用长庆原油配制的模拟细油砂（100～160 目），图 6.14 是（AH-2、AH-4、AH-6（浓度均为 0.05%）三种同系列阴离子和非离子混合表面活性剂与一种非离子表面活性剂 AH-1（0.05%）的洗油效果对比结果，第三个样 AH-4 的效果最好，但因初步选择未优化定量，因此，总体都不够理想。

图 6.15 这组实验，采用了相同浓度不同类型的 8 种表面活性剂，采用长庆原油配制的模拟细油砂（100～160 目），这组实验中包括两种非离子表面活性剂（FT8、AP14）、一种两性表面活性剂（C15RCJ）和五种阴离子表面活性剂（HEDP、EDMPS、TH682、JBX、TH3），其质量浓度均为 0.2%。结果可见，洗油效率最高的仍是非离子型活性剂 FT8。

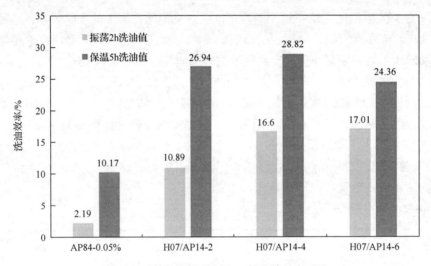

图 6.14　四种表面活性剂 7h 的洗油效率对比

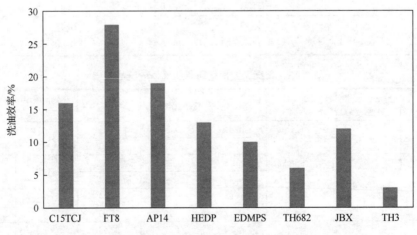

图 6.15　8 种表面活性剂的洗油效率

从表 6.26 中可见，Z-1 和 Z-2 非离子与阳离子的混合表面活性剂对长庆细油砂的渗吸采收率为零，没有效果。而 Z-3 和 Z-4 非离子与两性表面活性剂形成的混合表面活性剂的渗吸效果一般。所以，在选择渗吸剂大类时，主剂由阴离子表面活性剂或非离子表面活性剂组成。

表 6.26　三种类型混合剂的渗吸效果对比

编号	剂类/%	油砂	瓶号	油砂/g	24h 平均 R_{im}/%
Z-1	FC12（非阳）	长庆油砂 （100～160 目）	3	15.25	0
			4	14.25	
Z-2	FC16（非阳）		5	14.70	0
			6	15.04	
Z-3	FC13（非两）		7	14.13	30.46
			8	15.02	
Z-4	FC15（非两）		9	13.67	37.75
			10	14.04	

表 6.27 中主剂采用非离子型表面活性剂 FT8，辅剂采用阴离子型表面活性剂 C18，随着主剂含量增加渗吸采收率升高，质量含量达到 0.3%以上时采收率达到较好的水平，但不是最理想状态。说明阴离子和非离子混合剂可能具有较好的渗吸效果，但需要进一步优化。

表 6.27　一种阴离子和非离子表面活性剂系列对长庆细油砂的渗吸效率

编号	含量/%	总质量/g	瓶号	油砂/g	pH	24h 渗吸采收率/%
Z-5	0.1	200.06	L-1	15.37	8～9	37.95
			L-2	13.85		
Z-6	0.2	208.20	L-3	14.78	7～8	37.32
			L-4	14.74		
Z-7	0.3	200.07	L-5	16.32	8～9	43.10
			L-6	14.51		
Z-8	0.4	200.05	L-7	15.18	8～9	45.80
			L-8	14.35		

同时，选用工业用剂 ORS-41、2SY 和十六烷基三甲基三氯化铵三种渗吸剂对长庆细油砂做渗吸实验，结果渗吸采收率很低，进一步说明阳离子类渗吸剂不适合长庆油砂，而阴离子型渗吸剂也需要根据分子结构选择和进一步优化。

3. 配方体系优化

图 6.16 采用五种非离子表面活性剂做的油砂（100～160 目）渗吸实验，结果可见 FF-05（0.2%）效果最好。这组非离子型渗吸剂对长庆 ML 区块细油砂的渗吸效果总体都非常理想，比一些油田常用的驱油剂的效果好，比模拟地层水对相同粒径的油砂的渗吸效果（9.93%，24h）好得多。其中 FT-05 效果最突出，地层温度（50℃）下比模拟地层水的渗吸

效率提高了 68.88%。这种渗吸剂初始的渗吸采收率虽然在五种剂中是最慢的，但也在 23.11%，说明启动油的能力较强；从初始速度看最快的是 FT06，从 24h 的渗吸结果看最好的是 F-5，2h 的初始速度均超过 40%，最终的渗吸采收率均超过 60%，说明这组剂对长庆该区块的油砂渗吸效果较好。

图 6.17 和图 6.18 是添加稳定剂 P25 不同质量含量的结果，P25-0.001%、P25-0.002%、P25-0.004%、P25-0.008%四组实验分别对应稳定剂 P25 的质量含量为 0.001%、0.002%、0.004%和 0.008%。从图 6.17 中可知，当稳定剂 P25 的质量百分含量达到 0.002%时，渗吸效果可以达到最理想，24h 的油砂渗吸效率为 81.77%，比单一非离子 FT-05 升高了少许但并不显著，说明两者具有一定的协同性。

图 6.19 中，该系列实验是阴离子表面活性剂含量不变，提高非离子表面活性剂含量，结果当非离子表面活性剂质量含量增加到 0.3%时，最终的采收率高出单一非离子表面活性剂的渗吸采收率值的 5.41%，而当含量增加至 0.5%时，采收率就提高了 16.23%，实现了突跃式提升。但含量为 0.5%以上的用量从经济性方面看是不划算的。因此，应选用主剂含量在 0.3%以下，优化其效果和经济性均好的配方体系。

综合考虑渗吸剂体系各组成的功能，配制了渗吸组合剂，其渗吸效果如图 6.19 所示，最好的是 T-4，其最终油砂静态渗吸采收率达到 95%以上[26,27]。

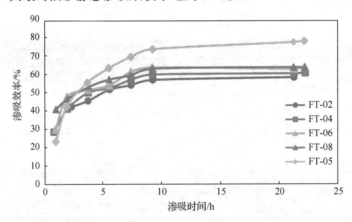

图 6.16　几种非离子表面活性剂系列渗吸效率

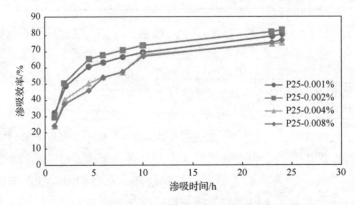

图 6.17　稳定剂 P25 对非离子表面活性渗吸剂的影响

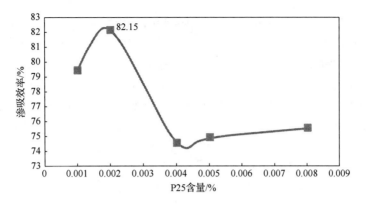

图 6.18　稳定剂 P25 对非离子表面活性渗吸剂的影响

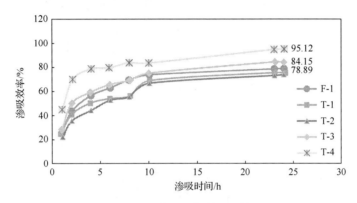

图 6.19　组合渗吸剂的渗吸效果

4. 推荐的渗吸剂

适用于长庆 ML 区块的渗吸剂体系组成如下。

(1) 主剂：非离子型表面活性剂，质量含量为 0.2%～0.3%。

(2) 阻垢剂+稳定剂：质量含量为 0.002%～0.05%。

(3) 渗透剂：用量低于 0.01%。

6.3.2　动/静态渗吸实验

渗吸物理模拟实验在室内主要分为油砂静态渗吸、岩心静态和动态渗吸实验。在各种化学剂作为渗吸剂的优化实验中，首先进行的是油砂静态渗吸实验，然后是商业岩心的静态和动态渗吸实验，之后是目标油藏天然岩心的动态渗吸实验。静态实验均在静态渗吸仪中进行，动态渗吸实验可以利用驱替装置，根据设计者的设计进行周期注水式或压力脉冲式等不同类型的渗吸过程。动态渗吸实验不同于常规的驱替实验，突出静态焖井过程或利用间歇式的焖井过程使化学剂充分发挥渗吸作用和对孔隙的润湿反转及自吸来排驱原油的作用。实验过程采用的仪器均为笔者发明的系列实验装置(或仪器)进行(见第 5 章相关介绍)，实验方法也遵循自行发明的方法(见第 3 章相关内容)。下面结合实例就两类渗吸实验和两种动态渗吸实验进行具体介绍[25-27]。

　　室内渗吸实验如何进行才能更好地评价渗吸剂的效果？目前还没有统一的认识。笔者采用两种静态渗吸脱油实验：一种是不同等级的油砂脱油法；另一种是用自制的静态渗吸脱油瓶、采用不同渗透率的岩心进行常压下、地层温度下渗吸脱油。油砂脱油的时间一般定为 24h，记录每个小时的渗吸效率，可以看出不同渗吸剂的脱油速度和效果；岩心静态渗吸实验的周期一般为一周或一个月，以渗吸脱油达到平衡为准。记录该过程每天的渗吸效率，也可从中获知渗吸剂对天然岩心或人造岩心的实际脱油效果和速度，但因后一种方法实验周期较长，岩心饱和油后老化10～30 天才可用于实验，渗吸实验至平衡还需要 7～30 天，所以实验时间长，开展规律性研究不方便，可用于渗吸剂对润湿性不同的岩心效果评价和渗吸剂脱油效果的室内最终评定。

　　动态渗吸过程一种采用的是驱油装置，前期准备工作与中高渗岩心驱替实验一致，只是注入渗吸剂后不采取立即驱替的办法，而是静置保温 24～48h，然后水驱，这样进行 2～3 个周期，至含水 98%为止；第二种是脉冲压力法，即是在自行设计的带有观察计量窗口的压力渗吸仪中进行，地层温度下调节压力，周期式地调节压力与静置保温相结合，随时记录脱出的油量，计算渗吸效率的变化。这种方法可用于优化实际油藏中的渗吸方式。

1. 静态渗吸的效果

1）地层温度下的静态渗吸

　　通过前面的多层段油砂和天然露头岩心对各类自行研制的复合型渗吸剂的大量筛选实验，选用下面高渗和较低渗两类岩心，采用两种自制渗吸剂体系与一种工业用驱油剂（KPS/NaCl 体系）的渗吸脱油效果进行了实验对比，结果如图 6.20 所示，实验使用了 6 根中高渗露头岩心，分别使用大庆油田和大港油田某区块油、水，实验温度分别为 45℃和53.6℃，从1#岩心到6#岩心的渗透率分别为 1457mD、1196mD、1822mD、1553mD、226mD、148mD。使用渗吸剂分别为 KPS（0.20%，大港油水）、KPS（0.20%,大庆油水）、YS13-2（大港油水）、YS13-2（大庆油水）、YS13-3（大庆油水）、YS13-3（大庆油水）。

　　图 6.20 中 6 组岩心静态渗吸实验，使用的渗吸剂为以阴离子表面活性剂为主剂的复合型渗吸剂；前面所述的 1#～4#岩心渗透率属于高渗，均在 1100mD 以上。第 5#和第6#两组岩心渗透率为 100～300mD，属于中低的渗透率岩心，采用渗吸剂为 YS13-3，仍是以阴离子表面活性剂为主剂的复合型渗吸剂体系，其中 1#和3#用大港油田港西一区模拟油，其他四个系列为大庆油田分公司第一采油厂模拟油。

　　从前四组的高渗岩心脱油实验结果看，自行配制的渗吸剂 YS13-2 较工业用 KPS 效果好，且第一天渗吸效率高出 17%～19%，平衡渗吸效率也明显高于工业用剂，4#平衡渗吸效率 58.5%，KPS 最高渗吸效率 50.1%；而渗吸剂 YS13-3 对两根较低渗透率岩心的渗吸效率在地层温度下（大庆 45℃）也很快达到平衡，渗透率相对高的（含油饱和度 70.5%）渗吸效率高，为 34.95%，渗透率相对低的（含油饱和度 24.7%）脱油率低，为 14.32%，后者渗吸效率明显低可能与含油饱和度太低有关。该剂与工业 KPS 比，5#的效果明显比 2#效果好，说明同样的大庆油田的油水，采用渗吸剂不同效果也不同，自行开发的复合型渗吸剂较工业用 KPS 总体效果好。

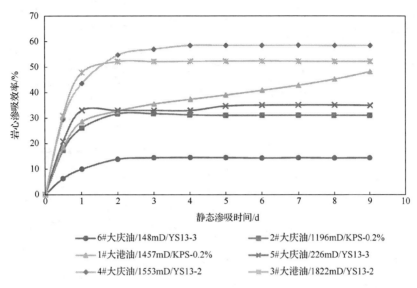

图 6.20　地层温度下（大港 53.6℃/大庆 45℃）岩心静态渗吸 9 天的结果

2）升温后的静态渗吸

实验研究了在地层温度和升高 10℃后岩心渗吸过程，图 6.21 中四组岩心实验采用大庆油田公司第一采油厂的模拟油，其渗透率和含油饱和度值见图注。图 6.22 中两组实验采用大港模拟油，1#岩心渗透率为 1457mD、含油饱和度为 57.96%，2#岩心渗透率为 1822mD、含油饱和度为 72.8%。两次达到平衡时的效果，结果从图中可以看出，随温度的升高几根岩心的渗吸效率缓慢上升，有的快速实现平衡，有的分级达到平衡，有 1 根基本没有变化，有 6 根是随温度升高变化明显的。渗透率越低岩心对温度的敏感性越差。因此，温度的升高对渗吸采油总体有利，温度升高 10℃而渗吸效率升高 1%～5%。原因是温度升高使分子间作用加剧，原油黏度降低、流动性增强，渗吸剂与岩石表面及原油间的作用速度加快，原油的启动量增加，因而渗吸效率有所提高。

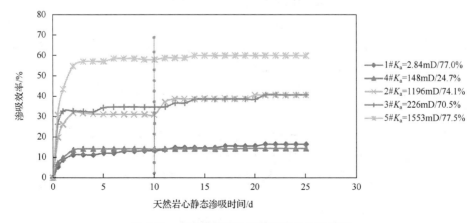

图 6.21　大庆模拟油升温前后岩心渗吸结果

K_a为气测渗透率，"/"后面为含油饱和度，余同

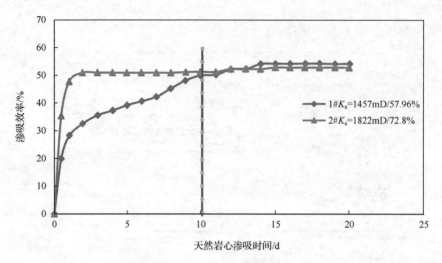

图 6.22　大港模拟油升温前后岩心渗吸结果(第 10 天升温 10℃)

一些地层温度原本就比较高的低渗透油藏，可考虑采用化学渗吸采油的方法，进一步提高水驱采收率更有利。

2. 动态渗吸的效果

1)周期注水

动态渗吸驱油实验步骤：首先水驱至含水 98%(至残余油状态)，然后注入 0.2PV 的聚合物段塞 0.1%KYPAM(可根据岩心渗透率的高低取舍此段塞)，之后注入 0.3PV 的渗吸剂后，静置保温 24h。然后水驱至含水 98%，再静置保温 24h(保温时间可事先通过优化确定)，之后再水驱至含水 98%，再静置保温 24h，之后再水驱至含水 98%。升温 5℃保温 24h 后水驱至含水 98%，即为一个周期；再在地层温度下注 0.3PV 的渗吸剂，再静置保温 24h 后，后水驱至含水 98%后停止，此时已达到渗吸采油平衡状态(为第二个周期)。选用天然贝雷岩心或天然露头岩心，长 20cm 或 30cm，渗吸剂为两种阴离子复合型表面活性剂(T16 和 T12)体系，结果如图 6.23 和图 6.24 所示。

BLD-1 岩心的动态渗吸过程如图 6.25 所示，首先水驱至含水 98%，用 0.2PV 的 0.1%KYPAM 作为渗吸剂前后段塞，注入渗吸剂量为 0.3PV，然后，静置保温 24h 后再后水驱至含水 98%，如此循环 2～3 个周期为止。

BLD-2 岩心的动态渗吸过程如图 6.26 所示，先水驱至含水 98%，注 0.2PV 的 0.1%KYPAM+0.3PV 的 SAa +0.2PV 的 0.1%KYPAM，静置保温 24h 后水驱至含水 98%。再注 0.2PV 的 SP(0.05%KYPAM+SAa)，静置保温 24h 后水驱至含水 98%，再注 0.5PVSP(0.05%KYPAM+SAa)，静置保温 24h 后水驱至含水 98%(3 个周期)停止，将以上四组实验结果汇总于表 6.28 中。

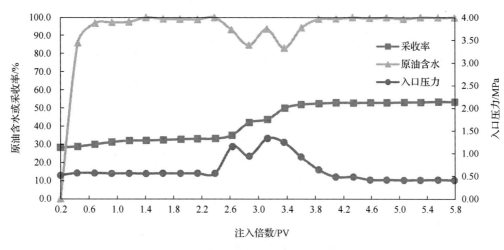

图 6.23　贝雷岩心 BLC-1 的动态渗吸采油物模实验

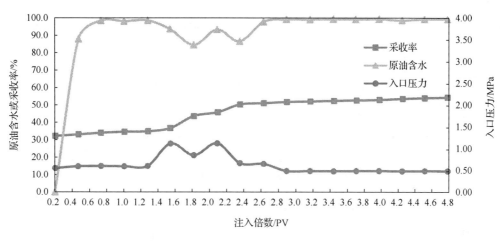

图 6.24　贝雷岩心 BLC-2 的动态渗吸采油物模实验

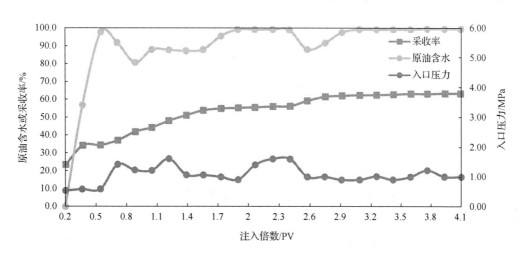

图 6.25　贝雷岩心 BLD-1 的动态渗吸采油物模实验

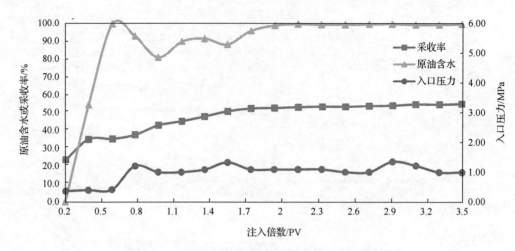

图 6.26 贝雷岩心 BLD-2 的动态渗吸采油物模实验

表 6.28 贝雷岩心周期注水法渗吸实验结果

岩心号	K_a/mD	岩心长度/cm	岩心直径/cm	渗吸剂注入量/PV	注水周期/次	R_{im}/%	总采收率/%OOIP
75-76.2	216	7.706	2.507	大港模拟地层水静态渗吸	地层温度下保温至渗吸平衡	4.82	平均采收率为 9.75
75-76.1	384	7.164	2.507			14.68	
BLC-1	100	20.35	3.719	T-17	5	20.5	53.6
BIC-2	90.7	20.35	3.735	T-19	3	19.2	54.2
BLD-1	95.9	30.40	3.721	T-18	4	28.9	63.4
BLD-2	96.9	30.45	3.733	T-19	3	19.4	54.9

注：OOIP 表示相对于地质储量的百分比，此处指采收率。

渗吸剂 T-18 与渗吸剂 T-17 相比，其主要成分是一致的但 pH 不同，可见调节酸碱性后效果明显变好，这四组实验采用岩心均为新购置的美国产贝雷岩心，润湿性均为亲水或强亲水。BLC-2 和 BLD-2 所采用的渗吸剂体系均为 T-19，两类渗吸剂主剂均为阴离子型活性剂。主段塞渗吸剂的量为 0.3PV，前后各加入了 0.2PV 的聚合物段塞，采用的方式是恒温静置 24h 或 48h，然后周期注水，3～4 个周期后达到渗吸平衡为止。从表 6.28 中可见，四组实验效果明显，化学渗吸采收率均为 19.2%～28.9%，较静态模拟地层水渗吸采收率高出 9.45%～19.15%。总的采收率为 53.0%～64.0%，达到了常规化学驱的效果，甚至效果会更好些。

2) 脉冲压力

采用饱和好油的贝雷岩心进行了动态脉冲压力渗吸实验，实验在自行研制的耐压可视渗吸仪中进行，该仪器由两部分结构组成：一部分为可视读数计量区，另一部分为渗吸反应区。整个系统压力可控、温度可控。实验结果如表 6.29 所示。

表 6.29　脉冲压力法动态渗吸结果

岩心号	岩心长度/cm	岩心直径/cm	K_a/mD	渗吸剂	压力波动 ΔP/MPa	R_{im}/%	与模拟地层水的渗吸采收率增值/%
75-76.2	7.706	2.507	216	大港模拟地层水静态渗吸	静态保温至渗吸平衡	4.82	平均采收率为 9.75
75-76.1	7.164	2.507	384			14.68	
BLC-3	20.250	3.733	71.1	T-17	2 个脉冲	18.17	8.42
BL-15	20.012	3.793	192	T-13	2 个脉冲	28.37	18.62

　　这里的压力波动是从 1MPa 压力升到 10MPa 保持 5h 降到 1MPa，每段保温 5h，循环一次为一个周期，实验一般进行 2～3 个周期可达到平衡。从表 6.29 的结果可以看出，脉冲压力渗吸较常压下的地层温度下模拟地层水渗吸效果好些，平均提高渗吸采收率 13.52%，这里只采取了一种脉冲压力的方式，而且脉冲幅度一致，今后还需要尝试多种方式脉冲以期达到更好的效果[20, 21]。

6.3.3　渗吸剂的吸附性能评价

　　1. 静态渗吸的吸附损耗

　　1) 静态吸附测试方法

　　采用油砂或岩心进行静态常压、地层温度下渗吸脱油 24h 或岩心至渗吸平衡为止，取注入脱油仪前后的渗吸剂进行定量分析。参见 GB/T11543—2008[29]和 (HJ-201) 水质阴离子表面活性剂的测定流动注射分析——分光光度法[30]。用三氯甲烷萃取阴离子表面活性剂与亚甲基蓝所形成的复合物，然后用分光光度法定量阴离子表面活性剂。

　　(1) 绘制标准曲线。

　　取一系列含有 (0～150μg) 阴离子表面活性剂的标准溶液作为试验溶液，于 250mL 分液漏斗中加水至总量 100mL，然后按下列②的程序进行萃取和测定吸光度，绘制阴离子表面活性剂含量 (mg/L) 与吸光度的标准曲线。

　　(2) 测定试样中阴离子表面活性剂含量。

　　准确移取适量体积的试样溶液于 250mL 分液漏斗中，加水至总量 100mL (应含阴离子表面活性剂 10～100μg)，然后用 $c=0.1$mol/L 的硫酸溶液或 $c=0.1$mol/L 的氢氧化钠溶液调节 pH 至 7。加入 25mL 亚甲基蓝溶液，摇匀后加入 20mL 三氯甲烷，振荡 30s，静置分层，若水层中蓝色褪尽，则应再加入 10mL 亚甲基蓝溶液，再振荡，静置分层。

　　将三氯甲烷层放入另一只 250mL 分液漏斗中 (注意勿将界面絮状物随同三氯甲烷层带出)，重复萃取 3 次。

　　合并三氯甲烷萃取液于一分液漏斗中，加入 50mL 磷酸二氢钠洗涤液振荡 30s，静置分层，将三氯甲烷层通过洁净的脱脂棉过滤至 100mL 容量瓶中，再加入 10mL 三氯甲烷于分液漏斗中，振荡 30s，静置分层，将三氯甲烷层经脱脂棉过滤至容量瓶中，再以少许三氯甲烷淋洗脱脂棉，然后用三氯甲烷稀释到 (容量瓶) 刻度，混匀，同时做空白试验。用 30mm 比色池，以空白试验的三氯甲烷萃取液作参比，用分光光度计于波长 650nm 测定试样三氯甲烷萃取液的吸光度。将测得试样吸光度与标准曲线比较，得到相应表面活性剂的量，单位为 mg/L。

（3）阳离子表面活性剂测定方法。

参照 GB5174—2004[17]，用两相滴定法测定。该法适用于分析长链季铵盐化合物、月桂胺盐和咪唑啉盐等阳离子活性物。适用于水溶性的固体活性物或活性物水溶液。若其含量以质量百分含量表示，则阳离子活性物的分子量必须已知，或预先测定。

（4）非离子表面活性剂测定。

采用硫氰酸钴分光光度法，该法适用于聚乙氧基化烷基酚、聚乙氧基化脂肪醇、聚乙氧基化脂肪酸酯、山梨糖醇脂肪酸酯含量的测定。非离子表面活性剂与硫氰酸钴所形成的络合物用苯萃取，然后用分光光度法定量非离子表面活性剂。

（5）两性表面活性剂的定量分析有磷钨酸法、铁氰化钾法、高氯酸铁法、碘化铋络盐螯合滴定法、电位滴定法等，参见 6.2.1 节。

2）结果与分析

用油砂和岩心进行的静态渗吸实验的吸附损耗测定，采用 GB/T11543—2008 方法进行分析[29]，标准曲线拟合方程为：$A = 3.4303 \times 10^{-4} c$，最佳波长为 652.5nm（图 6.27）。

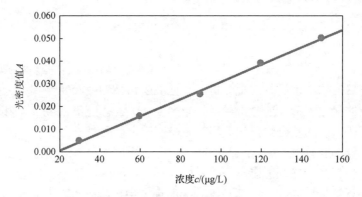

图 6.27　阴离子型渗吸剂含量分析标准曲线

油砂静态渗吸实验过程的吸附损耗测定结果如表 6.30 所示，可见油砂静态渗吸的吸附损耗极低，平均为 $6.28 \times 10^{-4} \mu mol/(g \cdot 10h)$。

表 6.30　油砂渗吸过程中渗吸剂主剂的吸附损耗

试验号	油砂质量/g	浓度差/(μmol/L)	添加凝胶/%	吸附损耗物质量数/moL	吸附损耗①/(μmol/g)	平均吸附损耗②/(μmol/g)	渗吸状态
11-5-38	33.40	0.528	0.05(SMG-2)	6.34×10^{-8}	7.90×10^{-4}		
11-5-39	32.90	0.230	0.25(SMG-2)	2.76×10^{-8}	3.49×10^{-4}		
11-5-40	33.40	0.554	0.45(SMG-2)	6.64×10^{-8}	8.29×10^{-4}		静态油砂
11-5-41	34.61	0.204	0.10(SMG-1)	2.45×10^{-8}	2.95×10^{-4}	6.28×10^{-4}	渗吸 (24h)
11-5-42	33.78	0.877	0.20(SMG-1)	1.05×10^{-7}	12.98×10^{-4}		
11-5-43	30.61	0.128	0	1.53×10^{-8}	2.09×10^{-4}		

注：①该列数据是指吸附 10h 时，每克油砂吸附渗吸剂的物质的量；②该列数据也是吸附 10h 后平均吸附损耗。

2. 动态渗吸的吸附损耗

1)动态吸附损耗测试方法

将新岩心预处理并测定好基本参数后饱和大港模拟油,老化若干天,然后放入岩心夹持器中按驱油装置要求连接好,再按照事先设定的实验步骤进行渗吸剂的注入和一定温度、压力下的静置保温若干小时,后进行周期注水或压力脉冲直至渗吸平衡。分析前后渗吸剂中主要成分含量的变化,计算动态吸附损耗:

$$A_d = \frac{V_s C_s - \sum V_i C_i}{m_i} \qquad (6.20)$$

式中,A_d 为吸附滞留量,mg/g;C_s 为产出液中表面活性剂总量,mg/mL;V_s 为渗吸剂总体积,mL;V_i 为流出液体积,mL;C_i 为流出液表面活性剂含量,mg/mL;m_i 为岩心质量,g。

2)动态渗吸实验结果

采用四组尺寸不同的岩心,经过饱和油、老化、水驱后,进行渗吸采油和周期注水,将此渗吸方式称之为动态渗吸,其过程中渗吸剂的吸附损耗结果如表 6.31 所示。

表 6.31　岩心动态渗吸过程的吸附损耗

试验/岩心号	岩心长度与直径/cm	岩心质量/g	主剂吸附损耗/mol	吸附损耗/(μmol/g 岩心·10h)	渗吸状态
BLC-1	20.35/3.719	525.88	7.22×10^{-3}	5.72	
BLC-2	20.35/3.735	530.25	7.22×10^{-3}	5.67	贝雷岩心动态渗吸
BLD-1	30.40/3.721	782.78	6.77×10^{-3}	3.60	(周期注水)
BLD-2	30.45/3.733	792.14	6.77×10^{-3}	3.56	
吸附平均值/[μmol/(g·10h)]				4.64	

从油砂静态渗吸和岩心动态渗吸实验结果可以看出,渗吸剂一定量油砂的吸附损耗平均为 6.28×10^{-4}μmol/(g·10h),非常低。岩心动态渗吸反映一个周期后(24h)吸附损耗平均为 4.64μmol/(g·10h),两者均低于指标 50μmol/(g·10h),两种类型的渗吸过程中,渗吸剂的吸附损耗量均符合指标要求。

根据渗吸机理中一种解释认为,吸附在岩石表面一定量的渗吸剂有利于改变岩石表面润湿性。从这点看,有一定吸附不一定对渗吸不利。那么,吸附量大好还是小好,还需要实验的进一步验证,可能不同的作用机理对吸附值的要求不同。

参 考 文 献

[1] 张翼. 大港油田用渗吸剂体系及渗吸作用机理[D]. 北京: 中国石油勘探开发研究院博士后出站报告. 2011: 39-55.

[2] 岩石中氯仿沥青的测定(SY/T5118—2005)[S]. 北京: 石油工业出版社, 2005.

[3] 岩石中可溶有机物及原油族组分分析(SY/T5119—2008)[S]. 北京: 石油工业出版社, 2008.

[4] 石油和沉积有机质烃类气相色谱分析方法(SY/T5779—2008)[S]. 北京: 石油工业出版社, 2008.

[5] 岩石矿物能谱定量分析方法(SY/T6189—1996)[S]. 北京: 石油工业出版社, 2004.

[6] 岩石样品扫描电子显微镜分析方法(SY/T5162—1997)[S]. 北京: 石油工业出版社, 1997.

[7] 油藏岩石润湿性测定方法(SY/T5153—2007)[S]. 北京: 石油工业出版社, 2007.

[8] 洗涤剂表面张力的测定圆环拉起液膜法(QB/T1323—1991)[S]. 北京: 中国轻工业部出版社, 1991.

[9] 表面活性剂界面张力的测定滴体积法(GB1985—1989)[S]. 北京: 中国标准出版社, 1989.

[10] 黏度测量方法(GB/T10247—2008)[S]. 北京: 中国标准出版社, 2008.

[11] 毛培坤. 表面活性剂产品工业分析[M]. 北京: 化学工业出版社, 2003.

[12] 中国轻工业联合会综合业务部. 中国轻工业标准汇编(洗涤用品卷)(第二版)[M]. 中国标准出版社, 2006.

[13] 徐宝财, 郑富平. 日用化学品与原料分析手册[M]. 北京: 化学工业出版社, 2002.

[14] 李立. 日用化工分析[M]. 北京: 中国轻工业出版社, 1999.

[15] 潘文龙, 王永其, 韦文蔚, 等. 核磁共振坚定表面活性剂[EB/OL.]. http://www. docin. com/p-55476531. html, 2010-5-19.

[16] 表面活性剂和洗涤剂阴离子活性物的测定直接两相滴定法(GB/T5173—1995)[S]. 北京: 中国标准出版社, 1995.

[17] 表面活性剂洗涤剂阳离子活性物含量的测定(GB/T5174—2004)[S]. 北京: 中国标准出版社, 2004.

[18] 表面活性剂生物降解度试验方法(GB/T15818—2006)[S]. 北京: 中国标准出版社, 2006.

[19] 王亚飞, 张丁涌, 乐小明. 阴离子表面活性剂在油砂和净砂表面的吸附规律[J]. 石油大学学报(自然科学版), 2002, 26(3): 59-61.

[20] Griffin W C. Classification of HLB values of non-ionic surfactants[J]. Journal of the Society of Cosmetic Chemists, 1954, 5(5): 235-249.

[21] 周家华, 崔英德, 吴雅红. 表面活性剂 HLB 值的分析测定与计算[J]. 精细石油化工, 2001, 18(4): 38-41.

[22] 韩朝阳. 有机硅改性丙烯酸酯乳液聚合研究[D]. 西安: 西北工业大学博士学位论文, 2003.

[23] 表面活性剂临界胶束浓度的测定(GB11276—2007)[S]. 北京: 中国标准出版社, 2007.

[24] Zhang Y, Li J G, Zhang W l, et al. Effects of Imbibing agents on oil displacement efficiency by imbibitions[C]. 2016 International Conference on Applied Mechanics, Mechanical and Materials Engineering (AMMME2016), Xiamen , 2016.

[25] Zhang Y, Sun Y,　Li J G, et al. The weight analysis of the correlation between imbibing agent properties and imbibition efficiency[C]. International Conference on Gas, Oil and Petroleum Engineering" (GOPE-2016), Las Vegas, 2016.

[26] 张翼, 韩大匡, 王兴伟, 等. 一种乳化型驱渗型采油剂及其制备方法[P]: 201310135888. 5, 2015-2-25.

[27] 张翼, 马德胜, 朱友益, 等. 驱渗型采油剂用组合物及驱渗型采油剂[P]: 201210144489. 0, 2013-12-4.

[28] 张翼, 蔡红岩, 韩大匡, 等. 一种低渗透油藏渗吸剂的筛选方法[P]: 201510446093. 5, 2016-11-6.

[29] 表面活性剂中、高粘度乳液的特性测试及其乳化能力的评价方法(GB/T11543—2008)[S]. 北京: 中国标准出版社, 2008.

[30] 水质阴离子表面活性剂的测定流动注射-亚甲基蓝分光光度法(HJ 826—2017)[S]. 北京: 中国环境出版社, 2017.

第 7 章 油 田 应 用

渗吸采油作为裂缝性油藏的重要二次采油方式于 20 世纪 50 年代初在美国得克萨斯州的 sparberyr 粉砂岩裂缝性油田首次试验[1]。该油田初期原油产量很高，但是油井产量很快急剧下降，油田原油一次采油采收率很低。因此，在油田工程师开始研究可行的低渗透裂缝油藏二次采油措施时发展了渗吸采油方法。国内外油田开发实践表明，裂缝性油藏不少呈现水湿，充分发挥毛细管力渗吸作用在一定条件下可成为这类油藏开发的有效方式，对于水湿裂缝性油藏，毛细管力渗吸作用可以把原油从低渗透的基质岩块置换到高渗透裂缝之中，进而在水驱过程中携带出原油。苏联、中东地区等都有过小规模应用。我国在 20 世纪 90 年代在大庆朝阳沟、四川莲池等油田也有过利用水的自发渗吸进行采油的实践报道，为渗吸采油的现场应用积累了经验，但随着储层不同部位含油饱和度的差异其润湿状态也并不单一，也多有表现为混合润湿或斑状润湿状态，此时，化学渗吸的作用则尤为重要，截至目前国内外化学渗吸的矿场试验报道仍然很少，考虑化学剂作用的渗吸过程的数值分析及施工方案的编制就缺少了范例和参考。

7.1 应 用 条 件

根据毛细管渗吸理论，渗吸作用在低渗透油藏的作用更为突出。低渗透油藏从储量、开发难度、开发效果和可利用潜力等方面考虑都是渗吸采油的重点。因此，为了有效动用和进一步提高低渗透油藏的采收率，需要进一步研究渗吸采油的适用条件和开采工艺。

7.1.1 油藏条件

低渗透油气藏普遍存在"孔隙度小、孔隙压力低、储层渗透率低"等特点，特别是低渗油田中往往存在较多的天然裂缝，而天然裂缝的随机分布及其造成的地层非均质对开发带来不利的影响。因此，低渗透油气藏的采收率相对较低。同时，由于其开采工艺复杂，开采成本较高，其经济效益亦较低。全国低渗透油田平均采收率为 23.3%，中国石油天然气集团有限公司所属油田为 24.2%，中国石油化工集团公司所属油田为 21.2%，明显偏低，但是，低渗透油气藏由于其广泛的资源而具有重要的价值。因此，加强低渗油气藏的驱油机理研究，对提高该类油藏的开发水平具有积极的意义。

低渗透油藏常常伴有裂缝发育，储层改造使裂缝更加复杂。在基质岩块-裂缝系统中，基质起到储油作用，裂缝起导流作用。裂缝渗透率与基质岩块渗透率存在巨大差异，使得油藏常规注水过程中水窜、水淹严重，仍然有大量的剩余油富集在基质岩块中，导致基质中的原油难以开采，需要进一步研究渗吸规律，确定影响因素，改善渗吸效果，降低基质含油饱和度，提高采收率[2-4]。

通常把一种润湿相流体在多孔介质中只依靠毛细管力作用去置换另一种非润湿相流

体的过程称为渗吸。在油气田开发过程中，这种现象时有发生。亲水性裂缝型低渗透储集岩，可视为许多渗透率较低的岩块组成，这些岩块被一些流动阻力较小的裂缝所分隔，岩块中的含油量比裂缝中的含油量要大得多[4, 5]。此类油藏进行注水开发时，注入水先沿裂缝推进，同时进入裂缝的水由于毛细管力作用被吸入岩块，并从其中置换出油，渗吸可以表示为

$$q = \frac{\alpha \rho K_m}{\mu} (P_m - G_o - P_f) \qquad (7.1)$$

式中，q 为单位时间内通过某截面地下流体的体积，cm^3/s；α 为表征裂缝发育状况的形状因子，$1/cm^2$；ρ 为地下流体密度，g/cm^3；K_m 为基质岩块的有效渗透率，D；μ 为地下流体黏度，$mPa \cdot s$；P_m 为基质岩块中压力大小，$10^{-1}MPa$；P_f 为裂缝中压力大小，$10^{-1}MPa$；G_o 为启动压力梯度，MPa/m。

王希刚等[3]应用数值模拟方法建立了双重介质模型，发现裂缝发育程度、黏度比、基质毛细管力大小、初始含水饱和度为影响渗吸的关键因素。明确了主要地质因素、开发因素对渗吸的控制作用和作用机理，对渗吸开发低渗透裂缝性油藏具有一定指导意义。

王鹏志和程华针[4]在渗吸模型基础上研究了低渗透裂缝油藏储层的渗吸特点，确定了基质吸水压力、注水压力、注入量、注水周期等相关工艺参数。

1. 模型建立

1）渗吸数值模拟基础参数

为了方便规律研究，选取油水黏度及基质和裂缝参数如表 7.1 所示[3]。

表 7.1   模型参数

基质孔隙度/%	基质渗透率/$10^{-3}\mu m^2$	裂缝渗透率/$10^{-3}\mu m^2$	地下水黏度/(mPa·s)	地下原油黏度/(mPa·s)
10	1	5000	0.4	2.0

基质束缚水饱和度取值 0.4，残余油饱和度取值 0.3，裂缝束缚水饱和度和残余油饱和度均忽略，相渗曲线如图 7.1 所示[3]。

2）渗吸数值模拟步骤

使用双重介质模型模拟渗吸，必须根据精细模型和典型毛细管力曲线，拟合开发指标，得到双重介质模型模拟渗吸所需要的等效毛细管力曲线，然后利用等效毛细管力曲线和双重介质模型预测渗吸规律，模拟流程如图 7.2 所示[3]。

一般来讲，等效毛细管力要明显大于典型参数从几倍到几十倍，受到基岩形状因子、井网井距、原油黏度、裂缝产状等因素的影响，具体区块需要选取典型参数，拟合出合适的等效毛细管力曲线。

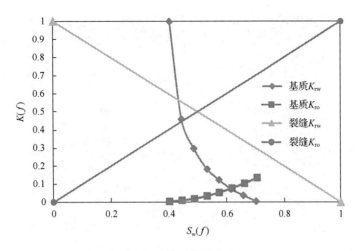

图 7.1 基质相渗曲线

K_{rw}、K_{ro}分别表示水相相对渗透率和油相相对渗透率，单位为 mD 或 D，在低渗透油藏裂缝和基质的两个参数值不同；纵坐标中的 K 表示裂缝的渗透率，横坐标 S_w 为裂缝的含水饱和度；f 表示是相对裂缝的结果

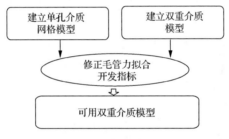

图 7.2 模型建立流程

3) 精细网格模型

建立均匀网络状裂缝分布模型，参数采用表 7.1 中的数值及相渗毛细管力曲线。选取尺寸为 3.35m×3.35m×3.35m 的立方体储层，网格划分为 20×20×10，其中基质块为中心，考虑地层裂缝为垂直裂缝，裂缝仅在基质块周围发育，基岩块划分的网格数为 18×18×10，裂缝占据其余的网格数，五点井网，精细网格模型如图 7.3 所示[3]。

4) 双重介质模型

双重介质模型和精细网格模型尺寸一样，采用 Eclipse 的双重介质模型模拟功能模拟裂缝与基质的流体交换过程。网格划分为 6×6×5，各个方向截面的渗流能力相等，五点井网。

5) 开发指标拟合

调整双重介质模型的毛细管力曲线，拟合生产指标如图 7.4 所示[3]，得到双重介质模型等效毛细管力曲线如表 7.2 所示[3]。

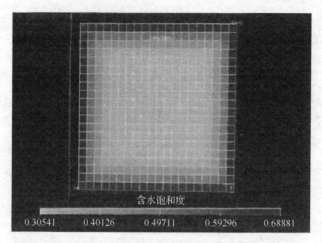

图 7.3　精细网格模型(文后附彩图)

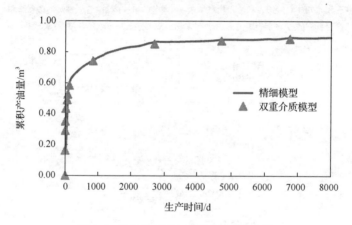

图 7.4　精细模型及双重介质模型拟合

表 7.2　双重介质模型等效毛细管力

S_w/%	毛细管力/MPa	等效毛细管力 P_c/MPa
38.5	0.3421	2.46
40.7	0.175	1.26
44	0.0935	0.67
50	0.0627	0.45
60	0.0342	0.25
70	0.0205	0.15
80	0.0148	0.11
90	0.0137	0.10

　　修正后的双重介质模型能量化反应渗吸过程,可以用该模型作为基础模型进行敏感性分析。

2. 影响因素分析

1) 油水黏度比

原油黏度设为 2mPa·s、20mPa·s、200mPa·s 时三种情况对渗吸的影响，对比曲线如图 7.5 所示[3]。认为原油黏度越低越有利于渗吸提高采收率。油水黏度比对渗吸的影响有两个方面：一是油水黏度大小决定了渗吸阻力大小和渗吸快慢；二是原油黏度导致的压力梯度等决定了渗吸存在与否，以及渗吸的技术经济界限。

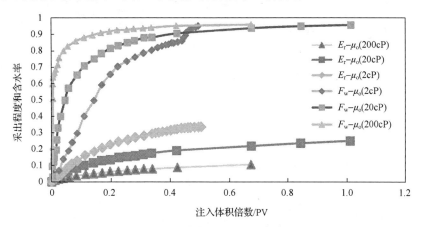

图 7.5 原油黏度对渗吸作用的影响

μ_o 为液体黏度值，mPa·s；E_r 和 F_w 分别为渗吸采出程度和含水率，%。

2) 初始含水饱和度

考虑基岩初始含水饱和度分别为 0.2、0.3、0.4 时三种情况对渗吸的影响，对比曲线如图 7.6 所示。分析认为，基岩初始含水饱和度对渗吸作用效果影响大。基质岩块中初始含水饱和度高，可流动的油就越少，毛细管力降低，不利于渗吸作用。

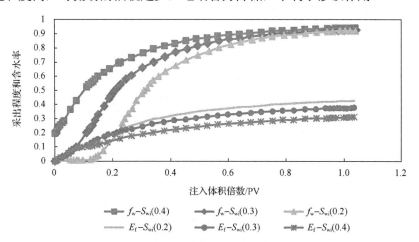

图 7.6 初始含水饱和度对渗吸作用的影响

"f_w-S_{wi}(0.4)" 表示在原始含水饱和度为 0.4 时对应的含水率，"E_r-S_{wi}(0.2)" 表示在初始含水饱和度为 0.2 时的采出程度，其他以此类推。

3) 基质与裂缝渗透率之比

考虑基质渗透率为 $1 \times 10^{-3} \mu m^2$、$10 \times 10^{-3} \mu m^2$、$100 \times 10^{-3} \mu m^2$ 时该尺寸级别三种情况对渗吸的影响，对比曲线如图 7.7 所示[3]。分析认为，由于裂缝产状有利，毛细管容易控制岩心，因此，基岩渗透率对渗吸作用影响小。随着裂缝与基岩渗透率比值的减小，渗吸法采油改善开发效果的作用减弱。

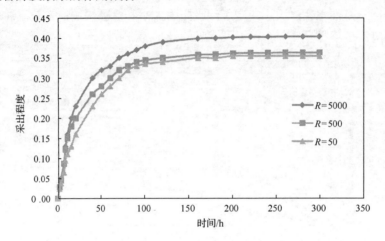

图 7.7　岩心尺寸单条裂缝情况下基质渗透率对渗吸作用的影响

R 为裂缝与基质渗透率比值，$R = K_{裂缝}/K_{基质}$，$K_{裂缝} = 5000 \times 10^{-3} \mu m^2$

基岩块内的流动变得不可忽略，两种介质间的饱和度差异、毛细管力差异减小，渗吸作用变弱。根据文献调研和计算结果，当裂缝和基质渗透率的比值大于 100 时，基质渗透率适当增大有利于提高渗吸效率，较为适合渗吸采油。

4) 基质毛细管力

考虑是否存在毛细管力的两种情况下，研究两种情况对渗吸的影响，对比曲线如图 7.8 所示[3]。分析表明，对于水湿油藏，一定范围内随着基质毛细管力的增大，渗吸强度增大，裂缝和基质间的渗吸量增加，渗吸法采油效果变好。

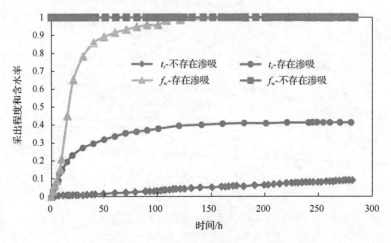

图 7.8　渗吸作用对采收率的影响

总之，裂缝发育程度、黏度比、基质毛细管力大小、初始含水饱和度对渗吸作用有较明显的影响。裂缝越发育，特别是亲水油藏由网络化大裂缝控制下的微裂缝对渗吸非常有利，此时，渗吸的平衡半径较小，在较小的毛细管力作用下就可以覆盖整个基质块；黏度比越小，渗吸阻力越小，渗吸越有效，在原油黏度较低的情况下，渗吸作用较好，否则渗吸过程中作为毛细管力的动力发挥不好，就起不到渗吸驱油的作用。基质毛细管力越高，在同等条件下，基质与裂缝间交换能力越强，渗吸越有效，初始含水饱和度不宜过大，太大的情况下，在初始状态建立的渗吸有效压差较小，对渗吸不利。

7.1.2 注入工艺

国内外油田注水开发表明，渗吸法采油是开发低渗透裂缝油藏的有效技术，该技术应用油层毛细管力的渗吸作用，使水从裂缝进入基质，从而使基质中的原油被驱替出来，驱出的原油通过裂缝系统流入井底采出地面。具体实施方法有注水井转油井和高含水油井转注水井低速注水采油。渗吸法开发低渗透裂缝油藏技术中注水井转油井效果好，有效井主要位于断层附近，其他转抽井也有一定的效果。高含水油井转注水井低速注水采油，在一定程度上发挥了渗吸作用，达到了改善油田开发效果的目的[6-12]。

1. 裂缝储层渗吸特点

油藏流体在多孔介质中主要受重力、黏滞力和毛细管力的作用，不同油藏中三种力的作用不同。裂缝性油藏中毛细管力起到不可忽视的作用。

1) 渗吸的理想数学模型

渗吸过程的理想数学模型如下：

$$U = \frac{P_c + g(H - Z)\,\Delta P}{\dfrac{\mu_w}{KK_{rw}}\big[MH + (1 - M)\,Z\big]} \tag{7.2}$$

式中，U 为渗吸速率，m/s；P_c 为毛细管力，Pa；g 为重力加速度，m/s^2；H 为油水柱高，m；Z 为水柱高，m；ΔP 为生产压差，Pa；M 为油水流度比；μ_w 为水黏度，Pa·s；K 为油水两相渗透率，μm^2；K_{rw} 为水相相对渗透率，μm^2。

由式(7.2)可知，当 $H–Z \gg H_c$ 时（H_c 为毛细管力折算高度，m），$g(H–Z)\,\Delta P \gg P_c$，重力作用占绝对优势；相反，$H–Z \ll H_c$ 时，毛细管力处于支配地位，一方占绝对优势时，另一方可以忽略。

2) 实验条件

对孔隙度为 8.86%，渗透率为 $0.45 \times 10^{-3} \mu m^2$ 的岩心进行模拟实验，实验岩心普遍发育网状裂缝，裂缝密度为 0.62 条/m，岩心长度分别为 2cm、4cm、8cm。实验表明（图 7.9）：①岩心长度越短，渗吸采收率越大；②接触面越大，渗吸作用越大，两面开启岩心比一面开启岩心渗吸采收率一般高 1.5%左右；③上端开启岩心较下端开启岩心，渗吸效果好；④上油下水岩心较上下皆为水的岩心，渗吸效果好。低渗透裂缝性油藏，低速注水，垂直裂缝中的上部为油下部为水可充分发挥渗吸作用。实验中还发现，油水重力差、初始饱和度、界面张力等对渗吸效果都有一定的影响。

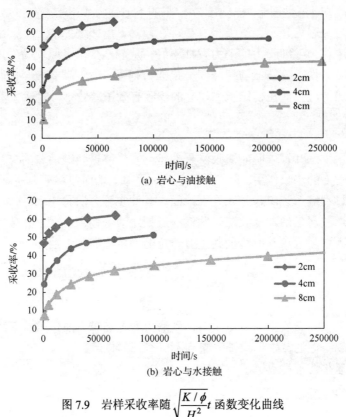

(a) 岩心与油接触

(b) 岩心与水接触

图 7.9　岩样采收率随 $\sqrt{\dfrac{K/\phi}{H^2}}\,t$ 函数变化曲线

2. 储层基质吸水压力与注水压力

1) 储层基质吸水压力

实验中，把建立好束缚水的岩心装入夹持器，缓慢逐步增加地层水的驱替压力，直至岩心中的流体启动为止，测得此时岩心的驱替压力即为岩心吸水的启动压力，并以此计算岩心的启动压力梯度及其岩心相应井层的井口压力等参数(表 7.3)。1 号岩心没有裂缝，空气渗透率为 $0.35\times10^{-3}\mu m^2$，启动压力梯度为 0.1MPa/m。非达西渗流运动方程的一般形式为

表 7.3　启动压力测试结果

岩心	直径/cm	长度/cm	井口压力/MPa	启动压力/MPa
1	2.45	4.9	15.0	0.005
2	2.45	4.0	13.2	0.035
3	2.45	3.2	9.4	0.002

$$v = \begin{cases} \dfrac{K}{\mu}\left(1 - \dfrac{\lambda}{\mathrm{grad}P}\right)\mathrm{grad}P, & \mathrm{grad}P > \lambda \\ 0, & \mathrm{grad}P = \lambda \end{cases} \qquad (7.3)$$

式中，v 为渗流速度，m/s；K 为渗透率，μm^2；μ 为流体黏度，Pa·s；λ 为启动压力梯度，Pa/m；$\mathrm{grad}P$ 为压力梯度，Pa/m。

对于线性渗流，由上述方程可以推导出：

$$q = \frac{S}{L}\frac{K}{\mu}\left(P_h - P_f - L\lambda\right) \qquad (7.4)$$

式中，q 为流量，m^3/s；S 为渗流截面积，m^2；L 为渗流长度，m；P_h、P_f 分别为岩心入口和出口压力，Pa。

当线性流动刚刚启动时，末端流量为零，而两端压力之差为启动压力。由式(7.3)得到启动压力差 $P_h - P_f = L\lambda$，由此得到启动压力梯度。

2) 注水井注水压力

一个层段内包括几个小层时，随着注水压力的提高，启动压力最低的小层开始吸水，接着依次是启动压力较高的小层，当注水压力达到层段内启动压力最大的小层时，层段内所有小层都将参加吸水，此时，油层动用情况达到最佳。因此使注水井所有射开层段吸水厚度达到最大，是注水压力合理的工艺标准之一。

注水井层还存在另一个极为重要的压力界限，通常称为破裂压力，破裂压力是指油层裂缝开始形成的压力。当注水压力超过水平方向压缩岩石的自然应力时，井底附近垂直裂缝张开并扩大。当注采井间导流能力高的裂缝之间沟通时，注入水就会沿裂缝高速推进，使采油井暴性水淹。超破裂压力注水还会引起注水井与采油井套管大量损坏，导致油田开发状况恶化。因此，注水压力低于油层破裂压力是注水压力合理的第二个重要指标。

3. 裂缝基质注入量与注入周期

1) 裂缝基质吸水量

低渗透裂缝油田注水开发划分为三个阶段：①裂缝进水阶段，此时启动压力等于裂缝压力，裂缝张开并开始吸水；②微裂缝延伸阶段，当裂缝被注入水灌满后，随着注水压力的提高，微裂缝延伸吸水量扩大；③进一步提高注水压力后，注入水开始向油层孔隙部分渗流，即所谓基质吸水开采阶段。

注水井井底压力低于裂缝张开压力，天然裂缝处于闭合状态，油层的渗透率主要取决于多孔介质的渗透率，这时注水指示曲线呈直线形，对它的解释可以应用径向流达西公式，直线段的斜率为吸水指数，即

$$q = \frac{2\pi Kh}{\mu\ln\left(\dfrac{R}{R_{\mathrm{w}}}\right)}(P_{\mathrm{R}} - P_{\mathrm{w}}) = J\Delta P \tag{7.5}$$

当 $P_{\mathrm{R}} < P^+ < P_{\mathrm{g}}$ 时，注入水由井底向油层稳定渗流，有两个渗流区域。

（1）半径 R^+ 到半径 R 的环形渗流区域内，均质流体的稳定渗流公式为

$$q = \frac{2\pi K^+ h}{\mu\ln\left(\dfrac{R}{R^+}\right)}(P_{\mathrm{R}} - P^+) \tag{7.6}$$

（2）从井壁到半径 R^+ 区域内的流量公式为

$$q = \frac{2\pi K^+ h}{\mu\ln\left(\dfrac{R^+}{R_{\mathrm{w}}}\right)}\frac{1}{\alpha}\left\{1 - \exp\left[-\alpha\left(P_{\mathrm{R}} - P_{\mathrm{g}}\right)\right]\right\} \tag{7.7}$$

由流动的连续性条件得到 $q_1 = q_2 = q$，等比处理，得到基质吸水量的公式为

$$q = J\left\{\left(P_{\mathrm{R}} - P^+\right) + \frac{1 - \exp\left[-\alpha\left(P_{\mathrm{R}} - P_{\mathrm{g}}\right)\right]}{\alpha}\right\} \tag{7.8}$$

式（7.5）～式（7.8）中，　$J = \dfrac{2\pi K^+ h}{\mu\ln\left(\dfrac{R^+}{R_{\mathrm{w}}}\right)}$；$R$ 为边界半径，m；R^+ 为与油层破裂压力相应处的地层半径，m；R_{w} 为油井半径，m；P_{R}、P_{g}、P^+、P_{w} 分别为地层压力、注水压力、油层破裂压力和井底压力，Pa；μ 为流体黏度，Pa·s；K^+ 为破裂压力下油层渗透率，$\mu\mathrm{m}^2$；α 为渗透率变化系数，Pa^{-1}；J 为吸水指数，$\mathrm{m}^3/(\mathrm{Pa}\cdot\mathrm{s})$；$h$ 为油层有效厚度，m。

张开裂缝和惯性阻力同时影响指示曲线时，在井底附近存在三个渗流区域，按距注入井点的距离分为三个区：Ⅰ区内，渗透率不随压力而变化，且不存在惯性阻力；Ⅱ区内，油层渗透率随压力而变，但仍不存在惯性阻力；Ⅲ区内，井筒附近的渗透率随压力而变，并且产生惯性阻力。

各区的流量方程分别为

$$q_1 = \frac{2\pi K^+ h}{\mu\ln\left(\dfrac{R}{R_2}\right)}(P_{\mathrm{R}} - P_2) \tag{7.9}$$

$$q_2 = \frac{2\pi K^+ h}{\mu\ln\left(\dfrac{R_2}{R^+}\right)}\left\{1 - \exp\left[-\alpha\left(P_2 - P^+\right)\right]\right\} \tag{7.10}$$

$$q_3 = \frac{2\pi K^+ h}{\mu\alpha\left[\ln\left(\dfrac{R_2}{R_w}\right) + \dfrac{2\pi K^+ hBq_1}{\mu}\right]}\left\{\exp\left[-\alpha\left(P_2 - P^+\right)\right] - \exp\left[-\alpha\left(P_2 - P_g\right)\right]\right\} \quad (7.11)$$

式中，R_2、P_2 分别为渗流区边界、破裂压力，其他参数含义同前。

由 $q_1 = q_2 = q_3 = q$，等比处理，一般情况下的裂缝基质吸水量公式：

$$\Delta\mu = \frac{\mu}{K^+}q + Bq^2 = \left\{1 - \exp\left[-\alpha\left(P_2 - P_g\right)\right]\right\}\alpha^{-1} + \left(P_R - P_2\right) \quad (7.12)$$

式中，B 为惯性阻力系数，$Pa/(m^3/d)^2$。

2) 周期注水和注水周期

低渗透裂缝储层的周期性注水分升压、降压两个阶段：升压阶段，注水是为了提高油层压力，驱替裂缝中的油和水，使裂缝中压力比基质块内部还高，最终水从裂缝进入基质；降压阶段，裂缝中压力低于基质压力，基质中一部分流体流入裂缝，再流向生产井。由此可见，裂缝性油藏周期注水与常规砂岩油藏相比，除毛管压力及附加阻力的有利因素外，还利用了裂缝渗透率远大于基质渗透率，其裂缝升压快，基质降压较慢的特点。

合理的注水周期是依据裂缝储层的吸水量、每天注入井注入量并结合开发经验来确定的，其公式为

$$t = \frac{\Delta u}{Q} \quad (7.13)$$

式中，t 为注水周期，d；Δu 为基质吸水量，m^3/d；Q 为注水井每天的注入量，m^3/d。由式(7.13)即可以计算出渗吸法开采低渗透裂缝油藏的注水周期。

总之，裂缝性油藏由于储层存在裂缝，其油水渗流特征较常规砂岩油藏有本质的区别，主要表现在油水运动不均匀性和明显的渗吸作用。裂缝越发育，这种不均匀性和渗吸作用就越突出。特低渗透透油藏储层各向渗流能力或有效驱动距离存在较大差异。若采用常规正方形反九点井网，在裂缝相对不发育区形成有效驱动距离小，油井受效差；在裂缝发育区，处于裂缝系统上渗流阻力小，注入水沿裂缝运移，油井注水收效快。因此，钻井时应采用加大井距缩小排距的非正方形井网。渗吸法采油、周期注水是适合裂缝性油藏特点的水动力学采油技术，是裂缝性油藏注水开发中、后期的主要增产措施，它对改善低渗透裂缝油藏的开发效果起到了积极的作用。

7.2 应 用 实 例

世界上低渗透油田油气资源储量丰富，美国、俄罗斯等国家都存在大量的低渗透油田。对低渗透油藏的开发国外进行的时间较早，美国得克萨斯州的斯普拉博雷裂缝性砂岩油藏、挪威的埃科菲斯克油田、卡塔尔的杜汉油田等都进行过渗吸采油，其中北海的

埃科菲斯克油田取得了显著的开发效果，但原油的采出程度也仅占地质储量的35%。位于美国怀俄明 Bighorn 盆地的 Cottonwood Creek 油田利用表面活性剂段塞对单井进行了增产处理，通过改变油层润湿性和促进渗吸过程，使低渗油田采油量得到了增加[2]。

7.2.1 国外应用

国外低渗透油藏开发时间长，从美国 1871 年发现著名的勃莱德福油田起，已有 100 多年的历史了。低渗透油田尤其是高压低渗透油田初期压力高、天然能量充足，首先选用自然能量开采，尽量延长无水和低含水开采期，他们一般都先利用弹性能量和溶解气驱能量开采，但是油层产能递减快，一次采收率低，只能达到 8%～15%。进入低产期时再转入注水开发，采用注水保持能量后，二次采收率可提高到 25%～30%。

国外早期的研究和实践证明，在低渗透油田开发中，广泛应用并取得明显经济效益的主要技术仍然是注水保持油藏能量、压裂改造油层和注气等技术，储层地质研究和保护油层措施是油田开发过程中的主要技术。化学渗吸采油技术可以在解决渗吸剂的经济性和实效性基础上选择合适层区在注水系统中实施，有望成为低渗透油藏开发未来发展的主体技术之一[13, 14]。

挪威 Ekofiks 油田的 Tor 油层[3]矿场水自发渗吸采油的实践效果十分显著。这是一种特殊的碳酸盐岩储层类型，具微孔隙-裂缝，其典型特征是孔隙度高、渗透率特低。Ekofisk 油田由两个由致密层隔开的断裂白垩系 Ekofisk 组和 Tor 组构成，上层 Ekofisk 地层的深度约为 2926.08m，油层厚度为 106.68～152.4m，孔隙度范围为 30%～48%。下层 Tor 组的厚度变化范围为 76.2～152.4m，其孔隙度范围为 30%～40%。原始渗透率为 0.1～5mD，裂缝提高了总的渗透率，但降低了有效渗透率，垂直渗透率是水平渗透率的 0.001～0.1 倍，而且主要受垂向隔层的影响。Ekofisk 上层与 Ekofisk 低层相比，孔隙度较小，渗透率较低。由于延伸式裂缝网，Ekofisk 油田的注水将依赖于毛细管自吸力作为驱动主力的原理，1977 年开始实验研究，确定能够注入的水量，并确定最终残余油饱和度，Tor 地层的实验吸水值占孔隙体积的 41%～61%。

在 Ekofisk 油田西北部的 B-22 和 B-19 井附近进行实验，通过钻附加生产井 B-24t 和注水井 B-16，设计了四种变化的布井方式。注水先导性实验于 1981 年 4 月开始，当时 Tor 地层的储层压力已下降到大大低于泡点压力 4200Pa，这个实验性生产井平均油/气比可达 16.99m^3（标准状态）/STB[①]，并迅速增加。由于实验结果理想，决定于 1983 年在 Tor 北部注水，采用了有 30 个槽的注水平台，注水量为 375000bbl/d，1987 年开始注水。受 Tor 组注水试验积极效果的影响，下部 1/3 的 Ekofisk 组开始进行注水试验，以期达到低注水能力和高变化率的效果。从 1985～1987 年一次成功的先导性注水试验得出，下 Ekofisk 组的效果与 Tor 组一样良好。开始注水速度是 40000bbl/d，并在 1988 年其他井钻完后，注水速度逐步增加。到 1989 年 5 月 1 日，整个 13 口井达到最大注水速度 235000bbl/d。平均井注水速度为 78000bbl/d，并且表层注水压力限制在 3000Pa（0.003MPa）。

利用交错行列井网的 38 口注水井向整个垂直行列的油藏每天注水 800000bbl。注水

①1STB = 0.159m^3。

作业 10 年后取得了很好的采油效果，历史产油量从 1987 年 70000bbl 的较低水平增加到 290000bbl/d，最初十年总计注入了 2200×10⁴bbl 水。可以看出，水的毛细管渗吸是一种在 Ekofisk 裂缝发育储层进行采油的有效方法，油田生产数据显示了可以达到 37.5%的渗吸采收率。注水时生产井都经过高油气比的下降过程，有一定的水浸现象。

国外关于化学渗吸采油的报道较国内早，国内的报道主要是关于水自发渗吸的试验及注水驱油方式的调整过程中兼顾水自吸作用[15]。

Yates 油田于 1926 被发现，是一个巨大的天然裂缝碳酸盐岩储层，位于得克萨斯西部二叠纪盆地的中央盆地平台，平均基质孔隙度和渗透率分别为 15%和 100mD，裂缝渗透率大于 1000mD。从 1990 年初用稀表面活性剂的试验在 Yates 油田开始进行[16]，使用壳牌 91-8 的聚氧乙烯基非离子型表面活性剂，使用生产水稀释后浓度远高于 CMC，进行了单井和多井测试。

1. Yates 油田单井试验

稀表面活性剂单井吞吐试验于 1998 年开始，在产量平稳递减的地区选择了三口井。这是一个相对稳定的区域，油水运移不活跃，没有其他措施的调整来影响试验效果。图 7.10 显示单井在试验前后的原油产量及含水率曲线。试验前，单井日产油量约为 35bbl/d，日产水量为 85bbl/d。在 3 到 4 天内约 1000bbl 浓度为 3880ppm 的聚氧乙烯基非离子表面活性剂被注入地层中，关井一个星期后单井日产油量上升至 67bbl/d，日产水量为 217bbl/d。该井日产量持续稳定在 50～70bbl/d，化学渗吸吞吐累计增产原油 17000bbl。

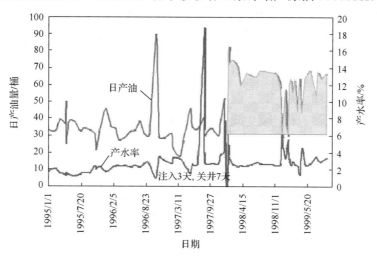

图 7.10 　 单井生产曲线（EA38880ppm）

2. Yates 油田多井试验

多井试验的目的是使稀释的表面活性剂分散到含油饱和度为 20%～60%的高渗透地层中。图 7.11 显示了生产曲线及含水率曲线。在试验期间，试验区处于产量递减、含水上升期间。3 个月期间，向 10 口水井注入了 150000bbl 浓度为 3100ppm 的乙氧基乙醇，并从相邻 10 口井采出。表面活性剂注入速率为 1700～7500bbl/d。在注入过程中生产井无表面活性剂突破。最大日产油量为 120bbl/d。在 8 个月期间,化学渗吸增产约 18000bbl 原油。

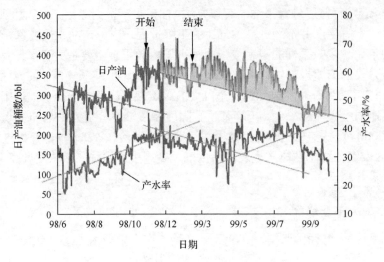

图 7.11　多井生产曲线(EA 浓度为 3100ppm)

3. Cottonwood Creek 油田试验

Cottonwood Creek 油田位于怀俄明州的 Bighorn 盆地,该油田为浅层碳酸盐岩油藏,润湿性为油湿,平均孔隙度 10%,最大渗透率 $1.0 \times 10^{-3} \mu m^2$,初始含水饱和度 10%,油藏温度 60℃,油藏温度下的原油黏度 12.3mPa·s,模拟地层水矿化度 30760mg/L[17],试验在 23 口有杆泵井中进行。

初始考虑采用的非离子表面活性剂聚乙二醇的浓度为 750ppm,或者两倍于临界胶束浓度。在井筒进行酸洗处理后,表面活性剂浓度增加到 1500ppm 以扣除铁硫化物引起的损失。表面活性剂被注入低压力的地层中(油藏压力小于 500psi[①]),如图 7.12 所示。

图 7.12　表面活性剂应用

　　向地层中注入表面活性剂需要 3 天时间，随后进行 7 天的关井。效果并不一致，如图 7.13 所示，大概有 70%的井没有产生效果，只有部分井显示出了日产量增加。

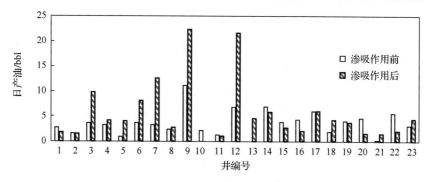

图 7.13　化学渗吸作用结果

　　其中 218 井表现出了良好的效果，如图 7.15 所示。虽然日产油量增加，但是由于产液量增加导致了产液中含油率降低。由于试验前后泵都是处于关闭状态，很明显产量的提高是由于表面活性剂渗吸发挥了作用。这种情况可能是由于表面活性剂使地层的润湿性发生改变引起的。218 井增油约 4500bbl，平均每口井增油 20.64bbl，化学渗吸取得了很好的采油效果。

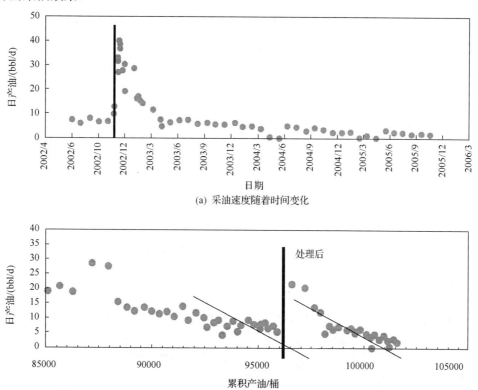

(a) 采油速度随着时间变化

(b) 采油速度与累产油曲线

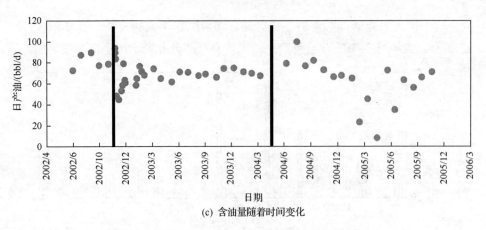

(c) 含油量随着时间变化

图 7.14　采油速度、累积产油及含油量随时间变化

7.2.2　国内应用

1. 大庆油田利用水渗吸采油试验

2007 年 4 月 27 日，大庆石油报报道了吕宝庆和侯玉华[18] "渗吸采油让'死井'复活"的文章，主要介绍了水渗吸取得的采油效果。中国石油大庆油田有限责任公司第九采油厂龙虎泡作业区的高台子油层属于典型的 "三低"（低孔、低渗、低采油率）油田，开采难度大，这个作业区的科技人员敢于突破开采禁区，大胆进行渗吸采油技术尝试。经过 5 年的不断摸索和实践，在 107 口油水井上见到了明显的效果。累计增油 2461t，龙虎泡高台子油田已进入开发后期，开采难度日益增大，常规开采方式已不能解决油田开发中的实际问题。低效油井改为捞油井，低产井逐步失去生产能力变成 "死井"，部分高含水井长期关井，针对这种实际情况，科技人员不断探索和寻找更有效的开发途径。发现注水井在放溢流、洗井、作业时有 "吐油" 现象，在不断的摸索和实践中，认为渗吸采油技术在龙虎泡高台子层具有一定的适用性和可行性。采取用罐车接油的办法，对高含水抽油井、捞油井、作业井进行接油，发现每口井的接油效果不同，对位于断层附近、关井时间较长、压力恢复速度较慢的井采取短周期接油，使长关井 "复活"，充分挖掘了油水井潜能，取得了较好的开发效果。

刘浪[19]指出裂缝性油藏采用水渗吸法采油可提高产油量，降低含水率，提高采收率1%～2%。大庆油区头台油田开发实践表明，水井转抽后井的含水率随时间呈不断下降趋势，由于基质中原油在渗吸作用下不断流向裂缝，使裂缝中含油饱和度不断上升，含水饱和度不断下降，从而使井中产出液中的含水率不断下降；同时产油量在渗吸作用下，只要满足一定的液量，由于含水的下降，产油量将随时间呈不断上升趋势。还有研究表明，实际油藏条件下，与常规注水相比，渗吸法采油采收率提高值为 2.2%，效果明显；如果油藏为中性，毛细管力不存在，采收率提高值仅为 0.2%，渗吸法采油效果不大；增大毛细管力值或曲线斜率时，采收率提高值由 2.2% 分别增加到 2.4% 和 2.6%。

殷代印等[20]介绍了在朝阳沟油田实施渗吸法采油试验，试验区 1994 年投产，到 1998

年 12 月，综合含水上升到 84.7%。1999 年 1 月至 6 月试验区停产，对 4 口水井进行了转抽作业，然后恢复生产。到 2002 年 12 月，4 口转抽井累积产油 10498t，平均日产油 4.5t/d，是其他生产井平均单产的 2 倍，取得了良好的开发效果。

彭绪海和王永霖[21]等详细介绍了大庆头台油田通过利用水自发渗吸作用提高水驱开发效率的试验，下面介绍该试验区的试验思路、方法、效果和认识。

1) 头台油田当时的基本情况

头台油田位于黑龙江省松花江北岸肇源县境内，于 1993 年 11 月逐步投入开发，目前已开发油田面积 26.4km²，地质储量 1980×10⁴t，共投产油水井 326 口。其中：采油井 223 口，注水井 103 口；采油速度 0.51%，采出程度 3.73%，油层平均孔隙度 11.4%，平均空气渗透率为 $1.25\times10^{-3}\mu m^2$，原始含油饱和度 55%，气油比 17m³/t，饱和压力 4.19MPa，属于特低渗透透性裂缝型油田，是大庆外围油田之一。

2) 开发中的问题

油田投入开发以来，存在的主要问题是：油层渗透性低，油层裂缝发育，注水利用率低，油井产量低，经济效益差。主要表现为两个方面：一方面，由于油层岩石最大主应力方向为东西向，形成以东西向为主的人工裂缝与天然裂缝组成的高渗透带，造成注水井排东西向油井水淹快(最快的井注水仅 7 天就被水淹)，注入水"短路循环"，注水利用率低；另一方面，由于油层渗透性低，非东西向裂缝受人工压裂影响较小，裂缝结构和形态保持了天然闭合状态，使非东西向渗透率远小于东西向。这样非东西向油井注水收效差，产量低。由于非东西向井排距离较大，当油井水淹后转注或关井形成线状注水后，虽然大幅度提高了注水量，但油井产量始终在低水平下徘徊(平均单井日产 1.3t/d)。

3) 技术思路与渗吸原理

针对油田开发中存在的主要问题，1997 年以来，油田开始在注水井改油井方面进行试验，增加了出油井点，减少了注水井和注水量，为油田稳产和降低成本发挥了积极作用，但是，在一些井点或井组，由于注水井停注或转抽，减少了注水井点或完全无注水井点，当原注水井放压排液后，地层压力迅速下降，使油井和注水井转抽后液量下降，如果这一问题得不到及时解决，将影响油田的整体开发效果，因此提出采用原井注水适当补充油层能量后反吐采油的方式，在保持油层压力的前提下，实现油田相对稳产。

注水吞吐采油主要是应用油层毛细管力的渗吸作用使注入水从裂缝进入基质，从而使基质中的油被驱替出来，排出的油将随裂缝通道，在水动力的作用下流入井底而采出。具体而言，当油井产能降至一个很低水平时，整个井排裂缝带上的油层压力都非常低，此时向油井注水，提高裂缝带上的压力水平。当裂缝带上的油层压力恢复到一定水平后，关井停注，使油层基质中的油在毛细管力作用下充分置换，然后再开井抽油，使裂缝带上的压力迅速下降，使原油随着卸压方向与注入水反吐到井筒，从而实现采油。

4) 吞吐采油的关键

对于低渗透油田，要把大量的原油通过基质推到采油井是比较困难的，油层见效方式主要以压力传导为主。因此注水的裂缝带上的基质中还应存在大量的原油，这些原油在条件成熟的情况下是可以采出的。注水井出油从理论上分析有以下几个方面的原因：①由于毛细管力的渗吸作用，在注水的裂缝中存在从基质中置换出的大量原油；②注水裂缝带上相对较高的油层基质压力下降后，有利于基质中的原油外排；③注水井中个别油层与周围油井不连通，存在死油区，通过注水补充能量后反吐采油，使这部分储量得以动用；④当注水裂缝压力下降后，其他水井注入水沿裂缝推进，或通过基质压力传导，使油层基质出油，从而使注水井转抽后保持较高产量；⑤对于边缘注水井，注入水沿裂缝将原油推向未开发区，使未开发区地层压力上升，当注水井压力下降后，未开发区原油沿裂缝返回开发区。一般来讲，边缘注水井卸压时出油较快较多，具有非东西向注水井补充能量的井产量要高于无能量补充的井。例如，茂 58-90 井是头台油田茂 11 井区的一口边缘注水井，该井于 1994 年 7 月 1 日直接投注，7 天后东西向油井茂 58-89 水淹。1995 年 9 月 22 日至 12 月 10 日作业时放溢流卸压，井口自喷产出大量原油，同时东西向油井茂 59-89 井含水由 79%降到 18.7%，恢复注水后含水又上升到 84.4%。1996 年 3 月，茂 58-90 井再次放溢流，井口又放出大量原油，同时茂 59-89 井含水又呈下降趋势，这一周期性变化可近似看成一个吞吐周期[27]。

头台油田茂 111 井在开发初期，布井时每个井排上都有注水井，开发后油井含水不断上升，先后有 4 口油井水淹关井，井区产量急剧下降。1997 年 4 月，对该井区进行井别调整试验，把注水井茂 64-91、茂 65-92 井压裂后转油井生产，把水淹井茂 64-90 和茂 111 井转注，通过调整取得了较好的效果。茂 64-91 井当月见效，日产油由 1.9t/d 逐步上升到 5.0t/d 以上，当年增油 1049t；茂 65～92 井当年增油 122t。两口井转抽截至 1999 年 8 月，累计增油 8079t，平均日增油 7.5t/d。同时，茂 64-91 井两侧的高含水井茂 62-93 和茂 65-90 井也见到了调整效果。两口井 1997 年增油 2517t，截至 1999 年 8 月累计增油 7901t，平均日增油 6.7t/d。

5) 试验效果

注水吞吐采油能获得较高的生产能力，说明注水吞吐采油，在获得较高产能的同时，还能适当弥补油层能量的枯竭，有利于高效开发这类低渗透裂缝型油藏。

(1) 选井条件：①选择油层发育较好，有 1～2 个主力油层，但注水效果较差的井或井组；②选择单井产量相对较低和地层能量不足的井或井组，或注水效果较好，但油井产量较低的井或井组；③优先选择先采油后转注，而目前又具备选抽条件的井；④优先选择水淹井比例较大井区的注水井。通过分析和筛选，选择了茂 9-19 井组为吞吐采油试验井组，把茂 8-21 井、茂 9-19 井、茂 10-17 井转油井，进行吞吐采油试验。井组非东西向的 4 口油井作为观察井。

(2) 试验结果：茂 9-19 井于 1993 年 11 月投产排液，1997 年 1 月至 1998 年 3 月为注水井，1998 年 6 月份又转油井生产。转注前油井含水 84.1%，日产油 0.5t/d，累计产油 1760t；转注水井后，累计注水 11632m³。吞吐采油后，由初期含水 100%逐步降到 32.8%，当年增油 412t；截至 1999 年 8 月增油 1019t，试验获得了初步成功。

6) 问题和结论

(1) 注意的问题：①注水吞吐采抽不同于蒸气吞吐采油，注水吞吐采油周期长，针对的是低渗透油层，而蒸气吞吐采油只对稠油起作用；②吞吐采油对注水水质要求较高，如果水质差，注入水在裂缝面上易形成阻隔膜，影响油层渗吸效果；③地面井口应设计为既耐高压注水又能抽油的两用井口；④尽量采用同时采油，同时注水的吞吐方式，有利于保持油层压力稳定和降低含水。但对东西向裂缝未水淹的井，也可以采用一注一采的吞吐方式。

(2) 认识：①通过注水井转油井试验和注水吞吐采油单井试验效果分析，表明注水吞吐采油技术适应于低渗透裂缝型油藏，并能取得较好的经济效益；②低渗透裂缝型油田沿裂缝注水过程中，在毛细管力的作用下，存在油水置换过程，在裂缝水淹程度较高的井组实施吞吐采油，既可以改善东西向井(注水井或高含水油井)的开发效果，也有利于非东西向油井实现稳产或减小递减速度；③注水吞吐采油技术受油藏地质和技术条件的限制，只作用于裂缝与基质较短半径，对裂缝两侧水洗效率较高，而对较远半径的基质作用较小，可以认为注水吞吐采油与蒸气吞吐采油一样经济效益将逐渐下降，最后失去利用价值，它只是其他采油技术的一种补充，并且适用于驱油效果差的低渗透油层，裂缝越发育，效果越好；④注水吞吐采油可以适当补充油层能量，其开发效果要优于弹性采油，针对头台油田二类和三类注水低效区块，可以适当选一些井组搞注水吞吐采油，以提高二、三类油井的生产能力。

2. 四川莲池油田渗吸采油实践

张洪丽等[22]报道了莲池油田裂缝性油藏注水渗吸采油先导性试验的结果。通过室内实验和数值模拟结果认为：大安寨油藏岩石润湿性为弱-中等水湿；大安寨岩石具有渗吸能力，渗吸采收率为 6%～12%；周期注水较低速注水采收率能提高 1%；室内实验临界流速为 0.18m/d，矿场注水临界流速为 0.018m/d；注入水中加入表面活性剂能够有效改善渗吸驱油效果。

1) 油藏基本特征和开发中的问题

莲池油田储层岩块孔隙度一般小于 2%，渗透率一般小于 $0.1 \times 10^{-3} \mu m^2$，个别大于 $1 \times 10^{-3} \mu m^2$ 的样品多有裂缝存在，属超低渗透透油藏，油藏温度为 68℃。储层具有较强的水敏性，储集岩介壳灰岩中含有 1.0%左右的黏土矿物。油藏原油密度 0.7632～0.8665g/cm³、黏度 3.38～3.96mPa·s、含蜡量平均为 11.82%，原始饱和压力 18.5～19.5MPa，体积系数 1.42～1.45。

由于储层有效厚度薄，且具有特低孔隙度、渗透率和裂缝性高度非均质的地质特征，油田在短短几年的勘探开发过程中，仅能依靠自然能量进行消耗式开采，使油田单井产能低、压力、产量普遍递减较快，油田稳产能力差，开采难度大，一次采收率仅 3.5%。

2) 矿场试验

1999 年 7 月在莲池油田莲 7 井区，渗吸注水投入矿场先导试验，注水方式采用低速周期性注水，单井日注水低于 50m³，区块日注低于 150m³，注水泵压在 10～25MPa。先导试验注水初期，因众多工作均处于起步、准备、摸索之中，导致平均日注水量大($74\sim$ $79m^3$)，注水泵压高($22\sim24.5MPa$)，注水周期不规范，注入水沿裂缝突进快，高产井莲 28 井仅开注 2 月就水淹停产。2000 年制定了相应的注水规范，逐渐降低了单井日注量 ($34\sim42m^3$)和泵压($14\sim20MPa$)。先导试验阶段共计投入注水井两口(莲 7 井和西 43 井)，阶段注水量为 $44341m^3$。

2001 年 9 月完成《莲池油田莲 7 井区扩大注水方案》编制工作，按"扩大注水方案"新建注水井 3 口(莲 26 井、莲 27 井、莲 5 井)，莲 26 井于 2001 年 12 月底投注，莲 27 井于 2002 年 3 月底投注，莲 5 井于 2004 年 1 月投注。莲池油田 2004 年已建成注水井 5 口，注水站一座，注水井网初步形成，面积约 $55.6km^2$，拟注水井 5 口，观察井 20 口，平均单井控制面积 $2.2km^2$，至 2004 年年底累计注水 $86291m^3$(表 7.4)。

第 7 井区于 2003 年提出了在坚持低速周期注水的前提下，立即调整注水井的合理配注制度：即在高渗带莲 7 井区裂缝沟通好，各井见水快，建议减少日注量至 $20\sim30m^3/d$，注 1 天停 1 天；低渗带西 43 井、莲 5 井、26 井、27 井周边井基本无产能，建议强化注水，单井日注量增加至 $60m^3/d$，注 2 月停 1 月，有利于注水水线的推进，扩大注水波及范围，同时加强动态监测，不断扩大动态监测的范围，适时地调整注采生产制度。2004 年莲池油田已形成以试井、测压、产液剖面测试、井间示踪剂监测为主要内容的动态监测及分析技术。

表 7.4　莲池 1999～2004 注水情况表

井号	注水层位	开注时间	注水现状					累计注水 /10^4m^3
			纯注时间 /(h/m)	泵压 /MPa	日注水量 /m^3	注水强度 /[$m^3/(m\cdot d)$]	视吸水指数/ [$m^3/(d\cdot MPa)$]	
西 43	大一	1999.7.12	102	10.9	13.52	1.37	1.24	3.8484
莲 7	大一	1999.11.15	75	11.0	14.9	1.48	1.35	1.8896
莲 26	大一	2001.12.31	160	26.5	30.58	3.71	1.15	2.4332
莲 27	大一	2002.3.31	停注					0.4059
莲 5	大一	2004.1	179	19.0	17.11	1.5	1.37	0.0530
合计					76.11			8.6301

注水区投注 3 年多逐步形成了一套相关的配套工艺技术，即注水井，实施了酸化解堵的增注措施，改善了油层吸水状况，提高了油层吸水能力。采油井莲 51 井进行了封堵水措施。

对注入水水质进行了处理和检测，根据室内试验结果，莲池油田中原油含蜡较高，注入水质中加入适量的表面活性剂 0.05%，针对大安寨介壳灰岩中含有量 1%左右的黏土，具有较强的水效性，设计注入水中应加入防膨剂 0.015%。根据室内试验结果，柳树区注入水的活性剂加入量为 0.05%，防膨剂加入量为 0.015%，杀菌剂加入量为 0.015%。

3)矿场试验效果

(1)莲池油田注水 3 年多来，区块采油井地层压力都得到了一定的回升(表 7.5)，说明注入水提升了地层的能量，填补了地下亏空。

表 7.5 莲池油田注水区单井压力检测结果

裂缝系统	井号	注水初期压力/MPa	注水后压力/MPa	生产现状
莲 7 裂缝系统	莲 7 井	4.27	20.24	注水井
	莲 28 井	2.32	4.61	水淹
	莲 51 井	10.62	3.54	抽吸井
	莲 45 井	2.71	4.26	间喷油井
	莲 30 井	3.05	3.95	间喷油井
	莲 17 井	7.67	5.84	间喷油井
	莲 38 井	5.93	4.82	抽吸井
	莲 39 井	2.79	3.8	间喷油井
莲 3 裂缝系统	莲 26 井	2.19	22.93	注水井
	莲 3 井	1.85	2.15	无产量
	莲 22 井	2.08	2.34	无产量
	莲 19 井	1.26	3.31	无产量
	莲 25 井	1.38	3.63	无产量
西 43 井区	西 43 井	5.0	37.63	注水井
	莲 18 井	4.31	6.54	抽吸井
	西 45 井	4.07	34.76	间喷油井
	莲 40 井	2.62	8.29	无产量
分散区	莲 44 井	1.45	7.98	抽吸井

(2)油田注水后减缓了油井的递减速度，按衰竭式开采方式预测，注水区块因注水有 9 口井增产，截至 2004 年年底，共计增产 3933t。注水初期，注入水沿裂缝突进，导致部分采油井水淹，因注水有两口井减产，共计减产 1315t，两项抵消，油田因注水增产 2618t(表 7.6)。

表 7.6 莲池油田注水见效井增减产统计

井类	序号	井号	注水后阶段产油/t	衰竭式开采预测/t	增(减)产量/t
水利井	1	莲 5	177	0	177
	2	莲 17	4928	3451	1477
	3	莲 18	1345	1231	114
	4	莲 40	37	0	37
	5	莲 44	71	0	71
	6	莲 45	2266	1200	1066
	7	莲 51	3491	2603	888
	8	莲 65	22	0	22
	9	西 45	81	0	81
水害井	1	莲 28	350	1339	−908
	2	莲 11	2770	3177	−407

4) 矿场试验取得的认识

(1) 川中莲池大安寨地层能够连续稳定地注水，具有较稳定的吸收指数，能保持和提升地层的压力，恢复地层能量，沿裂缝方向出现少数井增产，也有少数井发生水淹。

(2) 注水井增注、水淹井找水、机械堵水等现场试验已取得了初步成功，并获得了宝贵的经验，利于后续工作的开展。

(3) 莲池油田渗吸注水 3 年多来，注入水填补了一定的地层亏空，补充了地层能量，区块和采油井的地层压力得到了一定的回升。通过注水延缓了采油井的递减速度。

3. 长庆油田的注采调整试验

李宇征等[23]等报道了安塞特低渗透透油田，主要是长 6 油藏经过连续三年的综合治理，综合递减连续逐年下降，老井持续保持稳产。在此基础上，根据其储层特征及开发实践，提出了安塞油田早期强化注水、不稳定注水、同步或超前注水、沿裂缝注水、高含水区提高采液指数、改变渗流场、加密调整、注水剖面调整、产液剖面调整等注水开发的主要注采调整技术，从而提高了单井产能及最终采收率，提高了整体开发效益。

1) 地质概况

安塞油田位于鄂尔多斯盆地安陕北斜坡带上。区域构造为平缓的西倾单斜，倾角不足半度，局部发育差异压实引起的鼻状隆起，由北向南依次为大路沟-坪桥、杏河-谭家营、志丹-王窑三条鼻隆带，隆起幅度一般小于 10m。沉积环境主要为内陆湖泊河流三角洲前缘沉积体系。含油砂体受三角洲前缘朵状砂体和鼻状隆起构造的控制。含油层系为三叠系延长组长 6、长 4+5、长 3、长 2，主力油层长 6 埋深 1000~1300m，油层厚 9~12m，平均空气渗透率为 $1.29 \times 10^{-3} \mu m^2$，原始地层压力为 8.3~10.0MPa，饱和压力为 4.65~6.79MPa，压力系数为 0.7~0.8，是一个低渗、低压、低产的"三低"油藏。

2) 开发面临问题

(1) 王窑区中西部、侯市区和坪桥区西部，采出程度相对较高，随着注水时间的推移，部分井组已表现出含水上升，产量递减，稳油控水难度增大。

(2) 王窑区东部经沿裂缝注水后，侧向油井压力上升，油井开始见水，含水上升速度加快，开发效果变差。侯市区东部和坪桥区沿裂缝注水区域，经长时间的强注后，单井产能仍在低水平下保持稳定，影响了区块开发效果的提高。

(3) 杏河区水驱前缘不均匀，注入水首先沿注水井排方向驱替，主向油井明显较侧向油井易见水，形成高压带，侧向油井见效程度低，存在井网适应差的开发矛盾。

(4) 随着注水时间的延长，部分注水井剖面出现吸水剖面下移，下部吸水好的问题，近两年坪桥区的吸水剖面问题较其他几个区块突出。

(5) 启动压差及驱替压力梯度大。由于油层物性差，渗流阻力大，驱替压力梯度大。根据现场生产动态及测压资料计算，即使天然微裂缝不发育、非均质性不强的井区，驱替压力梯度也较大(1.74MPa/100m)；对于储层物性更差、天然微裂缝发育的井区，侧向驱替压力梯度可达 2.74MPa/100m。

(6) 油井见水后采液、采油指数下降。根据矿场实际资料统计，开发时间较长的王窑区目前采出程度 10.66%，综合含水由 29.0% 上升为 45.0%，采液指数由 0.88m³/(d·MPa) 降为 0.49m³/(d·MPa)，采油指数由 0.69m³/(d·MPa) 降为 0.28m³/(d·MPa)。采液、采油指数的下降，增大了油田中后期的提液和稳产难度。

(7) 地层压力分布不均。目前安塞油田压力保持水平较高(保持在 100% 以上)，但平面上分布不均匀，各区块均为中西部压力较高，而东部相对较低，裂缝线方向压力较高，而裂缝侧向地层压力较低。随着注采平面调整，油田平面压力分布正日趋合理。

3) 注采参数优化

针对安塞油田长 6 层低压、低渗、低产的特点，对注采参数进行了合理优化。

(1) 同步或超前注水。

在同步注水或超前注水的条件下，尽可能在保持原始地层压力状态下开采，才能使油井产量递减幅度小，有效改善产量恢复程度。进行超前注水，尽快建立起较高的压力梯度，当注水达到一定数量时，油层中任一点的压力梯度均大于启动压力梯度，此时，便建立起有效的压力驱替系统，油井开始见效。在地层压力保持水平达到 118.6%，累积注水量达到 0.48 孔隙体积(PV) 时，单井产量增幅达到最大。这是由于在饱和压力以上，随着压力的上升，原油黏度增大，单井产量不呈直线上升。在此基础上，2001 年在安塞油田开展了 12 个超前注水井组(王窑 7 个，杏河 5 个)，对应油井 47 口，动用含油面积 3.87km²。12 个井组先后于 5~8 月份投注。王窑西南 7 口注水井平均日注水平 41m³，注水强度 2.0m³/(d·m)；杏河西南 5 口注水井平均日注水平 39m³，注水强度 2.74m³/(d·m)，尽快建立起有效的压力驱替系统。通过超前注水的实施，单井产能得到一定程度的提高，有效地减缓了油田递减，预测最终采收率将会得到提高。

(2) 强化注水。

为了尽快建立有效的压力驱替系统，提高地层压力和单井产能，在 1998 年初选取了油层厚度大，地层压力、油井产能低，注水见效慢的候 6-28 井组，进行强化注水试验，加强注水 20 个月后，井组对应 8 口油井全部见效，地层压力由 5.70MPa 缓慢上升到 6.60MPa。日产液、油水平明显上升，日产液由试验前的 2.37m³ 上升到 3.0m³，日产油由 1.87t 上升到 2.42t，动液面由 1208m 上升到 1190m，含水平稳，取得了较好的效果。为推广候 6-28 的试验效果，1999 年对油层单一、厚度较大的杏 13-26 井组提高注水量进行加强注水，同样收到了较好的效果。

在此试验成功的基础上，为了尽快提高地层压力，建立有效的压力驱替系统，除在有条件的井区实施超前注水外，其余主要以强化注水为手段：一是注采同步加强注水，对 2000 年同步注水的塞 160 井区和塞 158 井区采取了初期强注的注水政策，长 6 层注水见效周期由原来的 9 个月缩短到 5~6 个月，目前全面注水开发的塞 160 井区已见到注水效果。目前已有 19 口井见效，平均见效周期为 5 个月，日产液由见效前的 8.37m³ 上升到见效后的 8.94m³，日产油由 4.52t 上升到 5.01t，含水由 35.7% 下降到 33.3%，目前日产液 9.18m³，日产油 5.12t，含水 33.6%，动液面 893m；二是在未建立有效压力驱替系统的孔隙渗流区，平衡注水不能有效补充地层能量，应采取注水强度与注采比相结合的方法进行注水。在杏河区进行了 19 个井组提高注水强度试验，5 个月后油井压力由 6.85MPa 上升到 10.52MPa，老井日产油水平持续上升，当年综合递减 6.19%。

(3) 利用不稳定注水-渗吸作用。

不稳定注水的机理是由于地层宏观不均质性引起的不均衡、不稳定的压力降，使水进入低渗透部分，而介质的微观不均质性引起的毛管渗吸作用将水滞留在低渗透部分。由于毛管渗吸作用在油层中出现强烈的液体重新分布，结果由于从低渗透率小层中驱出原油而使高渗透层的含水饱和度减小。主要采用了常规不稳定注水和不稳定注水加高强度注水相结合的两种方式。1992 年针对孔隙-裂缝型见水井，开展了 23 井次的不稳定注水试验，平均单井日产油由 1.13t 提高到 2.79t，含水由 68.4%下降到 31.9%；1993 年，在王窑区中部开辟面积 2km^2 的不稳定注水试验区，进行了三个周期、历时一年两个月的试验，平均单井日产油由 3.6t 提高到 4.33t，累计增产油 2588t；1996 年，在王窑中东部中高含水 28 个井组的不稳定注水，平均单井日产油由 1.83t 提高到 2.17t，含水由 43.9%下降到 31.2%；1997 年，对 46 个井组进行不稳定注水，平均单井日产油由 2.05t 上升到 2.37t，含水由 38.8%下降到 35.1%。

该项措施效果表明，不稳定注水能够起到控水稳油作用，但随着不稳定注水实施时间的延长，效果逐渐呈变差趋势。不稳定注水与高强度注水相结合在油田注水开发中，注水强度不仅影响开发速度，还影响到油层原油采收率。当把地层压力提高到上覆岩石压力的压力时，注入水的波及体积增加，此时注水井的吸水能力与注水压力呈非线性关系，这是因为当油层压力高于临界压力时，油层的渗透率不仅取决于孔隙介质的渗透率，而且取决于张开微裂缝的渗透率。在不均质的油层中，由于压力梯度增加的作用，在储层渗透率变化的同时，将有新的生产层段逐渐投入开发。当存在油层渗透率随压力而变化的情况时，对不均质油层进行不稳定注水，由于注水过程的非线性和周期性，将增加注水的波及油层的程度并强化增产效果。这种作用的强化程度与以下因素有关：注水量的波动幅度、频率及流体渗流方向改变的角度。因此，2000 年对不稳定注水进一步深化，在王窑区中部选取了王 16-9 井组进行高强度不稳定注水 (图 7.15)，取得了较好的效果。通过不稳定注水整个过程的分析，不稳定注水既然能控水稳油，从初期开始进行高强度的不稳定注水，达到一步到位的效果。

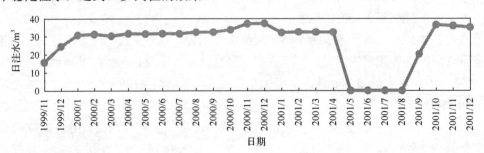

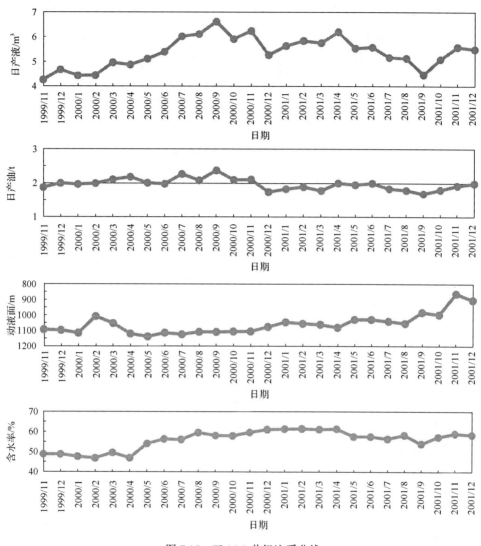

图 7.15 王 16-9 井组注采曲线

4)注采井网调整

（1）沿裂缝注水。

针对王窑区东部、坪桥区、候市区东部微裂缝发育，主向油井见水快，裂缝线上油井水淹，侧向油井长期处于低压、低产状态等平面矛盾突出的动态特征，1996 年以来，通过转注主向水淹油井进行沿裂缝强化注水，使原来的反九点注采井网转变为排状注采井网（图 7.16）。

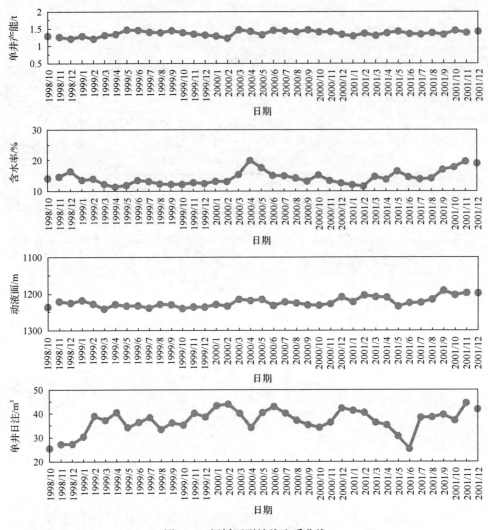

图 7.16　坪桥区裂缝线注采曲线

（2）加密调整。

在部分微裂缝发育区域，由于未建立起有效的压力驱替系统，进行缩小排距，增加压力梯度，进行加密调整。将该项工作作为安塞油田稳产的一项重要措施先后在王窑、坪桥、侯市、杏河区实施，取得了一定的效果。在一定程度上提高了产量和采油速度、剩余油动用程度及增加可采储量。加密井产量高，减缓区块产量递减，安塞油田加密井投产第一个月单井日产油 4.62t，第三个月日产油 4.09t，半年后日产油 3.46t。如王窑区 2000 年投产的四口加密井投产初期平均单井日产油 6.47t，目前单井日产油 3.02t，其中效果较好的王 14-231 投产初期日产油 7.33t，目前日产油 3.26t。加密井投产后减缓区块产量递减。王窑区 1998 年、1999 年产建共投产油井 69 口，其中加密井 48 口，占油井总数的 69.5%，可见 1998 年、1999 年产建以加密井为主。由图 7.17 看出，在无加密井投产时，区块老井日产油递减幅度较大，1998 年、1999 年产建投产后减缓了产量递减，对区块稳产起到了重要作用。

(3)增加可采储量和提高采收率:王窑区加密井投后平均单井增加可采储量 0.8×10^4t,采收率可提高 2%~3%。

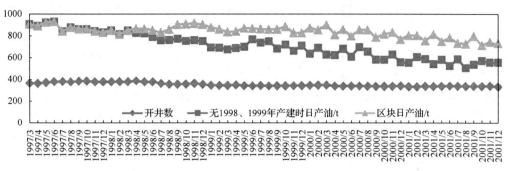

图 7.17 王窑区产量对比曲线

剩余油相对富集加密井效果较好,沉积微相是决定加密井效果的先决条件。通过统计发现,王窑区东部加密井投产初期、半年时、一年时和目前产量均低于区块中、西部(表7.7),主要是区块东部沉积微相以水下分流河道、河道-席状砂为主,砂体连通程度低,颗粒分选差,油层物性差(平均空气渗透率 $2.4\times10^{-3}\mu m^2$);中、西部以河口坝、河口坝-水下分流河道沉积为主,油层连通程度高,分选好,均质性较强,油层物性较好(空气渗透率 $2.7\times10^{-3}\sim3.0\times10^{-3}\mu m^2$)。加密后一般缩小了排距,改变了压力场的分布,提高了驱油压力梯度和产量。通过压力梯度法、压力剖面法、动态统计法确定水线侧向加密井排距为 80~120m 时效果最好,动态上表现为初期产量高,稳产期长。例如,对王窑区 28 口水线侧向加密井统计发现,80~120m 排距时投产初期到目前加密井产能最高;其次为 120~150m,投产初期单井产能略低,目前二者产量基本相当;排距大于 150m 时加密井效果下降,小于 80m 时因含水上升较快而效果变差(表 7.8)。

表 7.7 王窑区不同区域加密井生产数据表

区域	加密井数	初期动态			第 3 个月动态			半年动态			目前动态		
		日产油/t	含水/%	动液面/m	日产油/t	含水/%	动液面/m	日产油/t	含水/%	动液面/m	日产油/t	含水/%	动液面/m
中西部	30	4.71	14.5	599	4.5	17.3	833	3.8	19.2	992	2.74	23.9	1147
东部	36	4.51	17.6	662	3.6	16.3	863	3.1	18.6	950	2.57	15.0	1071

表 7.8 王窑区不同排距加密井生产数据表

排距/m	加密井数	初期动态			第 3 个月动态			半年动态			目前动态		
		日产油/t	含水/%	动液面/m	日产油/t	含水/%	动液面/m	日产油/t	含水/%	动液面/m	日产油/t	含水/%	动液面/m
<80	1	3.76	32.6	477	2.2	41.0	1040	1.5	53.0	1180	1.90	46.5	1171
80~120	14	5.07	11.6	691	3.63	13.6	900	3.14	16.4	959	2.62	14.6	1061
120~150	11	4.67	12.5	657	3.82	14.9	931	2.90	22.8	1013	2.49	23.9	1124
>150	2	2.33	6.27	329	1.91	7.5	965	1.45	11.9	506	1.25	11.9	1118

(4)提高压力梯度及改变渗流场。

1999 年，在坪桥区东部坪 30-37—坪 30-39 井组裂缝线侧向共钻加密井 4 口，所布加密井坪检 1、坪 30-392 到裂缝线排距分别为 80m、99m，目前日产油分别为 2.20t、1.33t。2001 年 10 月又投产了 8 口加密井，排距在 120m 左右，目前平均单井日产液 3.09m³，日产油 2.16t，含水 16.8%，动液面 1192m。从加密效果看，2001 年加密井产量较低，主要原因是岩性较致密，物性相对较差。该区砂体呈北东-南西向条带状分布，横向上砂体被泥岩所分隔，砂体连通性较差。为了提高加密井及周围油井的产能，为下一步坪桥区整体井网调整提供依据，转注坪 31-38 井，该井转注后，周围四口油井到坪 31-38 水线的排距为 50~80m，形成小排距注采井网，通过加强注水，使坪检 1、坪 30-392 加密井双向受效，提高了油井产能。在裂缝主向油井水淹后，通过转注、转抽等手段，改变地层中压力场分布，从而改变液流场，达到提高水驱波及程度的目的。

根据油藏动态特征，1997~2001 年共实施油井转注 16 口。通过注水，部分井组已见到注水效果。如侯 7-15 井于 1999 年 4 月份转注后，单井日注水平保持在 30m³ 左右，裂缝侧向 7 口油井单井产能由 2.32t 上升到目前的 2.66t，含水 48.5%；杏 4-7 井于 1999 年 5 月转注后形成小井距注采井网，日注水平 20~30m³，距裂缝线侧向 119m 处的杏 4-71 井 2000 年测得静压 11.86MPa，压力保持水平 119%。

为了探索区块东部注采井网调整的方法，1998 年对 4 口注水井进行了转抽试验(表7.9)，通过该试验可以看出：①注水井转抽初期日产液水平递减幅度较大，但一段时间后含水下降；②经重复压裂后，产量虽得不到提高，但在提高地层压力的情况下，这种开发矛盾可能得到一定程度的缓解，还有待于进一步试验。由于转抽效果差，目前只有坪 44-17 井在生产。

表 7.9　坪桥区转抽井生产动态数据

井号	转抽日期	转抽前累注水 /m³	初期产液量 /m³	见油时产水 /m³	一年(半年)后动态		目前动态		累积	
					日产液 /m³	含水 /%	日产液 /m³	含水 /%	日产液 /m³	含水 /%
坪 44-17	1998/5/27	18895	9.8	526	2.45	77.6	2.42	52	1794	257
坪 31-20	1998/5/31	13574	11.01	109	1.29	81.6	转注		777	111
坪 27-21	1998/9/11	15824	2.71	452	1.53	91.3	转注		572	17
坪 36-37	1998/9/15	10552	1.76				地关		131	0

王窑区是安塞油田最早注水开发的区块，中西部有油井 268 口，注水井 101 口，随着时间的延长和采出程度(17.84%)的进一步加深，不稳定注水措施效果下降，稳油控水难度增大，目前因水淹关井 63 口，含水持续上升，由 1999 年底的 43.1%上升到目前的52.3%，单井产能由 2.23t 下降到 1.89t，油井产能递减幅度加大，为了提高高含水区最终采收率，实现老区块的稳产，有待寻找新的途径。

通过转注水淹油井，改变液流方向来提高注入水波及体积，改善水驱效果，达到提高最终采收率的目的，为下一步安塞油田高含水区的开发调整提供技术储备和依据。选取王 13-15、王 12-16、王 14-15、王 14-17 四口水淹井进行试验，目前，该区域的采出程度只有 18%左右，而采油井又因水淹而关井，大量的剩余油存在于油井与油井之间的压力相对较低的区域，首先转注王 13-15 水淹油井，通过改变压力场分布来改变渗流场，开抽周围的王 12-16 井、王 14-15 井、王 14-17 井三口水淹井并停注注水井，形成新的渗流场，从而提高水驱波及体积。

通过酸化、重复压裂、综合解堵、隔采、补孔、小尾管采油等系列工艺手段，在地层压力保持水平达到一定程度的情况下，进行提液引效，改善产液剖面，提高油层动用程度，加快采油速度，提高采收率。共实施各类增产提液措施 329 井次，有效 233 井次，累计增油 6.4138×10⁴t，平均单井增油 195t。如在坪桥区实施的两口大型重复压裂井坪 29-32 井、坪 29-33 井，其初期日产油分别由 2.00t、1.36t 上升到 4.62t、4.72t，累计增油 1333t，截至 2003 年仍有效(表 7.10)。

表 7.10 安塞油田大型重复压裂效果表

井号	措施时间	措施前			措施后			目前			有效天数/d	累积增油/t
		日产油/t	含水/%	动液面/m	日产油/t	含水/%	动液面/m	日产油/t	含水/%	动液面/m		
坪 29-32	1998/4	1.36	16.9	1239	4.27	58.3	763	1.75	43.4	1137	1240	731
坪 29-33	1998/5	2.00	12.0	1155	4.62	53.6	781	2.78	11.4	1154	1096	602
平均		1.68	14.45	1197	4.445	55.95	772	2.265	27.4	1145.5	1168	1333

李宇征等[23]认为：①注采调控技术是有效开发安塞特低渗透透油田的重要手段，是提高单井产能、采收率和开发经济效益的根本措施。②超前注水是提高特低渗透透油田开发效果的有效方式。当超前注入孔隙体积倍数达到 0.5%以上时，油井投产即见效，达到减缓油井初期递减、提高单井产能的目的。③对以孔隙驱为主的区块，初期注水强度应达到 2.5~3.0m³/(d·m)，注采比应达到 1.5~2.0；对裂缝特征为主的渗流区，在搞清裂缝方向后开展沿裂缝注水，注水强度可选择在 2.5~3.0m³/(d·m)。④井网的选择应以建立有效的压力替驱系统为目的，在物性较好、以孔隙驱为主的井区，选择反九点法面积注水；在裂缝发育区，选择矩形井网，沿裂缝方向拉大井距，裂缝侧向缩小排距布井。⑤深化油藏地质再认识，进行注水开发调整是油田保持长期稳产的重要途径。沿裂缝强化注水、加密、转注调整井等都是特低渗透透油田开发后期重要的稳产手段。

通过长庆王窑油区的注水方式、井网加密、油井转注、重复压裂和综合解堵等措施大多井组在当时实现了提压、稳油控水的目的，较小幅度地增加了动用量、提高了 2%~3%的采收率，但继续保持下去还是遇到了更大困难，因为在总采出程度和采收率较低的前提下剩余油分布和状态对开发效果的影响是至关重要的，这是主要矛盾。应在深入认识注水开发机理的基础上，更加深入理解毛细管力和水自吸在开发中的重要作用，压力补充和压力梯度的建立可以动用的是可动油，即水湿部位的油。如何合理利用化学剂的作用更大幅度地提高低渗的剩余油动用量、克服油湿部位的毛管阻力或利用化学渗吸剂变阻力为动力，将更多的剩余油启动并从基质驱替到裂缝中，这是在注采系统综合改造后优先应考虑的问题。由王窑油区的试验可知，无论采用何种方式的调整都只是扩大了油水接触面进而增强了水的自吸排油能力，但未从储层润湿性考虑剩余油的分布状态和有效动用剩余油的问题，所以，提高采收率幅度较低。

4. 低渗活性剂驱采油

崔鹏兴等[24]对鄂尔多斯盆地低渗透 M 区块注入表面活性剂进行渗吸驱油，发现油井产液量上升，增产效果持续时间增长，较注入水渗吸驱油效率高 2%左右。

1)试验条件

M 区柳 90-38 和柳 96-32 井组注表面活性剂矿场试验，目的是单独考察表面活性剂在三叠系长 6 油藏洗油效果。根据前面表面活性剂浓度对界面张力的影响评价实验(室内评价用岩心的渗透率为 0.2~15mD，温度为 54℃)，表面活性剂浓度为 0.2%~0.5%时，均可实现超低界面张力，考虑到注入过程中的地层水稀释和地层吸附影响，选择注入浓度为 0.5%进行试验。依托已有注水系统，采用原配注量进行施工，注入压力不做调整，注入速度为 37~40m³/d。针对现场的实际情况，采取分段塞的方式注入，达到注入 PV 数。柳 90-38 井组注入一个段塞，注入活性剂水溶液 2671m³，注入 0.004PV。柳 92-36 注入两个段塞。第一断塞注入活性剂水溶液 1498m³，注入 0.003PV，第二段塞注入活性剂水溶液 3378m³，注入 0.008PV，累计注入活性剂水溶液 4876m³，注入 0.011PV。

2)试验效果

试验两个井组井间连通性好，试验前测试吸水剖面较均匀。其中柳 90-38 油层厚度为 24.2m，吸水厚度为 8.59m；柳 92-36 油层厚度为 12.2m，吸水厚度 4.13m。2012 年，柳 90-38 井组注表面活性剂后，井组油井见效 8 井次，见效率 100%，液量上升、油量上升、含水下降，增产幅度 32.0%，至 2013 年 1 月效果持续稳定，有效期为 7 个月(图 7.18)。

柳 92-36 井组注入两个段塞。2011 年注表面活性剂 0.003PV，对应油井液量上升、油量上升、含水下降，增产幅度 8.8%，有效期 7 个月以上，至 2012 年注第二段赛前持续有效。第二段塞注入 0.008PV，增产幅度 12.8%，至 2013 年 1 月有效期 7 个月，持续有效。该井组累计增产幅度 22.7%。从两次注入情况来看，见效高峰期在注入后第二个月，后期逐月递减(图 7.19)。

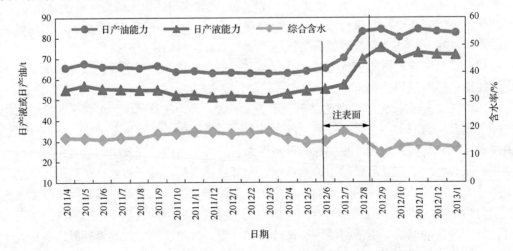

图 7.18　柳 90-38 井组生产曲线

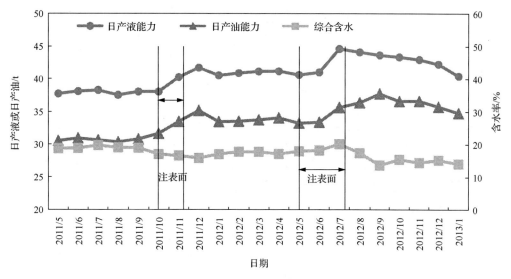

图 7.19　柳 92-36 井组生产曲线

崔鹏兴等[24]认为：①在低渗和特低渗透油藏中，表面活性剂可以提高原油的采收率，一般情况下，在亲水性低渗透油藏中表面活性剂可以提高微观驱油效率，渗透率越低的表面活性剂提高的微观驱油效率越高，提高的驱油效率为 1%～4%；②表面活性剂溶液可以提高渗吸驱油效率，在低渗透岩心中，其渗吸驱油效率比注入水渗吸的驱油效率要高 2%左右，在油藏中可以扩大波及效率，降低油滴的流动阻力，使得采收率提高；③现场试验表面活性剂注入后对应部分油井出现了液量上升的作用、液量上升现象，表面活性剂在地层提高了洗油效率。增产幅度主要是由于油层厚度越大，吸水厚度越大，增产幅度越大，效果持续时间越长；从柳 92-36 两次注入情况对比，注入 PV 数越大，见效越明显。

这个例子虽然研究的是注活性剂驱的情况，但在低渗透油藏由于渗透率低，注入速度慢其过程存在化学剂的部分渗吸和洗油过程，但未考虑化学剂的停留时间及如何充分发挥渗吸作用。另外，为了改善压裂作业中油藏的油水界面性能，研发了低张力新型驱油剂 DL-15（质量分数为 0.2%），在 20℃下使长庆原油界面张力降到 0.061mN/m，提高温度或适量加入盐可使界面张力降到 10^{-3}mN/m 以下。室内岩心实验在水驱基础上可提高 9.04%采收率。根据在长庆油田鄂尔多斯盆地多口井现场应用瓜尔胶 DL-15 体系压注采一体化作业中两口井生产数据，DL-15 提高采收率性能优越，对比压注采作业前日产油提高 70%以上[25]。

在低渗透油藏化学剂的作用不可忽视，在降压增注、改善水驱效果方面具有重要意义，但应重点针对储层非水湿部位剩余油的动用、化学剂经济性评价、动态渗吸工艺、地质模型和数值模型的建立、化学渗吸开发方案编制等方面开展系统深入研究和实验，将会增大不可动油的动用量，进一步提高特低、超低渗透及致密油藏的原油采收率[26-28]。

参 考 文 献

[1] Baviere M. Basic Concepts in Enhanced Oil Recovery Processes[M]. Berlin: Springer, 1991.

[2] 江敏. 长庆低渗透油藏渗吸采油体系研究[D]. 北京: 中国地质大学(北京)博士学位论文, 2016.

[3] 王希刚, 宋学峰, 姜宝益, 等. 低渗透裂缝性油藏渗吸数值模拟研究[J]. 科学技术与工程, 2013, 13(7): 1952-1956.

[4] 王鹏志, 程华针. 渗吸法开采低渗透裂缝油藏相关参数的确定方法[J]. 河南石油, 2006, 20(2): 18-51.

[5] Guo B. 天然裂缝性斯普拉伯雷走向带油藏渗吸注水开发的综合研究[J]. 曾中立, 乔向阳, 译. 吐哈油气, 1999(1): 87-95.

[6] 李莉. 大庆外围油田注水开发综合调整技术研究[D]. 北京: 中国科学院研究生院博士学位论文, 2006.

[7] 中国石油天然气总公司开发生产局. 低渗透油田开发技术[M]. 北京: 石油工业出版社, 1994.

[8] 范高尔夫-拉特 T.D[法]. 裂缝油藏工程基础[M]. 陈钟祥, 金珍年, 秦同洛, 等译. 北京: 石油工业出版社, 1989.

[9] 王允诚. 低渗透砂岩油田开发[M]. 北京: 石油工业出版社, 1997.

[10] 李道品. 低渗透砂岩油田开发[M]. 北京: 石油工业出版社, 1997.

[11] 李量, 陈军斌. 油气渗流力学基础[M]. 西安: 陕西科学技术出版社, 2001.

[12] 李道品. 低渗透砂岩油田高效开发决策论[M]. 北京: 石油工业出版社, 2003.

[13] 杨正明. 低渗透油藏渗流机理及其应用[D]. 北京: 中国科学院研究生院博士学位论文, 2004.

[14] 李继山. 表面活性剂体系对渗吸过程的影响[D]. 北京: 中国科学院研究生院博士学位论文, 2006.

[15] Hermansen H, Landa G H, Sylte J E, et al. Experiences after 10 years of water flooding the Ekofisk Field, Norway[C]. 2nd International Non-Renewable Energy Sources Congress, Tehran, 1998.

[16] Chen H L, Lucas LR, Nogaret L A D, et al. Laboratory monitoring of surfactant imbibition using computerized tomography[C]. SPE/DOE Improved Oil Recovery Symposium, Tulsa, 2000.

[17] Weiss W W, Xie X, Weiss J, et al. Artificial Intelligence Used to Evaluate 23 Single-Well Surfactant-Soak Treatments[J]. SPE Reservoir Evaluation & Engineering, 2006, 9(3): 209-216.

[18] 吕宝庆, 侯玉华. 渗吸采油让"死井"复活[N]. 大庆石油报, 2007-4-27(1).

[19] 刘浪. 裂缝性油藏渗吸开采数值模拟研究[D]. 成都: 西南石油大学硕士学位论文, 2006.

[20] 殷代印, 蒲辉, 吴应湘. 低渗透裂缝油藏渗吸法采油数值模拟理论研究[J]. 水动力学研究与进展, 2004, 19(4): 440-445.

[21] 彭绪海, 王永霖. 低渗透性裂缝型油田注水吞吐采油技术应用探讨[J]. 低渗透油气田, 1999, 4(4): 62-64.

[22] 张洪丽, 何亚彬, 刘顺茂. 川中莲池大安寨油藏渗吸注水开发的研究及应用[J]. 钻采工艺, 2005, 28(1): 58-62.

[23] 李宇征, 戴亚权, 靳文奇. 安塞油田长 6 油层注采调整技术[J]. 海洋石油, 2009, 23(3): 55-62.

[24] 崔鹏兴, 梁卫卫, 张文哲. 长 6 特低渗透储层驱油用表面活性剂性能评价及矿场试验[J]. 当代化工, 2015, 44(8): 1832-1834, 1838.

[25] 李乐, 邱晓慧, 卢拥军, 等. 新型驱油剂 DL-15 性能与应用[J]. 化学工程师, 2017, 256(1): 66-70, 78.

[26] 王倩. 低渗透油藏表面活性剂驱降压增注及提高采收率实验研究[D]. 青岛: 中国石油大学(华东)硕士学位论文, 2010.

[27] 陈涛平, 刘金山, 刘继军. 低渗透均质油层超低界面张力体系驱替毛管数的研究[J]. 西安石油大学学报, 2007, 22(5): 33-36.

[28] 彭钰, 康毅力. 润湿性及其演变对油藏采收率的影响[J]. 油气地质与采收率, 2008, 15(1): 72-75.

彩　　图

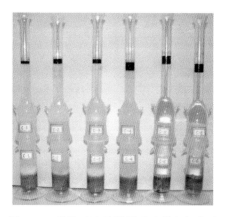

图 4.11　乳化对渗吸效果影响的六组实验

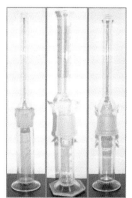

(a) 油砂实验用渗吸仪

(b) 岩心实验用渗吸仪

(c) 岩心支架

图 5.1　静态渗吸仪及配件

(a) 第一代　　(b) 第二代

图 5.3　第一代和第二代洗油瓶